Studienreihe Informatik

Herausgegeben von W. Brauer und G. Goos

Frank Puppe

Problemlösungsmethoden in Expertensystemen

Mit 89 Abbildungen

Springer-Verlag

Berlin Heidelberg New York
London Paris Tokyo
Hong Kong Barcelona

Frank Puppe
Universität Karlsruhe
Institut für Logik,
Komplexität und Deduktionssysteme
Postfach 6980
D-7500 Karlsruhe 1

CIP-Titelaufnahme der Deutschen Bibliothek
Puppe, Frank: Problemlösungsmethoden in Expertensystemen / Frank Puppe. – Berlin;
Heidelberg; New York; London; Paris; Tokyo; Hong Kong; Barcelona: Springer, 1990
(Studienreihe Informatik)
ISBN-13: 978-3-540-53231-6   e-ISBN-13: 978-3-642-76133-1
DOI: 10.1007/978-3-642-76133-1

2145/3140 – 5 4 3 2 1 0   Gedruckt auf säurefreiem Papier

Vorwort

Mit dem zunehmenden Einsatz von Expertensystemen zeigt sich immer deutlicher, daß
das Kernproblem der erforderliche Wissenserwerb und die Wissenspflege ist. Der
derzeit erfolgversprechendste Lösungsansatz scheint der modellbasierte Wissenserwerb zu sein, bei dem nicht einfach Expertenwissen angehäuft wird ("Regelspa-
ghetti"), sondern dieses gemäß einer geeigneten "starken" Problemlösungsmethode
strukturiert wird. Eine Problemlösungsmethode ist um so stärker und unterstützt den
Wissenserwerb um so besser, je mehr sie auf eine Problemklasse spezialisiert, je
regulärer die Struktur des benötigten Wissens und je eingegrenzter die Funktion
einzelner Wissensstrukturen ist. Regelabarbeitung mit Vorwärts- oder Rückwärtsverkettung ist beispielsweise keine starke Problemlösungsmethode, obwohl die Wissensstruktur als Menge gleichartiger Regeln auf den ersten Blick regulär erscheint, da
die Regeln syntaktisch und in ihrer Ausdrucksstärke große Unterschiede aufweisen
und viele verschiedene Funktionen, darunter sogar die Steuerung anderer Regeln als
"Meta-Regeln", übernehmen können.

Die Konzentration auf starke Problemlösungsmethoden basiert auf den Erfahrungen und Schwierigkeiten der bisherigen Forschung: Die erste Phase bis Anfang der
siebziger Jahre war gekennzeichnet durch die Suche nach allgemeinen und somit
schwachen Problemlösungsmethoden, die durch die Entwicklung des "General
Problem Solver" mit seinen nicht eingelösten Versprechen symbolisiert war. Danach
setzte sich die in gewisser Weise entgegengesetzte Ansicht durch, daß zu einer guten
Problemlösungsfähigkeit viel detailliertes Expertenwissen notwendig ist ("In the
knowledge lies the power"), während die Problemlösungsmethode unbedeutend
erschien ("Any inference strategy works"). Jedoch zeigte sich in der Praxis, daß der
Erwerb des vielen detaillierten Expertenwissens keine gut verstandene Tätigkeit ist,
wie der Begriff "Knowledge Engineering" suggeriert, sondern sehr an dem Mangel
geeigneter Modelle über die Wissensstrukturierung leidet. Da Wissen nicht unabhängig von seiner Verwendung ist, sind starke Problemlösungsmethoden geeignete Kandidaten für die Modelle, deren Identifizierung und Umsetzung in problemspezifischen
Expertensystem-Werkzeugen mit möglichst graphischem Wissenserwerb eine dritte
Phase der Expertensystemforschung bestimmen wird, die seit Ende der achtziger
Jahre rasch an Dynamik gewonnen hat.

Die Theorie der starken Problemlösungsmethoden und ihre Umsetzung in Werkzeuge ist bisher noch sehr unvollständig. Es ist auch nicht zu erwarten, daß es für alle
Problemklassen starke Problemlösungsmethoden geben wird. Wo sie sich jedoch
finden lassen, sollte sich die Entwicklung von Expertensystemen signifikant vereinfachen. Sofern die Problemlösungsmethoden für Experten leicht nachvollziehbar sind,
eignen sich gut strukturierte Expertensysteme auch als neues Medium zur Weitergabe
von Wissen. Im Vergleich zu anderen Wissensmedien wie z.B. dem Fachbuch ist das

Wissen leichter überprüfbar und kritisierbar und kann dem Wissensempfänger in vielfältiger und flexibler Weise angeboten werden.

Ziel dieser Arbeit ist es, den aktuellen Stand bei der Identifizierung und Umsetzung starker Problemlösungsmethoden systematisch darzustellen, diese an einigen Stellen weiterzuentwickeln und Perspektiven für ihre Integration aufzuzeigen. Die Arbeit basiert auf Erfahrungen des Autors bei der Beratung von Anwendern in zahlreichen Knowledge-Engineering-Kursen und Einzelgesprächen, bei der es meist um die Identifizierung von Problemlösungsmethoden und Wissensrepräsentationen in den jeweiligen Anwendungsgebieten ging, auf Ergebnissen unserer Werkzeug-Entwicklung und -Erprobung für einige der Problemlösungsmethoden und für graphische Wissenserwerbstechniken sowie auf der Analyse der einschlägigen Literatur, wobei jedoch wegen der Vielfalt der mehr oder weniger starken Problemlösungsmethoden und der raschen Fortentwicklung kein Anspruch auf Vollständigkeit erhoben werden kann. Neuartig sind unsere Werkzeug-Entwicklungen zum graphischen Wissenserwerb für die heuristische Klassifikation (Kap. 7.5), zur fallvergleichenden Klassifikation mit detaillierter Angabe eines Ähnlichkeitsmaßes (Kap. 12) und zur Vorschlagen-und-Vertauschen-Strategie für Zuordnungsprobleme (Kap. 16) sowie der Entwurf einer Integration aller Klassifikationsmethoden (Kap. 26).

Im ersten Teil der Arbeit wird die Bedeutung von Problemlösungsmethoden und problemspezifischen Werkzeugen für den Wissenserwerb, die Wissenskommunikation und die Beurteilung der Eignung des Expertensystem-Ansatzes für potentielle Anwendungsgebiete motiviert. Im zweiten Teil diskutieren wir bisherige Einteilungen von Problemklassen, geben eine Übersicht über unser Schema und beschreiben die einheitliche Grundstruktur unserer Darstellung der Problemlösungsmethoden.

Im dritten, vierten und fünften Teil werden ausführlich die Haupt-Problemklassen Diagnostik (Klassifikation), Konstruktion und Simulation behandelt und zunächst ihre Anwendungsbereiche, Problemtypen, Problemeigenschaften und Problemlösungsmethoden analysiert. Danach beschreiben wir für die je drei bis sechs Problemlösungsmethoden pro Hauptklasse die Grundidee, ihre Objekttypen mit Attributstruktur, das Basisverfahren zur Wissensmanipulation, die graphischen Primitive zum Wissenserwerb, den Stand der Forschung und soweit möglich ein Beispiel für ein entsprechendes Werkzeug aus unserer Forschungsgruppe.

Schließlich werden im letzten Teil einige Aspekte der Integration der Problemlösungsmethoden erläutert und mit Anwendungsbeispielen illustriert, wobei die Integration diagnostischer Problemlösungsmethoden und ihre Erweiterung für einfache Konstruktions- und Simulationsmethoden im Vordergrund stehen.

Diese Arbeit wäre ohne das günstige Umfeld der Universität Karlsruhe nicht möglich gewesen. Für die Entwicklung der Werkzeuge in ihren Diplomarbeiten und auch darüberhinaus danke ich Thomas Dyckhoff (ExAP), Ute Gappa (CLASSIKA), Klaus Goos (FEMO), Christian Hestermann (CcC), Rüdiger Hnyk (SIMUL), Susanne Mütter (FAKTA) und Karsten Poeck (COKE). Bei Prof. Peter Deussen möchte ich mich für die Schaffung sehr guter Rahmenbedingungen und grundlegende Diskussionen über die Arbeit bedanken. Für wertvolle Hinweise zur Überarbeitung von Teilen früherer Manuskriptversionen danke ich vor allem Prof. Gerhard Goos, Ute Gappa und Dr. Joachim Hertzberg, aber auch Prof. Wilfried Brauer, Klaus Goos, Prof. Peter Mertens, Karsten Poeck, Dr. Angi Voß und Dr. Hans Voß. Weiterhin gilt mein Dank Thomas Ortelt für das Zeichnen der Abbildungen.

Karlsruhe, im Juni 1990   *Frank Puppe*

Inhaltsverzeichnis

Teil III. Klassifikation

Teil IV. Konstruktion

Teil V. Simulation

Teil VI. Integration von Problemlösungsmethoden

Teil I

Einführung

1. Programmiersprachen und Expertensystem-Werkzeuge

Expertensysteme sind Programme, mit denen das Spezialwissen und die Schlußfolgerungsfähigkeit von Experten auf eng begrenzten Aufgabengebieten rekonstruiert werden soll. Ihr grundlegendes Organisationsprinzip ist die Trennung zwischen Problemlösungsmethoden und Wissen (Abb. 1.1). Daraus leiten sich ihre wichtigsten Eigenschaften ab, nämlich Änderungsfreundlichkeit durch Austausch des Wissens bei unveränderter Problemlösungsmethode und Erklärungsfähigkeit durch Angabe des zur Herleitung einer Problemlösung benutzten Wissens. Expertensysteme unterscheiden sich von wissensbasierten Systemen nur dadurch, daß ihr Wissen letztlich von Experten stammt[1].

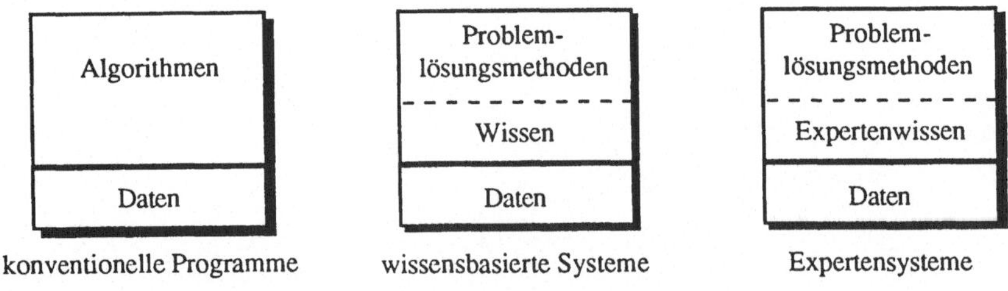

Abb. 1.1 Vergleich konventioneller Programme, wissensbasierter Systeme und Expertensysteme

Problemlösungsmethoden sind in erster Näherung hochgradig parametrisierte Algorithmen. Während ein Teil der Parameter wie bei normalen Algorithmen die Eingabedaten unterschiedlicher Probleme eines Problembereiches repräsentiert, z.B. die Merkmale verschiedener defekter Autos in der Auto-Diagnostik, gibt es andere Parameter, die eine Anpassung einer Problemlösungsmethode an unterschiedliche Problembereiche ermöglichen, z.B. an die Auto-Diagnostik, an die medizinische Diagnostik oder an die Bestimmung von Pilzen. Solche Parameter zweiter Ordnung nennen wir "Wissen", sofern sie auch für Menschen bedeutungsvoll sind[2,3,4].

---

1 Eine ausführliche Einleitung in Expertensysteme findet sich in [Puppe 88, Kap. 1 + 2].

2 Wissen unterscheidet sich somit von Fakten einer gewöhnlichen Datenbank dadurch, daß Wissen immer mit Verfahren zu seiner Interpretation gekoppelt ist.

3 Wenn man sich von einer bestimmten Problemlösungsmethode und der dortigen konkreten Darstellung lösen will, kann man die Wissen-Definition so verallgemeinern, daß es zumindest irgendeine Problemlösungsmethode geben muß, die "Wissen" auswerten kann, was der funktionalen Definition von Wissen durch Newell [82] als Hilfsmittel zum Erreichen von Zielen entspricht.

4 Dreyfus & Dreyfus [87] unterscheiden zwischen kommunizierbarem "Know-What" und nichtkommunizierbarem "Know-How", wobei Experten beides zur Problemlösung nutzen, aber nur das Know-What in Programme einfließen kann. Unser Wissensbegriff entspricht dem Know-What, während wir Know-How mit Können übersetzen würden.

Da das Wissen der Expertensysteme von Experten kommen soll, ist zwar keine Identität zwischen den jeweiligen Problemlösungsmethoden nötig, aber doch eine gewisse Ähnlichkeit wünschenswert.

1.1 Wissenserwerbsproblematik

Während noch um 1970 das Interesse ausschließlich allgemeinen Problemlösungsmethoden galt, hat sich seitdem die überragende Bedeutung von detailliertem Expertenwissen für die Entwicklung leistungsfähiger Programme immer deutlicher herausgestellt. Das Kernproblem ist daher, wie man sehr viel Wissen in das Programm überträgt. Die wichtigsten primären Wissensquellen sind Experten und Fachbücher. Das Wissen in den Köpfen der Experten ist jedoch schwer zugänglich, da Experten meist wenig Zeit, Motivation und überwiegend auch große Schwierigkeiten haben, es weiterzugeben. Gute Fachbücher sind in vielen Anwendungsbereichen nicht vorhanden. Aber auch wenn sie verfügbar sind, erfordert ihr Verständnis meist Hintergrundwissen und/oder Praxiserfahrung, so daß das Wissen der Fachbücher für sich allein selten ausreicht, erfolgreiche Expertensysteme zu entwickeln. Erschwerend kommt hinzu, daß das Wissen sich oft in kurzer Zeit ändert.

Der derzeit dominierende Lösungsansatz besteht in der Erfindung eines neuen Berufsbildes, des vielseitigen "Wissensingenieurs" (knowledge engineer), der sich das Wissen durch Lesen von Fachbüchern und vor allem durch Kommunikation mit Fachexperten aneignet und dann für das Expertensystem formalisiert. Diese indirekte Form des Wissenserwerbs ist jedoch nicht nur teuer, sondern wegen der unvermeidlichen Verständigungsprobleme zwischen Experte und Wissensingenieur, dem meist das Hintergrundwissen des Experten fehlt, auch sehr fehleranfällig. Wenn man außerdem in Betracht zieht, daß viele Expertensysteme einer ständigen Wartung wegen geänderter Aufgabenstellung und Optimierung des Wissens bedürfen, kann der indirekte Wissenserwerb mit zwei Gruppen von hochbezahlten Spezialisten auf Dauer zu aufwendig werden.

Deswegen war es von Anfang an gleichermaßen der Wunsch industrieller Anwender und das Ziel vieler Forscher, den Wissenserwerb durch Lernmethoden zu automatisieren. Jedoch stellte sich der automatische Wissenserwerb als außerordentlich schwierig heraus, was angesichts folgender Überlegungen nicht verwunderlich ist: Lernen setzt Wissen voraus – je mehr man weiß, desto einfacher lernt man, und menschliche Experten brauchen ca. zehn Jahre intensiver Beschäftigung mit ihrem Anwendungsbereich, bevor sie Experten werden, wobei sie im Gegensatz zu Programmen auf ihrem Allgemeinwissen aufbauen können. Auch Lernprogramme bedürfen daher eines aufwendigen Wissenserwerbs. Vielleicht noch schwerwiegender ist, daß sich das ohnehin sehr schwierige Validierungsproblem weiter verschärft. Wenn ein Mensch eine Wissensbasis aufbaut oder verändert, kann er weit besser die Leistungsfähigkeit des Expertensystems abschätzen als wenn ein Lernprogramm selbständig Änderungen vornimmt. Anders formuliert: Wer würde die Verantwortung für automatisch generiertes Wissen in praktisch eingesetzten Expertensystemen übernehmen? Wir sehen das Potential von Lernverfahren derzeit eher in der Unterstützung des Wissenserwerbs, z.B. bei der Feineinstellung von Evidenzwerten, wo Experten erfahrungsgemäß Schwierigkeiten haben.

Die derzeit aussichtsreichste Chance, den Wissenserwerb ökonomischer zu gestalten, sehen wir in der direkten Beteiligung und damit auch Autorenschaft und Verantwortlichkeit der Experten beim Aufbau und der Wartung von Expertensystemen. Das setzt bei den Experten die Fähigkeit voraus, ihr Wissen zu formalisieren und zu strukturieren[5]. Weiterhin müssen sie mit komfortablen Wissenserwerbs-Werkzeugen unterstützt werden, mit denen sie ihr Wissen einfach eingeben und testen können. Das Werkzeug übersetzt das Wissen dann in eine interne Wissensrepräsentation, die es mit einer Problemlösungsmethode interpretieren kann[6].

1.2 Wissenserwerb mit spezialisierten Programmier-Werkzeugen

Damit ein solches Programmier-Werkzeug von Experten einfach benutzt werden kann, muß es sich so weit wie möglich an deren Denk- und Ausdrucksweise anpassen, die sich zu einem wesentlichen Teil in ihrer Fachsprache niederschlägt. Im Vergleich zur natürlichen Sprache sind Fachsprachen stärker formalisiert, enthalten spezielle Begriffe für wichtige Konzepte des Anwendungsbereiches und benutzen oft Graphiken und Bilder zur Darstellung von Sachverhalten. Weiterhin gibt es in bestimmten Anwendungsbereichen oft typische Problemlösungsmethoden. Da Fachsprache und Problemlösungsmethoden anwendungsspezifisch sind, kann man nicht erwarten, ein universell einsetzbares Werkzeug bauen zu können. Stattdessen gilt: je stärker ein Werkzeug spezialisiert ist, desto nützlicher ist es für seinen Anwendungsbereich. Dabei gibt es verschiedene Kompromisse zwischen Allgemeinheitsanspruch und Zeitersparnis (Abb. 1.2).

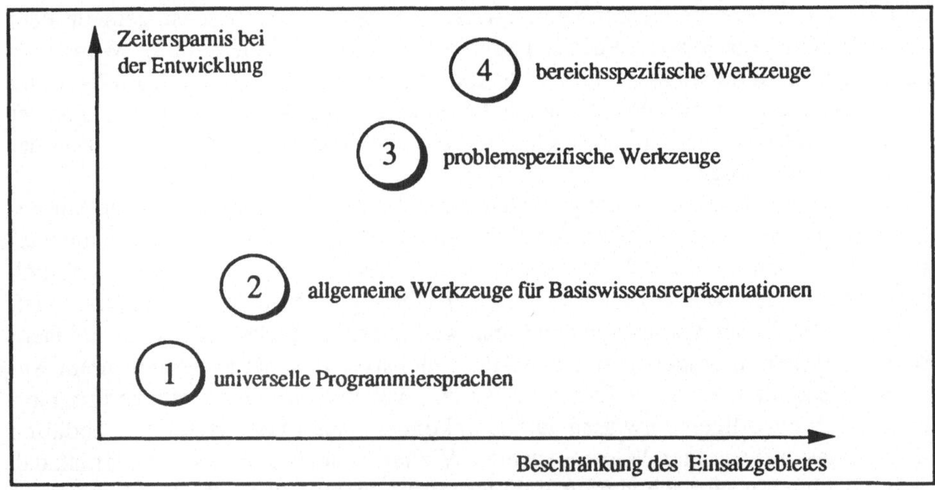

Abb. 1.2   Typen von Expertensystem-Werkzeugen. Natürlich gibt es innerhalb jeder Gruppe große Unterschiede, z.B. bei universellen Programmiersprachen zwischen Assemblersprachen und verschiedenen höheren Programmiersprachen wie FORTRAN, PASCAL oder LISP oder zwischen einfachen und hybriden Werkzeugen, wobei letztere mehr als eine Grundtechnik unterstützen.

---

[5]   Daß diese Fähigkeit nicht selbstverständlich ist, zeigt auch die Tatsache, daß Experten oft keine guten Vermittler ihres Wissens sind.

[6]   Ein aktueller Überblick über die vielfältigen Forschungsansätze im Bereich des Wissenserwerbs findet sich u.a. in [Karbach 90].

Die Haupttypen von Werkzeugen sind:

1. Universelle Programmiersprachen.
2. Allgemeine Expertensystem-Werkzeuge, die in Expertensystemen häufig vorkommende Basiswissensrepräsentationen mit zugehörigen Inferenzstrategien unterstützen. Beispiele sind OPS5, KEE, GoldWorks, BABYLON, usw. Ebenfalls in diese Kategorie kann man manche KBMS-Ansätze (Knowledge-Based Management Systems) wie z.B. KRISYS [Mattos 88, 90] rechnen, das regel- und objektbasierte Wissensrepräsentationen mit zugehörigen Inferenzmechanismen auf der Basis einer Datenbankarchitektur realisiert.
3. Problemspezifische Expertensystem-Werkzeuge (Shells), die auf bestimmte Problemlösungstypen spezialisiert sind und geeignete Problemlösungsmethoden, Wissensrepräsentationen und Wissenseingabeformen anbieten. Beispiele sind MED2 (s. Kap. 7.5), SALT (s. Kap. 15.4), PLAKON (s. Kap. 20.4) und COKE (s. Kap. 16.5).
4. Bereichsspezifische Expertensystem-Werkzeuge, die zusätzlich zur Funktionalität problemspezifischer Werkzeuge auch Grundwissen über ihren Anwendungsbereich (z.B. Begriffe der Fachsprache) bereitstellen. Beispiel: OPAL (s. Kap. 13).

Die wichtigsten Basiswissensrepräsentation in Expertensystemen sind Regeln mit Vorwärts- und Rückwärtsverkettung, Frames mit Vererbung, Defaults und zugeordneten Prozeduren, Constraints, Evidenzen, Begründungsnetze zum nicht-monotonen Schließen und Zeitangaben zum temporalen Schließen (eine ausführliche Beschreibung findet sich in [Puppe 88, Kap. 4 - 9]). Allgemeine Expertensystemwerkzeuge sind meist in universelle Programmiersprachen eingebettet und können als eine Erweiterung deren Funktionalität um eine oder mehrere der Basiswissensrepräsentationen aufgefaßt werden. Die enge Verzahnung zeigen auch Praxiserfahrungen, wo 50% und mehr des Programmcodes größerer, mit einem allgemeinen Werkzeug erstellter Expertensysteme in einer universellen Programmiersprache geschrieben sind. Bei der Weiterentwicklung von allgemeinen Expertensystem-Werkzeugen und universellen Programmiersprachen deutet sich auch in der zunehmenden Betonung objektorientierter Programmierung in beiden Bereichen eine Bewegung aufeinander zu an.

Problemspezifische Werkzeuge bauen auf den Basiswissensrepräsentationen auf, sind aber wesentlich stärker spezialisiert. Dadurch ermöglichen sie, mit deutlich weniger Aufwand und programmiersprachlichen Vorkenntnissen als bei allgemeinen Werkzeugen ein Expertensystem zu erstellen. Ihr Nutzen steigt überproportional stark an, wenn Fachexperten direkt mit ihnen umgehen und eigenständig Anwendungsprogramme entwicklen können, wie dies z.B. auch mit Tabellenkalkulationssystemen möglich ist. Wegen mangelnder Erfahrungen mit problemspezifischen Werkzeugen läßt sich die Frage noch nicht beantworten, ob ausgereifte problemspezifische Werkzeuge generell eine Expertensystem-Entwicklung direkt durch Fachexperten ermöglichen. Wenn nicht, wäre in Abb. 1.2 eine Unterteilung der Klasse problemspezifische Werkzeuge nach dem Kriterium "von Fachexperten benutzbar" sinnvoll.

Die Einordnung der verschiedenen Expertensystem-Werkzeuge in den allgemeinen Kontext der Programmentwicklung veranschaulicht Abb. 1.3.

Die zwei wichtigsten Dimensionen der Programmentwicklung sind die sprachliche Freiheit und der Abstraktionsgrad. Die sprachliche Freiheit repräsentiert, wie vage bzw. präzise die Aufgabenstellung und das Verfahren zur Problemlösung charakterisiert ist. Der Abstraktionsgrad gibt an, ob die Beschreibung eher in Begriffen des Problemgebietes oder einer Programmiersprache erfolgt. Die Entwicklung eines Programmes beginnt mit der Identifizierung eines Problems, das zunächst vage und abstrakt formuliert ist, und sollte mit einem präzisen Problemlösungsverfahren enden, das aus einem Zusammenspiel verschiedener Komponenten wie Menschen, Sensoren, Stellglieder, alte Programme, neues Programm besteht, von denen uns hier nur das neu entwickelte, auf einer Maschine ausführbare Programm interessiert.

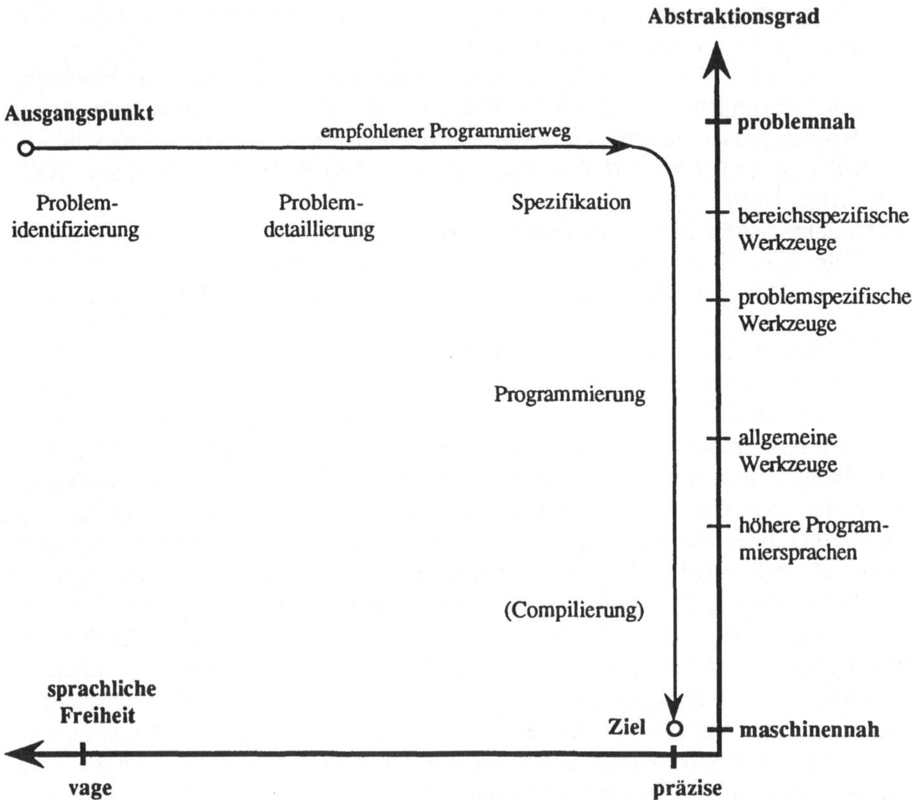

Abb. 1.3   Idealisiertes Schema der Programmentwicklung

Der empfohlene Programmierweg besteht darin, zunächst das Problem in einer problemnahen Sprache zu präzisieren bzw. spezifizieren und dann die präzisierte Aufgabenstellung in eine Maschinensprache umzukodieren. In der Praxis werden dagegen meist gemischte Wege eingeschlagen und "Hacker" begeben sich tendenziell direkt auf die Ebene einer maschinennahen Programmiersprache. Ein wichtiger Fortschritt in der Informatik besteht in der Entwicklung immer problemnäherer Programmiersprachen verschiedener "Generationen" von der Maschinensprache über Assembler zu höheren Programmiersprachen, wobei die notwendigen Transformationen von einem Compiler übernommen werden. Es gibt zur Zeit vielfältige Bemühungen, noch abstraktere Programmiersprachen ("Spezifikationssprachen") zu entwicklen, in die sich die Expertensystem-Werkzeuge nahtlos einreihen lassen. Während den meisten Spezifikationssprachen mathematische oder logische Notationen zugrunde liegen, orientieren sich

Expertensystem-Werkzeuge mehr an den Fachsprachen der jeweiligen Anwendungsbereiche. Wichtig ist, daß die Spezifikationen möglichst vollautomatisch in Pro-
gramm-Code einer Maschinensprache übersetzt werden können. Die größere Pro-
blemnähe bei den problem- und bereichsspezifischen Expertensystem-Werkzeugen
wird durch Spezialisierung erreicht und bedingt daher eine Vielfalt verschiedener
Werkzeuge mit jeweils begrenztem Einsatzspektrum, was in Abb. 1.3 nicht veranschaulicht ist.

Der empfohlene Weg der Programmentwicklung kann nach den beteiligten Berufs-
bildern in verschiedene Stufen unterteilt werden (Abb. 1.3. und Abb. 1.4)[7]. Zunächst muß ein Problem identifiziert und als wichtig bewertet werden, wofür der
Manager zuständig ist. Der Manager delegiert das Problem dann an einen Fachexperten, der für die präzise Ausformulierung des Problems und den abstrakten Entwurf
eines Problemlösungsverfahrens zuständig ist. In der dritten Stufe werden die Aufgabenstellung und die Angaben über das Problemlösungsverfahren von einem System-
analytiker oder Wissensingenieur in eine Programmspezifikation umgesetzt, die in der
vierten Stufe von einem Programmierer in ein ausführbares Programm überführt wird.

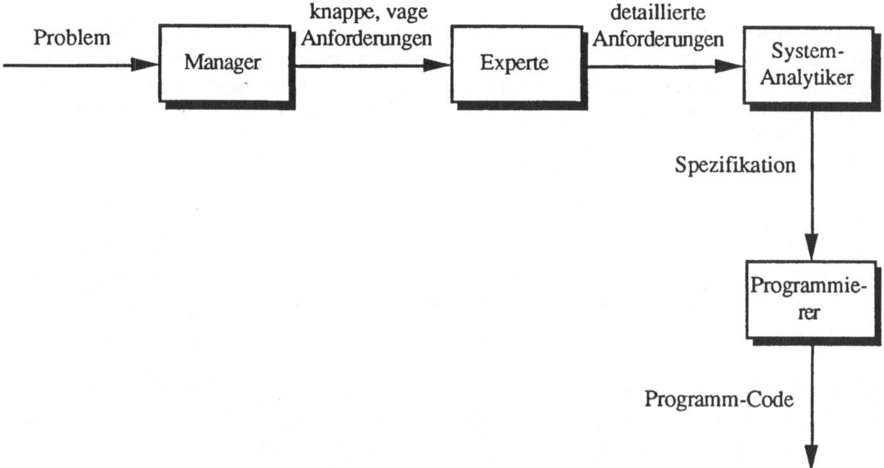

Abb. 1.4 An der Entwicklung eines Programms beteiligte Gruppen (nach [Rich 87, Abb. 2]). Die
vielfältigen Rückkoplungsschleifen sind aus Gründen der Übersichtlichkeit weggelassen.

Das Ziel der Entwicklung von Expertensystem-Werkzeugen ist, die letzte Stufe der
Umsetzung einer Spezifikation in ein mit einer konventionellen Programmiersprache
geschriebenes Programm zu automatisieren, sowie den Experten zu befähigen, die
Problemdetaillierung bis zur Spezifikation durchzuführen. Dabei muß man sich verdeutlichen, daß mehr als die Aufwärtsbewegung entlang der Abstraktionsachse in
Abb. 1.3 nicht automatisierbar ist, da die Präzisierung einer vagen Problemstellung
kaum mit formalen Hilfsmitteln unterstützt werden kann. Andererseits ist der potentielle Gewinn beträchtlich, da die Vereinigung aller Programmiertätigkeiten bei den
Fachexperten viel Verwaltungsaufwand und Mißverständnisse vermeiden hilft.

---

[7] Dieses Schema verdeutlicht mehr die logischen Stufen der Programmentwicklung als die
tatsächliche Ausführung, bei der meist viele Iterationen zwischen allen Stufen unvermeidlich sind.

2. Einsatz und Einsetzbarkeit von Expertensystemen

Die kommerzielle Durchdringung der DV-Welt mit Expertensystemen ist immer noch schwer abzuschätzen. Während Feigenbaum et al. von einer industriellen Akzeptanz mit weltweit über 1500 bis Ende 1987 im Einsatz befindlichen Expertensystemen mit stark steigender Tendenz und Nutzen-Kosten-Relationen um den Faktor 10 bis 100 berichten [Feigenbaum 88], schreiben Coy und Bonsiepen in einer Kritik der Expertensystemtechnik [Coy 89], daß zumindest in der BRD die Industrie sich mit Investitionen zurückhält und die staatliche, zivile Förderung der Motor des Marktes sei:

> "Nach einem Bericht des BMFT [...] zur Lage der KI-Forschung wird für den Zeitraum von 1984 bis 1989/90 für die zivile, finanzielle Förderung der Forschungen zur Künstlichen Intelligenz und zur Expertensystemtechnik eine Summe von mindestens 300 Millionen DM zur Verfügung gestellt. Diese Summe floß in Verbundforschungsvorhaben von Industrie, Hochschulen und anderen staatlichen Forschungseinrichtungen. Der Umfang der militärischen Förderung über BMVg, IABG und anderen industriellen und staatlichen Forschungs- und Entwicklungsabteilungen wird nicht benannt. Das bundesdeutsche Marktvolumen dieser Technik beträgt nach optimistischen Schätzungen von 1985 bis 1988 maximal 309 Millionen DM [...] ohne Einbeziehung firmeninterner Aufwendungen, die in ähnlicher Höhe anzusetzen sind. Zivile Förderung und Markt halten sich also vorerst noch die Waage und die Förderungsfinanzierung ist Motor dieses Marktes." [Coy 89, S. 164].

Die umfangreiche Bestandsaufnahme von Mertens et al. zeigt einen bisher ungebrochenen, aber auf niedriger Basis beginnenden exponentiellen Anstieg in der Praxis laufender Expertensysteme in der BRD (s. Abb. 2.1) [Mertens 90]. Allerdings schränken die Autoren ein, daß die Abgrenzung zu konventionellen Entscheidungsunterstützungssystemen sehr problematisch sei und sie sich auch dort, wo Zweifel am Anteil wissensbasierter Elemente am Gesamtsystem bestanden, für die Aufnahme in ihre Expertensystem-Sammlung entschieden haben.

Während ein begrenzter betrieblicher Einsatz von Expertensystemen als gesichert gelten kann und die Bestandsaufnahme von Mertens et al. hohe Zuwachsraten zeigt, liegt der erwartete große Nutzen wohl noch in der Zukunft.

Wir werden in diesem Kapitel zunächst potentielle Nutzeffekte diskutieren. Daraus leiten wir ab, daß Expertensysteme nicht nur Problemlösungsprogramme, sondern auch ein neues Medium zur Kommunikation von Wissen sind. Schließlich geben wir eine Übersicht über eine umfassende Kriterienliste zur Bewertung von Expertensystemprojekten. Bei den Ausführungen steht immer unsere These im Hintergrund, daß das mangelhafte Verständnis von geeigneten Problemlösungsmethoden die Ausnutzung des vorhandenen Potentials von Expertensystemen erheblich behindert.

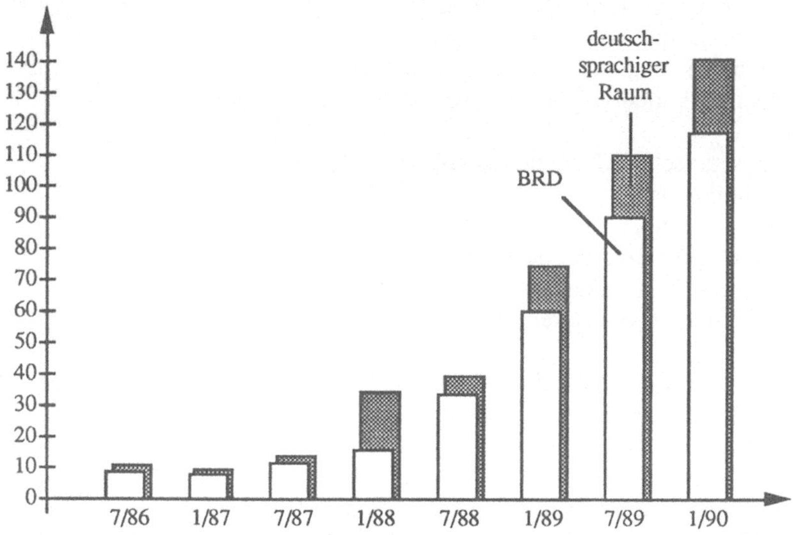

Abb. 2.1   Entwicklung laufender Systeme in der BRD und im deutschsprachigen Raum nach [Mertens 90, S. 25].

2.1 Nutzeffekte und Einsatzmodi

In fast allen Büchern über Expertensysteme wird ausführlich über vielfältige mögliche Nutzeffekte berichtet, die in [Harmon 87, S. XI] wie folgt zusammengefaßt sind: "Die neue Technologie enthält die Möglichkeit, schnelle und pragmatische Lösungen für ein breites Spektrum von Problemen zu entwickeln, die sich gegenwärtig einer effektiven Lösung entziehen". Andererseits sind bisher quantitative, detaillierte Kosten-Nutzen Analysen von Expertensystemen in der Literatur – mit Ausnahme von R1-XCON [Barker 89] – kaum zu finden. Im allgemeinen werden qualitative Nutzeffekte angeführt und/oder quantitative Werte grob geschätzt. Mögliche Nutzeffekte umfassen:

1. Rationalisierungseffekte:
- Personalkosteneinsparung durch schnellere und/oder bessere Problemlösung,
- Einsparungen durch weniger Ausschuß in der Produktion,
- Bessere Auslastung und höhere Effizienz in der Produktion,
- Einsparungen durch automatische Dokumentation.

2. Qualitätssteigerungseffekte:
- Ausnutzung der Rationalisierungseffekte zur Qualitätssteigerung,
- Sicherung eines Minimalstandards der Problemlösung,
- Kontrolle von Problemlösungen, die durch Menschen oder andere Programme hergeleitet wurden,
- Höherqualifizierung bzw. schnellere Einarbeitung von Mitarbeitern,
- Schnellere und/oder bessere Angebotserstellung zum Einholen von Aufträgen,

- Ausstattung von teuren Produkten mit "Eigenintelligenz", die sich z.B. in gewissem Rahmen selber diagnostizieren können,
- weitere Automatisierung von Tätigkeiten in einer bereits teilautomatisierten Umgebung und damit Eliminierung von Schwachstellen (z.B. in der Fertigung).

3. positive organisatorische Effekte im Unternehmen:
- Wissensmultiplikation,
- Wissenskonservierung,
- Dezentralisierung der Entscheidungsfindung "vor Ort",
- Begünstigung des Wissensaustausches und der Wissensevolution,
- schnellere Verbreitung von Unternehmensrichtlinien.

Zu den Risiken gehören – außer daß die erhofften Nutzeffekte ausbleiben und nur die Entwicklungskosten und Investitionen übrigbleiben – insbesondere die Abhängigkeit von einem schlecht funktionierenden Expertensystem. Das gilt sowohl für Einzelentscheidungen, wenn diese nicht mehr kontrolliert werden können, als auch für die Art der Entscheidungsfindung, wenn die vor Einführung des Expertensystems übliche Form der Problemlösung nicht mehr verfügbar ist. Zu bedenken ist auch die Möglichkeit, daß selbst wenn das Expertensystem gut funktioniert, sich allgemeine organisatorische Betriebsbedingungen verschlechtern können. Ein expertensystemspezifisches Risiko ist mangelnde Geheimhaltung von sensiblem Wissen und Problemdaten, da beides besonders prägnant in Expertensystemen formuliert werden muß[1].

Eine Kosten/Nutzen-Analyse läßt sich präzisieren, wenn man die genaue Funktion des Expertensystems berücksichtigt. Dabei unterscheiden wir drei Typen:

1. *eingebettete Expertensysteme zur Entscheidungsfindung*: Das Expertensystem bezieht seine Eingabedaten über eine Rechnerkopplung von anderen Maschinen, z.B. Meßgeräten, Datenbanken oder anderen Programmen. Hier sind beträchtliche Rationalisierungs- und Qualitätssteigerungseffekte möglich, insbesondere wenn der Mensch in einer schon weitgehend automatisierten Arbeitskette eine Schwachstelle darstellt. Ein großes Potential für eingebettete Expertensysteme wird in der hoch automatisierten Fabrik der Zukunft gesehen, sowie in der Ausstattung von teuren, komplexen Produkten und Anlagen mit Problemlösungskapazität, damit sie ihren Zustand überwachen und interpretieren können. Ein anderes Beispiel ist ein Kreditkarten-Auskunftssystem von American Express, das bei einer Anfrage, ob eine bestimmte Kreditkarte akzeptiert werden soll, die Daten aus verschiedenen Datenbanken extrahiert und mit einigen Regeln eine Entscheidung trifft.

2. *interaktive Expertensysteme zur Entscheidungsfindung*: Interaktive Expertensysteme beziehen ihre Daten ganz oder teilweise von einem menschlichen Benutzer. Hier muß man zwei Einsatzarten unterscheiden, je nachdem, ob der Benutzer oder das System die Verantwortung für die Problemlösung übernimmt. Im zweiten Fall ähnelt das interaktive Expertensystem einem eingebetteten System insofern, daß es selbständig Entscheidungen trifft. Solche interaktiven Entscheidungssysteme können problematische Nebeneffekte haben, wenn sie in Konkurrenz zu Experten treten oder dem Benutzer die Rolle eines Meßgerätes zuweisen. Andererseits

---

[1] Dabei stellen wir uns auf den durchaus kontroversen Standpunkt, daß perfekter Datenschutz nicht möglich und deswegen die Gefahr des Mißbrauches um so größer ist, je attraktiver die Daten für Dritte sind.

können sie für den Benutzer auch ein nützliches Werkzeug sein, mit dem er für ihn ohne externe Hilfe nicht lösbare Teilprobleme bearbeiten und dadurch seinen Handlungsspielraum erweitern kann.

3. *interaktive Expertensysteme zur Beratung*: In anderen Einsatzszenarios von interaktiven Expertensystemen bleibt der Benutzer für die Problemlösung verantwortlich, wobei das Expertensystem dann eine beratende, kritisierende oder vorschlagende Rolle übernimmt. In diesem Fall soll das Expertensystem nicht in erster Linie Ergebnisse generieren, sondern problembezogen Wissen vermitteln. Solche Beratungs- oder Assistenzsysteme wenden sich an sachkundige Benutzer, die im Prinzip Probleme auch eigenständig lösen können. Sie tragen als Nebeneffekt zur Weiterqualifizierung des Benutzers bei und können daher auch zur Aus- und Weiterbildung eingesetzt werden.

Da Beratungssysteme am wenigsten in die interne Organisation von Betrieben eingreifen und auch keine Abhängigkeiten von schlecht funktionierenden Expertensystemen entstehen, bedingen sie vergleichsweise geringe Kosten und Risiken. Sie sind daher gute Kandidaten, um eine neue Technologie in einem Unternehmen einzuführen. Im Gegensatz dazu ist es bei Entscheidungssystemen oft schwer, sich vor potentiellen, gravierenden Fehlentscheidungen zu schützen, da Expertensysteme nur eine mehr oder weniger lokale Sicht des Problems haben können. Das gilt umso mehr, je größer und komplexer das Expertensystem ist, weswegen derzeit auch überwiegend nur relativ kleine Entscheidungsexpertensysteme im Einsatz sind.

Expertensysteme, deren Hauptnutzen in der effizienten Wissensvermittlung besteht, sollte man nicht primär als Problemlöser sondern als neues Wissensmedium auffassen. Dieser Aspekt wurde bisher bei der Kosten-Nutzen-Diskussion von Expertensystemen weitgehend vernachlässigt. Im folgenden wollen wir die Konsequenzen davon genauer untersuchen.

2.2 Expertensysteme als Wissensmedium

Die Sichtweise von Expertensystemen als Wissensmedium betont die Tatsache, daß Wissen vermittelt werden soll. Abb. 2.2 gibt eine Übersicht über wichtige Wissensmedien, mit denen Wissensträger an beliebig viele Wissensempfänger Wissen weitergeben können, da kein direkter Kontakt nötig ist.

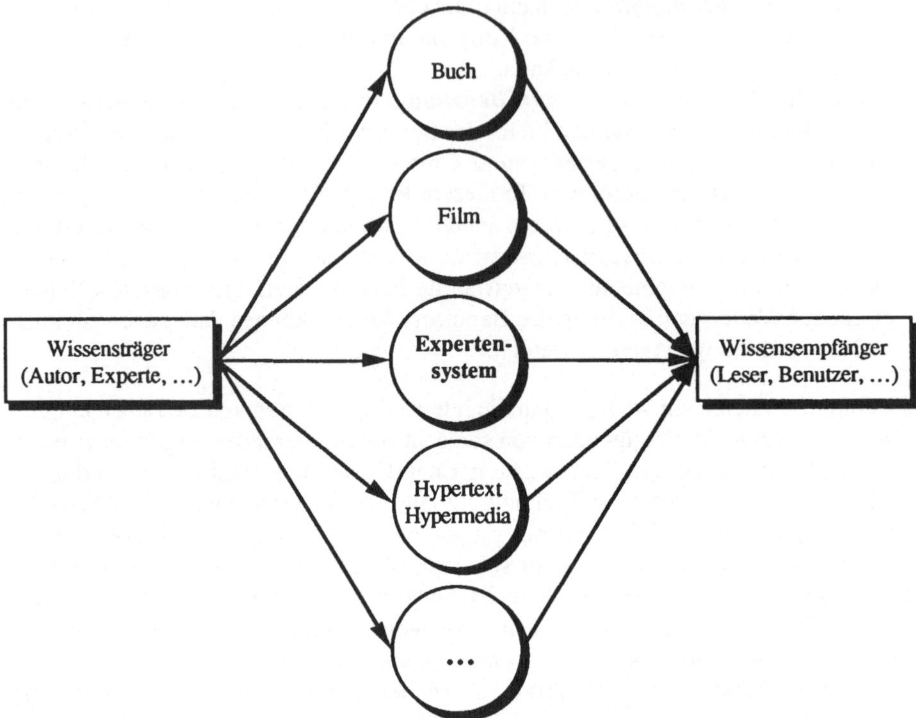

Abb. 2.2   Überblick über einige Wissensmedien, die einem Wissensträger die Vermittlung von Wissen an beliebig viele Wissensempfänger ermöglichen.

Expertensysteme haben folgende Vorteile gegenüber anderen Wissensmedien:

- *Steuerbarkeit durch Benutzer*: Bücher und noch mehr Filme sind sequentielle Wissensmedien, d.h. das Wissen kann im wesentlichen nur in der Reihenfolge und bei Filmen zusätzlich nur in der Geschwindigkeit empfangen werden, wie es gesendet wird. Auch ein Eingehen auf das unterschiedliche Vorwissen und die unterschiedlichen Interessen verschiedener Empfänger ist kaum möglich. Dagegen kann das Wissen in Expertensystemen nach verschiedenen Kriterien aufbereitet, assoziativ gelesen und vor allem auf konkrete Problemfälle angewendet werden. Diesen Vorteil haben prinzipiell auch Hypertext- und Hypermedia-Systeme.
- *Überprüfbarkeit*: Der entscheidende Vorteil des Wissensmediums Expertensystem besteht jedoch darin, daß das Wissen nicht nur von anderen Menschen, sondern auch vom Wissensmedium selbst überprüfbar ist. Expertensysteme erlauben gleichsam, Experimente durchzuführen, welches und wieviel Wissen zur Lösung konkreter Probleme erforderlich ist.

Je einfacher und effektiver Wissen in einem Anwendungsbereich überprüft werden kann, desto schneller ist die Wissensevolution. Bisher war eine gute Überprüfbarkeit von Wissen vor allem in den sogenannten exakten Wissenschaften wie der Physik durch Anwendung mathematischer Methoden gewährleistet. Im Vergleich dazu ist der wesentliche Vorteil von Expertensystemen, daß mit ihnen auch vages, unvollständiges und nicht-numerisches Wissen ausgedrückt und interpretiert werden kann, wobei deutlich wird, welche Auswirkungen die Vagheit auf die resultierende Problemlösungsqualität hat. Wir erwarten, daß langfristig die stärksten Nutzeffekte von Expertensystemen aus der Begünstigung der Wissensevolution in bisher schlecht formalisierten Anwendungsbereichen resultieren.

Die Vorteile wollen wir am Beispiel eines hypothetischen, ausgereiften medizinisches Expertensystems für ein etabliertes medizinsches Teilgebiet illustrieren. Ein solches Expertensystem würde einen Vergleich verschiedener Schulmeinungen, die sich mit verschiedenen Expertensystemen oder unterschiedlichen Wissensteilen in einem Expertensystem ausdrücken ließen, ermöglichen und dadurch deren Vor- und Nachteile überprüfbar machen. Weiterhin ließe sich die theoretische Ausbildung wesentlich verbessern, da die Studenten zunächst das Expertensystem-Wissen konventionell oder assoziativ in Hypertext-Art lesen, sich gelöste Fallbeispiele mit der Erklärungskomponente erläutern lassen, Auswirkungen von kleinen Variationen in der Symptomatik studieren und schließlich ihre erworbene Problemlösungsfähigkeit durch eigenständiges Lösen von Fällen von dem Expertensystem testen und kritisieren lassen könnten.

Um das Wissensmedium Expertensystem umfassend ausnutzen zu können, sollten folgende technische Voraussetzungen erfüllt sein:

- Die Expertensysteme müssen auf für Menschen leicht nachvollziehbaren Problemlösungsmethoden aufbauen.
- Der Aufwand des Wissensträgers bei der Formulierung des Wissens muß möglichst gering sein.
- Die Darbietung des Wissens an den Wissensempfänger muß möglichst gut sein.

Da Wissen nach unserer Definition nur im Hinblick auf die Interpretation durch eine Problemlösungsmethode formulierbar ist, hängt der Nutzen als Wissensmedium in erster Linie davon ab, wie gut beide Kommunikationspartner in Abb. 2.2 die zugrundeliegende Problemlösungsmethode verstehen. Für Menschen schwer nachvollziehbare Problemlösungsmethoden scheiden daher aus[2]. Dazu gehören tendenziell alle Verfahren, die komplexe Rechenoperationen erfordern, die keine symbolische Wissensrepräsentation besitzen (insbesondere auch konnektionistische Modelle, wenn sie für den Benutzer einen "schwarzen Kasten" darstellen) oder lange und schwer nachvollziehbare Schlußfolgerungsketten bedingen. Gut geeignet sind Problemlösungsmethoden, die in den jeweiligen Anwendungsbereichen üblich sind.

Eine zweite Voraussetzung ist die Einfachheit, mit der der Experte sein Wissen für das Expertensystem formulieren kann. Die Wissensformulierung sollte prinzipiell nicht aufwendiger sein, als wenn der Experte ein entsprechendes Buch schreiben würde[3]. Die durch die Problemlösungsmethode festgelegte Wissensrepräsentation sollte dem Experten auf einer so problemnahen Ebene präsentiert werden, daß er kein spezifisches Programmierwissen zur Wissenseingabe benötigt. Dazu eignen sich insbesondere graphische Darstellungsmittel. Falls es verschiedene Problemlösungs-

---

2 Es sei denn, ihre Bedeutung ist so groß, daß sich eine spezielle Ausbildung lohnt, wie z.B. für die mathematische Denkweise. Dann schränkt sich der Anwenderkreis des Expertensystems entsprechend ein.

3 Der Vergleich kann nur ein grober Anhaltspunkt sein, da die Wissensinhalte von Büchern und Expertensystemen sich zwar überlappen, aber auch disjunkte Teile haben.

methoden in einem Anwendungsbereich gibt, sollte es vermieden werden, daß der Experte ähnliches Wissen mehrfach eingeben muß.

Die dritte Voraussetzung ist die Qualität der Darbietung des Wissens für den Benutzer. Dazu eignen sich grundsätzlich die gleichen graphischen Darstellungsmittel, mit denen die Experten ihr Wissen eingeben. Zusätzlich kann man Routinen vorsehen, die das Wissen nach weiteren Kriterien strukturiert aufbereiten. Das Wissen kann in zwei Formen dargeboten werden: als Ausdruck auf Papier, der äußerlich einem Buch ähnelt, und auf einem Bildschirm, wo der Benutzer das Wissen assoziativ wie in Hypertext-Systemen lesen kann. Der Bildschirmmodus unterstützt darüber hinaus weitere Benutzungsmodi, vor allem das fallbezogene Auswählen von Wissensteilen, bei dem der Benutzer die Merkmale seines Problemes eingibt und das Expertensystem ihm entweder eine Lösung generiert und erklärt, oder die vom Benutzer vorgeschlagene Lösung kritisiert. Weiterhin sollte der Benutzer auch die Auswirkungen verschiedener Lösungsalternativen vergleichen können.

2.3 Kriterien für Einsatzbereiche von Expertensystemen

Kriterienlisten zur Beurteilung geeigneter Einsatzbereiche sind für jede Technologie sehr wichtig. Ein Beispiel einer einfach auswertbaren und von ihren Autoren erprobten Prüfliste für potentielle Expertensystem-Anwendungen zeigt Abb. 2.3.

Ein auffallendes Merkmal dieser und anderer Kriterienlisten wie z.B. [Mertens 90, Kap. 5], wo betriebswirtschaftliche Gesichtspunkte stärker betont sind, ist jedoch, daß Kriterien über die methodische Eignung sehr vage sind: in Abb. 2.3 z.B. Kriterien wie "überwiegend heuristisches Wissen", "kein Allgemeinwissen", "Ähnlichkeit zu vorhandenen, erfolgreichen Expertensystemen". Es scheint so zu sein, daß keine genauen Angaben bekannt sind, für welche methodischen Klassen von Anwendungsgebieten die Expertensystemtechniken besonders gut geeignet sind, wie auch in folgendem Zitat aus einer Expertensystem-Zeitschrift für Manager beklagt wird:

> "Ever since AI and expert systems broke upon the commercial scene, people have been asking what AI is good for. It´s a reasonable question, especially when you consider the vague and contradictory way early advocates described and positioned the various expert system-building tools and techniques.
>
> Early advocates of expert systems usually just described specific techniques and assumed that commercial practitioners would immediately recognize the appropriate uses for those techniques. From the beginning, we have tried to turn the process around. Our goal has been to help people identify problems and then suggest which AI techniques are most effective in solving those problems. It has been a struggle since, in many cases, academic advocates have not really known which techniques are most appropriate for specific problems. Thus, to draw our conclusions about which techniques are most useful, we have had to observe the market to see how commercial enterprises have, in fact, used expert systems. It has taken a while, but the results are finally beginning to emerge[4]" [ESS 88, S. 1]

Die Tatsache, daß die technische Machbarkeit von Expertensystemprojekten schlecht abgeschätzt werden kann, trägt sicher viel zur Mystifizierung der Expertensystemtech-

---

4   Auf die dort vorgeschlagene Einteilung gehen wir in Kap. 3.5 genauer ein.

nik bei. Eine Entmystifizierung erfordert vor allem eine Einteilung von Anwendungsbereichen in Problemklassen mit einer Aussage, welche Problemklassen mit welchen
Problemlösungsmethoden gut zu lösen und wo Schwierigkeiten zu erwarten sind.

2.4 Zusammenfassung

Die Einsatzfähigkeit von Expertensystemen wird zur Zeit am stärksten durch das
Fehlen einer Theorie behindert, für welche Problemklassen welche Problemlösungsmethoden verfügbar sind, wobei die Praktikabilität der Theorie an der Nützlichkeit darauf aufbauender Expertensystem-Werkzeuge beurteilt werden sollte.
Signifikante Fortschritte wären dadurch insbesondere bei folgenden zentralen Zielen
der Expertensystemtechnik zu erwarten:

- Die Bewertung der technischen Machbarkeit von Expertensystem-Projekten.
- Die Vereinfachung des Wissenserwerbs und Gewährleistung der Wartbarkeit.
- Die Nutzbarmachung von Expertensystemen als Wissensmedium.

I.   Notwendige Kriterien

10   Die Anwender des Systems erwarten einen großen Nutzen im Routinebetrieb.

10   Die Anwender haben realistische Erwartungen von Umfang und Grenzen des Systems.

10   Das Projekt wird vom Management unterstützt.

10   Das Anwendungsgebiet erfordert keine Verarbeitung natürlicher Sprache.

7   Das Anwendungsgebiet ist wissensintensiv, aber nicht zu groß.

8   Das Anwendungsgebiet ist im wesentlichen heuristischer Natur.

10   Testfälle aller Schwierigkeitsgrade sind verfügbar.

7   Das System kann inkrementell wachsen (das Anwendungsgebiet ist aufteilbar).

10   Das Anwendungsgebiet erfordert kein oder kaum Allgemeinwissen.

8   Es sind keine optimalen Problemlösungen erforderlich.

10   Das Anwendungsgebiet muß auch in absehbarer Zukunft noch relevant sein.

7   Es ist nicht entscheidend, daß das System zu einem knappen Termin fertig sein muß.

8   Das Anwendungsgebiet ist einfach, aber nicht zu einfach für ein Expertensystem.

10   Es gibt einen Experten.

10   Der Experte ist ein echter Experte.

10   Der Experte ist dem Projekt während der Projektdauer verpflichtet.

8   Der Experte ist kooperativ.

8   Der Experte kann sein Wissen formulieren.

8   Der Experte ist zuverlässig und hat allgemeine Projekterfahrung.

8   Der Experte benutzt symbolisches Wissen zur Problemlösung.

7   Es ist schwierig, aber nicht zu schwierig, das Expertenwissen zu vermitteln (z.B. zu lehren).

10   Der Experte löst das Problem mit kognitiven, nicht motorischen oder sensorischen Fähigkeiten.

10   Verschiedene Experten stimmen darin überein, was eine gute Problemlösung ist.

10   Der Experte braucht bei der Problemlösung nicht kreativ zu sein.

II.   Wünschenswerte Kriterien

8   Das Management wird das Projekt auch nach dem eigentlichen Projektende fördern.

4   Die Einführung in die Arbeitsumgebung erfordert keine größeren Umstellungen.

4   Der Benutzer kann mit dem System interagieren.

4   Das System kann seine Vorgehensweise dem Benutzer erklären.

4   Das System stellt nicht zu viele und keine unnötigen Fragen.

4   Das Anwendungsgebiet war bereits früher als problematisch aufgefallen.

4   Die Problemlösungen im Anwendungsgebiet sind erklärbar.

5   Das Anwendungsgebiet erfordert nicht zu kurze Antwortzeiten.

8   Es gibt erfolgreiche Expertsysteme, die dem geplanten System ähneln.

5   Das geplante System kann mehrfach eingesetzt werden.

3   Das Anwendungsgebiet ist für Menschen gefährlich oder zumindest unattraktiv.

4   Das Anwendungsgebiet enthält auch subjektives Wissen.

3   Der Experte ist in der Zukunft nicht mehr verfügbar (z.B. wegen Pensionierung).

4   Der Experte könnte sich mit dem Projekt intellektuell identifizieren.

4   Der Experte fühlt sich nicht bedroht.

2   Das Problemlösungswissen, das der Experte benutzt, ist zumindest lose strukturiert.

Abb. 2.3   Kriterienliste zur Bewertung von Expertensystemprojekten. Sie orientiert sich an [Slage 88], wo sich auch Erläuterungen finden. Die 40 Kriterien sind zwischen 0 und 10 gewichtet, in notwendige und wünschenswerte Merkmale aufgeteilt, sowie jeweils nach (1) Benutzer und Management, (2) Problemgebiet und (3) Experten strukturiert. Für ein potentielles Anwendungsgebiet wird dann das Zutreffen jedes Kriteriums mit einer Zahl zwischen 0 (trifft nicht zu) und 10 (trifft optimal zu) bewertet. Die Gesamtbewertung ergibt sich aus der gewichteten Summe aller Einzelbewertungen dividiert durch die Summe aller Gewichtungen und ist ebenfalls eine Zahl zwischen 0 und 10. Falls bei einem wichtigen Kriterium (Gewichtung > 5) eine Einzelbewertung ziemlich schlecht ist (< 4), führt dies zur globalen Abwertung. In [Slage 88] werden zwei Expertensystemprojekt-Kandidaten als Beispiele evaluiert: ein als positiv eingeschätztes Projekt mit einem gewichteten Durchschnittswert von 9,3 und ein als negativ eingeschätztes Projekt mit einem Wert von 7,0.

Teil II

Problemklassen und Problemlösungsmethoden

3. Bisherige Ansätze zur Einteilung von Problemklassen

Trotz der großen theoretischen und praktischen Bedeutung, die einer differenzierten Einteilung von Anwendungsgebieten nach Problemklassen zukommt, ist dieses Thema bisher vergleichsweise vernachlässigt. In vielen Einführungsbüchern wie z.B. [Jackson 87][1] wird auf Problemklassen und problemspezifische Problemlösungsmethoden nicht eingegangen. Auch in dem neusten Band des "Handbook of Artificial Intelligence" von 1989 werden in dem Kapitel über Expertensysteme nur Basistechniken beschrieben und über Problemklassen heißt es, daß die Beschreibung von Einzelsystemen nützlicher als Verallgemeinerungen seien:

> "We lack a robust taxonomy of problem types (among the most complete so far is Chandrasekaran 1986)[2], so the individual examples still provide a better characterization of the types of problem than general descriptions." [Buchanan 89, S. 183f].

In den siebziger Jahren wurde regelbasiertes Programmieren als die typische Problemlösungsmethode von Expertensystemen betrachtet, was dann Anfang der achtziger Jahren durch objekt- und constraintbasierte Ansätze erweitert wurde. Eine umfassende, detaillierte Beschreibung dieser und anderer allgemeiner Problemlösungsmethoden in der Künstlichen Intelligenz findet sich in [Stoyan 88]. Für viele allgemeine Problemlösungsmethoden wurden entsprechende Programmiersprachen entwickelt, die in Abb. 1.2 in der Kategorie "allgemeine Werkzeuge" einzuordnen sind. Trotz ihres Nutzen im Vergleich zu den konventionellen universellen Programmiersprachen stellte sich heraus, daß sie bei der Entwicklung von Expertensystemen nur begrenzte Hilfestellung bieten können und damit verbunden auch kaum nützliche Differenzierungen für eine Einteilung von Problemklassen ermöglichen.

Die Schwierigkeit einer guten Einteilung von Problemklassen zeigt sich darin, daß sie zwei ganz unterschiedlichen Anforderungen genügen sollte:

1. Anwender müssen ihre Probleme leicht in die Einteilung einordnen können.
2. Für die Problemklassen sollten Aussagen über die zu erwartende strukturelle Einfachheit oder Komplexität entsprechender Expertensysteme möglich sein und Hilfsmittel zu ihrer Entwicklung angegeben werden können. Das erfordert die Zuordnung zu geeigneten Problemlösungsmethoden, die durch entsprechende problemspezifische Werkzeuge, welche eine umfassende Hilfe beim Wissenserwerb darstellen, operationalisiert sein sollten.

Da es sehr schwierig ist, beiden Anforderungen zu entsprechen, werden oft getrennte Einteilungen entwickelt und Beziehungen angegeben. Um zwischen beiden Typen von Problemklassen zu unterscheiden, sprechen wir bei Einteilungen aus Anwendersicht

---

[1] In der zweiten Auflage 1990 wird jedoch zwischen Klassifikation und Konstruktion unterschieden.
[2] vgl. Kapitel 3.4.

ohne erkennbare Zuordnung zu Problemlösungsmethoden von *Problemtypen*, während wir Kategorien, die durch Kriterien zur Anwendbarkeit starker Problemlösungsmethoden definiert sind, *Problemlösungstypen* nennen. Bei einer Einteilung von Problemlösungstypen sind auch negative Aussagen sinnvoll, daß bei bestimmten Problemkriterien derzeit keine guten Problemlösungsmethoden verfügbar sind. Diese Aussage ergibt sich jedoch oft nur implizit, wenn für einen Anwendungsbereich kein passender Problemlösungstyp bekannt ist.

Im folgenden geben wir eine Übersicht über bisherige Ansätze zur Einteilung von Anwendungsgebieten in Problemklassen. Während die ersten Ansätze nur Einteilungen von Problemtypen darstellen, bemüht man sich in letzter Zeit verstärkt, Problemlösungstypen zu identifizieren. Als ersten Problemlösungstyp beschrieb Clancey 1984 die heuristische Klassifikation (s. Kap. 3.2). Insgesamt ist die Einteilung nach Problemlösungstypen, insbesondere wenn man die Forderung nach einer Operationalisierung in Werkzeugen berücksichtigt, jedoch noch sehr fragmentarisch.

3.1 Der Ansatz von Stefik et al. und Hayes-Roth et al.

Das immer noch am meisten zitierte Beispiel einer Einteilung von Problemtypen aus Anwendersicht ist das Schema aus dem ersten allgemeinen Expertensystem-Buch "Building Expert Systems" [Hayes-Roth 83, S. 14 und S. 82ff], von dem ein Teil (S. 82ff) vorab in [Stefik 82] erschienen ist. In [Hayes-Roth 83, S. 14] werden folgende "generische Kategorien" von Problemtypen unterschieden (Abb. 3.1):

<u>Interpretation:</u> Ableitung von Situationsbeschreibungen aus Sensordaten

<u>Überwachung:</u> Vergleich von Beobachtungen mit Sollwerten

<u>Diagnose:</u> Ableitung von Systemfehlern aus Beobachtungen

<u>Vorhersage:</u> Ableitung möglicher Konsequenzen gegebener Situationen

<u>Entwurf:</u> Konfigurierung von Objekten unter Beachtung von Anforderungen

<u>Planung:</u> *Entwurf* von Aktionen

<u>Debugging:</u> Bestimmen von Therapien für Systemfehler

<u>Reparatur:</u> Ausführung eines Planes zur Durchführung einer vorgeschriebenen Therapie

<u>Instruktion:</u> *Diagnose, Debugging* und *Reparatur* von Verhalten eines Auszubildenden

<u>Kontrolle:</u> *Interpretation, Vorhersage, Reparatur* und *Überwachung* von Systemverhalten

Abb. 3.1 Problemtypen nach Hayes-Roth [83, S. 14].

In [Stefik 82] wurden die vier letzten Kategorien nicht aufgeführt, aber dafür die anderen Kategorien ausführlicher beschrieben, indem Beispielsysteme und typische Probleme angegeben werden: DENDRAL zur Interpretation von Massenspektrogrammen, VM zur Überwachung von Patienten an der Eisernen Lunge, MYCIN zur Diagnose bakterieller Infektionskrankheiten, MOLGEN zur Planung genetischer

Experimente; für Entwurf und Vorhersage fehlen Beispiele. Der Hauptteil des Artikels beschäftigt sich dann mit der Diskussion von Techniken zur Lösung "häufig wieder-kehrender" Probleme bei verschiedenen Kategorien, nämlich Suchverfahren für große Lösungsräume und die Behandlung plausibler Annahmen, zeitveränderlicher und unsicherer Daten. Die Techniken werden jeweils anhand von Beispielsystemen erläutert, die wir in der folgenden Übersicht in Klammern angeben:

Unsicheres Schließen (MYCIN, PROSPECTOR),
Temporales Schließen mit dem Situationskalkül (VM),
Generate-and-Test-Verfahren (DENDRAL, GA1),
Phaseneinteilung (R1),
Hierarchisches Schließen mit Top-Down-Refinement (ABSTRIPS),
Least-Commitment-Strategie (NOAH, Stefiks MOLGEN),
Constraint-Propagierung (Stefiks MOLGEN),
Plausibles Schließen mit Belief Revision (EL),
Verfolgen mehrerer Lösungspfade (HEARSAY II, SYN),
Blackboard-Modell (HEARSAY II),
Wissens-Kompilierung (RETE-Algorithmus in OPS5, EMYCIN, HARPY).

Die angegebenen Strategien sind eine einfache Aufzählung von benutzten Techniken in Expertensystemen, die auf sehr unterschiedlichem Abstraktionsniveau liegen. Eine Zuordnung zu den oben beschriebenen Problemtypen aus Anwendersicht existiert nicht. Die Autoren haben ihren Ansatz auch eher als Diskussionsgrundlage verstanden, wie der Schluß ihres Artikels andeutet:

> "The theory of building intelligent systems is far from complete, and the ideas expressed here are by no means universally accepted in the AI-community. To wait for the ideas to settle and survive the test of history would preclude creating a timely guide to current thinking" [Stefik 82, p. 171].

3.2 Der Ansatz von Clancey

Clancey [85] entwickelte die Problemtyp-Einteilung von Stefik und Hayes-Roth zu einem hierarchischen Schema weiter und differenziert zwischen generischen und zu-sammengesetzten Problemtypen. Weiterhin beschreibt er erstmalig detailliert einen Problemlösungstyp, nämlich die heuristische Klassifikation. Zunächst geben wir eine Übersicht über seine Einteilung von generischen Problemtypen (Abb. 3.2):

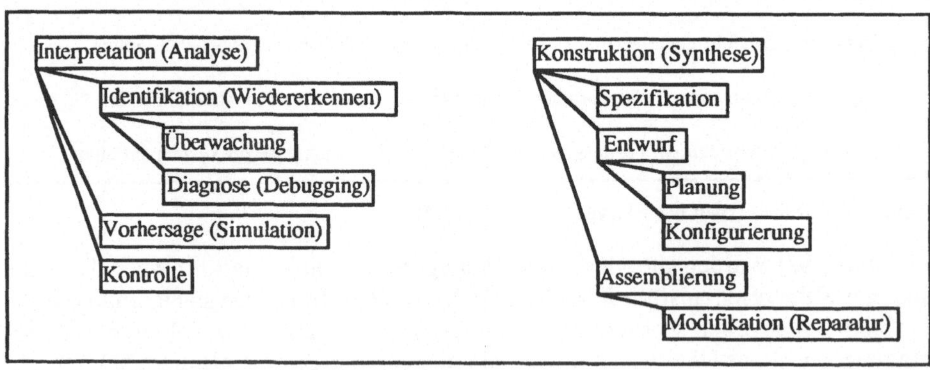

Abb. 3.2   Problemtypen nach Clancey [85]

Clancey betont die Unterscheidung zwischen analytischen und synthetischen Problemen, bei denen ein System entweder interpretiert oder konstruiert bzw. verändert wird. Bei der Charakterisierung der Problemtypen geht er von der allgemeinen Vorstellung eines Systems aus, das eine Eingabe in eine Ausgabe überführt. Die Untertypen der Interpretation ermitteln jeweils einen der drei Faktoren Eingabe, System und Ausgabe aus den beiden anderen: Bei der Identifikation wird aus Ein- und Ausgabe auf den (fehlerhaften) Systemzustand geschlossen, bei der Vorhersage aus Eingabe und Systembeschreibung auf die Ausgabe und bei der Kontrolle aus der Systembeschreibung und der (geforderten) Ausgabe auf die Eingabe. Die zwei Untertypen der Identifikation unterscheiden sich dadurch, daß bei der Überwachung Fehler im System entdeckt werden, während bei der Diagnose die beobachteten Fehler auf defekte Systemkomponenten (oder externe Zustände) zurückgeführt werden.

Die Untertypen der Konstruktion sind Spezifikation, bei der eine Systembeschreibung verfeinert wird, Entwurf und Assemblierung, bei der ein System physikalisch verändert wird, wie z.B. beim Ausführen einer Reparaturanleitung. Die beiden Entwurfstypen Konfigurierung und Planung unterscheiden sich nach Clancey kaum in ihrer inneren Struktur, sondern nur in der Sichtweise: Man kann einen Reiseplan konfigurieren, damit er einen bestimmten Zweck erfüllt, oder eine Reise planen, bei der ein Agent von einem Zustand (d.h. einem Ort) in einen anderen transformiert wird.

Bis auf die Instruktion haben alle Problemtypen von Hayes-Roth Entsprechungen in dem Schema von Clancey. Die Instruktion wird als ein zusammengesetztes Problem betrachtet. Andere zusammengesetzte Problemtypen sind:

System-Entwicklung: Spezifikation + Entwurf + Assemblierung,
System-Wartung: Überwachung + Vorhersage + Diagnose + Modifikation.

Der wichtigere Beitrag von Clancey besteht jedoch darin, daß er durch Vergleich mehrerer Expertensysteme aus unterschiedlichen Anwendungsbereichen gezeigt hat, daß ihre Problemlösungsmethoden sehr ähnlich sind. Das gilt unabhängig davon, ob sie z.B. mit Regeln oder Frames arbeiten. Diesen Problemlösungstyp nennt Clancey "heuristische Klassifikation" und charakterisiert ihn mit einem "Inferenz-Struktur-Diagramm" (Abb. 3.3).

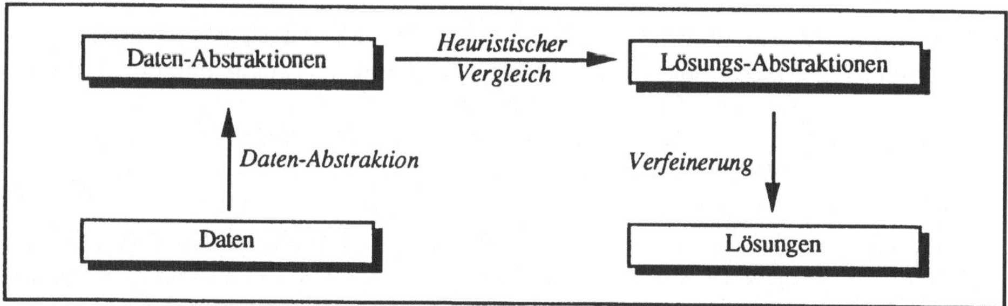

Abb. 3.3 Inferenz-Struktur-Diagramm der heuristischen Klassifikation

Das wesentliche Merkmal der heuristischen Klassifikation ist, daß die Lösung aus einer vorgegebenen Menge von Alternativen ausgewählt wird. Ein zweites Merkmal besteht darin, daß nicht direkt von Rohdaten auf die Lösungen geschlossen wird, sondern über Zwischenstufen, die Daten- und Lösungs-Abstraktionen genannt werden. Die Datenabstraktionen umfassen Definitionen von Fachbegriffen oder qualitative Verallgemeinerungen, und die Lösungsabstraktionen beschreiben eine Hierarchie, deren Endknoten die Lösungen sind. Die Datenabstraktion, d.h. der Übergang von Rohdaten zu Datenabstraktionen, kann mit sicheren, datengesteuert ausgewerteten Regeln, der heuristische Vergleich von Datenabstraktionen zu Lösungsabstraktionen mit unsicheren Regeln und die Verfeinerung von Lösungsabstraktionen zu Lösungen mit hierarchisch strukturierten Regelpaketen realisiert werden.

Clancey unterscheidet die heuristische Klassifikation von der einfachen Klassifikation, bei der die Lösungen ohne unsichere Regeln oder ohne Zwischenstufen ausgewählt werden können, und von der heuristischen Konstruktion, bei der es nicht möglich oder zweckmäßig ist, alle Lösungsalternativen aufzuzählen. Bei der heuristischen Konstruktion gibt er zwei Varianten an: die Generierung der Lösung als Ganzes mit der Generate-and-Test-Strategie (wie in DENDRAL oder in MYCIN´s Therapie-Algorithmus) und das schrittweise Zusammensetzen der Lösung aus primitiven Bausteinen (wie in HASP). Der wesentliche Unterschied zwischen heuristischer Klassifikation und heuristischer Konstruktion ist die Notwendigkeit, bei letzterer eine Datenstruktur bereitzustellen, in der die Lösungsteile in der richtigen Anordnung abgespeichert werden können. Daraus ergibt sich folgendes Schema von Problemlösungstypen (Abb. 3.4):

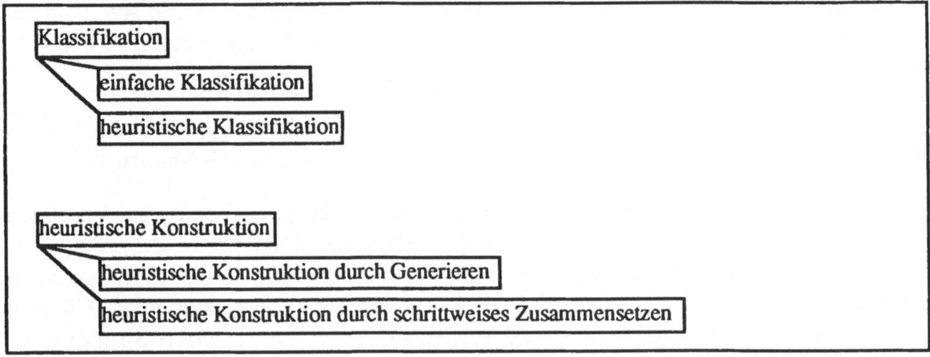

Abb. 3.4 Problemlösungstypen nach Clancey [85]

Als Problemlösungsmethoden für die heuristische Klassifikation gibt Clancey datengesteuerte, zielgesteuerte und opportunistische (beidseitige) Suche und die Verfeinerung von Hierarchien an. Weiterhin beschreibt er die "kausale Prozeß-Klassifikation" als Untertyp der heuristischen Klassifikation, bei der der heuristische Vergleich in zwei Stufen ausgeführt wird: Zunächst werden aus den Daten-Abstraktionen pathophysiologische Zustände hergeleitet, denen im zweiten Schritt Krankheiten zugeordnet werden. Clancey gibt an, daß in dem zweiten Schritt das Modell der heuristischen Klassifikation unpraktisch sein kann: Da es oft viele Kombinationen von pathophysiologischen Zuständen gibt, die auf eine Krankheit hindeuten, sollte man nicht alle diese Kombinationen aufzählen, sondern stattdessen Konstruktionstechniken für diese Teilaufgabe benutzen[3].

---

3   Auf den inneren Widerspruch, daß bei der kausalen Prozeß-Klassifikation die Auswahl von Problemlösungen nicht ausreicht, sie aber trotzdem als heuristische Klassifikation eingestuft wird, geht Clancey nicht ein.

Als Problemlösungsmethoden für die Konstruktion zählt Clancey folgende Techniken
auf: Least-Commitment, Verfolgen alternativer Pfade, hierarchische Verfeinerung von
Lösungen, Backtracking, Constraint-Propagierung und Debugging. Bis auf das nicht
näher spezifizierte Debugging entsprechen sie Techniken in [Stefik 82] (s.o.).
Der neue Beitrag von Clancey ist die Identifikation des Problemlösungstyps
heuristische Klassifikation, die er von der einfachen Klassifikation und der heuristischen Konstruktion abgrenzt. Die Beziehungen zwischen seinen Problemtypen, Problemlösungstypen und Problemlösungsmethoden bleiben allerdings unklar. Dazu
schreibt er:

> "Relating the above methods for constructing solutions [d.h. Problemlösungsmethoden]
> to problem tasks [d.h. Problemtypen] is beyond the scope of this paper. It is possible
> that the problem categories of Section 5 [d.h. Problemlösungstypen] will be useful.
> Though they may prove to be an orthogonal consideration, as we discovered in
> distinguishing between classification and construction" [Clancey 85, p. 338].

3.3 Der Ansatz von Breuker et al.

Breuker et al. [87, 89] verfeinern die beiden Einteilungen von Clancey und mischen
sie zu einer Einteilung. Für die meisten Typen geben sie "Interpretationsmodelle" an,
die in der Form den Inferenz-Struktur-Diagrammen (Abb. 3.3) von Clancey entsprechen. Die Objekte in ihren Inferenz-Struktur-Diagrammen nennen sie "Metaklassen"
(in Abb. 3.3 Daten, Datenabstraktionen, Lösungsabstraktionen und Lösungen), die
Relationen "Wissensquellen" (in Abb. 3.3 Datenabstraktion, heuristischer Vergleich
und Verfeinerung). Die Hauptunterscheidung in ihrer Einteilung ist wie bei Clancey,
ob ein System interpretiert oder konstruiert wird. Als Bindeglied zwischen beiden Extremen führen sie eine dritte Hauptklasse "Modifikation" ein, bei der ein vorgegebenes
System zwar verändert wird, aber seine prinzipielle Struktur erhalten bleibt. Da für die
Modifikation und für die Synthese (Konstruktion) kaum nähere Angaben gemacht
werden, ist der interessante Bereich die Analyse (Interpretation). Im Vergleich zu
Clanceys Schema entsprechen sich die Begriffe nur teilweise (z.B. ist bei Clancey
"Diagnose" ein Problemtyp und "Klassifikation" ein Problemlösungstyp, während
hier "Diagnose" ein Untertyp der "Klassifikation" ist)[4]. Auch wird nicht immer klar,
ob Problemtypen oder Problemlösungstypen gemeint sind: So werden einerseits Interpretationsmodelle für die Typen angegeben, die auf Problemlösungstypen hindeuten,
andererseits heißt es z.B. über die Modifikationstypen, daß sie häufig durch Klassifi-
kationstechniken (z.B. Auswahl von Reparaturen oder Abhilfen) gelöst werden, was
eher auf Problemtypen aus Anwendersicht hindeutet. Neue Typen sind u.a. Bewertung (Assessment) und die Einteilung der "Vorhersage" in Vorhersage von Verhalten
und Vorhersage von Werten. Abb. 3.5 zeigt nur einen Ausschnitt aller Typen, bei dem
insbesondere kaum beschriebene Typen (vor allem im Bereich der Synthese) fehlen.

---

4   Zur Terminologie: Der Begriff "Diagnose" bzw. "Diagnostik" (engl. diagnosis) hat bei
verschiedenen Autoren eine unterschiedliche Bedeutung und bezeichnet einen Untertyp der Klassifikation (Breuker), einen Problemtyp (Hayes-Roth, Clancey) oder ein Anwendungsgebiet für
rückwärtsverkettete Regelsysteme (Harmon, s. Kap. 3.5). Wir gebrauchen Diagnostik äquivalent zu
Klassifikation als Bezeichnung für einen Problemlösungstyp.

Breuker et al. grenzen die heuristische Klassifikation, die (ebenso wie die einfache Klassifikation) von Clancey unverändert übernommen wurde, von der systematischen Klassifikation dadurch ab, daß bei letzterer eine "stärkere algorithmische Struktur existiert, da Hypothesen ohne Berücksichtigung von Wahrscheinlichkeiten eliminiert werden können" [Breuker 87, p. 52]. Die beiden Untertypen der systematischen Diagnose unterscheiden sich dadurch, daß bei der Lokalisation ein "Teil-von"-Modell von Komponenten existiert, die jeweils eigenständig getestet werden können (Beispiel: Hardware-Diagnostik-System HTE von Davis, s. Kap. 10.4), während beim kausalen Rückverfolgen ein Ursache-Wirkung-Modell von Fehlerzuständen vorhanden ist. In ihrer Struktur unterscheiden sich die beiden Typen nicht.

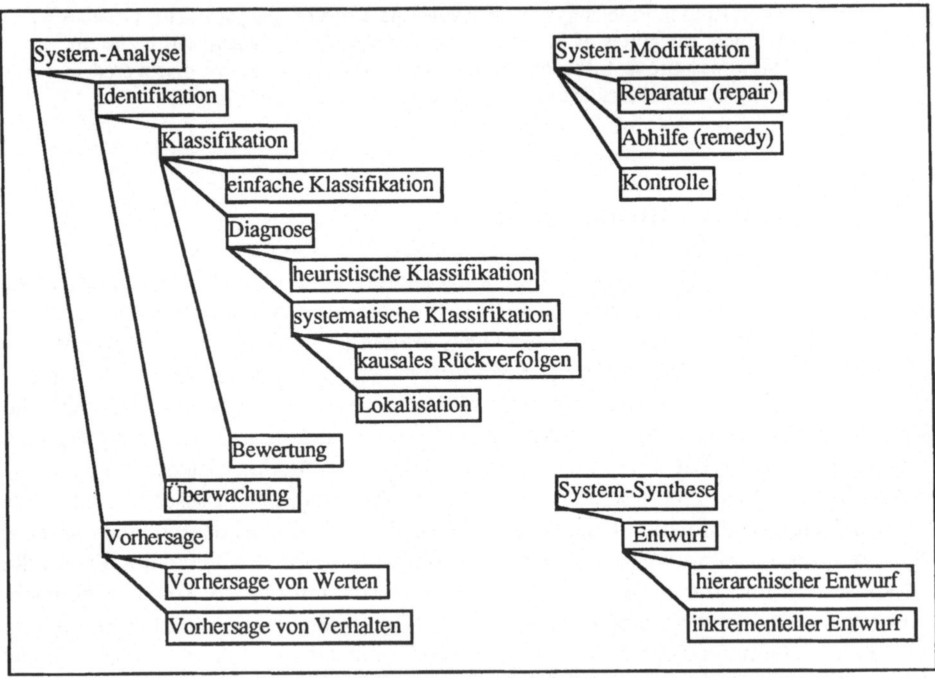

Abb. 3.5   Teilmenge der Problemtypen bzw. Problemlösungstypen nach Breuker et al. [87]

Die Bewertung ist ein Problemtyp aus Anwendersicht, bei der überprüft wird, ob ein Fall bestimmten Anforderungen entspricht (z.B. ein Bewerber für eine Stelle). Das Ergebnis ist eine Entscheidungsklasse (z.B. "geeignet" oder "ungeeignet"). Wenn die Anforderungen und die Attribute des Falles explizit gegeben sind, entspricht die Problemlösungsstruktur der einfachen Klassifikation, andernfalls müssen die Anforderungen und die Attribute in jeweils einem Vorverarbeitungsschritt (entspricht der Datenabstraktion bei der heuristischen Klassifikation) hergeleitet werden. In [Breuker 87] unterscheiden sich die Bewertung und die Überwachung kaum in ihrer Problemlösungsstruktur, da in beiden Typen ein konkreter Fall mit einer Norm verglichen wird.

Bei der Vorhersage sind eine Systembeschreibung und ein Anfangszustand gegeben. Die Vorhersage von Werten umfaßt vor allem das Lösen von mathema-

tischen Gleichungssystemen, z.B. bei physikalischen Aufgaben oder Optimierungs-
problemen. Gegebenenfalls muß erst ein geeignetes Gleichungssystem aus der
Systembeschreibung ausgewählt oder konstruiert werden. Bei der Vorhersage von
Verhalten wird aus dem Ausgangszustand und der Systembeschreibung eine Folge
von möglichen zukünftigen Zuständen hergeleitet. Die Systembeschreibung besteht
aus Parametern mit qualitativen Werten (Landmarkenwerte) und Änderungstendenzen.
Als typische Beispiele sind die Systeme von de Kleer & Brown und Forbus [AI-
Journal 84] (vgl. Kap. 24) angegeben.

Insgesamt ist der Ansatz von Breuker et al. zwar sehr ehrgeizig, aber noch wenig
ausgearbeitet. Ihre Interpretationsmodelle mit den Inferenzstruktur-Diagrammen kann
man eigentlich nur verstehen, wenn man den Problemlösungstyp schon kennt (z.B.
die heuristische Klassifikation von Clancey). Dazu schreiben die Autoren:

> "To the naive observer interpretation models may be no more than some sketchy flow
> diagrams with some highly abstract descriptions and some cryptic structures of
> predicates, standing for `tasks`. Part of the depth has to be read in by understanding the
> descriptional tools; part of it has to be supplied by applying the models and refining
> these in a particular domain, where the "full glory" can be captured in greater detail"
> [Breuker 87, p. 1].

3.4 Der Ansatz von Chandrasekaran

Auch die Arbeitsgruppe von Chandrasekaran arbeitet seit einiger Zeit an einem Schema zur Einteilung von Problemklassen, das in [Chandrasekaran 86, 87] zusammengefaßt ist. Dort werden folgende "generische Aufgaben" (generic tasks) aufgeführt:

Hierarchische Klassifikation	Klassifikation mit der Establish-Refine-Strategie
Abduktives Zusammensetzen	Diagnosebewertung durch Mengenüberdeckung
Hypothesen-Vergleich	Diagnosebewertung durch probabilistisches Schließen
Datenbank-Schließen	Schließen auf der Ebene der Rohdaten
Objektsynthese durch Planauswahl	Planen durch Verfeinerung von Skelettplänen
Zustandsabstraktion	Vorhersage von Zuständen

Abb. 3.6 "Generische Aufgaben" nach Chandrasekaran [87]

Im Vergleich zu den bisher diskutierten Problemklassen liegen diese Aufgaben auf
einem niedrigerem Abstraktionsniveau. Dafür lassen sie sich leichter in entsprechenden Werkzeugen implementieren, was in einfacher Weise von der Gruppe von Chandrasekaran realisiert wurde. Lösungsstrategien für konkrete Anwendungsprobleme
sollen sich durch eine Kombination verschiedener generischer Typen bzw. ihrer
Werkzeuge beschreiben lassen. In [Chandrasekaran 87] ist dies für die heuristische
Klassifikation mittels einer Kombination der ersten vier Typen ausgeführt: hierarchische Klassifikation als globale Klassifikations-Strategie, Hypothesen-Vergleich zur

Bewertung der einzelnen Diagnosen, Datenbank-Schließen zur Ableitung oder zum Erfragen der Symptome und Abduktives Zusammensetzen zur Überprüfung, ob die etablierten Diagnosen auch alle beobachteten Symptome überdecken können.

Die Attraktivität dieses Ansatzes resultiert aus der Möglichkeit, mit einer begrenzten Menge von generischen Aufgaben und zugehörigen Werkzeugen ein breites Spektrum von Problemklassen abdecken zu können. Die Ausführung erfordert jedoch die Analyse sehr vieler verschiedener Problemklassen und ist in [Chandrasekaran 87] mit dem Diagnostik-Beispiel, einem ohnehin sehr gut verstandenem Problemlösungstyp, nur angedeutet. Zu beachten ist, daß das Abstraktionsniveau der generischen Aufgaben von Chandrasekaran mit ihren zugehörigen Problemlösungsmethoden eine Art Mittelstellung zwischen dem Abstraktionsniveau der allgemeinen Problemlösungstechniken für Regeln, Frames, Constraints, probabilistisches, nicht-monotones und temporales Schließen und dem Abstraktionsgrad der bisher diskutierten Problemlösungstypen wie heuristische Klassifikation einnehmen, da letzere als zusammengesetzter Typ aufgefaßt wird.

Während Chandrasekaran zusammen mit Clancey zu den ersten Expertensystemforschern gehörte, der die Bedeutung höherer Abstraktionsebenen als die Basis-Wissensrepräsentationen erkannte, und auch frühzeitig mit der Entwicklung von Werkzeugen für seine generischen Aufgaben begonnen hat, leidet sein Forschungsprogramm darunter, daß sein Werkzeugkasten noch zu klein ist und noch zu wenige verschiedene Shells auf höherer Ebene erstellt wurden, um die postulierte Mehrfachverwendbarkeit der Bausteine überzeugend demonstrieren zu können. Daher bleibt auch trotz ihrer theoretischen Attraktivität unklar, wie nützlich die Idee generischer Aufgaben für einen Werkzeugbaukasten auf einer mittleren Abstraktionsebene im Vergleich zu der Entwicklung von allgemeinen Werkzeugen für Basis-Wissensrepräsentationen bzw. von abstrakteren, problemspezifischen Werkzeugen für die Problemlösungstypen ist.

3.5 Der Ansatz von Harmon

Der Ansatz von Harmon [ESS 88] beruht nach Angaben des Autors auf einer Analyse des tatsächlichen Einsatzes von Expertensystemen in der betrieblichen Praxis. Entsprechend seiner zitierten Aussage aus Kap. 2.3 ist es sein Ziel, Anwendern Empfehlungen zu geben, bei welchen Problemtypen bisher welche Werkzeuge eingesetzt wurden. Er kommt zu dem Ergebnis, daß 90 % aller Expertensysteme zu einer der folgenden fünf Problemtypen gehören:

- Prozedurale Probleme,
- Diagnostik (Fehlersuche),
- Überwachung,
- Entwurfs-Probleme,
- Scheduling-Probleme.

Zu den prozeduralen Problemen gehören solche, die sich mit Ablaufdiagrammen oder Entscheidungstabellen lösen lassen. Harmon gibt an, daß dafür auch konventionelle Techniken ausreichen, aber Expertensystem-Werkzeuge wegen ihrer einfacheren Be-

dienbarkeit und Änderungsfreundlichkeit manchmal bevorzugt würden. Diagnostik
und Überwachung werden dadurch unterschieden, daß Diagnostik überwiegend mit
Rückwärtsverkettung von den Diagnosen zu den Daten und Überwachung durch
Vorwärtsverkettung von den Daten zu den Diagnosen (Empfehlungen) gesteuert
werden. Entwurfs-Probleme (wie z.B. das Konfigurieren von Computern) umfassen
das Zusammensetzen eines Objektes aus Komponenten. Scheduling wird vom
Entwurf dadurch abgegrenzt, daß zusätzlich zeitliche Beschränkungen berücksichtigt
werden müssen.

Weiter gibt Harmon an, welche der Problemtypen, die in leicht, mittel und schwer
unterteilt sind, mit welchen Typen von Expertensystem-Werkzeugen gelöst werden
können, wobei zwischen prozeduralen bzw. induktiven, rückwärtsverketteten
regelbasierten, vorwärtsverketteten regelbasierten und hybriden, (d.h. objekt- und
regelbasierten) Werkzeugen unterschieden wird (Abb. 3.7).

leichte prozedurale Probleme	prozedurale oder rückwärtsverkettete Werkzeuge
mittlere und schwere prozedurale Probleme	konventionelle Programmiertechniken
leichte und mittlere Diagnostik-Probleme	rückwärtsverkettete Werkzeuge
leichte und mittlere Überwachungs-Probleme	vorwärtsverkettete Werkzeuge
leichte Entwurfs-Probleme	vorwärtsverkettete Werkzeuge
alle übrigen Probleme (schwere Diagnostik- und Überwachungs-Probleme, mittlere und schwere Entwurfs-Probleme, alle Scheduling-Probleme)	hybride Werkzeuge

Abb. 3.7 Zuordnung von Problemtypen zu verfügbaren Expertensystem-Werkzeugen

Dabei gibt es natürlich auch Überlappungen zwischen den Bereichen. Harmon prog-
nostiziert, daß in den nächsten Jahren verstärkt problemspezifische Werkzeuge für die
Problemtypen eingesetzt werden.

Die Einteilung von Harmon beschreibt ähnlich wie die von Stefik und Hayes-Roth
(s. Kap. 3.1) Problemtypen aus Anwendersicht, wobei er sich auf die in der Praxis
häufigsten beschränkt. Aus seiner Prognose von problemspezifischen Werkzeugen
kann man schließen, daß auch Harmon seine "in der Praxis beobachtete" Zuordnung
von allgemeinen Werkzeugen zu den Problemtypen als unbefriedigend empfindet.

3.6 Der Ansatz von Mc Dermott

Die Arbeitsgruppe von Mc Dermott an der Carnegie-Mellon-University bzw. Carnegie-Group entwickelt seit einigen Jahren eine Reihe von problemspezifischen Expertensystem-Werkzeugen [Marcus 88]. In [Mc Dermott 88] wird als Ziel dieser Entwicklungen beschrieben, daß die jeweiligen Problemlösungsmethoden der Werkzeuge Schritte in die Richtung einer Einteilung von Problemlösungstypen darstellen. Dabei hebt Mc Dermott besonders hervor, daß eine Einteilung sich an präzis definierten Problemlösungsmethoden orientieren soll, damit für jeden Problemlösungstyp ein Werkzeug bereitgestellt werden kann, das von Experten ohne Hilfe von Wissensingenieuren benutzt werden kann. Die bisherigen Arbeiten führten zur Implementierung und zum Einsatz folgender Werkzeuge:

- MORE ist ein Werkzeug für die heuristische Klassifikation. Bemerkenswert ist, daß die Wissenserwerbskomponente zunächst Wissen über Fehlermodelle akquiriert und dann halbautomatisch in heuristisches Wissen transformiert (s. Kap. 7.4 und 9.4).
- MOLE ist ein Werkzeug zur Klassifikation mit Fehlermodellen mit der Technik der Mengenüberdeckung (cover-and-differentiate; s. Kap. 9.4). Im Vergleich zum Vorgängersystem MORE arbeitet die Problemlösungskomponente direkt mit Fehlermodellen.
- SALT ist ein Werkzeug für die heuristische Konstruktion mit der Vorschlagen-und-Verbessern-Strategie (Propose-and-Revise; s. Kap. 15.4).
- SIZZLE ist ein Werkzeug für die fallvergleichende Konstruktion bei Dimensionierungsproblemen, z.B. Dimensionierung eines neuen Computersystems [Offutt 88].
- KNACK ist ein Werkzeug für die fallvergleichende Konstruktion, das beim Schreiben von Berichten hilft. Es benötigt als Eingabe einen kompletten Beispielbericht und Wissen über die in dem Bericht vorkommenden Begriffe. Daraus kann KNACK durch Verallgemeinerung und andere Instanziierung des Beispielberichtes neue Berichte generieren [Klinker 88].

Die den Werkzeugen zugrundeliegenden Problemlösungstypen bezeichnet Mc Dermott vorsichtig als "Datenpunkte" für eine Einteilung. Eine systematische Analyse von Problemlösungstypen versucht er noch nicht. Sein Beitrag ist die Forderung, daß eine Einteilung von Problemlösungstypen durch problemspezifische Werkzeuge operationalisiert werden sollte, sowie ihre beispielhafte, punktuelle Realisierung. Im Vergleich zu Chandrasekarans Werkzeugbaukasten (Kap. 3.4) liegen die Werkzeuge seiner Arbeitsgruppe auf einem deutlich höheren Abstraktionsniveau und sind eigenständig benutzbar, aber nicht für eine Kopplung entworfen.

3.7. Diskussion

Die Übersicht zeigt, daß es eine befriedigende Einteilung von Problemlösungstypen noch nicht gibt. Andererseits deuten insbesondere die Arbeiten der Forschungsgruppen von Chandrasekaran, Clancey, Breuker und Mc Dermott daraufhin, daß es zumindest einige Problemlösungstypen mit Problemlösungsmethoden gibt, die problemnäher und daher nützlicher als allgemeine Problemlösungsmethoden sind, aber immer noch unabhängig vom konkreten Anwendungsgebiet beschrieben werden können. Während sie bei Breuker in erster Linie die Rolle von Interpretationsmodellen spielen, mit denen der Wissensingenieur bei der Analyse von Anwendungsgebieten und beim Umgang mit Fachexperten die verbalen Daten besser analysieren kann, versucht Mc Dermott sie in problemspezifischen Werkzeugen zu operationalisieren, die von Experten direkt benutzbar sein sollen. Eine ausführliche Diskussion der Gemeinsamkeiten und Unterschiede der zugrundeliegenden Annahmen der Ansätze von Chandrasekaran, Breuker und Mc Dermott findet sich in [Karbach 90].

Das wesentliche Charakteristikum von problemnahen, starken Problemlösungsmethoden im Vergleich zu allgemeinen, schwachen Methoden besteht für Mc Dermott darin, daß starke Methoden nur hochstrukturiertes oder gar kein bereichsspezifisches Kontrollwissen benötigen, da die Kontrolle in der Problemlösungsmethode festgelegt ist. Zur Definition von Kontrollwissen einer Problemlösungsmethode schreibt er: "Das Kontrollwissen einer Problemlösungsmethode umfaßt (1) einen Algorithmus, der spezifiziert, wann welches Wissen zur Identifikation, Auswahl und Umsetzung von Aktionen gebraucht wird, und (2) alles Wissen, welches die Methode zur Auswahl der Aktionen hat" [Mc Dermott 88, S. 225]. Eine unflexible Festlegung der Kontrolle beschränkt zwar die Anwendbarkeit der Methode, ermöglicht aber starke Annahmen über das Bereichswissen, das daher eine reguläre Struktur mit festgelegter, eingeschränkter Funktionalität hat, was den Wissenserwerb erheblich vereinfacht. Im Gegensatz dazu sind schwache Methoden weitaus breiter einsetzbar, aber ihre einfache Kontrollstruktur kann durch vergleichsweise vielfältiges bereichsspezifisches Kontrollwissen ergänzt werden. Da deswegen über das Bereichswissen kaum Annahmen möglich sind, bieten schwache Methoden wenig Hilfestellung beim Wissenserwerb. Als Beispiel für bereichsspezifisches Kontrollwissen gibt Mc Dermott Meta-Regeln an, die die Auswahl anderer Regeln steuern. Anwendungsbereiche wie z.B. der von R1-XCON, bei denen Meta-Regeln unvermeidbar sind, lassen sich nicht mit starken Problemlösungsmethoden in den Griff bekommen. Mc Dermott zieht daraus die Konsequenz, daß es nicht für alle Anwendungsbereiche starke Problemlösungsmethoden gibt, aber daß ihr großer Nutzen es rechtfertigt, wo immer man welche gefunden hat, sie als Spezialisierung der schwachen Methoden diesen vorzuziehen. Daraus läßt sich eine Spezialisierungshierarchie von Problemlösungsmethoden herleiten, bei der jede zusätzliche Einschränkung der Wissensvielfalt den Wissenserwerb vereinfacht und daher als noch stärkere Problemlösungsmethode Beachtung verdient. Als Beispiel dafür kann man den Unterschied zwischen der heuristischen und der einfachen Klassifikation ansehen, da letztere eine Spezialisierung ersterer unter Wegfall von unsicherem Wissen ist.

4. Grundprinzipien der Problemlösungsmethoden

In diesem Kapitel geben wir eine Übersicht über die in den übrigen Kapiteln ausführlich beschriebenen Problemlösungsmethoden und ihre Grundlagen. Die Suche nach problemspezifischen Problemlösungsmethoden und deren Operationalisierung in Shells, die Experten weitgehend selbständig benutzen können sollen, entspricht dem Ansatz von Mc Dermott (Kap. 3.6 und 3.7). Im Vergleich zu den wenigen "Datenpunkten" von Mc Dermott beschreiben wir jedoch wesentlich mehr Problemlösungsmethoden.

Als *Problemlösungsmethode* bezeichnen wir einen Algorithmus, der angibt, wie bereichsspezifisches Wissen zur Problemlösung verwendet wird. Im Vergleich dazu ist ein Sortieralgorithmus nur auf einer Ebene parametrisiert, da er nur auf Eingabedaten, aber nicht auf bereichsspezifisches Wissen referiert. Da die Verwendung des Wissens eine gewisse Festlegung seiner Repräsentation impliziert[1], gehören Angaben zur Wissensrepräsentation auch zur Spezifikation einer Problemlösungsmethode. Das bereichsspezifische Wissen besteht aus Problemmerkmalen, Problemlösungen bzw. Lösungselementen, eventuell Hilfsobjekten und Beziehungswissen. Sie sind jeweils durch Attribute charakterisiert, über deren konkrete Inhalte auf der Ebene der Problemlösungsmethode nichts bekannt ist. Eine Problemlösungsmethode ist umso stärker, je mehr sie die Repräsentation und Funktion des bereichsspezifischen Wissens durch Angabe von Objekttypen mit ihren Attribut-Strukturen und deren Verwendung festlegt.

Schwache Problemlösungsmethoden (Basisproblemlösungsmethoden) sind offen für eine große Vielfalt von Wissensrepräsentationen und/oder -funktionen. Sie sind breit anwendbar, aber stellen deswegen auch keine große Hilfe beim Wissenserwerb dar. Beispiele für Basisproblemlösungsmethoden sind: (1) die Basiswissensrepräsentationen mit ihren zugehörigen Inferenzstrategien wie z.B. Regeln mit Vorwärts- oder Rückwärtsverkettung, Frames mit Vererbung, zugeordneten Prozeduren und Nachrichtenübermittlung oder Constraints mit lokaler Propagierung, bei denen eine Regelaktion, eine Nachricht oder ein Constraint sehr unterschiedliche Funktionen haben kann (z.B. kann eine Regelaktion eine logische Implikation, eine Situationsänderung, eine Dialogsteuerung oder eine interne Ablaufsteuerung bewirken); (2) allgemeine Vorgehensweisen wie die Differenzenmethode beim Planen (s. Kap. 18.2), die dem General Problem Solver [Newell 72] zugrunde liegt, oder

---

[1] Problemlösungsmethode und Wissensrepräsentation sind quasi zwei Seiten einer Medaille, da Problemlösungsmethoden eine gewisse Festlegung der Wissensrepräsentation voraussetzen und Wissensrepräsentationen nur im Hinblick auf assoziierte Verarbeitungsprozeduren sinnvoll sind. Die beiden Begriffe sollten daher nicht so interpretiert werden, als ob man Struktur und Funktion des Wissens in zwei getrennte Teile zerlegen könnte, sondern daß man jeweils einen Aspekt in den Vordergund stellen will.

auch die Hypothesize-and-Test-Strategie (Kap. 5.4) für die Diagnostik, da die Grundidee mit unterschiedlichen Wissensarten kombiniert werden kann. So werden bei der fallvergleichenden Klassifikation Fälle aus einer Datenbank vorausgewählt (Hypothesize) und dann detailliert mit einem Ähnlichkeitsmaß verglichen (Test). Entsprechend werden bei der heuristischen Klassifikation durch Vorwärtsverkettung von Regeln Verdachtshypothesen aufgestellt (Hypothesize) und dann gezielt überprüft, wobei auch zusätzliche Fragen an den Benutzer gestellt werden können (Test). Auch bei der überdeckenden und funktionalen Klassifikation müssen zunächst Verdachtshypothesen erzeugt werden (Hypothesize), die dann in einem Simulationsmodell überprüft werden (Test). Während also die Hypothesize-and-Test-Strategie relativ breit einsetzbar ist, können durch Festlegung der Wissensart verschiedene stärkere Problemlösungsmethoden definiert werden.

Bei *starken Problemlösungsmethoden* wird die Repräsentation und Funktion des bereichsspezifischen Wissens weitgehend festgelegt. Sie sind daher weniger flexibel, aber leisten – sofern sie anwendbar sind – eine umfassende Unterstützung beim Wissenserwerb. Wie am Beispiel der Hypothesize-and-Test-Strategie oben gezeigt, kann man starke Methoden als eine Spezialisierung von schwachen Methoden betrachten. Je festgelegter die Struktur der Objekt- und Beziehungstypen in der Wissensrepräsentation und je eingegrenzter ihre Funktion ist, desto stärker ist die Methode. Wichtige Arten von Festlegungen bei unseren Problemlösungsmethoden umfassen:

- Einschränkung des Variablengebrauches.
- Definition der Objekttypen durch weitgehende Festlegung ihrer Attributstrukturen.
- Festlegung der Kommunikationspfade zwischen Objekten (bzw. Objekttypen) durch Repräsentation der Regeln (und Constraints) als zugeordnete Prozeduren der Objekte (bzw. Objekttypen)[2].
- Globale Kontrolle oft durch Agendasteuerung. Eine Agenda ist geordnete Liste von Aufträgen, aus der jeweils nach bestimmten Kriterien ein Auftrag zur Abarbeitung ausgewählt wird und in die ständig neue Aufträge eingetragen werden können.
- Wissenseingabe weitgehend durch Instanziierung vorgegebener Objekttypen und Angabe der Beziehungen zwischen Objektinstanzen, was mit graphischen Eingabeformen unterstützt wird.

Die genaue Festlegung der Objekttypen und der Attributstruktur ist sehr problematisch, da man häufig für spezielle Anforderungen eines Anwendungsbereiches zusätzliche Attribute benötigt. Andererseits sind sie für die Mehrzahl der Anwendungsbereiche unnötig und verkomplizieren dadurch die Problemlösungsmethode. Wir behandeln sie als optionale Zusatzmechanismen zur Problemlösungsmethode, die bei Bedarf ein- oder ausgeblendet werden können, ohne den Basis-Algorithmus substantiell zu verändern. Da die Festlegung der genauen Objekttypen und der Attributstruktur viel Erfahrung mit der jeweiligen Problemlösungsmethode erfordert, aber diese Erfahrung noch weitgehend fehlt, beschreiben wir im allgemeinen nur ihre Basis-Struktur. Lediglich bei der besonders gut verstandenen heuristischen Klassifikation geben wir Zusatzmechanismen an (Kap. 8).

---

2   Die Klammern deuten Sonderfälle an, die wegen ihrer Allgemeinheit möglichst vermieden werden sollten, aber bei manchen Problemlösungsmethoden, z.B. der Vorschlagen-und-Vertauschen-Strategie (Kap. 16), schlecht zu umgehen sind.

4.1 Übersicht über Problemlösungsmethoden

Die drei Hauptproblemlösungstypen, an denen sich unsere Einteilung der Problemlösungsmethoden orientiert, sind:

- die *Klassifikation*, bei der die Problemlösung aus einer Menge vorgegebener Alternativen ausgewählt wird,
- die *Konstruktion*, bei der die Problemlösung aus vorgegebenen, primitiven Bausteinen zusammengesetzt wird, und
- die *Simulation*, bei der ermittelt wird, wie ein vorgegebenes System-Modell auf bestimmte Eingaben reagiert.

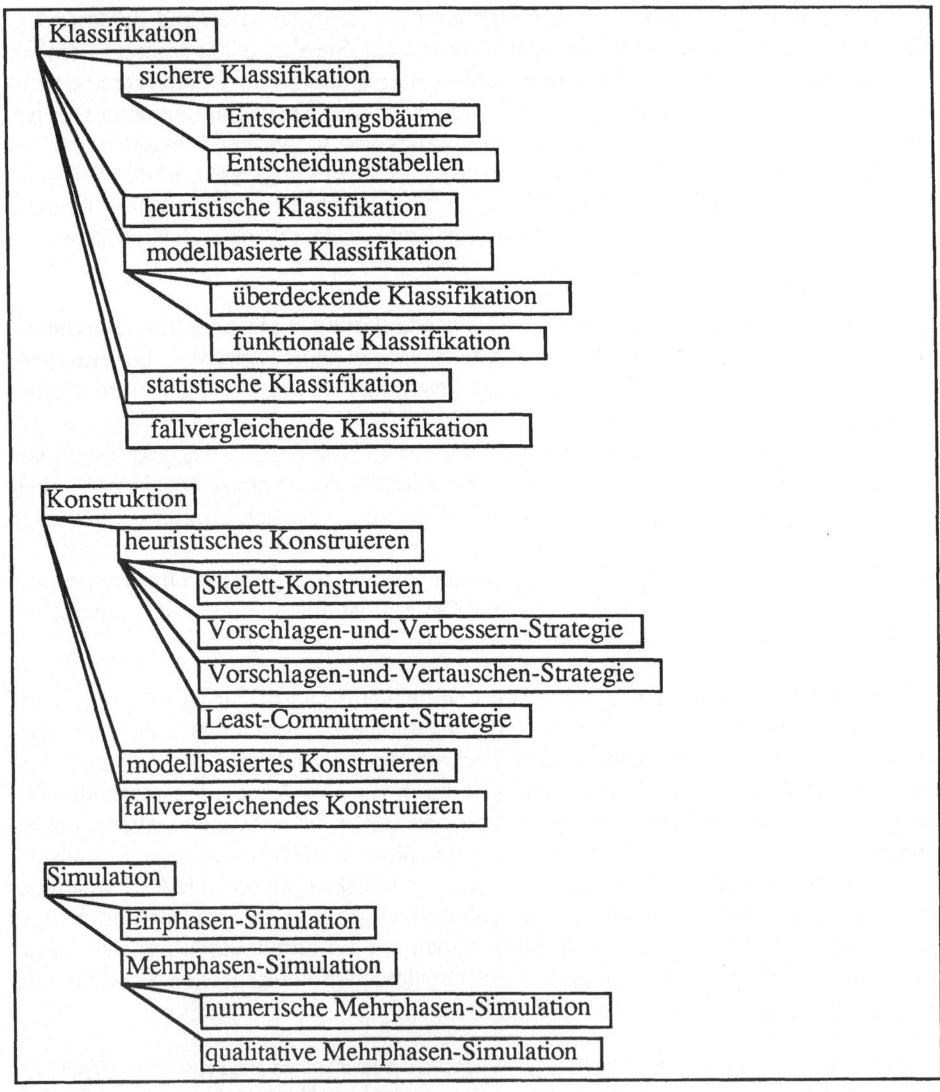

Abb. 4.1   Übersicht über Problemlösungsmethoden

Die Einteilung von Problemlösungsmethoden in Abb. 4.1 ist für die drei Problemlösungstypen nicht gleichgewichtig. Während die Einteilung im Bereich der Klassifikation sehr gut ausgearbeitet ist und die Methoden ziemlich stark sind, haben wir bei der Konstruktion nur im Bereich des heuristischen Konstruierens Problemlösungsmethoden angegeben, von denen insbesondere die Least-Commitment-Strategie relativ schwach ist. Noch lückenhafter ist die Einteilung bei der Simulation. Die Unterschiede in der Vollständigkeit der Einteilung und der Stärke der Problemlösungsmethoden reflektieren den Stand der derzeitigen Expertensystem-Forschung.

Die Struktur der Einteilung wird in jeweils drei Übersichtskapiteln für die Klassifikation (Kap. 5), Konstruktion (Kap. 13) und Simulation (Kap. 21) motiviert, und die Problemlösungsmethoden werden in anschließenden Einzelkapiteln ausführlich beschrieben. Für die meisten Problemlösungstypen ist der Aufbau einer entsprechenden Shell skizziert. Dazu werden Angaben über die Wissensrepräsentation, die Wissensmanipulation und den Wissenserwerb gemacht und teilweise Beispiele gezeigt. Da viele Probleme durch Kombination verschiedener Problemlösungsmethoden besser gelöst werden können, sollten die Shells integrierbar sein. Die wechselseitigen Beziehungen untersuchen wir in Kap. 25, 26 und 27.

4.2 Einschränkung des Variablengebrauchs

Die Sichtweise von Expertensystemen als Wissensmedium wird durch die Benutzung leicht verständlicher Problemlösungsmethoden und eine übersichtliche, möglichst graphische Wissensdarstellung für den Wissensträger (Experten) und den Wissensempfänger (Benutzer) begünstigt. Diese Ziele werden durch einen unkontrollierten Gebrauch von Variablen in einer Wissensbasis gefährdet. Daher wollen wir den Gebrauch von "Referenzvariablen" in Problemlösungsmethoden möglichst vermeiden, die variable, d.h. je nach Kontext wechselnde Objekte bezeichnen. Im Gegensatz dazu sind "Behältervariablen" unproblematisch, die wechselnde Werte eines bestimmten Objektes repräsentieren, sofern die Werte keine Verweise auf andere Objekte darstellen.

Die Bedeutung von Referenzvariablen und Techniken zu ihrer Eliminierung illustrieren wir anhand des Variablengebrauchs in der Prädikatenlogik erster Stufe. Zur Abgrenzung sei zunächst eine typische Regel aufgeführt, die nur Behältervariablen enthält: "wenn der Wert von Messung-1 um 40 Einheiten größer als der Wert von Messung-2 ist, dann liegt der Zustand Z vor" oder g(w(M1), w(M2), 40) -> Z mit g = größer, w = Wert von, M = Messung. Die Prädikate beziehen sich auf Werte von Objekten (M1 und M2), wobei die Werte variabel sein können, die Objekte jedoch feststehen. Im Gegensatz dazu beziehen sich Referenzvariablen nicht auf feststehende Objekte. Ihre Bedeutung wird in der Prädikatenlogik durch Allquantifizierung oder Existenzquantifizierung festgelegt.

Allaussagen kann man bei Expertensystemen meistens in eine Menge von Grundaussagen ohne Variablen überführen, da normalerweise nur endliche Individuenbereiche betrachtet werden. Die wichtigsten Möglichkeiten dafür sind die Hierarchiebildung, die Instanzengenerierung und die implizite Allquantifizierung.

Bei der Hierarchiebildung wird ein neues Objekt eingeführt, das die Grundmenge der allquantifizierten Variablen repräsentiert. Das neue Objekt wird mit Regeln hergeleitet, wozu für jedes Element der Grundmenge eine erforderlich ist, und kann dann in anderen Schlußfolgerungen benutzt werden. Die Hierarchiebildung setzt voraus, daß die rechte Seite einer allquantifizierten Implikation nicht dieselben Variablen wie die linke Seite enthält.

Beispiel: Für alle Z (Z aus Z´) gilt: d(Z) -> L und U. *Konkretisiertes Beispiel*: Für alle Zyl. (Zyl. = irgendein Zylinder beim Auto) gilt: defekt (Zyl.) -> Leistung_schwächer und unrunder_Motorlauf.

Transformation: Z_1 -> Z´´, Z_2 -> Z´´, ... Z_n -> Z´´, Z´´ -> L, Z´´ -> U.

Erläuterung: Dabei ist Z´´ ein neues Konzept, das dem Z´ entspricht. Es wird aus den Z_k hergeleitet und dann für weitere Schlußfolgerungen verwandt.

Wenn beide Seiten einer Implikation sich auf dieselbe allquantifizierte Variable beziehen, kann die statische oder dynamische Instanzengenerierung benutzt werden, bei der alle Instanzen explizit aufgezählt werden. Bei der statischen Instanzengenerierung werden die Instanzen in der Wissenserwerbsphase (entspricht der Programmkompilierungszeit) vorberechnet, während sie bei der dynamischen Instanzengenerierung erst in der Problemlösungsphase (d.h. während der Programmlaufzeit) generiert werden. Die statische Instanzengenerierung setzt voraus, daß der Wertebereich statisch festgelegt ist, während er bei der dynamische Instanzengenerierung von anderen Variablen abhängen kann. Da die dynamische Instanzengenerierung eine Problemlösungsmethode erheblich verkomplizieren kann, erfordert ihr Einsatz eine genaue Analyse der Problemsituation. Wenn mehrere Variablen einer Implikation betroffen sind, steigt die Anzahl der Instanzen multiplikativ.

Beispiel: Für alle Z (Z aus Z´) gilt: s(Z) -> d(Z). *Konkretisiertes Beispiel*: Für alle Zündk. (Zündk. = irgendeine Zündkerze beim Auto) gilt: schwarz-verrußt (Zündk.) -> defekt (Zündk.).

Transformation: $s(Z_1)$ -> $d(Z_1)$, $s(Z_2)$ -> $d(Z_2)$, ..., $s(Z_n)$ -> $d(Z_n)$

Erläuterung: Für jedes Element Z_k des Wertebereichs von Z´ wird eine eigene Regel erzeugt. Bei der statischen Instanzengenerierung ist das n vorgegeben, so daß z.B. bei vier Zündkerzen vier Regeln generiert werden. Bei der dynamischen Instanzengenerierung wird das n von einer anderen Variablen übernommen, z.B. von einer Frage nach der Anzahl der Zylinder beim betrachteten Auto. Wenn die Antwort "zwei" lautet, werden auch nur zwei Instanzen erzeugt.

Die implizite Allquantifizierung kommt in Betracht, wenn durch Einschränkung des Problems auf ein Teilproblem alle Formeln mit derselben Variable allquantifiziert sind, die auch immer dasselbe Objekt beschreibt. Dann kann die Quantifizierung bei den einzelnen Formeln einfach weggelassen und auf das Teilproblem als ganzes verlagert werden, d.h. wenn ein Programm für das Teilproblem existiert, entsprechen Aufrufe des Programms mit verschiedenen Parametern verschiedenen Instanziierungen der Variablen.

Beispiel: Für alle P (P aus P´) gilt: f(P) -> i(P). *konkretisiertes Beispiel:* Für alle Pat. (Pat. = irgendein Patient) gilt: fiebrig (Pat.) -> hat_Infektion (Pat.).

Transformation: F -> I.

Erläuterung: Wenn in allen Formeln eines Teilproblems dieselbe allquantifizierte Variable P vorkommt, z.B. derselbe Patient bei allen Symptomen, Diagnosen und

Regeln, dann kann man diese Variable in allen Formeln einfach weglassen. Verschiedene Patienten werden durch Aufrufe des Programmes mit unterschiedlichen Eingabedaten bearbeitet. Allerdings können Eigenschaften verschiedener Patienten nicht mehr ohne weiteres verglichen werden.

Im Gegensatz zu allquantifizierten Variablen lassen sich existenzquantifizierte Variablen kaum eliminieren. Ihre Rolle in Problemlösungsmethoden besteht normalerweise darin, Objekte nicht direkt, sondern über ihre Eigenschaften anzusprechen. Zur Auswertung muß eine Funktion (Skolemfunktion) verfügbar sein, die aufgrund der geforderten Eigenschaften ein passendes Objekt liefert. Nur wenn die Eigenschaften und die Grundmenge zur Ermittlung des Objektes statisch in der Wissensbasis vorgeben sind, kann die Identität des Objektes in der Wissenserwerbsphase vorberechnet werden. Das ist im Normalfall jedoch nicht möglich. Dann müssen die existenzquantifizierten Variablen durch Spezialmechanismen behandelt werden, die fest in die Problemlösungsmethode eingebaut sind und diese erheblich verkomplizieren können. Ähnlich wie bei der dynamischen Instanzengenerierung ist daher eine sorgfältige Analyse der Anwendungsgebiete erforderlich, ob und in welcher Weise Objekte nicht durch ihren Namen referiert werden können, sondern indirekt durch geforderte Eigenschaften angesprochen werden müssen.

Ein typischer Spezialmechanismus, der in Problemlösungsmethoden oft gebraucht wird, ist die Agenda-Steuerung, bei der ein Objekt, welches bestimmte Eigenschaften am besten erfüllt, mit einer Agenda ausgewählt wird. Beispiele sind Situationen wie "Wähle immer das Objekt zur Festlegung der nächsten Zuordnung aus, das noch nicht zugeordnet ist und aktuell die wenigsten freien Zuordnungsalternativen hat" oder "Überprüfe immer die aktuell wahrscheinlichste Hypothese aus einer Menge von Verdachtsdiagnosen".

Je mehr es gelingt, Referenzvariablen in Problemlösungsmethoden zu vermeiden, desto besser kann der Wissenserwerb graphisch unterstützt werden, da sich statische, "assoziative" Beziehungen zwischen Objektinstanzen mit graphischen Hierarchien oder Netzen im allgemeinen viel anschaulicher darstellen lassen als variable Beziehungen. Ein Nachteil ist der zusätzliche Speicherbedarf bei der Umformulierung von reinen Allaussagen. Oft ist er jedoch in jedem Fall erforderlich, weil in der Praxis scheinbar allgemeine Regeln wegen vieler Ausnahmen konkreter formuliert werden müssen. In kritischen Fällen läßt sich die Instanzenmenge häufig mit der dynamischen Instanzengenerierung durch gute Generierungsheuristiken reduzieren. Ein schwerwiegenderer Nachteil ist die begrenzte Ausdrucksstärke bei Existenzaussagen. Sie muß durch Spezialmechanismen wie z.B. die Agenda-Steuerung ausgeglichen werden, die von den Besonderheiten des Anwendungsbereiches abhängen. Die Vereinfachung der Problemstellung muß also durch einen Verlust an Allgemeinheit erkauft werden. Wie weit das vorteilhaft ist, kann letztlich nur in der Praxis geklärt werden.

Wir glauben jedoch, daß gute Chancen bestehen, viele komplexe Anwendungen erfolgreich assoziativ zu bearbeiten, da es Hinweise gibt, daß Menschen Probleme eher aufgrund reichhaltiger Assoziationen mit speziellen Problemlösungstechniken als durch komplexe, allgemeine Inferenzen lösen. So ist es z.B. beim Schachspielen entgegen landläufiger Meinungen nicht so, daß Großmeister mehr Stellungen durchrechnen als Anfänger, sondern daß sie aufgrund ihres Wissens Stellungen realistischer bewerten. In Studien wurde geschätzt, daß Großmeister ca. 50.000 Stellungstypen kennen [Groote 65]. Ähnliches gilt für andere Anwendungsbereiche, was gewöhnlich in den jeweiligen Fachsprachen zum Ausdruck kommt, in denen alle wichtigen Konzepte explizit benannt werden. Die Fachsprache mit ihren Definitionen und Verweisen kann man sich als ein Begriffs-Netz vorstellen. Sie ermöglicht ein effizientes, assoziatives Problemlösen mit auf den Fachbereich zugeschnittenen Problemlösungsmethoden.

Eine Metapher für die skizzierte Grundstruktur ist daher "assoziatives Problemlösen mit semantischen Netzen", wobei der Begriff "semantisches Netz" bedeutet, daß alle Konzepte und das Beziehungswissen vordefinierte, benannte Knoten bzw. explizite, beschriftete Kanten sind, und "assoziatives Problemlösen" dafür steht, daß die Problemlösung nach Aktivierung bestimmter Knoten (der vorgegebenen Problemmerkmale) im Prinzip durch lokale Fortpflanzung entlang der vordefinierten Kanten gefunden wird.

Eine Ähnlichkeit der Problemlösungsmethoden mit menschlichen Denkschemata hat vor allem den Vorteil, daß der Wissenserwerb vereinfacht wird, da Experten ihr Wissen nicht erst umkodieren müssen. Da die Kompetenz der Expertensysteme durch die Qualität ihres Wissens bestimmt wird, und das Wissen letztlich von Experten stammt, sollten Umkodierungen möglichst vermieden werden (wenn man nicht der Meinung ist, daß die Experten minderwertige Repräsentationen benutzen). Die in der Logik häufig angestrebte möglichst knappe Axiomatisierung von Sachverhalten, die mächtige Inferenztechniken zum Beweisen von Theoremen erfordert, wäre demzufolge in typischen Anwendungsbereichen von Expertensystemen nicht wirklich erfolgversprechend, sondern stattdessen die möglichst vollständige Übernahme der Fachterminologie und der darauf aufbauenden Problemlösungsmethoden[3].

4.3 Grundstruktur der Wissensrepräsentation

Die Wissensrepräsentation soll eine möglichst natürliche Kodierung der Fachterminologie ermöglichen. Entsprechend der Metapher des semantischen Netzes muß dabei Wissen über Konzepte und über Beziehungen repräsentiert werden. Für die Wissensrepräsentation von Konzepten eignen sich Frames und für deren Beziehungen Vererbungshierarchien, zugeordnete Prozeduren, Regeln oder Constraints. Die wesentliche Aufgabe der Wissensrepräsentation ist die Identifizierung von spezialisierten, generischen Frame-, Regel- oder Constraint-Typen des jeweiligen Problemlösungstyps. So gibt es gewöhnlich in jedem Problemlösungstyp bestimmte Sorten von Frames (z.B. in der Diagnostik Symptome und Diagnosen), für die man eine charakteristische Attribut-Struktur (z.B. bei Symptomen Name, Fragetext, Antworttyp, Wertebereich, eigentlicher Wert, usw.) angeben kann. Das gleiche gilt für generische Regel- und Constrainttypen mit typischen Prädikaten und Aktionsarten. Konkrete Konzepte und Beziehungen des Anwendungsbereichs werden durch Instanziierung der generischen Objekttypen als Objekte dargestellt, d.h. durch Belegen der Attribute mit Werten. Da sich die Regeln oder Constraints im allgemeinen auf konkrete Frames beziehen, kann man direkte Verweise erzeugen, die die möglichen Kommunikationspfade zwischen den Objekten darstellen, d.h. bei einem Frame kann man Attribute erzeugen, auf dem alle Regeln bzw. Constraints verzeichnet sind, die sich auf den Frame beziehen. Diese Attribute können dann die Rolle von zugeordneten Prozeduren der Frames übernehmen, d.h. die Aktivierung der Regeln erfolgt über eine Nachfrage

---

3   Wir vermuten, daß da, wo eine knappe Axiomatisierung erfolgversprechend ist (wie z.B. in weiten Teilen der Physik), sie auch bereits durchgeführt wurde.

oder Wertänderung der Frames. Eine Regel wird einerseits allen Objekten ihrer Vorbedingung unter deren Attribut "Bedeutung" (d.h. dort stehen alle Regeln, die Schlußfolgerungen aus dem Objekt ziehen) und andererseits den Objekten aus ihrem Aktionsteil unter deren Attribut "Herleitung" (d.h. dort stehen alle Regeln eines Objektes, die dessen Wert herleiten) zugeordnet. Allgemein kann man drei Arten von Attributen unterscheiden: statische Attribute (z.B. Name, Wertebereich), deren Werte während des Wissenserwerbs vom Experten festgelegt werden, semistatische Attribute (z.B. Bedeutung und Herleitung), die Kommunikationspfade zwischen den Objekten definieren und aus den statischen Attributen abgeleitet werden, und dynamische Attribute (z.B. der "eigentliche Wert" des obigen Objekttypes Symptom), die während der Problemlösung gesetzt oder hergeleitet werden[4].

4.4 Grundstruktur der Wissensmanipulation

Die Problemlösungsmethoden beruhen im Kern auf einem Nachrichtenaustausch zwischen den Objekten ähnlich wie bei der objektorientierten Programmierung [Meyer 88]. Regeln und Constraints betrachten wir als zugeordnete Prozeduren der Objekte, auf die sie sich beziehen (vgl. [Puppe 88, Kap. 5.2]). Da die Kommunikationspfade zwischen den Objekten vorberechnet und als Attribute abgespeichert werden, ist der Inferenzprozeß sehr effizient und ermöglicht auch eine gezielte, effiziente Rücknahme von Werten.

Oft ist eine (Teil-)Sequentialisierung des nebenläufigen Nachrichtenaustausches durch eine Agendasteuerung wünschenswert oder notwendig. So kann die Effizienz häufig gesteigert werden, wenn die Verarbeitung einer Nachricht aufwendig ist und ein Objekt potentiell viele Nachrichten bekommen kann, indem die Nachrichten erst gesammelt werden, bevor das Objekt reagiert. Auch wenn Fragen an den Benutzer nötig sind, sollten unterschiedliche Frage-Wünsche verschiedener Objekte über eine Agenda koordiniert werden. Falls die Qualität der Problemlösung wesentlich von der Bearbeitungs-Reihenfolge abhängt, sollte das Ordnungskriterium für die Agenda leicht zu verändern sein (vgl. z.B. Vorschlagen-und-Vertauschen-Strategie, Kap. 16).

Zur Realisierung der Agendasteuerung muß der Nachrichtenaustausch modifiziert werden. Auf bestimmte Nachrichten reagieren die Objekte nicht direkt, sondern schicken nur eine Nachricht an die Agenda, auf der die Objekte gemäß einer Priorität eingeordnet werden. Wenn keine Nachrichten mehr aktiv sind, wird aus der Agenda ein Objekt ausgewählt, das eine neue Runde des Nachrichtenaustausches auslöst.

4.5 Grundstruktur des Wissenserwerbs

Die interne Wissensrepräsentation ist eine Objekt-Attribut-Wert-Struktur für alle Objekttypen. Eine einfach implementierbare Form des Wissenserwerbs besteht in dem direkten Ausfüllen von entsprechenden Frame-, Regeln- und Constraint-Schemata. Der große Nachteil besteht darin, daß Beziehungswissen "linearisiert", d.h. auf ein (willkürlich ausgewähltes) Objekt bezogen werden muß. Das erschwert sowohl die Eingabe, da ständig in umständlicher Form auf andere Objekte Bezug genommen

---

[4]   Bei der Beschreibung der Wissensrepräsentation einer Problemlösungsmethode in späteren Kapiteln werden semistatische Attribute mit (z) und dynamische Attribute mit (d) gekennzeichnet.

werden muß, als auch die Übersicht über die Wissensbasis. Experten drücken ihr Wissen daher oft in graphischer Form aus, wobei nicht nur auf den Namen, sondern auch auf den Platz eines Objektes referiert wird. Dieses Prinzip sollte auch die Grundlage des Wissenserwerbs sein und von den Wissenserwerbskomponenten für die verschiedenen Problemlösungstypen angeboten werden. Die wichtigsten Formen sind Übersichtstabellen für die Angabe von Beziehungen zwischen jeweils zwei Objekten (Abb. 4.2), Entscheidungstabellen für die Verknüpfung mehrerer Objekte (Abb. 4.3), weitgehend strenge Hierarchien (Abb. 4.4), Netze für Heterarchien und zyklische Graphen (Abb. 4.5), Formulare zur Eingabe von objektlokalem Wissen (Abb. 4.6), Formel-Editoren zur Eingabe numerischer Beziehungen (Abb. 4.7) sowie Kurven zur Eingabe komplexer Zusammenhänge zwischen zwei Parametern (Abb. 4.8). Für diese Hauptformen müssen verschiedene Arten in Abhängigkeit verschiedener Objekttypen (z.B. verschiedene Arten von Formularen oder Tabellen) und für jede Art verschiedene Instanzen zur konkreten Eingabe von Wissen bereitgestellt werden. Bei der späteren Beschreibung von Problemlösungsmethoden geben wir in dem Unterkapitel über den Wissenserwerb jeweils die zur graphischen Wissenseingabe benötigten Hauptformen an. Wie wir uns einen graphischen Wissenserwerb vorstellen, zeigt unser Wissenserwerbssystem CLASSIKA für die heuristische Klassifikation (Kap. 7.5).

	Objekt 21	Objekt 22	Objekt 23	...
Objekt 11	✗	✗		
Objekt 12		✗		
Objekt 13	✗			
Objekt 14			✗	
...				

Abb. 4.2 Übersichtstabellen für die Angabe von Beziehungen zwischen jeweils zwei Objekten

	Regel 1	Regel 2	Regel 3	Regel 4	...
Objekt 11	✗	✗	✗		
Objekt 12	✗	✗		✗	
Objekt 13	✗		✗	✗	
...					
Objekt 21		✗	✗	✗	
Objekt 22	✗				
...					

Abb. 4.3 Entscheidungstabellen für die Verknüpfung mehrerer Objekte

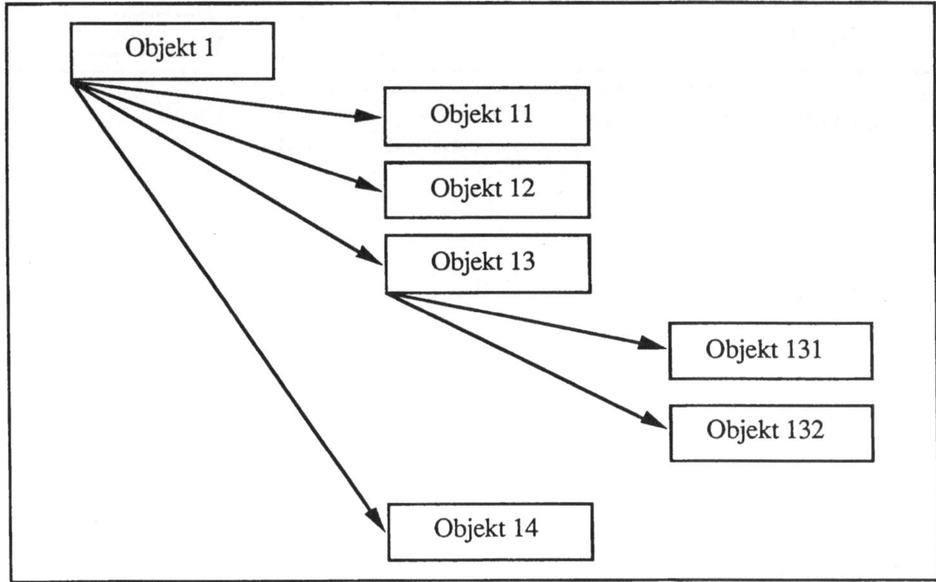

Abb. 4.4 Weitgehend strenge Hierarchien

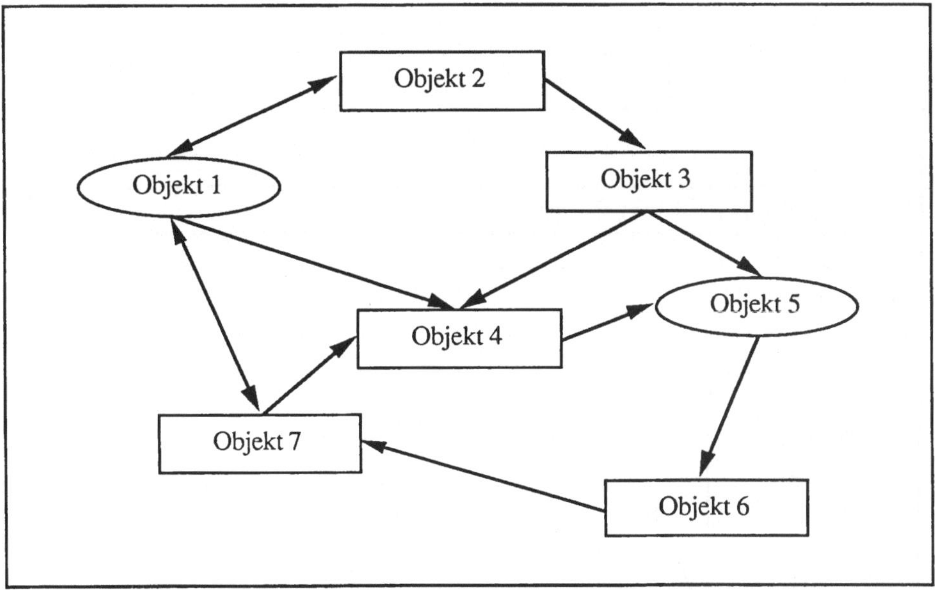

Abb. 4.5 Netze für Heterarchien und zyklische Graphen

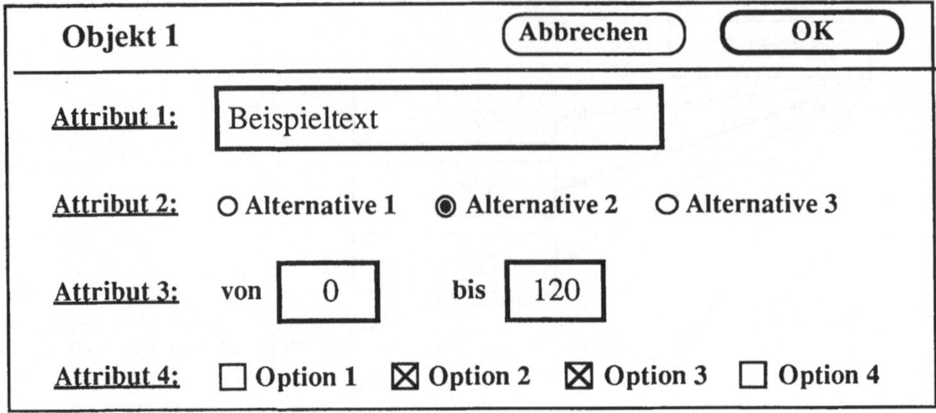

Abb. 4.6   Formulare zur Eingabe von objektlokalem Wissen

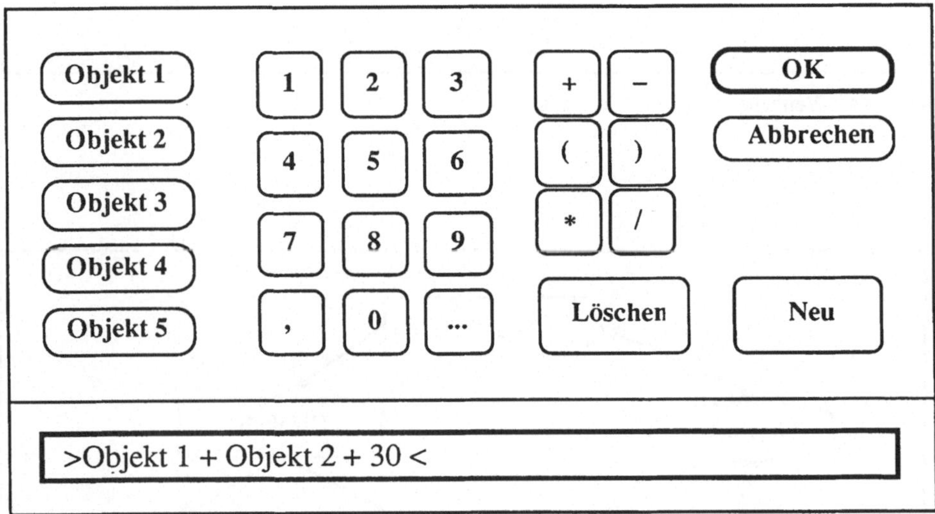

Abb. 4.7   Formel-Editoren zur Eingabe numerischer Beziehungen

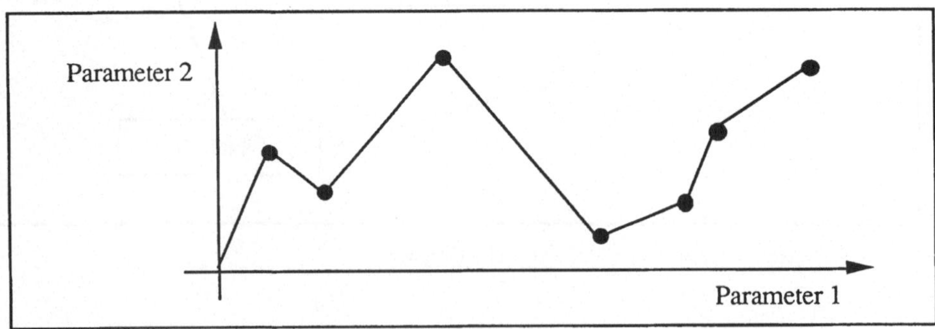

Abb. 4.8   Kurven zur Eingabe komplexer Zusammenhänge zwischen zwei Parametern

Teil III

Klassifikation

5. Übersicht über den Problemlösungstyp Klassifikation

Als Klassifikation (Diagnostik) bezeichnen wir den Lösungsprozeß für Probleme mit folgenden Eigenschaften:

1. Der Problembereich besteht aus zwei endlichen, disjunkten Mengen von Problemmerkmalen und Problemlösungen und aus typischerweise unsicherem, mehrstufigem Wissen über die Beziehungen zwischen Problemmerkmalen und Problemlösungen.
2. Ein Problem ist durch eine eventuell unvollständig gegebene Teilmenge von Problemmerkmalen charakterisiert.
3. Das Ergebnis der Klassifikation ist die Auswahl einer oder mehrerer der Problemlösungen.
4. Wenn die Qualität der Problemlösung durch Erfassung zusätzlicher Problemmerkmale verbessert werden kann, so ist es eine Teilaufgabe der Klassifikation, zu bestimmen, ob und welche zusätzlichen Problemmerkmale angefordert werden sollen.

Abbildung 5.1 veranschaulicht das Grundprinzip der Klassifikation. Die Herleitung der Lösungen aus den Merkmalen erfolgt meist über Zwischenstufen, den "diagnostischen Mittelbau". In diesem Übersichtskapitel versuchen wir, von der Vielfalt der Anwendungsbereiche über Problemtypen und Anforderungen an Problemlösungsmethoden zu einer Klassifikation von Problemlösungsmethoden zu kommen.

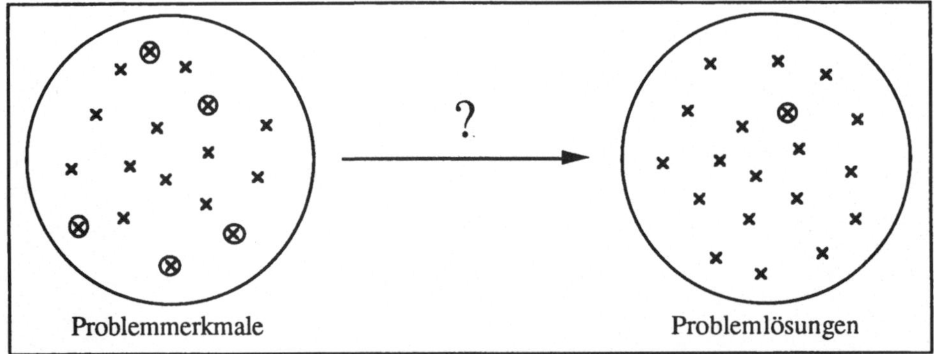

Abb. 5.1 Basisstruktur der Klassifikation mit Problemmerkmalen (Symptomen) und Problemlösungen (Diagnosen). Ein Symptom kann verschiedene Ausprägungen haben. Klassifikation kann als eine Abbildung aller möglichen Kombinationen der Symptomausprägungen in die Potenzmenge der Diagnosen angesehen werden. In der Praxis liegen aber nur wenige, häufig sogar nur eine Diagnose vor.

5.1 Anwendungsbereiche

Zur Überprüfung, ob ein Problembereich zur Klassifikation gehört, sollten die beiden Mengen der Merkmale und Lösungen im Problembereich explizit angegeben werden. Die Forderung nach einer expliziten Aufzählung aller Lösungen erscheint auf den ersten Blick relativ schwer erfüllbar. Als Daumenregel gilt jedoch: Wenn ein zunächst komplex erscheinender Problembereich von Menschen gut verstanden ist, kristallisieren sich oft eine überschaubare Anzahl häufig wiederkehrender, stereotyper Lösungsmuster heraus, denen die Experten wegen ihrer Bedeutung einen eigenen Namen geben. Das Problemlösen vereinfacht sich dann auf das Wiedererkennen dieser Muster.

Zur Illustration listen wir eine Reihe von Anwendungsbereichen mit ihren zugehörigen Mengen von Merkmalen (M) und Lösungen (L) auf[1]. Zu den Merkmalen gehören zusätzlich immer allgemeine Basiskenndaten, die wir nicht explizit angeben, da sie zu unspezifisch sind:

5.1.1 Anwendungen in der Technik

a) Qualitätskontrolle:
- Motordiagnose auf dem Prüfstand; M: Meßdaten in verschiedenen Belastungsstufen des Motors und beobachtete Symptome wie Geräusche, Farbe der Abgase, Auslaufen von Öl; L: defekte Bauteile des Motors; Bsp: IXMO* [Puppe 85a, Premauer 86, Ernst 88].
- Getriebediagnose; M: Meßdaten des Getriebes; L: Getriebedefekte; Bsp: DAX* [Mertens 88].

b) Prozeßdiagnose in der Fertigung
- Leiterplattenfertigung; M: optische Fehler an Leiterplatten, Maschinen- und Prozeßparameter; L: Vorschläge zur Fehlerbehebung wie Austausch defekter Maschinenkomponenten, Einstellung von Prozeßparametern; Bsp: LEDIS* [Achtstätter 88].
- Spritzgießen bei der Fertigung von Elastomeren; M: optische Fehler an den fertigen Gummiteilchen, Prozeßparameter, Kenndaten der Maschinen und der Rohgummi-Mischung; L: Vorschläge zur Fehlerbehebung; Bsp: EFFEKT* [Nedeß 88, Plog 90].
- Prozeßdiagnose beim Lackieren von Autos; M: optische Fehler im Lack, Prozeßparameter, Kenndaten des Lackmaterials und der Maschinen; L: Vorschläge zur Fehlerbehebung; Bsp: LADIS*.

c) Reparaturdiagnostik
- Motordiagnose beim Auto; M: Beanstandungen und Beobachtungen vom Autofahrer, Tests in der Werkstatt; L: defekte Motorteile; Bsp: MODIS* [Borrmann 83], MODEX* [Walser 88].
- Hardware-Diagnostik von Computern; M: Beanstandungen des Benutzers, Fehlermeldungen des Computers; L: defekte Hardware-Komponeten.

---

[1] Anwendungen, die mit den Werkzeugen MED1 oder MED2 erstellt wurden, sind mit einem * gekennzeichnet.

- Diagnose von Flüssigkeits-Chromatographen; M: Kenndaten des Chromatographen-Monitors; L: Fehler beim Lösungsmittel oder im Gerät.
- Diagnose von Vakuum-Pumpen; M: Vakuum-Druckwerte zu verschiedenen Zeitpunkten, Maschinenparameter; L: Defekte der beteiligten Pumpen; Bsp.: VADIS*.
- Diagnose von Robotern.

d) Überwachung
  - Überwachung von Turbogetrieben; M: Geräusche, Vibrationen, Temperaturen, Ergebnisse von Ölanalysen, usw. L: Abschalten oder Weiterlaufen-Lassen, Fehler in der Betriebsweise (z.B. Überlast), in den Betriebsmitteln (z.B. Öl) oder im Getriebe (z.B. ungenügende Ausrichtung des Getriebes zum Antriebsaggregat); Bsp: TADIS* [Borrmann 88], TUMAD* [Keim 89].
  - Überwachung von Kraftwerken.

e) Netzwerkdiagnostik
  - Diagnostik von Stromversorgungsnetzen.
  - Diagnostik von Telefonnetzen.
  - Diagnostik von Computer-Netzen.
  - Diagnostik von Wasserleitungsnetzen.

f) sonstige technische Anwendungen
  - Werkzeugauswahl bei der Konstruktion von Werkstücken; M: geometrische Eigenschaften eines Werkstückteils, geforderte Genauigkeit, Material; L: Auswahl cincs verfügbaren Werkzeuges zur Konstruktion des Werkstückteils mit Iteration für alle Werkstückteile.
  - Datenbank-Tuning; M: Kenndaten des Datenbankmonitors; L: Empfehlungen zur Datenbank-Optimierung, Feststellung einer allgemeinen Überlastung der Rechnenanlage oder eines schlechten Datenbank-Designs; Bsp: SIUX* [Dickmann 86].

5.1.2 Anwendungen in der Medizin und Umwelt

a) Medizinische Diagnostik im engeren Sinne
  - Diagnostik von Brustschmerzen; M: Ausprägungen des Brustschmerzes, andere Leitsymptome, körperliche Untersuchung, technische Untersuchungen; L: Krankheiten des Herzens, der Lunge usw.; Bsp: MED1/Brustschmerzen* [Puppe 84, 85b].
  - Diagnose von Multipler Sklerose; M: Anamnese, Befund, Untersuchungen; L: Differentialdiagnose und Bewertung von Schweregrad und Prognose der Multiplen Sklerose; Bsp: MSX* [Nossem 89].
  - Diagnostik in der Inneren Medizin; M: Anamnese, Befund, technische Untersuchungen, L: bekannte medizinische Krankheiten; Bsp: INTERNIST/QMR [Miller 82, 86].
  - Diagnostik von Gelenkschmerzen; M: Ausprägungen von Gelenkschmerzen, Begleitumstände; L: Rheumatische Erkrankungen; Bsp: Schewe´s System* [Schewe 90].

b) Medizinische Therapieauswahl
- Bestimmen der Antibiotika-Therapie bei bakteriellen Infektionskrankheiten; M: Anamnese, frühe Laborbefunde; L: Antibiotika für die wahrscheinlichsten Erreger; Bsp: MYCIN [Shorliffe 76].
- Bestimmen der Diabetes-Therapie; M: Diabetes-Anamnese, -Befund und -Tests; L: Diabetes-Therapie-Elemente wie Diätart, Insulin-Art und Verabreichung, usw.; Bsp: DIACONS(*).

c) Labordaten-Interpretation
- Auswertung von Lungenfunktionstests; M: Ergebnisse der Tests (ca. dreißig Meßdaten); L: Verdacht auf Lungenkrankheiten; Bsp: PUFF [Aikins 84].
- Auswertung von Lipo-Protein-Untersuchungen; M: Ergebnisse der Tests; L: Verdacht auf Stoffwechselkrankheiten; Bsp: PRO.M.D/Lipoproteine [Trendelenburg 86].

d) Überwachung auf Intensivstationen
- Überwachung an der Eisernen Lunge; M: Vitale Patientendaten wie Puls, Blutdruck, Atemfrequenz, usw. L: Modus der maschinellen Atemunterstützung; Bsp: VM [Fagan 84].

e) Diagnose von Tier- und Pflanzen-Krankheiten
- Diagnose von Zimmerpflanzen.
- Diagnose von Milchkühen.

f) Diagnose von Umweltschäden

5.1.3 Anwendungen im Dienstleistungssektor

a) Anwendungen im Bankbereich
- Beratung beim Kauf von Aktien und Wertpapieren; M: anzulegender Betrag, Vorlieben, Risikobereitschaft und Anlagedauer des Kunden; L: Geldanlage-Optionen.
- Gewährung von Krediten.
- Überprüfung von Kreditkarten-Kunden; M: Stand des Kontos, Zuverlässigkeit des Kunden, Höhe der Summe; L: o.k. / nicht o.k.; Bsp: System von American Express, das die Merkmale aus verschiedenen Datenbanken abfragt.

b) Anwendungen juristischer Bestimmungen
- z.B. im Arbeits- Umwelt- und Steuerrecht.
- Erfüllen von Bestimmungen im Umgang mit Asbest.
- Erfüllen von Export-Bestimmungen.

c) Katalogauswahl
- Auswahl von Datenbanken; M: Hardware-Bedingungen, Größe des Datenbestandes, Art der Nutzung, Leistungs-Anforderungen; L: Datenbanken; Bsp: DABAS* [Mütter 88].

- Auswahl von Computern.
- Auswahl von Autos.
- Auswahl von Büchern; M: Kundenprofil; L: Buchtitel; Bsp: GRUNDY.
- Beratung bei Expertensystem-Projekten; M: zu erwartende Kosten und Nutzen, Qualität der Wissensquellen, Wissensfluktuation, usw.; L: Durchführbarkeit: gut, schlecht. Bsp: XPS-Beratung* [Puppe 87, Kap. 4.3.1].
- Auswahl von Expertensystem-Werkzeugen; M: Problemtyp und spezielle Anforderungen des Anwendungsbereiches, Bedingungen des Wissenserwerbs, Hardware-Bedingungen, usw.; L: Expertensystem-Werkzeuge.

d) Produkt-Marketing

5.1.4 Bild- und Objekterkennung

a) Bestimmen von Pflanzen
- Pilzbestimmung; M: optische, geruchliche und tastbare Merkmale von Pilzen, Beschreibung der Umgebung des Standortes, der Jahreszeit, des Wetters; L: Pilze; Bsp: PIDIAS* [Neis 88].

b) Erkennen von Gegenständen auf dem Fließband
c) Erkennen ausgewählter Szenenelemente in der Bildverarbeitung

5.1.5 Sonstige Anwendungen

a) Erkennen geologischer Formationen
- Suche nach Bodenschätzen; M: Gesteinsarten, Vegetation, Ergebnisse von Probebohrungen; L: charakteristische Konstellationen; Bsp: PROSPECTOR [Gaschnig 82].

b) Auswahl geeigneter Objekte für gegebene Standorte
- Auswahl von Zimmerpflanzen; M: Lichtstärke, Wärme, Feuchtigkeit, Sonneneinstrahlung, usw.; L: Zimmerpflanzen.

Diese ausführliche Aufzählung verschiedenartiger Klassifikations-Anwendungen ließe sich noch fortsetzen, siehe z.B. die Bestandsaufnahme von Expertsystemen im deutschsprachigen Raum in [Mertens 90] oder die Übersicht von deutschen Diagnose-Expertensystem-Projekten in [Puppe 89]. Sie deutet die Bandbreite des Problemlösungstyps Klassifikation an, die weit über die medizinische und technische Diagnostik hinausgeht. Fast alle aufgeführten Klassifikationssysteme arbeiten nach dem Prinzip der "heuristischen Klassifikation" (s.u.).

5.2 Einteilung nach Problemtypen

In diesem Abschnitt versuchen wir, die große Menge von Beispielen auf einige Problemtypen aus Anwendersicht abzubilden.

- *statische Fehlersuche:* In einem System wird die Ursache für beobachtete, nicht zeitveränderliche Fehler gesucht, um daraus Vorschläge zur Fehlerbehebung ableiten zu können. M: beobachtete Symptome und Meßwerte; L: Fehlerursachen und evtl. Vorschläge zur Fehlerbehebung; Bsp: Reparaturdiagnostik technischer Geräte, vereinfachte Prozeßdiagnostik, Datenbank-Tuning, vereinfachte medizinische Diagnostik, Therapie und Labordaten-Interpretation.
- *dynamische Fehlersuche:* In einem System wird die Ursache für beobachtete, möglicherweise zeitveränderliche Fehler gesucht, um daraus Vorschläge zur Fehlerbehebung ableiten zu können; M: objektiv gegebene Symptome und Meßwerte, für ein Symptom oder Meßwert können zu verschiedenen Zeitpunkten erhobene Werte vorliegen; L: defekte Komponenten und/oder mögliche Korrekturen externer Einflüsse; Bsp: technische Prozeßdiagnostik, komplexe medizinische Diagnostik, Therapie, Überwachung und Labordaten-Interpretation.
- *Bewertung:* Bewertung eines Objektes oder Prozesses entsprechend einer definierten Norm. M: Eigenschaften des Objektes oder Prozesses; L: im wesentlichen nur die zwei Entscheidungskategorien "positiv" und "negativ", Entscheidung meist mittels gewichteter Einzelkriterien; Bsp: Kreditvergabe (ja/nein), Durchführbarkeit von Projekten (ja/nein), Qualitätskontrolle (gut/schlecht) und Überwachung eines Prozesses (Alarm/kein Alarm).
- *Multiple Bewertung:* Bewertung eines Objektes oder Prozesses gemäß verschiedener definierter Normen. M: Eigenschaften des Objektes oder Prozesses; L: Definitionen verschiedener Bewertungskategorien; Bsp: Anwendung juristischer Bestimmungen auf einen Sachverhalt, Auswahl von Zimmerpflanzen für einen Standort, Überwachung eines Prozesses mit Unterscheidung verschiedener Alarmzustände.
- *Präzedenzauswahl:* Auswahl eines Objektes auf der Basis subjektiver, oft unerfüllbare und daher zu modifizierende Wünsche; M: Benutzerwünsche; L: vorhandene Produkte; Bsp: Geldanlageberatung, Katalogauswahl, Kauf von Produkten.
- *Objekt-Identifikation:* Identifikation eines physikalischen Objektes als Element einer Objektklasse aufgrund der Interpretation beobachteter Merkmale. Während die Lösungen bei der Identifikation natürlich gegebene Objektklassen sind, sind sie bei der "multiplen Bewertung" im allgemeinen wesentlich exakter definierte Normen und Definitionen. M: beobachtbare Eigenschaften der Objektklassen; L: Objektklassen; Bsp: Pilzbestimmung, Objekt- und Bilderkennung, Erkennen geologischer Formationen.

Die vier Klassifikations-Problemtypen von Stefik und Hayes-Roth (Kap. 3.1) lassen sich wie folgt einordnen: Interpretation ≈ Identifikation; Überwachung ≈ Bewertung (einfach oder multiple); Diagnose und Debugging ≈ Fehlersuche (statisch oder dynamisch). Allerdings schließt die Interpretation von Stefik und Hayes-Roth auch Konstruktionsprobleme ein, wie das dort angegebene Beispiel von DENDRAL zur

Bestimmung von Molekül-Struktur-Formeln zeigt, die wir bei der Identifikation ausschließen.

Der Wert dieser Einteilung besteht darin, daß Anwendungsgebiete sich leicht einem Problemtyp zuordnen lassen. Andererseits ist die Einteilung nur begrenzt hilfreich bei der Auswahl von Problemlösungsmethoden, da diese mehr von Problemeigenschaften und der Art des verfügbaren Wissens abhängen. Im folgenden untersuchen wir typische Eigenschaften von Klassifikationsproblemen, die manchmal, aber nicht immer, für einzelne Problemtypen charakteristisch sind oder ausgeschlossen werden können.

5.3 Analyse von Problemeigenschaften

Die einfachste Problemlösungsmethode für die Klassifikation wäre eine direkte, eindeutige Zuordnung von Merkmalen zu Lösungen. Das ist natürlich nur selten möglich. Folgende Schwierigkeiten können auftreten:

- *unsicheres Wissen:* Das Wissen über die Beziehungen zwischen Merkmalen und Diagnosen ist unsicher, d.h. ein Merkmal kann auf verschiedene Lösungen hindeuten. Bsp: alle Anwendungsbereiche.

- *unzuverlässige Merkmale:* Die hergeleiteten Lösungen können nicht besser sein als die Zuverlässigkeit der angegebenen Merkmale. Dabei kann man drei Typen von unzuverlässigen Merkmalen unterscheiden:

  - *unsichere Merkmale:* Die Merkmale lassen sich nicht hundertprozentig sicher beobachten. Unsichere Merkmalsangaben sind wesentlich schlechter formalisierbar als unsicheres Wissen, da der Grad der Unsicherheit meist nicht überprüfbar ist, und können daher eine schwer überwindbare Schranke für die Problemlösungsfähigkeit darstellen. Bsp: mit den menschlichen Sinnen erfahrbare Zustände wie Schmerzen in der Medizin, Geräuschqualitäten bei der Motordiagnose, Oberflächenbeschaffenheit von Pilzen, usw.

  - *veränderliche (subjektive) Merkmale:* Die Merkmale sind keine objektiven Fakten, sondern Wünsche des Benutzers, die sich im Verlaufe der Problemlösung ändern können. Bsp: Präzedenzauswahl; bei anderen Problemtypen sind die Merkmale objektiv gegeben.

  - *falsche Merkmale:* Die angegebenen Merkmale stimmen nicht mit der Wirklichkeit überein. Noch stärker als bei unsicheren Merkmalen kann die erreichbare Problemlösungsfähigkeit beeinträchtigt werden. Da falsche Merkmale fast nur durch Widersprüche erkannt werden können, ist eine möglichst redundante Merkmalserfassung notwendig, die jedoch die Akzeptanz von Programmen stark beeinträchtigen könnte. Bsp: typisch für Bewertung, möglich in allen Anwendungsbereichen.

- *zeitveränderliche Merkmale*: Die Merkmale sind zwar zuverlässig, ändern sich aber im Laufe der Zeit. Die Veränderungen enthalten oft wertvolle Hinweise auf die Lösung. Bsp: dynamische Fehlersuche, Prozeßüberwachung.

- *unvollständige Merkmalsangabe:* Zu Beginn der Problemlösung ist nur eine Teilmenge der Merkmale gegeben. Bei Bedarf können weitere Merkmale erfaßt werden, aber dies ist mit Zeit und Kosten verbunden. Das hat zwei Konsequenzen für die Problemlösungsmethode:

- *Dialogsteuerung:* Es ist eine Kosten/Nutzen-Analyse erforderlich, ob und welche zusätzlichen Merkmale angefordert werden sollen. Bsp: alle Anwendungsbereiche, außer wenn - wie bei der Auswertung vorgegebener Meßdaten - standardmäßig alle Merkmale erfaßt werden.
- *Rücknahme von Schlußfolgerungen:* In manchen Fällen müssen schon während der Problemlösung (vorläufige) Schlußfolgerungen gezogen werden, die bei Bekanntwerden neuer Fakten eventuell revidiert werden müssen. Bsp: typisch bei der Fehlersuche in dynamischen Systemen, möglich in allen Bereichen.

• *schrittweise Abstraktion von Merkmalen zu Lösungen mit diagnostischem Mittelbau:* Oft enthält die Fachsprache ein reiches Vokabular von Begriffen, die Abstraktionen der Merkmale, aber noch keine Lösungen sind. Die beiden Haupttypen solcher Zwischenergebnisse sind Merkmalsabstraktionen und Lösungsklassen (vgl. Kap. 3.2, Abb. 3.1). Der Gebrauch von Zwischenergebnissen in der Problemlösungsmethode ist fast immer zweckmäßig. Bsp: alle Anwendungsbereiche; je ausgeprägter, je komplexer der Anwendungsbereich ist.

• *parametrisierbare Merkmale und Lösungen:* Manchmal sind Teilmengen der Merkmale und Lösungen sehr ähnlich und können parametrisiert werden. Bsp: Fehler in verschiedenen Zylindern bei der Auto-Motordiagnose, Fehler bei gleichartigen Maschinen in der Prozeßdiagnose einer Fertigungsstraße.

• *Mehrfachlösungen:* Manchmal kann es auch mehrere Lösungen geben, die zusammen für die Gesamtheit der beobachteten Merkmale verantwortlich sind. Bsp: Mehrfachdiagnosen bei der statischen oder dynamischen Fehlersuche und mehrere zutreffende Kategorien bei der multiplen Bewertung; bei allen anderen Problemtypen nicht möglich (Mehrfachlösungen sind nicht zu verwechseln mit gleich gut bewerteten konkurrierenden Lösungen).

• *kombinierte Empfehlungen für mehrere Lösungen:* Normalerweise gibt es für jede Lösung eine Handlungsempfehlung. Wenn jedoch Mehrfachlösungen gestellt werden oder neben der wahrscheinlichsten Lösung auch weniger wahrscheinliche konkurrierende Lösungen berücksichtigt werden sollen, sollten die Empfehlungen aufeinander abgestimmt werden. Bsp: Fehlersuche.

Während manche der Schwierigkeiten (z.B. die Art des unsicheren Wissens) direkte Auswirkungen auf die Problemlösungsmethoden haben, lassen sich andere (z.B. zeitveränderliche Merkmale) durch Zusatzmechanismen zu einer Methode relativ gut behandeln. Auf solche Zusatzmechanismen gehen wir im Kap. 8 ein. Die größten Schwierigkeiten resultieren aus unzuverlässigen Merkmalen, die in massiver Form die Eignung von Expertensystemen für das Anwendungsgebiet insgesamt in Frage stellen können.

5.4 Problemlösungsmethoden

Die einfachste Vorgehensweise schließt von vorgegebenen Merkmalen – eventuell mit schrittweiser Abstraktion – auf die Lösungen. Dafür eignet sich die *Vorwärtsverkettung* von Regeln, bei der letztlich alle Regeln feuern, deren Vorbedingung durch die Datenbasis von gegebenen Merkmalen und hergeleiteten Zwischenergebnissen erfüllt wird. Bei unvollständiger Merkmalsangabe sollte gezielt nach zusätzlichen Merkmalen gefragt werden. Dafür eignet sich die *Rückwärtsverkettung*, bei der nur die für das aktuelle Ziel relevanten Regeln untersucht werden und – falls erforderlich – nach bisher nicht erfaßten Merkmalen gefragt wird. Wenn keine Verdachtshypothese von außen als Ziel vorgegebenen ist, müssen jedoch alle denkbaren Lösungen der Reihe (z.B. ihrer vorgegebenen Apriori-Häufigkeit) nach überprüft werden. Diese "blinde Suche" kann durch die *Establish-Refine-Strategie* verbessert werden, bei der eine hierarchische Datenstruktur durchsucht wird, wobei auf einer Hierarchie-Ebene zunächst ein Kandidat etabliert wird (Establish) und dann seine direkten Nachfolger untersucht werden (Refine), wovon dann wieder der beste etabliert wird, usw. Ein Kandidat kann durch direkte Fragen in einfachen Entscheidungsbäumen oder durch Rückwärtsverkettung vieler Regeln mit dem Kandidaten als Zielvorgabe etabliert werden. Die Establish-Refine-Strategie ist nur dann effizient, wenn das Wissen hierarchisch strukturierbar ist und außerdem auf jeder Hierarchieebene ein Kandidat etabliert werden kann, was oft nicht geht. Die *Hypothesize-and-Test-Strategie* vermeidet diese Einschränkungen, indem durch Vorwärtsverkettung Kandidaten verdächtigt werden, von denen der jeweils beste Kandidat durch Rückwärtsverkettung gezielt untersucht wird. Wenn mehrere Kandidaten ähnlich bewertet sind, können auch Tests vorgeschlagen werden, die am meisten zu deren Differenzierung beitragen. Daraus ergeben sich folgende Basis-Problemlösungsmethoden für die Klassifikation:

- Vorwärtsverkettung,
- Rückwärtsverkettung,
- Establish-Refine,
- Hypothesize-and-Test.

Vorwärts- und Rückwärtsverkettung sind allgemeine Inferenzstrategien für die Auswertung von Regeln. Bei der heuristischen Klassifikation sind diese Inferenzstrategien gleichzeitig Basis-Problemlösungsmethoden, da sie unverändert übernommen werden können. Ähnliches gilt für die Establish-Refine-Strategie, die ebenfalls eine sehr allgemeine Technik der hierarchischen Verfeinerung darstellt. Die Hypothesize-and-Test-Strategie ist spezifischer für die Klassifikation, und da sie sehr flexibel und trotzdem einfach ist und mit ihr die anderen Klassifikations-Methoden simuliert werden können, ist sie die Standard-Methode bei der Klassifikation mit unsicherem Wissen. Das wurde auch beim menschlichen Problemlösen in psychologischen Studien mit Ärzten zur medizinischen Entscheidungsfindung bestätigt [Elstein 78].

Jedoch ist selbst die Hypothesize-and-Test-Strategie noch allgemein genug, um sie mit verschiedenen Wissensarten realisieren zu können. Daher bezeichnen wir sie wie die anderen drei Vorgehensweisen nur als "Basis-Problemlösungsmethode", die durch Angabe einer Wissensart zu einer (starken) Problemlösungsmethode präzisiert werden muß. Im folgenden geben wir eine Übersicht über die wichtigsten Wissensarten der Klassifikation.

Wenn das Wissen sicher ist, eignen sich *Entscheidungsbäume* und *Entscheidungs-tabellen* zur Wissensdarstellung, wobei erstere eine gute Dialogsteuerung implizieren, aber letztere änderungsfreundlicher sind. Da jeder Schritt sicher ist, braucht man nicht einmal die Hypothesize-and-Test-Strategie, sondern benutzt eine einfache Art der Establish-Refine-Strategie bei Entscheidungsbäumen bzw. die Vorwärts- oder Rückwärtsverkettung bei Entscheidungstabellen.

Die einfachste Art, mit unsicherem Wissen umzugehen, ist, die Regeln in den Entscheidungstabellen mit als Zahlen dargestellten Unsicherheiten zu qualifizieren. Die kleine Änderung hat jedoch große Folgen, da ein Verrechnungsschema zum Umgang mit Unsicherheiten erforderlich ist und mit der Hypothesize-and-Test-Strategie jeweils die besten Verdachtshypothesen verfolgt werden sollten. Außerdem sind Zahlen eine relativ ausdrucksschwache Darstellung von Unsicherheiten, weswegen viele Erweite-rungen erforderlich werden. Wegen ihrer einfachen Grundstruktur und ihrer flexiblen Erweiterbarkeit durch Zusatzwissen ist diese *heuristische Klassifikation* bisher die mit Abstand erfolgreichste Methode in Klassifikations-Expertensystemen.

Während bei der heuristischen Klassifikation geradlinig von Merkmalen auf Lösungen geschlossen werden kann und die Lösung ausgewählt wird, die die beste Bewertung akkumuliert, ist bei der (kausalen) *überdeckenden Klassifikation* die Wissensdarstellung umgekehrt, d.h. von Lösungen zu Merkmalen, und es wird die Lösung ausgewählt, die möglichst alle beobachteten Merkmale erklärt, d.h. überdeckt. Wenn die überdeckende Klassifikation für die statische oder dynamische Fehlersuche eingesetzt wird, nennen wir sie auch "Klassifikation mit Fehlermodellen", da das Wissen dann aus einem großen Fehlermodell besteht, wie die Diagnosen – eventuell über Zwischenstufen – die Symptome verursachen. Ein Vorteil von solchen Fehler-modellen ist, daß Situationen besser erkannt werden, in denen Mehrfachdiagnosen gestellt werden müssen, wenn nämlich keine Diagnose allein alle Symptome erklären kann. Ein Nachteil ist die schwierige Verdachtsgenerierung.

Bei der *funktionalen Klassifikation* wird zwischen der normalen und der fehler-haften Funktionsweise eines Systems unterschieden, weswegen sich funktionale Modelle von den Klassifikationstypen nur bei der Fehlersuche in statischen oder dynamischen Systemen einsetzen lassen. Ein funktionales Modell beschreibt das normal funktionierende System, das keine Symptome hervorruft. Das geschieht erst durch Fehler (dargestellt als geändertes Verhalten) in einzelnen Komponenten, deren Auswirkungen auf das Modell simuliert werden. Meist werden die sinnvollen Verhaltensänderungen der Komponenten als Zustände (Komponenten-Fehlermo-delle[2]) vorgegeben. Ähnlich wie bei der überdeckenden Klassifikation werden die vorhergesagten mit den beobachteten Symptomen verglichen und die Veränderung als Lösung ausgewählt, die die beste Übereinstimmung erzielt.

Im Gegensatz zum heuristischen Erfahrungswissen kann man auch mit statisti-schem Wissen arbeiten, wobei die Wahrscheinlichkeit, wie häufig ein Merkmal mit einer Lösung korreliert, aus einer Falldatenbank berechnet wird. Das wichtigste Aus-wertungsschema für diese *statistische Klassifikation* ist das Theorem von Bayes, zu dessen Anwendung jedoch eine Reihe von Voraussetzungen erfüllt sein müssen.

Eine andere Methode des Auswertens von Falldatenbanken ist die *fallverglei-chende Klassifikation*. Die abgespeicherten Fälle in der Datenbank enthalten jeweils

---

[2] Diese lokalen Fehlermodelle sind von dem globalen Fehlermodell bei der überdeckenden Klassifikation zu unterscheiden.

Merkmalsausprägungen und die zugehörige Lösung. Zu einem neuen Fall wird dann der entsprechend den Merkmalsausprägungen ähnlichste Fall in der Datenbank gesucht und bei ausreichender Ähnlichkeit dessen Lösung übernommen. Zur Feststellung der Ähnlichkeit ist ein Ähnlichkeitsmaß und im allgemeinen Zusatzwissen erforderlich. Die fallvergleichende Klassifikation hat in letzter Zeit viel Aufmerksamkeit bekommen, da der Wissenserwerb weitgehend implizit durch Aufbau einer Falldatenbank möglich ist. Abb. 5.2 faßt die wichtigsten Wissensarten für die Klassifikation und die Anforderungen an das Wissen zusammen.

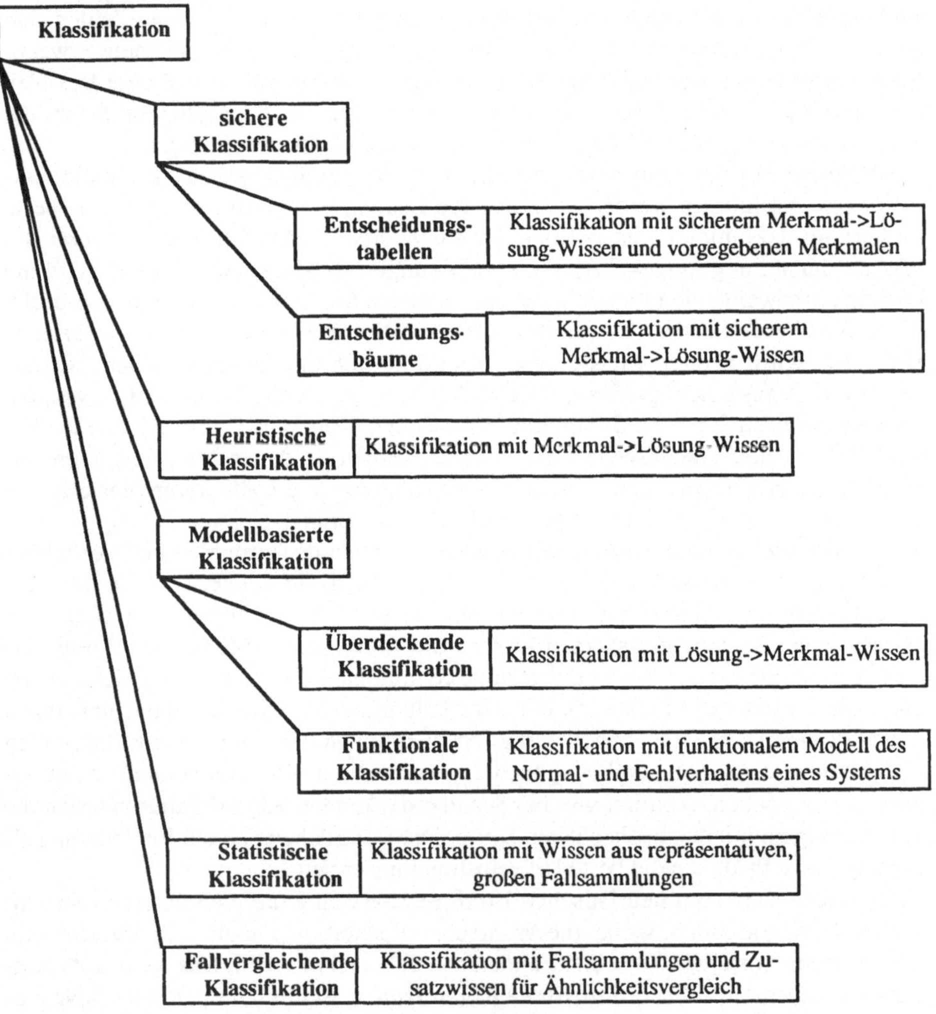

Abb. 5.2 Übersicht über Wissensarten zur Klassifikation

Eine Zuordnung von Basis-Problemlösungsmethoden zu Wissensarten zeigt Abbildung 5.3.

	EB	ET	HK	ÜK	FK	SK	VK
Vorwärtsverkettung		*	(*)			*	
Rückwärtsverkettung		(*)	(*)				
Establish-Refine	*		(*)	(*)	(*)		(*)
Hypothesize-and-Test			*	*	*		*

Abb. 5.3 Eignung von Problemlösungsmethoden für Wissensarten. EB = Entscheidungsbäume, ET = Entscheidungstabellen, HK = Heuristische Klassifikation, ÜK = Überdeckende Klassifikation, FK = Funktionale Klassifikation, SK = Statistische Klassifikation, VK = (fall)vergleichende Klassifikation. Die Klammern deuten geringere Präferenz an. Die Vorwärtsverkettung ist bei Entscheidungstabellen und der statistischen Klassifikation angebracht, wenn alle Merkmale von Anfang an gegeben sind. Establish-Refine ist sinnvoll, wenn das Wissen streng hierarchisch strukturiert ist, was bei Entscheidungsbäumen per Definition zutrifft. Ansonsten ist die Hypothesize-and-Test-Strategie zu bevorzugen.

Die Zuordung von Problemtypen zu Wissensarten in Abb. 5.4 zeigt, daß die Problemtypen kaum Einschränkungen bei der Auswahl von Wissensarten bedingen. Die einzige Einschränkung besteht darin, daß die Klassifikation mit funktionalen Modellen sich nur zur Fehlersuche eignet, da nur dort Abweichungen eines Systems vom Normalzustand vorliegen.

	EB	ET	HK	ÜK	FK	SK	VK
statische Fehlersuche	*	*	*	*	*	*	*
dynamische Fehlersuche	*	*	*	*	*	*	*
Bewertung	*	*	*	*		*	*
multiple Bewertung	*	*	*	*		*	*
Präzedenzauswahl	*	*	*	*		*	*
Objekt-Identifikation	*	*	*	*		*	*

Abb. 5.4 Eignung von Wissensarten für Problemtypen. EB = Entscheidungsbäume, ET = Entscheidungstabellen, HK = Heuristische Klassifikation, ÜK = Überdeckende Klassifikation, FK = Funktionale Klassifikation, SK = Statistische Klassifikation, VK = (fall)vergleichende Klassifikation.

Da bei der folgenden Beschreibung der Problemlösungsmethoden die Wissensart im Vordergrund steht und als Basis-Problemlösungsmethode bei den interessanteren Wissensarten (heuristische, überdeckende, funktionale und fallvergleichende Klassifikation) jeweils die Hypothesize-and-Test-Strategie vorzuziehen ist, benennen wir die Problemlösungsmethoden nach den Wissensarten, was aber immer auch eine Basis-Problemlösungsmethode miteinschließt.

6. Sichere Klassifikation

Als sichere Klassifikation bezeichnen wir die Auswertung von sicherem Wissen und sicheren Daten. Die beiden Haupttypen sind Entscheidungsbäume und Entscheidungs-tabellen.

6.1 Entscheidungsbäume

Ein Entscheidungsbaum ist ein Baum, dessen innere Knoten Fragen, dessen Kanten Antwortalternativen und dessen Blätter Lösungen darstellen (Abb. 6.1). In Abhängigkeit von der Beantwortung einer Frage wird in den entsprechenden Nachfolgeknoten verzweigt.

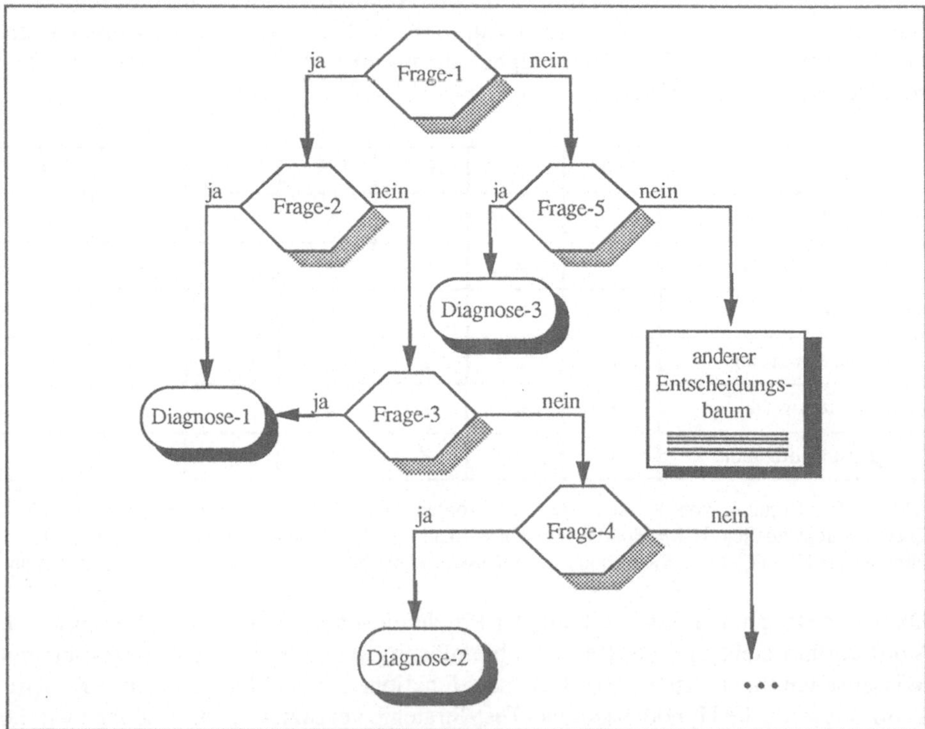

Abb. 6.1   Beispiel eines Entscheidungsbaumes

6.1.1 Wissensrepräsentation

Die einfachste Darstellung wäre eine große, verschachtelte If-then-else-Anweisung einer gewöhnlichen Programmiersprache. Eine strukturiertere Repräsentation sind Objekte für die Fragen mit Attributen für Fragetext, Erklärungen und Wertebereich sowie Regeln der Form "wenn Frage-x = Antwortalternative-y, dann aktiviere Knoten-z". Ein Knoten könnte eine weitere Frage, eine Lösung, einen Widerspruch oder die Aktivierung eines anderen Entscheidungsbaumes darstellen.

6.1.2 Wissensmanipulation

Ein Entscheidungsbaum wird abgearbeitet, indem abwechselnd eine Frage gestellt wird und die zugehörigen Regeln zur Bestimmung der Folgefrage ausgewertet werden. Wenn ein Endknoten erreicht ist, stellt dieser die Lösung dar. Zur Modularisierung kann man Entscheidungsbäume benennen und mit ihrem Namen aufrufen. Plausibilitätskontrollen erreicht man durch redundante Fragen, deren Beantwortung zu einem Widerspruch führen kann.

6.1.3 Wissenserwerb

Eine einfache Form des Wissenserwerbs ist die Eingabe von Fragen als Objekte mit den Attributen Name, Fragetext, Wertebereich, eventuell Erklärung und von zugeordneten Prozeduren für die Regeln, die z.B. als Verzweigung (Antwort-1 -> Frage-x, Antwort-2 -> Frage-y, Antwort-3 -> Lösung-z) dargestellt werden können. Eine graphische Eingabeform könnte im Zeichnen des Entscheidungsbaumes auf dem Bildschirm bestehen, wobei zunächst ein Kästchen plaziert, der Typ des Kästchens (Frage, Entscheidungsbaum, Lösung, Widerspruch) mit einem Pop-Up-Menü gewählt wird, Kanten zu anderen Kästchen gezeichnet und die Kanten mit den Antwortalternativen der Frage beschriftet werden.

6.1.4 Diskussion

Entscheidungsbäume stellen Wissen in einer sehr komprimierten Form dar. Sie kombinieren Wissen über die Dialogführung und das Auswählen der Lösungen. Die Regeln haben nur eine explizite Vorbedingung, während alle vorher gestellten Fragen mit ihren Antworten implizite Vorbedingungen sind. Günstige Eigenschaften sind die Verständlichkeit und - insbesondere bei kleinen Problemen - die Kompaktheit, ungünstige Eigenschaften die Änderungsfeindlichkeit und - insbesondere bei großen Problemen - die Unübersichtlichkeit. Die Änderungsfeindlichkeit ergibt sich daraus, daß lokale Änderungen globale Auswirkungen haben können, da bei der Änderung einer Frage alle nachfolgenden Knoten mitbetroffen sind.

6.2 Entscheidungstabellen

Entscheidungstabellen kann man sich als eine entsequentialisierte Form von Entscheidungsbäumen vorstellen. Ihre Regeln sind voneinander unabhängig und geben daher auch keine Dialogsteuerung vor. Ihre Wissensrepräsentation und -manipulation entsprechen der eines kommutativen Regelinterpretierers, wobei die Regeln Implikationen darstellen [Puppe 88, Kap. 4]. Eine graphische Form des Wissenserwerbs ist die Eingabe der Regeln in einer Tabelle, wobei die Zeilen Fragen mit Antwortalternativen, Zwischenergebnisse und Lösungen enthalten. Die (mit und verknüpften) Vorbedingungen der Regeln werden durch Kreuze in der Tabelle markiert, wobei das unterste (oder anders markierte) Kreuz in einer Spalte die Implikation der Regel bezeichnet (s. Abb. 6.2).

Entscheidungs- tabelle-1	Regel-1	Regel-2	Regel-3	Regel-4	Regel-5
Frage-1	✗	✗	✗	—	—
Frage-2	✗	—	—		
Frage-3		✗	—		
Frage-4			✗		
Frage-5				✗	—
Diagnose-1	✗	✗			
Diagnose-2			✗		
Diagnose-3				✗	
Entscheidungs- tabelle-2					✗

✗ = ja
— = nein
leer = nicht relevant

Abb. 6.2   Beispiel einer Entscheidungstabelle, die dem Entscheidungsbaum in Abb. 6.1 entspricht.

6.3 Stand der Anwendung

Entscheidungsbäume und Entscheidungstabellen gehören zu den Standard-Software-Engineering-Spezifikationstechniken [Fairley 85], die auch für viele andere Zwecke als die Klassifikation eingesetzt werden können. In Expertensystem-Werkzeugen werden sie z.B. im VAX-Decision Expert angeboten.

7. Heuristische Klassifikation

Die heuristische Klassifikation eignet sich für Klassifikationsprobleme, bei denen Erfahrungswissen verfügbar ist, welche Merkmale oder Merkmalskombinationen mit welcher Unsicherheit auf Zwischen- und Endlösungen hindeuten. Die grundlegenden Objekttypen sind also Merkmale, Lösungen und Regeln der Art "Merkmal deutet auf Lösung" (M -> L mit Unsicherheit x). Es wird die Lösung ausgewählt, die die höchste Gesamtbewertung auf der Basis der beobachteten Merkmale erzielt (Abb. 7.1).

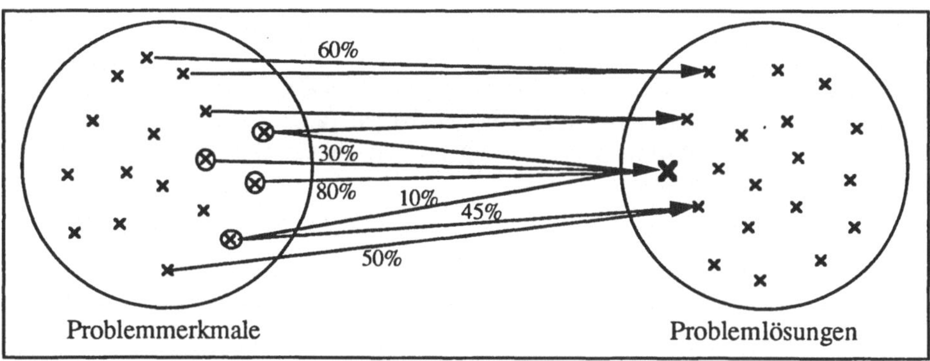

Abb. 7.1 Grundstruktur der heuristischen Klassifikation

Die heuristische Klassifikation unterscheidet sich von der einfachen Klassifikation, daß unsicheres Wissen benutzt wird, und von der statistischen Klassifikation (s. Kap. 11), daß die Unsicherheiten von Experten geschätzt statt aus einer Falldatenbank berechnet und wegen der unterschiedlichen Bedeutung auch mit unterschiedlichen Verrechnungsschemata ausgewertet werden. Die Unsicherheiten heißen auch Evidenzen, Sicherheitsfaktoren, Punktzahlen oder Wahrscheinlichkeiten. Dabei gibt es zwei unabhängige Bewertungstypen für die Beziehung zwischen Merkmal und Lösung: der *positive Vorhersagewert* (Pro), der angibt, wie stark die Anwesenheit des Merkmals auf die Lösung hindeutet, und der *negative Vorhersagewert* (Kontra), der angibt, wie stark die Abwesenheit des Merkmals gegen die Lösung spricht[1]. Bei der Verknüpfung von Evidenzen sind die beiden wichtigsten heuristischen Mechanismen einfaches Summieren von Punkten mit Schwellwertvergleich (INTERNIST-Schema) und Verrechnen von Prozentzahlen (MYCIN-Schema) [Puppe 88, Kap. 7].

---

1   In der Wahrscheinlichkeitstheorie unterscheidet man weiterhin zwischen positivem Vorhersagewert (P(L/M) $\approx$ M -> L) und Spezifität (P($\neg$M/$\neg$L) $\approx$ $\neg$L -> $\neg$M) bzw. negativem Vorhersagewert (P($\neg$L/$\neg$M) $\approx$ $\neg$M -> $\neg$L) und Sensitivität (P(M/L) $\approx$ L -> M). Während bei der heuristischen Klassifikation der Vorhersagewert benutzt wird, basiert die statistische Klassifikation (Kap. 11) auf Spezifität und Sensitivität.

Da die heuristische Klassifikation auf Erfahrungswissen von Experten beruht, und
Menschen die Kombination sehr vieler Einzelbewertungen für eine Lösung schlecht
überschauen können, ist die Technik der schrittweisen Abstraktion von Merkmalen zu
Lösungen notwendig. Dabei werden Konstellationen von Merkmalen zu einem
Konzept zusammengefaßt, welches in der Bewertung von Lösungen wie ein Merkmal
verwendet werden kann. Diese Konzepte entsprechen oft Begriffen aus der Fachsprache des jeweiligen Anwendungsbereiches. Bei der Zusammenfassung kann man
zwei Typen unterscheiden (s. Abb. 7.2): die Verdichtung der Rohdaten zu Merkmalsabstraktionen, die gewöhnlich auf Begriffsdefinitionen, d.h. auf sicherem Wissen
beruht, und die auf unsicherem Wissen beruhende Herleitung von Teillösungen oder
Lösungsklassen. Beispiele für Merkmalsabstraktionen sind:

- Arithmetische Berechnungen (z.B. Jahreskilometerleistung eines Autos = km-Stand
  dividiert durch Kfz-Alter).
- Abstraktionen von quantitativen zu qualitativen Werten (z.B. in der Medizin:
  Tachykardie = Puls über 90 Schläge in der Minute). Die Einteilung von Meßwerten
  in „zu niedrig", „normal" oder „zu hoch" bildet in vielen Anwendungsbereichen die
  Basis der Klassifikation.
- Zusammenfassungen von Einzelbeobachtungen zu lokalen Abstraktionen, die noch
  nicht den Stellenwert globaler Lösungen haben (z.B. Zusammenfassung von
  Aspekten des Brustschmerzes zur Typisierung „herzbedingter" oder „lungen-
  bedingter" Brustschmerz).

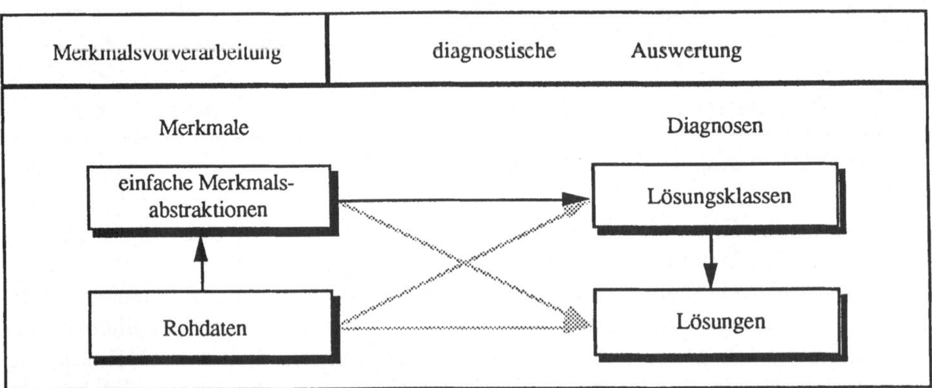

Abb. 7.2 Struktur des diagnostischen Mittelbaus zur schrittweisen Abstraktion (vgl. Abb. 3.3)

Teillösungen oder Lösungsklassen sind globale, komplexe Abstraktionen, deren Art
der Herleitung sich von der von Lösungen nicht unterscheidet, die aber noch keine
Lösungen sind, wie z.B.:

- "Infektion" oder "Lebererkrankung" in der Medizin, die einen noch zu präzi-
  sierenden Zustand des Patienten beschreiben.
- "Fehler im Leerlaufsystem" oder "Fehler in der Auspuffanlage" bei der KfZ-
  Motordiagnose, die ebenfalls noch verfeinert werden müssen.

Die Beispiele zeigen auch, daß es in vielen Anwendungsbereichen mehrere unterschiedlich aufgebaute Lösungshierarchien gibt, die sich an der Fehler-Lokalisation (Lebererkrankung bzw. Auspuffanlage), Fehler-Herkunft (Infektion) oder an der Fehl-Funktion (Leerlaufsystem) orientieren können (s. Abb. 7.3).

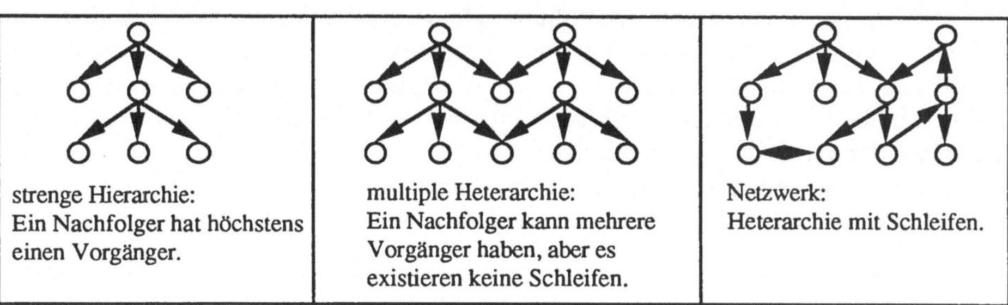

Abb. 7.3   Verschiedene Typen von Lösungshierarchien

Wenn die Herleitung einer Lösungsklasse unsicher ist, muß man sich überlegen, wie sich die Unsicherheiten in der Lösungshierarchie fortpflanzen sollen. In diesem Kapitel betrachten wir nur den Ansatz, daß die Unsicherheit einer Lösungsklasse durch Vergleich mit einem Schwellwert und mit der Unsicherheit von alternativen Lösungsklassen zu einer Entscheidung Lösung(sklasse) = "etabliert", "unsicher" oder "ausgeschlossen" ausgewertet wird. Dabei übertragen nur etablierte Lösungsklassen Evidenzen auf ihre Nachfolger. Eine weniger rigorose Fortpflanzung von Unsicherheiten durch die Lösungsklassenhierarchie diskutieren wir in Kap. 8.1.

In Anwendungsbereichen, in denen alle Merkmale vorgegeben sind, reicht als Auswertungsstrategie die *vorwärtsverkettete* Abarbeitung von Regeln. Wenn jedoch die Möglichkeit zum Nachfragen besteht, muß versucht werden, mit einem Minimum an zusätzlichen Fragen ein Maximum an Sicherheit zu erzielen. Die wichtigsten Fragestrategien sind:

- *Rückwärtsverkettung:* Ausgehend von dem globalen Ziel werden alle Regeln ausgewertet, die zum Erreichen des Zieles beitragen können. Falls Vorbedingungen in den Regeln unbekannt sind, werden sie rekursiv als Unterziel hergeleitet oder vom Benutzer erfragt.
- *Establish-Refine:* In einer strengen Lösungshierarchie wird eine Lösungsklasse zunächst durch Rückwärtsverkettung bestätigt und dann verfeinert, indem versucht wird, einen Nachfolger zu bestätigen, der wiederum verfeinert wird, usw. Das entspricht der Abarbeitung von Entscheidungsbäumen, wobei die inneren Knoten nicht einfache Fragen, sondern rückwärtsverkettet ausgewertete Lösungsklassen darstellen.
- *Hypothesize-and-Test:* Aus den vorgegebenen Merkmalen werden durch Vorwärtsverkettung Verdachtshypothesen generiert, die anschließend durch Rückwärtsverkettung gezielt überprüft werden. Dieser Zyklus wiederholt sich, bis im typischen Fall eine Hypothese etabliert worden ist (s. Abb. 7.4).

Die drei Dialogstrategien unterscheiden sich darin, wie sie die nächste zu überprüfende Lösungshypothese auswählen: bei der Rückwärtsverkettung durch erschöpfende Tiefensuche, bei Establish-Refine durch eine vorgegebene Lösungshierarchie und bei

Hypothesize-and-Test durch eine separate Phase der Verdachtsgenerierung, bei der die aktuell beste Hypothese ermittelt wird. Wenn eine Verdachtshypothese bestimmt ist, würde sie ohne besondere Vorrichtung bei allen Strategien vollständig untersucht, indem alle ihre Regeln abgearbeitet und alle entsprechenden Fragen gestellt werden. Das ist jedoch in vielen Bereichen zu aufwendig, da es beliebig kostspielige Tests zur Überprüfung von Hypothesen geben kann. Deswegen muß kontrolliert werden, ob und wie lange sich die Überprüfung einer Hypothese lohnt. Dazu ist es günstig, den Hypothesen Tests zuzuordnen und für jeden Test Kosten und Nutzen zu spezifizieren. Ein Test enthält eine Menge von Fragen, die wie ein kleiner Fragebogen zusammen erfragt werden und eventuell hierarchisch strukturiert sind. Dann kann bei der Hypothesize-and-Test-Strategie in jedem Zyklus immer der Test ausgewählt und abgearbeitet werden, der für die verdächtigste Hypothese gerade am kostengünstigsten ist.

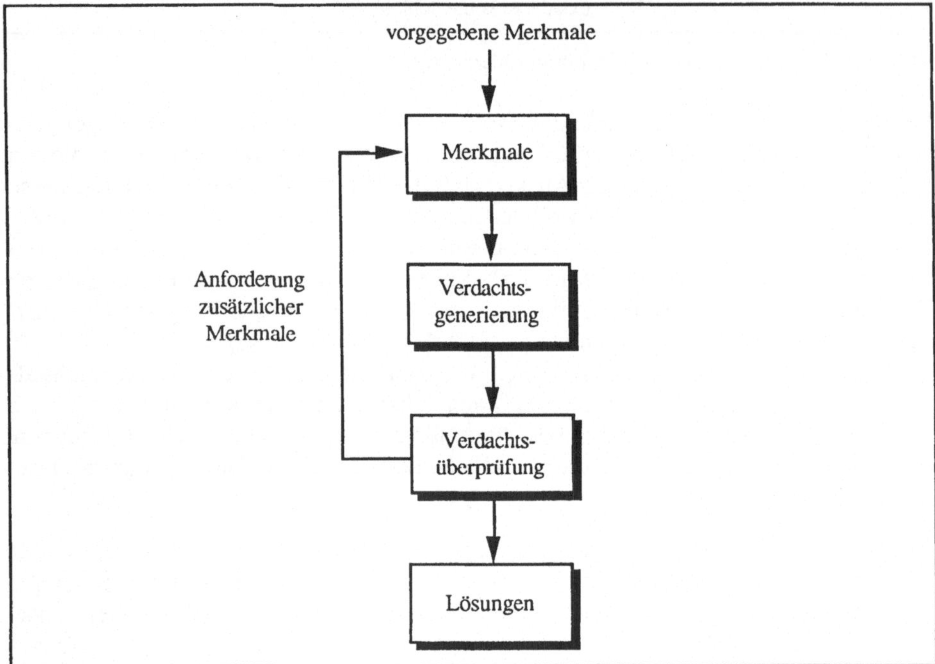

Abb. 7.4   Hypothesize-and-Test-Strategie

Wir haben in dieser Übersicht Mechanismen zur Behandlung von unsicherem Wissen, zur schrittweisen Abstraktion und zur Dialogsteuerung skizziert, die in den folgenden Abschnitten ausführlich erläutert werden. Abb. 7.5 faßt die typische Bewertungssituation einer Lösung zusammen. Mechanismen zur Behandlung der übrigen Anforderungen aus Kap. 5.3 werden im Kapitel 8 diskutiert.

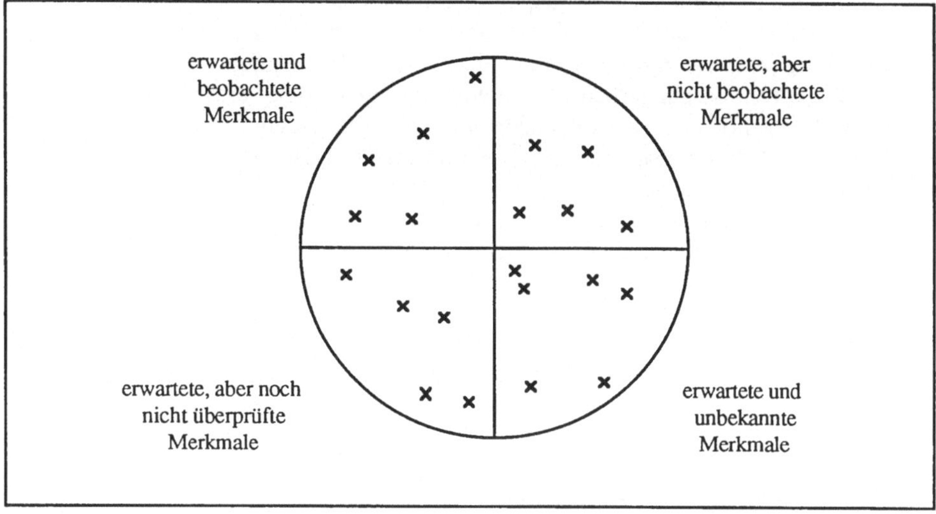

Abb. 7.5 Bewertungssituation in der heuristischen Klassifikation. Die Kreuze stellen bei einer Lösung erwartete Merkmale dar, die vorhanden, nicht vorhanden, unbekannt oder noch nicht überprüft sein können und für oder gegen die Lösung sprechen, neutral sind oder zusätzliche Untersuchungen indizieren.

7.1 Wissensrepräsentation

Die Kernelemente der Wissensrepräsentation sind Merkmale (Fragen), Merkmalsabstraktionen, Lösungsklassen und Lösungen, Tests (Merkmalsklassen) zur Gruppierung zusammengehöriger Merkmale und Regeln. Da sich Merkmale und Merkmalsabstraktionen bzw. Lösungsklassen und Lösungen nur geringfügig in ihrer Attribut-Struktur unterscheiden, repräsentieren wir sie mit jeweils einem Objekttyp[2].

1. Merkmale und Merkmalsabstraktionen unterscheiden sich nur in ihrer "Herleitung":
- Name
- Typ (erfragt oder abgeleitet)
- Wertebereich (mögliche Wert-Ausprägungen)
- Bedeutung (z) (Regeln, die Schlußfolgerungen aus der Frage herleiten)
- Herleitung (z) (bei erfragten Merkmalen: Regeln zu ihrer Aktivierung, falls sie Folgefragen anderer Merkmale sind; bei abgeleiteten Merkmalsabstraktionen: Regeln zur Herleitung des Wertes)
- Merkmalsklassen (Merkmalsklassen, zu denen das Merkmal gehört)
- Wert (d)

2. *Lösungsklassen* und *Lösungen* unterscheiden sich nur in "Nachfolger" (fehlt bei Lösungen) und "Empfehlungen" (fehlt bei Lösungsklassen):
- Name
- Empfehlungen (Empfehlungen an den Benutzer, die sich aus der Lösung ergeben)

---

2   Zugeordnete Prozeduren, die als semistatische Attribute aus den eingegebenen Regeln abgeleitet werden können, sind mit (z) und dynamische Attribute mit (d) gekennzeichnet.

- Apriori-Wahrscheinlichkeit (allgemeine Häufigkeit der Lösung)
- Bedeutung (z) (Regeln, die Schlußfolgerungen aus der Lösung herleiten)
- Herleitung (z) (Regeln zur Herleitung der Evidenz der Lösung)
- Vorgänger (z) (Vorgänger-Lösungen; wird aus "Bedeutung" ermittelt)
- Nachfolger (z) (Nachfolger-Lösungen; wird aus "Herleitung" ermittelt)
- Klärung (z) (Merkmalsklassen zur Überprüfung der Lösung)
- Konkurrenten (Lösungen mit ähnlichen Merkmalen)
- Wert (d) (aus Apriori-Wahrscheinlichkeit und Herleitungsregeln berechnet)
- Status (d) (etabliert, unsicher oder ausgeschlossen)

3. Merkmalsklassen (Tests)
- Name
- Fragen (Liste von erfragten Merkmalen, die standardmäßig erfragt werden sollen)
- Basiskosten (allgemeine Aufwandsabschätzung zur Durchführung des Tests)
- Kosten (z) (Regeln zu Berechnung der fallspezifischen Kosten des Tests)
- Nutzen (z) (Nutzen zur Klärung von Lösungshypothesen)
- Wert (d) (Kosten-Nutzen-Berechnung)
- Status (d) (erfaßt, nicht erfaßt)

4. Regeln
- Typ (Stellen von Folgefragen, Test-Indikation, Lösungsbewertung, Herleitung von Merkmalsabstraktionen)
- Vorbedingung (logische Verknüpfungen (und, oder, Negation) von Prädikaten über Objekten
- Nachbedingung (Aktion entsprechend dem Typ)

7.2 Wissensmanipulation

Wir skizzieren hier die Vorgehensweise einer Problemlösungskomponente für heuristische Klassifikation, die von der in Kap. 7.1 angegebenen Wissensrepräsentation ausgeht. Zusätzlich führen wir zwei neue Datenstrukturen ein: je eine Agenda von Lösungen und von Tests (Lösungs-Agenda und Test-Agenda), in der die jeweiligen Objekte nach ihrer aktuellen Bewertung geordnet sind.

Ein Dialog startet, indem der Benutzer für seinen Problemfall relevante Merkmalsklassen angibt, um daraufhin die ihm gestellten Einzelfragen zu beantworten. Die beantworteten Fragen schicken Nachrichten an alle Regeln, die in ihrem Attribut "Bedeutung" verzeichnet sind. Die Regeln reagieren auf die Nachricht, indem sie überprüfen, ob ihre Vorbedingung erfüllt ist. Falls ja, schicken sie eine Nachricht an das Objekt ihrer Nachbedingung. Falls das Objekt eine Folgefrage ist, wird sie im Dialog gestellt, falls es eine Merkmalsabstraktion, Lösung(sklasse) oder Frageklasse ist, bringt es seinen "Wert" auf den neusten Stand. Während Merkmalsabstraktionen daraufhin wieder Nachrichten an die Regeln aus ihrer "Bedeutung" schicken können, ist es bei Lösungen und Tests komplizierter.

Falls eine Lösung verdächtigt, aber noch nicht etabliert ist (die Verdächtigung wird durch einen Vergleich ihrer Gesamtbewertung mit einem Schwellwert entschieden), schickt sie eine Nachricht an die Lösungs-Agenda, wo die Lösung entsprechend ihrer Gesamtbewertung eingeordnet wird. Wenn alle Lösungen abgearbeitet und in der Agenda berücksichtigt sind, schicken die in der Agenda am besten bewerteten Lösungshypothesen Nachrichten an die Tests ihres Attributes "Klärung". Diese Tests reagieren auf die Nachricht, indem sie ihre Kosten-Nutzen-Rechnung durchführen, ihren "Wert" ermitteln und dann eine Nachricht an die Test-Agenda schicken. Dort wird der am besten bewertete Test ermittelt, dessen Fragen dann im Dialog als nächstes an den Benutzer gestellt werden. Merkmalsklassen können in die Test-Agenda auch dadurch gelangen, daß der Benutzer während oder am Ende des Dialoges zusätzliche Tests auswählt oder daß sie unmittelbar ohne Zwischenschaltung von Verdachtshypothesen mittels Regeln aktiviert werden. Diese Merkmalsklassen werden vorrangig abgearbeitet.

Falls die Gesamtbewertung einer Lösung den Schwellwert überschreitet, so daß sie etabliert werden könnte, schickt sie Nachrichten an ihre "Konkurrenten", die ihre Gesamtbewertung zurückmelden. Nur falls die Differenz der Gesamtbewertungen ausreichend groß ist, wird die Kandidaten-Lösung tatsächlich etabliert. Sie schickt dann wiederum Nachrichten an die Regeln ihrer "Bedeutung", die darauf wie bei Nachrichten von Fragen ihre Vorbedingung überprüfen. Das System terminiert, wenn entweder keine Merkmalsklassen in der Test-Agenda mehr enthalten sind, oder wenn ein bestimmtes Terminierungskriterium erfüllt ist (z.B. die Etablierung einer echten Lösung ohne "Nachfolger"). Das Endergebnis sind dann die Namen und gegebenenfalls die "Empfehlungen" der etablierten Lösungen. Wir fassen die wichtigsten Schritte in dem folgenden Algorithmus zusammen:

Eingabe: Merkmalsklassen
Ausgabe: Lösungen mit Empfehlungen
1. TESTAGENDA ::= Merkmalsklassen der Eingabe
2. *Solange* TESTAGENDA nicht leer, *wiederhole:*
2.1   Wähle die am besten bewertete, aber noch nicht erfaßte ("Status" = nicht erfaßt) Merkmalsklasse TEST aus TESTAGENDA, lösche sie aus TESTAGENDA und setze ihren "Status" = erfaßt.
2.2   Erfrage die einzelnen Merkmale von TEST. Erfragte Merkmale aktivieren ihre zugehörigen Regeln (aus "Bedeutung") und können das Herleiten von Merkmalsabstraktionen (die dann ihre Bedeutungs-Regeln aktivieren), das Setzen von Merkmalsklassen auf TESTAGENDA und das Bewerten von Lösungen bzw. Lösungsklassen bewirken. Letztere werden in LÖSUNGSAGENDA notiert.
2.3   Evaluiere die Lösungen (und Lösungsklassen) der LÖSUNGSAGENDA. Etablierte Lösungen aktivieren ihre Regeln aus "Bedeutung" und werden von der LÖSUNGSAGENDA in die ERGEBNISLISTE überführt. Nicht etablierte, aber verdächtigte Lösungen übertragen ihre Merkmalsklassen aus "Klärung" auf die TESTAGENDA. Schlecht bewertete Lösungen werden aus LÖSUNGSAGENDA gelöscht.
3. Ausgabe der Lösungen von ERGEBNISLISTE mit ihren "Empfehlungen".

Wir haben bisher keinen Gebrauch von der Möglichkeit zur Vererbung von Eigenschaften entlang der Vorgänger- und Nachfolger-Beziehungen gemacht. Vorgänger und Nachfolger benutzen wir bei der übersichtlichen Ausgabe von Lösungen und Lösungsklassen in der ERGEBNISLISTE, bei der Erklärung und beim Wissenserwerb.

7.3 Wissenserwerb

Ausgehend von dem Schema der heuristischen Klassifikation in Abb. 7.1 und 7.2 gibt es zwei komplementäre Vorgehensweisen: lösungsorientierter oder merkmalsorientierter Wissenserwerb (s. Abb. 7.6).

1. lösungsorientierte Vorgehensweise	2. merkmalsorientierte Vorgehensweise
I. Lösungen erfassen und strukturieren	I. Merkmale erfassen und strukturieren
II. Lösungsprofile erstellen	II. einfache Merkmalsabstraktionen ergänzen
III. Auflösung von Merkmalsabstraktionen	III. Lösungen erfassen und strukturieren
IV. Merkmale zusammenfassen und strukturieren	IV. Lösungsprofile erstellen
V. weiteres Wissen hinzufügen (Evidenzen, Empfehlungen, Merkmalserfassung usw.)	

Abb. 7.6   Wissenserwerbsmethoden für heuristische Klassifikation

Bei der lösungsorientierten Vorgehensweise beginnt man mit der Erfassung und hierarchischen Strukturierung der Lösungen, die das System erkennen soll. Für diese Lösungen werden Profile erstellt, d.h. es werden jeweils alle Merkmale bzw. Merkmalsabstraktionen aufgelistet, die für oder gegen die Lösung sprechen. Anschließend werden die Merkmalsabstraktionen zu erfragbaren Daten aufgelöst, die Daten in Merkmale und Merkmalsgruppen zusammengefaßt und die Fragen hierarchisch strukturiert. Die lösungsorientierte Vorgehensweise eignet sich vor allem zur schnellen Entwicklung von Prototypen. Ihr Nachteil ist ihre Änderungsfeindlichkeit, da die so erfaßten Merkmale sich nur für die Herleitung der anfangs berücksichtigten Lösungen eignen. Beim Hinzufügen von weiteren Lösungen bzw. einer Ausweitung des Anwendungsgebietes muß im allgemeinen die Merkmalsstruktur mit den darauf aufbauenden Regeln geändert werden.

Diesen Nachteil kann man durch die merkmalsorientierte Vorgehensweise vermeiden. Voraussetzung ist, daß man bereits einen verhältnismäßig guten Überblick über das Anwendungsgebiet besitzt. Man beginnt dann mit der systematischen Erfassung und Strukturierung aller Merkmale, von denen man weiß, daß sie wichtig sind. Zur Herleitung von Lösungen erstellt man sich die Lösungsprofile auf dem Fundament der bereits erfaßten Merkmale und Merkmalsabstraktionen, so daß das Hinzufügen weiterer Lösungen ohne Umstrukturierung der existierenden Wissensbasis erfolgen kann.

In ähnlicher Weise geht man auch bei der Dialogsteuerung vor: Entweder man beginnt mit den Merkmalsklassen und überlegt sich, unter welchen Bedingungen sie indiziert werden sollen, oder man geht von den Lösungen aus und legt fest, welche Tests zur Überprüfung der Lösungen notwendig sind.

Die zweite Phase des Wissenserwerbs ist die Formalisierung des Wissens in der konkreten Wissensrepräsentation. Diese Phase kann gut durch ein graphisches

Wissenserwerbssystem unterstützt werden. Wir skizzieren dessen Funktionsweise für die Wissensrepräsentation aus Kap. 7.1.

Zunächst gibt der Experte die Namen für die von ihm benutzten Merkmalsklassen, Merkmale, Merkmalsabstraktionen, Lösungsklassen und Lösungen und in Hierarchien ein. Die hierarchische Strukturierung hilft dem Experten, die Übersicht über die Wissensbasis zu behalten. Danach gibt der Experte objektlokales Wissen für die Namen ein, indem er die Attribute der Objekttypen ausfüllt. Da das System für jeden Objekttyp die notwendigen Attribute kennt, kann er mit vordefinierten Formularen unterstützt werden. Nachdem so alle Begriffe des Anwendungsbereichs spezifiziert sind, werden deren Beziehungen eingegeben. Das geschieht überwiegend mit zwei Tabellentypen. Wenn die Vorbedingungen der Regeln durchschnittlich nur eine Aussage enthalten, eignen sich Tabellen, deren Zeilen die Vorbedingungen (z.B. Merkmale), deren Spalten die Nachbedingungen (z.B. Lösungen) und deren Einträge die Bewertungen (z.B. Evidenzen) enthalten (s. Abb. 4.2). Außer für Merkmal-Lösungen-Tabellen eignet sich dieser Typ auch für die Indikation von Tests (in den Spalten) mittels Verdachts-Hypothesen und Merkmalen (in den Zeilen). Falls hierbei Regeln mit mehreren Aussagen vorkommen, muß ein zusätzliches Regelformular benutzt werden. Wenn jedoch die überwiegende Anzahl der Regeln komplexe Vorbedingungen besitzt, wäre dieses Verfahren zu umständlich, und es ist daher zweckmäßig, den anderen Tabellentyp (Abb. 4.3) zu benutzen, der nur für die Bewertung eines Objektes geeignet ist. Dabei repräsentieren nicht einzelne Kästchen, sondern ganze Spalten eine Regel und erlauben die Angabe von Aussagenkombinationen durch entsprechend viele Einträge pro Regel. Die Bewertung der Regel wird im Kopf oder Fuß jeder Spalte festgelegt.

Um die Tabellen übersichtlich zu halten, sollten sie möglichst klein sein, was vor allem eine Beschränkung der Zeilenanzahl bedeutet. Typischerweise steht in den Zeilen ein Merkmal mit seinem Wertebereich. Falls der Wertebereich numerisch und nicht zu einer Merkmalsabstraktion zusammengefaßt ist, müssen die für die Bewertung relevanten Intervalle festgelegt werden. Eine wichtige Rolle spielt die Negation einer Aussage, da sie in der heuristischen Klassifikation zur Ermittlung des negativen Vorhersagewertes eines Merkmals gebraucht wird. Um zu vermeiden, daß die Zeilenanzahl verdoppelt werden muß, schlagen wir vor, sie in die Struktur der Tabellen miteinzubauen. Bei dem ersten Tabellentyp (ein-Merkmal-eine-Lösung; Abb. 4.2) kann man für jede Lösung zwei Spalten reservieren; eine für den positiven und eine für den negativen Vorhersagewert eines Merkmals. Bei dem zweiten Tabellentyp (Abb. 4.3) kann man zwei Typen von Kreuzen vorsehen, die einmal das Merkmal und zum anderen die Negierung des Merkmals darstellen.

Die Tabellen eignen sich im Prinzip zur Herleitung aller Objekttypen außer bei arithmetischen Formeln für Merkmalsabstraktionen, für die ein Formel-Editor (s. Abb. 4.7) verwendet wird. Alternativ können auch Regelformulare angeboten werden. Um auf Objekte bei Konfigurierung der Tabellen oder beim Ausfüllen von Regelformularen zu referieren, selektiert man sie sich aus den anfangs erstellten Begriffshierarchien. Die bei der Regelformulierung relevanten Werte eines Merkmals können aus seinem Wertebereich ausgewählt werden, während die Intervalle numerischer Merkmale explizit eingegeben werden müssen. Dies läßt sich vermeiden, wenn numerische Merkmale zu Merkmalsabstraktionen mit qualitativem Wertebereich ausgewertet werden.

7.4 Stand der Forschung

Die heuristische Klassifikation ist einer der ausgereiftesten Problemlösungstypen, was sich auch in vielen industriellen Einsätzen niederschlägt. Schon die meisten der ersten Expertensysteme Mitte der siebziger Jahre wie MYCIN, PIP, EXPERT, INTERNIST lösten heuristische Klassifikationsprobleme. EMYCIN [van Melle 81], EXPERT [Weiss 84], MDX [Chandrasekaran 83] und MED1 [Puppe 83a,b] waren frühe Expertensystem-Werkzeuge, die die Rückwärts- bzw. Vorwärtsverkettung bzw. Establish-Refine bzw. Hypothesize-and-Test-Strategie als Problemlösungsmethode benutzten. Der diagnostische Mittelbau (Abb. 7.2) wurde von Clancey [84] als charakteristisch für die heuristische Klassifikation erkannt (vgl. Kap. 3.2). Die Technik der Dialogsteuerung mit Merkmalsklassen wurde im Klassifikations-Shell MED2 [Puppe 87a,b] eingeführt. Ebenso wie die ersten Expertensysteme wurden auch die ersten graphischen Wissenserwerbswerkzeuge wie ETS [Boose 84], AQUINAS [Boose 87] für die heuristische Klassifikation entwickelt. In den letzten Jahren werden die ersten Shells für heuristische Klassifikation wie TESTBENCH und ein Werkzeug von Coherent Thought [ESS 88] kommerziell angeboten. Den Stand der Leistungsfähigkeit verdeutlicht das graphische Wissenserwerbssystem CLASSIKA (s. Kap. 7.5), mit dem auch komplexe Wissensbasen für heuristische Klassifikationsprobleme weitgehend selbständig von Experten entwickelt und gewartet werden können.

7.5 Beispiel: CLASSIKA

Unsere Erfahrungen mit den heuristischen Diagnostik-Werkzeugen MED1 und MED2 ([Puppe 89] Anwendungen s. Kap. 5.1) haben gezeigt, daß sich die skizzierte Grundstruktur der heuristischen Klassifikation mit diagnostischem Mittelbau, Hypothesize-and-Test-Strategie, einem groben Schema zur Diagnosebewertung und einigen Zusatzmechanismen (s. Kap. 8) gut bewährt hat, aber die direkt auf der Objekt-Attribut-Struktur der Wissensrepräsentation operierende alte Wissenserwerbskomponente von MED2 für Experten kaum geeignet ist. Daher entwickelten wir das neue graphische Wissenserwerbssystem CLASSIKA [Gappa 88, 89] um Experten den weitgehend selbständigen Aufbau von Wissensbasen zu ermöglichen. Im folgenden illustrieren wie die wichtigsten Schritte beim Aufbau einer Wissensbasis mit CLASSIKA anhand der Beispielwissensbasis MODEX [Walser 89] über Fehlersuche bei Automotoren.

Der erste und wichtigste Schritt ist die Definition der Terminologie, d.h. der Namen für die Symptome und Diagnosen. Dafür stellt CLASSIKA zwei Hierarchiearten zur Verfügung (s. Abb. 7.7 und 7.8). Die Hierarchien erlauben auch, daß ein Objekt mehrere Vorgänger hat, sind also eigentlich Heterarchien (vgl. Abb. 7.3).

Als nächstes werden zu jedem Objekt lokale Informationen eingegeben, d.h. die Attribut-Struktur ausgefüllt. Dazu muß der Benutzer ein (oder mehrere) Objekt(e) selektieren und dann aus einen Menü-Punkt "Formular" auswählen, woraufhin CLASSIKA entsprechend dem Objekttyp ein spezifisches Formular zeigt, aus dessen Struktur hervorgeht, was für ein Wert bei den Attributen erwartet wird (Abb. 7.9).

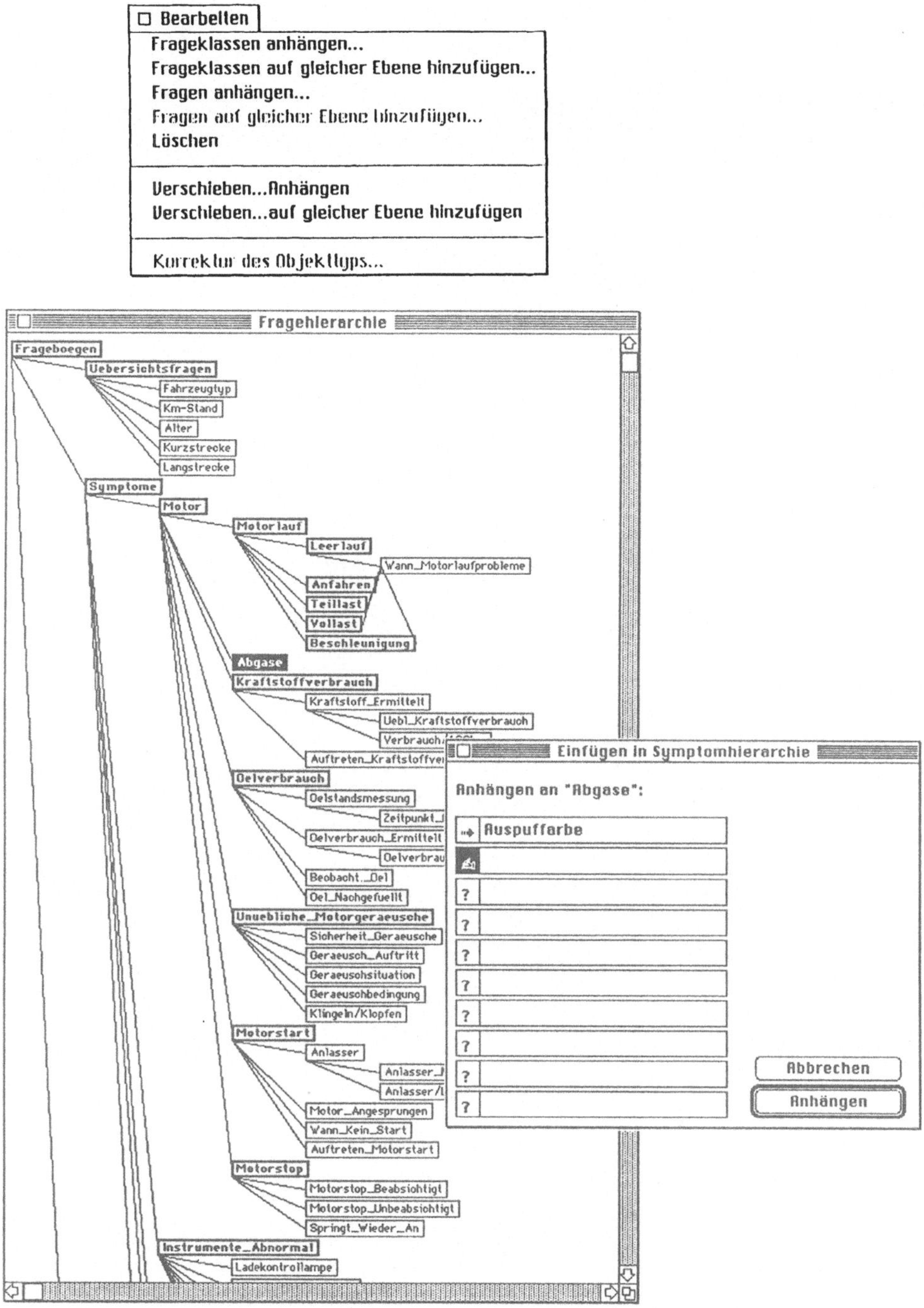

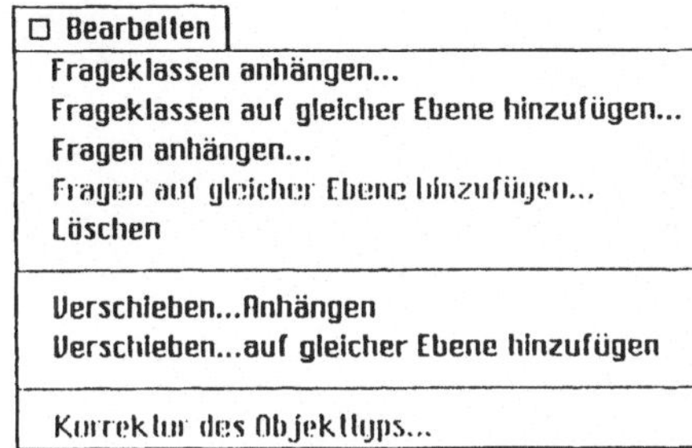

Abb. 7.7 Ausschnitt aus der Symptomhierarchie in CLASSIKA. Neue Begriffe werden eingegeben, indem ein Objekt (Abgase) selektiert wird, eine Option "Frageklassen anhängen" oder "Fragen anhängen", usw. aus dem Menü "Bearbeiten" ausgewählt wird, woraufhin ein Einfüge-Fenster erscheint, in das die neuen Begriffe eingetragen werden. Wenn der Benutzer das Einfüge-Fenster mit "Anhängen" schließt, werden die neuen Begriffe in der Hierarchie an das selektierte Objekt angehängt.

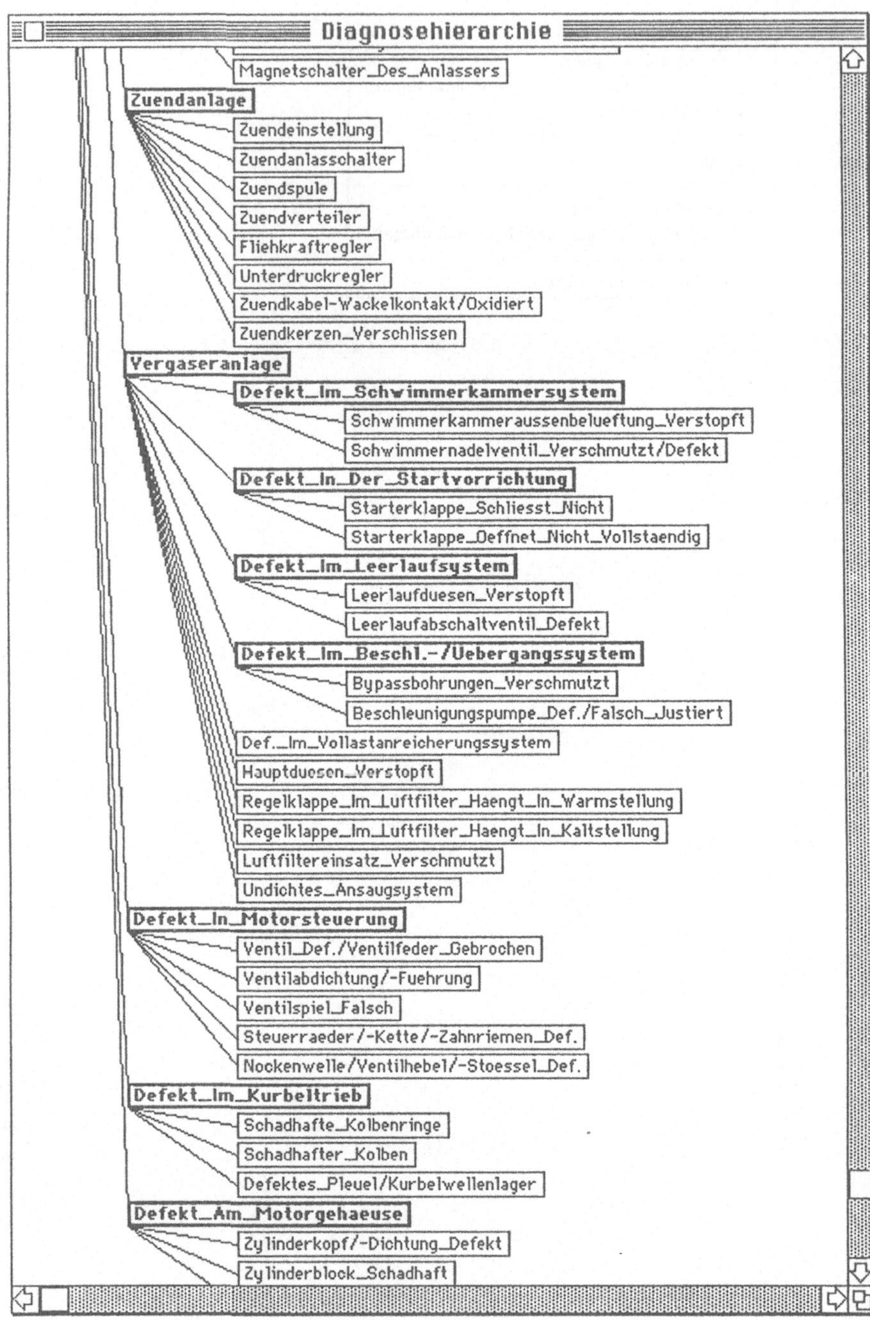

Abb. 7.8   Ausschnitt aus der Diagnosehierarchie, die äquivalent zur Symptomhierarchie aufgebaut wird.

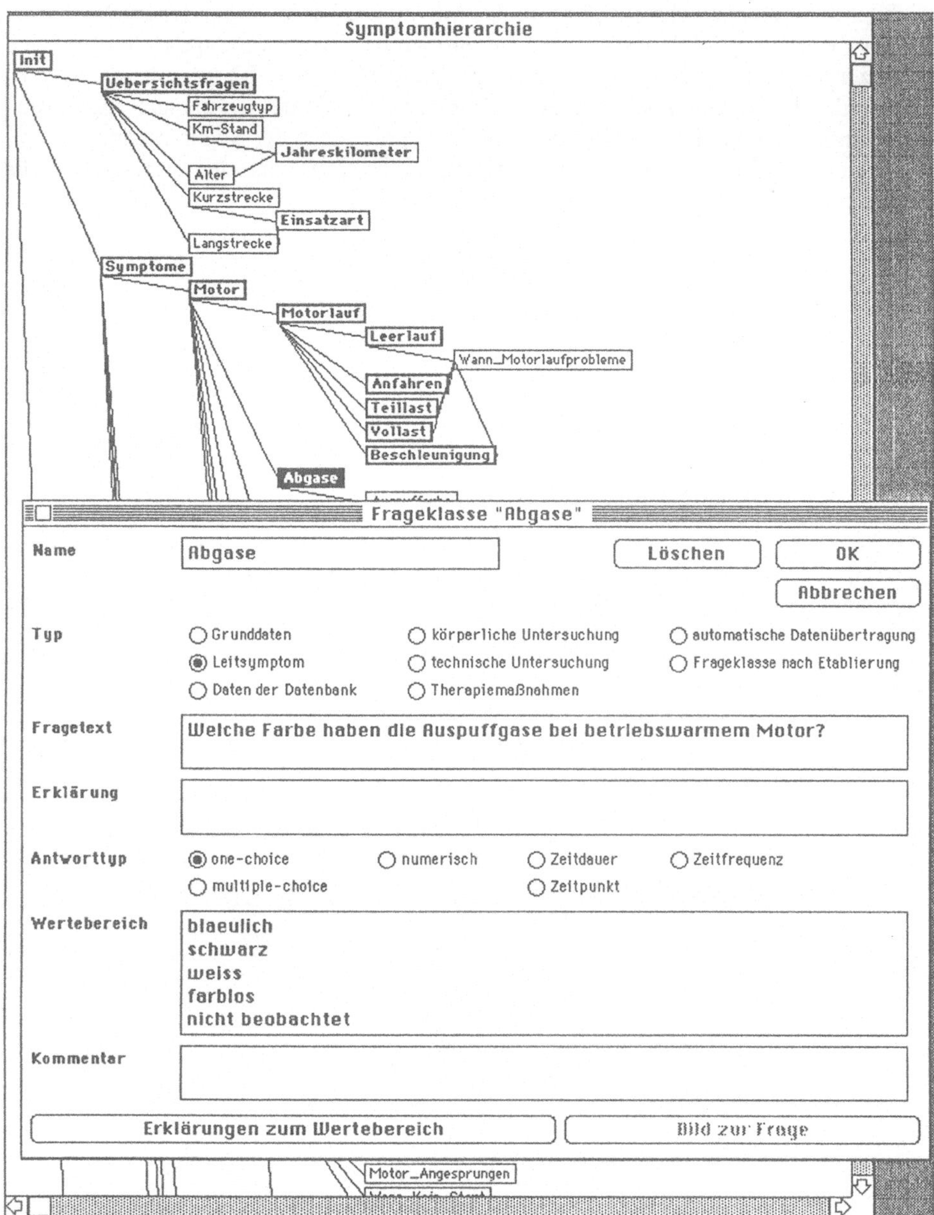

Abb. 7.9 Teilausgefülltes Formular für die Frageklasse "Abgase". Für jeden Objekttyp (s. Kap. 7.1) gibt es ein eigenes Formular.

Schließlich muß das Beziehungswissen eingegeben werden. Das ist in CLASSIKA ohne Benutzung der Tastatur ausschließlich mit Maus-Klicks möglich. Zur Eingabe von Regeln zwischen zwei oder mehreren Merkmalen, z.B. Weiterfragen-Regeln oder Herleitung von Merkmalsabstraktionen, werden die entsprechenden Linien in den Hierarchien angeklickt. Daraufhin erscheint ein Regelformular (bei vielen Regeln kann

auch eine Tabelle gewählt werden), in das die mit der Linie verbundenen Objekte in
der Vorbedingung bzw. Aktion des Regelformulars voreingetragen sind und der
Benutzer den Rest der Regel spezifiziert. Zusätzliche Objekte für komplexere Regeln
können durch einfache Selektion der Objekte aus den Hierarchien in das Regelformular übernommen werden. Die Prädikate und Ausprägungen der Regelvorbedingungen
können aus lokalen Menüs ausgewählt werden. Abb. 7.10 zeigt den Formeleditor für
Regeln mit arithmetischen Berechungen im Aktionsteil.

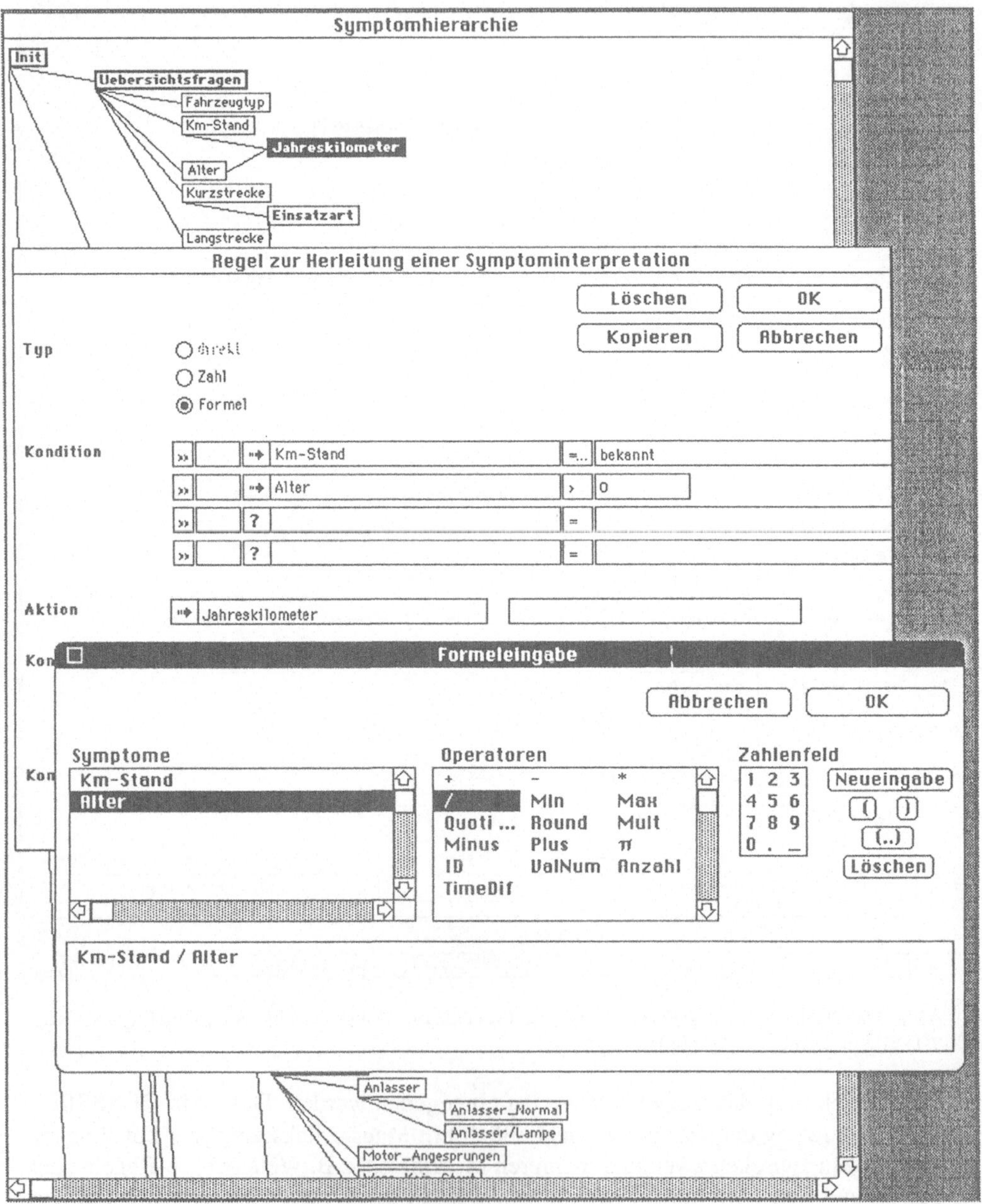

Abb. 7.10   Regelformular mit Formeleditor

Die meisten Regeln dienen zur Herleitung der Diagnosen. Zu ihrer Eingabe bietet CLASSIKA zwei Sorten von Tabellen an, in denen entweder mehrere Diagnosen mit einfachen Regeln oder eine Diagnose mit komplexeren Regeln bewertet werden können. Zunächst muß der Benutzer die Zeilen und Spalten der Tabelle eingeben, indem er aus den Hierarchien die entsprechenden Objekte auswählt. Daraufhin erscheint das Tabellengerüst. Beim ersten Tabellentyp gibt der Benutzer eine Regel dadurch ein, daß er ein Kästchen selektiert und aus dem dann erscheinenden Popup-Menü eine Wahrscheinlichkeitsklasse auswählt (Abb. 7.11). Beim zweiten Tabellentyp entspricht eine Regel nicht einem Kästchen, sondern einer Spalte, wobei auch Symptomkombinationen, Kontexte und Ausnahmen zu der Regel angegeben werden können (Abb. 7.12). Komplexe Regeln werden im ersten Tabellentyp durch ein + oder einen * vor der Bewertung gekennzeichnet. Die Zeileneinträge in beiden Tabellentypen können auch hergeleitete Objekte, z.B. Diagnosen oder Objekte mit numerischem Wertebereich sein, wobei dann die relevanten Intervalle zusätzlich spezifiziert werden müssen.

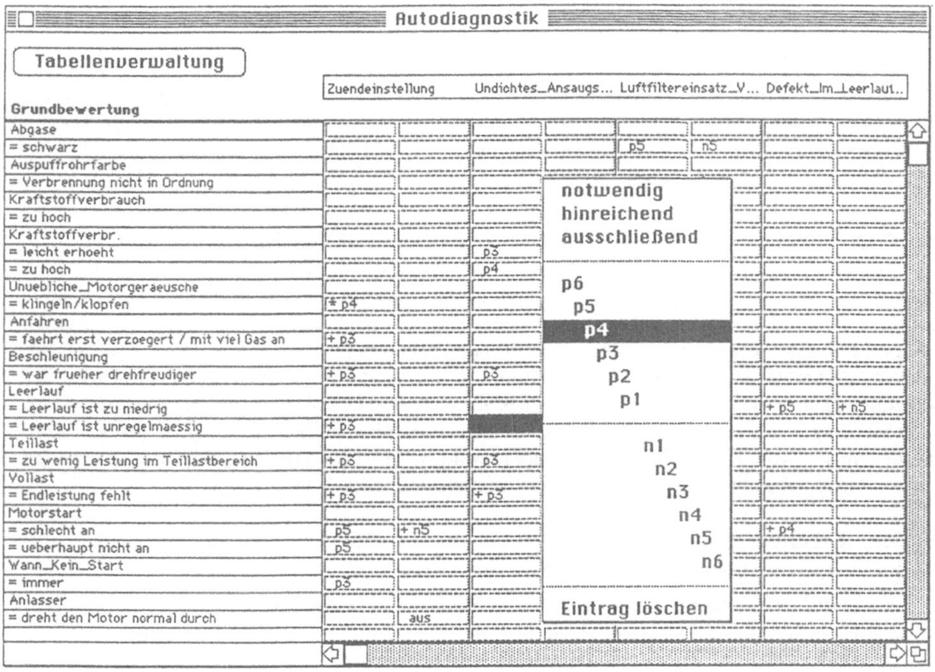

Autodiagnostik

Tabellenverwaltung

	Zuendeinstellung		Undichtes_Ansaugs...		Luftfiltereinsatz_V...		Defekt_Im_Leerlauf..	
Grundbewertung								
Abgase								
= schwarz				p5	n5			
Auspuffrohrfarbe								
= Verbrennung nicht in Ordnung								
Kraftstoffverbrauch								
= zu hoch								
Kraftstoffverbr.								
= leicht erhoeht			p5					
= zu hoch			p4					
Unuebliche_Motorgeraeusche								
= klingeln/klopfen	* p4							
Anfahren								
= faehrt erst verzoegert / mit viel Gas an	+ p3							
Beschleunigung								
= war frueher drehfreudiger	+ p3		p3					
Leerlauf								
= Leerlauf ist zu niedrig							+ p5	+ n5
= Leerlauf ist unregelmaessig	+ p3							
Teillast								
= zu wenig Leistung im Teillastbereich	+ p3		p3					
Vollast								
= Endleistung fehlt	+ p3		+ p3					
Motorstart								
= schlecht an	p5	+ n5					+ p4	
= ueberhaupt nicht an	p5							
Wann_Kein_Start								
= immer	p3							
Anlasser								
= dreht den Motor normal durch		aus						

Popup-Menü:

notwendig
hinreichend
ausschließend

p6
p5
p4
p3
p2
p1

n1
n2
n3
n4
n5
n6

Eintrag löschen

Abb. 7.11 Eingabe von einfachen Diagnose-Regeln in Tabellen.
In der abgebildeten Tabelle wird gerade die Regel "Wenn der Leerlauf unregelmäßig ist, dann spricht dies mit mittlerer positiver Wahrscheinlichkeit (nämlich "p4") dafür, daß das Ansaugsystem undicht ist" mit einem Pop-up-Menü eingegeben. In der Tabelle sind für jede Diagnose zwei Spalten vorgesehen, wovon sich der erste Eintrag auf das Vorhandensein und der zweite auf das Nichtvorhandensein eines Symptoms bezieht. Letzteres kann wichtige Hinweise für den Ausschluß von Diagnosen liefern. Wenn Regeln komplexer als in der Tabelle darstellbar sind bzw. sich mehrere Regeln hinter einem Tabellenfeld verbergen, wird dies durch ein "+" bzw. ein "*" im entsprechenden Feld angezeigt und kann durch einen Doppelklick auf das Feld editiert werden.

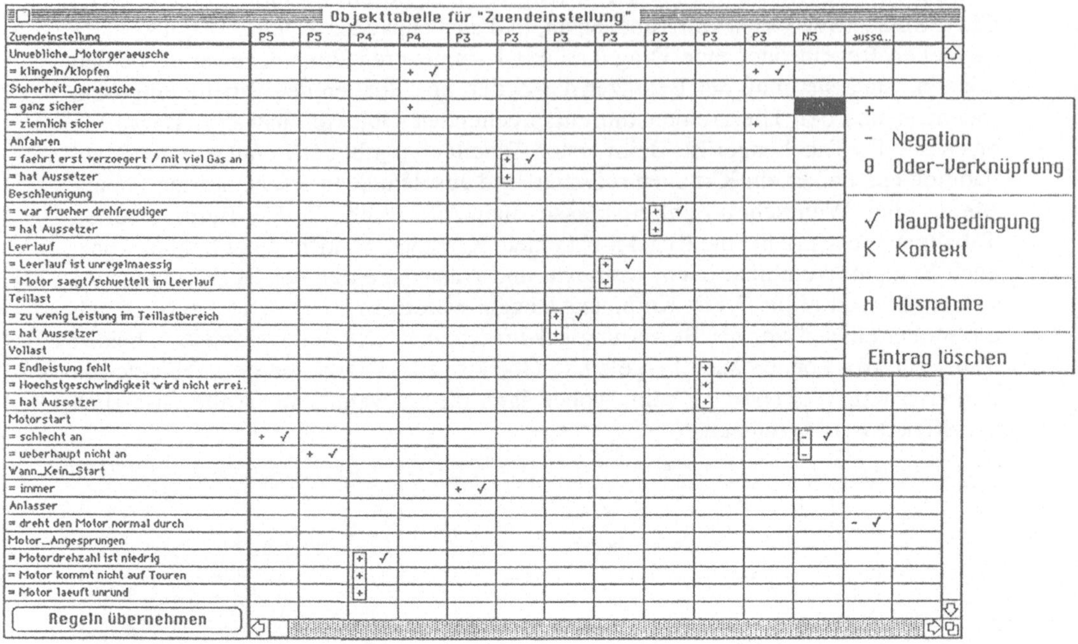

Objekttabelle für "Zuendeinstellung"

Zuendeinstellung	P5	P5	P4	P4	P3	P3	P3	P3	P3	P3	P3	N5	aussc..
Unuebliche_Motorgeraeusche													
= klingeln/klopfen				+ √							+ √		
Sicherheit_Geraeusche													
= ganz sicher				+									
= ziemlich sicher											+		
Anfahren													
= faehrt erst verzoegert / mit viel Gas an						+ √							
= hat Aussetzer						+							
Beschleunigung													
= war frueher drehfreudiger									+ √				
= hat Aussetzer									+				
Leerlauf													
= Leerlauf ist unregelmaessig								+ √					
= Motor saegt/schuettelt im Leerlauf								+					
Teillast													
= zu wenig Leistung im Teillastbereich							+ √						
= hat Aussetzer							+						
Vollast													
= Endleistung fehlt										+ √			
= Hoechstgeschwindigkeit wird nicht errei.										+			
= hat Aussetzer										+			
Motorstart													
= schlecht an	+ √											- √	
= ueberhaupt nicht an		+ √										-	
Wann_Kein_Start													
= immer					+ √								
Anlasser													
= dreht den Motor normal durch													- √
Motor_Angesprungen													
= Motordrehzahl ist niedrig			+ √										
= Motor kommt nicht auf Touren			+										
= Motor laeuft unrund			+										

Menü (bei Selektion eines Kästchens):

+

- Negation
θ Oder-Verknüpfung

√ Hauptbedingung
K Kontext

A Ausnahme

Eintrag löschen

Regeln übernehmen

Abb. 7.12 Eingabe von komplexen Regeln für eine Diagnose in Tabellen
Die Tabelle zeigt die vollständige Regelstruktur für die erste Diagnose aus Abb. 7.11
"Zündeinstellung". Eine Spalte bedeutet eine Regel, wobei die einzelnen Vorbedingungen durch "und"
verknüpft sind und die Diagnosebewertung in der obersten Zeile steht. Ein + in einem Kästchen
bedeutet, daß das Merkmal in der Zeile zutrifft, ein - bedeutet Nichtzutreffen, und ein Kasten um
mehrere Merkmale deutet eine Oder-Verknüpfung an. Weiterhin kann man die Aussagen der
Vorbedingung in eine Hauptbedingung (mit √ gekennzeichnet), normale Bedingungen (ohne Zeichen),
Kontextbedingungen (K) und Ausnahmen (A) strukturieren. Die Hauptbedingung wird in dem
Tabellentyp von Abb. 7.11 als Repräsentant der jeweiligen Regel übernommen. Die Optionen werden
über das Menü links oben eingegeben, das bei Selektion eines Kästchens erscheint.

Weitere Tabellen gibt es zur Bewertung anderer Objekte, z.B. der Selektion von
Merkmalsklassen, von Merkmalsabstraktionen usw.

Das erstellte Expertensystem ist jederzeit direkt ablauffähig. Abb. 7.13 zeigt einen
Ausschnitt aus dem Dialog, in dem gerade die Merkmalsklasse Abgase mit ihren
einzelnen Merkmalen beantwortet wird, sowie eine Erklärung zur etablierten
Enddiagnose Zündeinstellung, die u.a. die gefeuerten Regeln der Diagnose anzeigt.

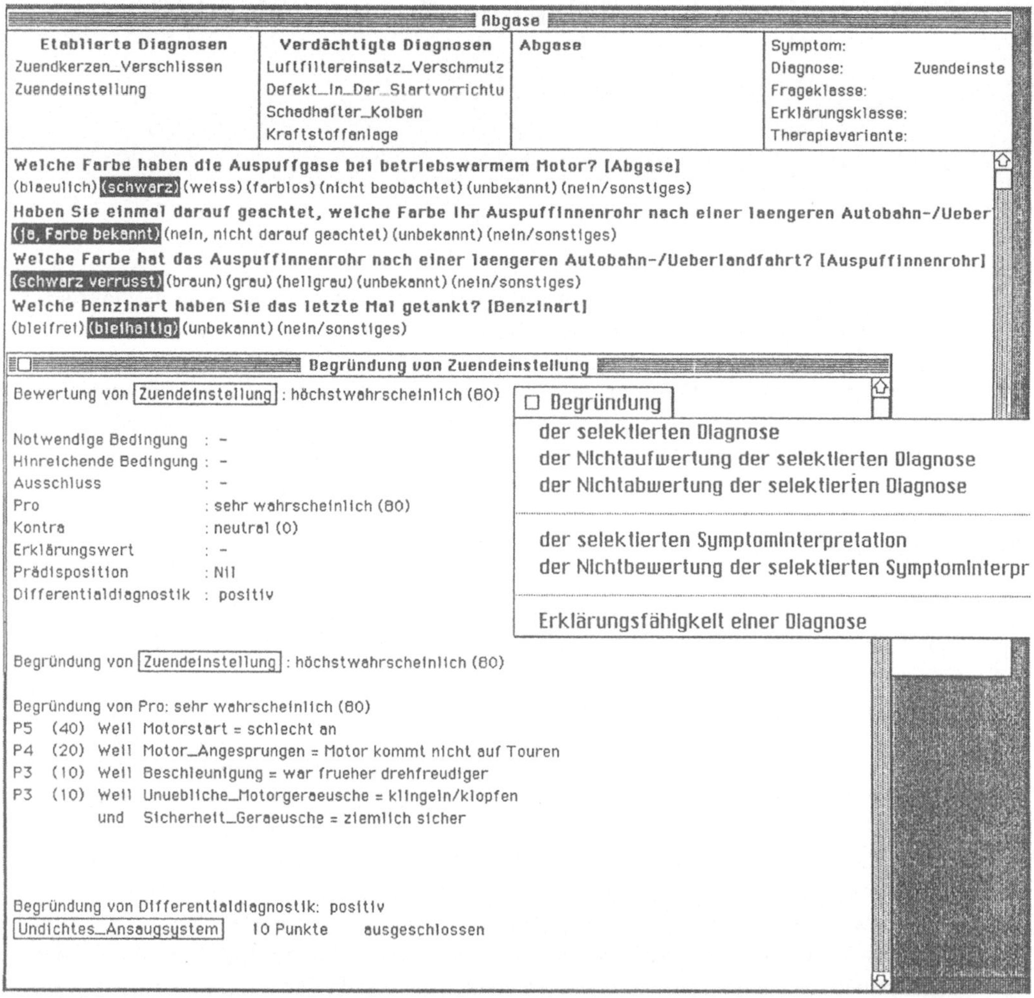

Abb. 7.13 Dialogsituation aus MED2 und darunter Erklärung der etablierten Enddiagnose Zünd-einstellung

8. Heuristische Klassifikation: Zusatzmechanismen

Im letzten Kapitel haben wir die Behandlung der Kernanforderungen an die heuristische Klassifikation diskutiert, nämlich die Behandlung von unsicherem Wissen, die schrittweise Abstraktion und die Dialogsteuerung. In diesem Kapitel werden Mechanismen für die übrigen Anforderungen in Kap. 5.3 beschrieben: die Behandlung von unsicheren, subjektiven, potentiell falschen, zeitveränderlichen, unvollständigen und parametrisierbaren Merkmalen, von Mehrfachlösungen und von zu kombinierenden Empfehlungen für mehrere Lösungen. Dabei gehen wir von der in Kap. 7 entwickelten Grundstruktur aus.

8.1 Behandlung von unsicheren Merkmalen und Lösungsklassen

8.1.1 Behandlung unsicherer Merkmale

In vielen Anwendungen ist außer den Beziehungen zwischen Merkmalen und Lösungen auch die Existenz der Merkmale unsicher. Mit der bisherigen Wissensrepräsentation müßte man zur Unsicherheit von Merkmalen explizite Fragen und entsprechende Auswertungsregeln formulieren, z.B. "wie sicher sind Sie, daß Merkmal-x zutrifft?", wobei der Wertebereich entweder aus Begriffen wie "sicher", "mäßig sicher", "unsicher" usw. oder aus Prozentzahlen besteht. Der Aufwand an zusätzlichen Fragen und Regeln wäre jedoch sehr groß, wenn solche Unsicherheiten häufig vorkommen. Als Alternative könnte man solche Angaben standardmäßig in der Wissensrepräsentation vorsehen, wobei jedes Merkmal implizit mit einer Evidenz bewertet wird. Im Dialog würde sich das so auswirken, daß der Benutzer alle seine Eingaben mit einer Evidenzangabe (qualitativ aus einem Pop-Up-Menü oder quantitativ) versehen kann, wobei der Default-Wert bei "sicher" (100 %) läge. Bei der Auswertung der Evidenzen müßten in den Regeln zwei Typen von Unsicherheiten verknüpft werden: die Unsicherheiten bei der Merkmalseingabe, die vom Benutzer stammen, und die Unsicherheiten bei der Merkmalsbewertung, die vom Experten geschätzt sind[1]. Das Standard-Verrechnungsschema bestände in der Multiplikation der Evidenzen von der Vorbedingung (d.h. der Merkmalserfassung) und der Nachbedingung (d.h. der Merkmalsbewertung) Wenn in der Regelvorbedingung mehrere Merkmale verknüpft werden, werden die Einzelevidenzen bei einer Und-Verknüpfung miteinander multipliziert und bei einer

---

1   Da vom Menschen geschätzte Unsicherheiten sich kaum allgemein normieren lassen und zwei Menschen gewöhnlich unterschiedliche Normen haben, kann man von der Verrechnung keine besondere Genauigkeit erwarten. Man kann sogar so weit gehen, daß man wegen der Verrechnungsschwierigkeiten auf die Bewertung von Merkmalen verzichtet. Stattdessen müßte dann der Experte beim Festlegen der Regelevidenzen typische Unsicherheiten bei der Merkmalserfassung miteinbeziehen.

Oder-Verknüpfung analog zur Kombination der Evidenzen zweier Regeln behandelt. Eine andere Möglichkeit, die wechselseitige Abhängigkeit der Merkmale in einer Regelvorbedingung voraussetzt und die bei MYCIN verwendet wurde, ist die Berechnung des Minimums bei der Und- und des Maximums bei der Oder-Verknüpfung.

8.1.2 Weitergabe von Unsicherheiten bei Lösungsklassen

Ein mit ähnlichen Mechanismen zu behandelndes, aber von seiner Semantik her anderes Problem ist die Behandlung von Unsicherheitsangaben bei Lösungsklassen. In Kap. 7 waren wir davon ausgegangen, daß eine Lösungsklasse nur die drei Bewertungsklassen "etabliert", "unsicher" und "ausgeschlossen" hat, wobei "ausgeschlossen" die Negation von "etabliert" ist, und bei "unsicher" keine Schlußfolgerungen abgeleitet werden können. Die Bewertungsklasse wurde dort durch Vergleich mit Schwellwerten und den Bewertungen konkurrierender Lösungsklassen festgelegt. Statt mit den Bewertungsklassen kann man mit den durch Regeln hergeleiteten primären Unsicherheiten der Lösungsklassen analog wie mit den vom Benutzer geschätzten Unsicherheiten von Merkmalen in Kap. 8.1.1 weiterrechnen. Die dortige Kritik, daß unterschiedliche Bewertungsmaßstäbe von Benutzer und Experte kombiniert werden müssen, trifft hier nicht zu, da die Lösungsbewertungen nicht geschätzt, sondern durch Regeln hergeleitet wurden. Dafür handelt man sich ein Effizienz-Problem ein, da sich die Evidenz von Lösungsklassen bei Eingabe neuer Merkmale durch Feuern entsprechender Regeln verändert und diese Veränderungen zu allen direkten und indirekten Nachfolgern der Lösungsklassen weitergegeben werden müssen. Ein Mittelweg zwischen vielen numerischen Bewertungen und nur einer Klasse "etabliert" wären wenige zusätzliche Klassen (z.B. "wahrscheinlich", "höchstwahrscheinlich" und "gesichert" zur Differenzierung von "etabliert"). Eine kleine Veränderung in der Rohbewertung bewirkt dabei nicht immer eine Veränderung einer solchen Bewertungsklasse und bräuchte dann nicht weitergegeben werden. Ein anderes Problem der Weitergabe von Unsicherheiten bei Lösungsklassen ist die Gefahr der Überbewertung, falls Begründungsschleifen der Art "A verstärkt den Verdacht in B und B verstärkt - eventuell über Zwischenstufen - den Verdacht in A" benutzt werden. Während bei zweielementigen Schleifen (A -> B -> A) sich die zirkulären und nicht-zirkulären Anteile der Evidenz der beiden beteiligten Lösungsklassen noch relativ einfach berechnen lassen (vgl. [Pearl 85]), steigt der Aufwand bei mehrelementigen Schleifen drastisch an. Ein Beispiel für die Weitergabe von Unsicherheiten bei Lösungsklassen findet sich in PROSPECTOR, das auf der Idee von Bayes´schen Netzen beruht (s. Kap. 11.5).

8.1.3 Paralleles Verfolgen verschiedener Annahmen

Eine Alternative zu den beschriebenen Mechanismen besteht darin, mit sicheren Merkmalen und/oder Lösungen zu arbeiten und Unsicherheiten dadurch zu repräsentieren, daß man die beiden Möglichkeiten (Merkmal bzw. Lösungsklasse existiert oder existiert nicht) als zwei Annahmen parallel weiterverfolgt und die resultierenden Endergebnisse vergleicht. Die Konsequenzen für die Wissensrepräsentation sind, daß

alle dynamischen Attribute von Objekten und Regeln statt eines Wertes mehrere Werte
für die verschiedenen Annahmen enthalten können. Wenn z.B. bei einem Merkmal
zwei Alternativen verglichen werden sollen und die Werte unter den Annahmen A1
und A2 seien x bzw. y, dann würde bei dem dynamischen Attribut "Wert" "(A1 x A2
y)" statt wie bisher nur "x" abgespeichert werden. Auch die Regeln, die Schlußfolgerungen aus dem Merkmal herleiten, haben dann ein entsprechend erweitertes
Attribut "Wert", z.B. (A1 gefeuert A2 nicht_gefeuert); dasselbe gilt für die Merkmalsabstraktion, Lösungsklassen, usw. Nur die völlig unbeteiligten Objekte kommen mit
einem Eintrag aus, der dann unabhängig von irgendwelchen Annahmen gilt. Falls bei
einem anderen Objekt eine zweite Verzweigung gewünscht wird, z.B. bei einer
Lösungsklasse die beiden Alternativen "etabliert" und "unsicher", werden zwei neue
Annahmen eingeführt (B1 etabliert B2 unsicher), die wie die ersten verbreitet werden.
Falls sich die verschiedenen Annahmen bei einem Objekt kreuzen, müssen alle Kombinationen berücksichtigt werden (A1B1, A1B2, A2B1, A2B2). Das gleiche trifft
natürlich auch auf die beiden Agenden für Lösungshypothesen und Tests und sonstige
globale Variablen des Programms zu. Weiterhin braucht man eine neue globale
Datenstruktur für die Generierung und globale Verwaltung der Annahmen. Dabei muß
auch die Dialogsteuerung bestimmt werden, z.B. durch Festlegung einer dominanten
Annahme oder Annahmenkombination für die Auswahl von Tests und Folgefragen.

Für das parallele Verfolgen verschiedener Annahmen eignet sich die Technik des
ATMS ([de Kleer 86], vgl. auch [Puppe 88, Kap. 8.2]). Realisierungen finden sich in
einigen allgemeinen Expertensystem-Werkzeugen wie KEE und ART unter dem
Namen "mehrfache Welten" (multiple worlds, views).

8.2 Behandlung von subjektiven Merkmalen

Bei der Behandlung von subjektiven Merkmalen, die Wünsche des Benutzers darstellen, besteht die Problemlösung nicht allein darin, entweder eine alle Wünsche erfüllende Lösung oder gar keine zu finden. Wenn es keine Lösung gibt, sollte der Benutzer darauf hingewiesen werden, welche Lösungen am ehesten in Betracht kommen
und welche Wünsche er zurücknehmen müßte. Dazu braucht man zwei Bewertungen
für Lösungen: 1) ob eine Lösung alle Wünsche des Benutzers befriedigt und 2) wie
attraktiv die Lösung ist. Während die erste Bewertung kategorisch ist, werden bei der
zweiten Bewertung erfüllte und nicht erfüllte Wünsche nach ihrer Bedeutung
gewichtet und mit allgemeinen Kriterien wie Kosten der Lösung verrechnet. Falls
keine Lösung alle Wünsche erfüllt, kann sich der Benutzer bei den relativ attraktiven
Lösungen erklären lassen, welche Wünsche er zurücknehmen muß. Für diese
Präzedenzauswahl eignet sich auch die fallvergleichende Klassifikation (Kap. 12) gut.

8.3 Erkennen falscher Merkmalsangaben

Während die Behandlung schwer identifizierbarer Merkmale in Kap. 8.1 diskutiert wurde, geht es in diesem Abschnitt um das Erkennen offensichtlicher Fehler bei der Merkmalsangabe. Fehler können durch einfache Bedienungsfehler, durch unaufmerksame Beobachtung von Merkmalen, durch bewußtes Verfälschen von Daten oder durch defekte Meßgeräte entstehen. Im allgemeinen lassen sich Fehler nur durch redundante Merkmalserfassung erkennen. Daher müssen beim Aufbau einer Wissensbasis Prioritäten gesetzt werden: Für die Vermeidung von Fehlern aufgrund mangelnder Aufmerksamkeit ist eine eher auf das notwendigste beschränkte, für das Erkennen von bewußten Verfälschungen und Meßgeräteversagen eine möglichst redundante Merkmalserfassung günstig.

Zur Vermeidung von Ermüdungserscheinungen sollen so wenig Fragen mit so wenig Antwortalternativen wie möglich gestellt werden. Die Frageanzahl kann man durch eine hierarchische Anordnung von Fragen senken, bei der eine Folgefrage nur dann gestellt wird, wenn alle Vorbedingungen erfüllt sind. Die Anzahl der Antwortalternativen pro Frage kann man durch Angabe von Constraints vermindern, indem unter bestimmten Bedingungen Antwortalternativen eliminiert oder vorbelegt werden. Auch bei numerischen Merkmalen können die zulässigen Wert-Intervalle maximal eingeschränkt werden. Die Eingabe solcher Constraints kann mit einer Tabelle vom Typ Abb. 4.3 für Merkmalskombinationen erfolgen.

Dieselben Constraints eignen sich auch für den zweiten Fall, bei dem Fehler nachträglich erkannt werden sollen. Dann werden die zusätzlichen Fragen und Antwortalternativen gestellt und mit dem Constraint-Netz Widersprüche registriert. Daraufhin kann der Benutzer aufgefordert werden, den Widerspruch durch Korrektur von mindestens einer daran beteiligten Antwort aufzulösen. Das geht natürlich nicht bei automatisch erhobenen widersprüchlichen Meßwerten. Hier empfiehlt es sich, zunächst durch Meßwertvergleich Diagnosen zu stellen, welche Meßgeräte defekt sind, um diese Diagnosen zu benutzen, die Auswertung der Meßwerte der defekten Geräte zu unterdrücken. Das zugrundeliegende Regelschema könnte dann so aussehen: Ein Meßwert impliziert irgendeine Schlußfolgerung, außer wenn das Meßgerät defekt ist. Die Benutzung von Ausnahmen hat den Vorteil, daß im Normalfall davon ausgegangen wird, daß das Meßgerät in Ordnung ist, solange keine explizite Evidenz für das Gegenteil vorliegt. Dazu ist jedoch ein Mechanismus zum Zurückziehen von Schlußfolgerungen erforderlich (s. Kap. 8.5). Ein Beispiel für die Realisierung dieser Techniken findet sich in MED2 [Puppe 87a, Kap. 4.2.2.2].

8.4 Behandlung zeitveränderlicher Merkmale

Bei zeitveränderlichen Merkmalen muß zum einen die Wissensrepräsentation so erweitert werden, daß Zeitangaben abgespeichert werden können, und zum anderen müssen Regelprädikate zur Auswertung der Zeitangaben bereitgestellt werden. Auf Seite der Wissensrepräsentation braucht man Fragen nach einem Zeitpunkt (oder Zeitintervall), wann Merkmale aufgetreten sind. Da sich im Laufe der Zeit der Wert eines Merkmals ändern kann, muß außerdem die Geschichte (d.h. die zeitliche Folge von Werten) des Merkmals abgespeichert werden. Ein Attribut "Geschichte" könnte folgende Struktur haben: Zeitpunkt-1 Wert-1, Zeitpunkt-2 Wert-2, usw., d.h. zum Zeitpunkt-x wurde der Wert-x beobachtet. Diese Daten könnten im Dialog so eingegeben werden, daß bei jeder Sitzung der Zeitpunkt miterfaßt und in Folgesitzungen der alte Wert zusammen mit dem alten Zeitpunkt auf das Attribut "Geschichte" übertragen wird. Die Auswertung von Zeitangaben basiert zum einen auf Prädikaten wie "vor", "nach" und "gleichzeitig", die sich auf zwei Zeitpunkte beziehen, und zum anderen auf Prädikaten wie "Anstieg", "Abstieg" oder "Konstanz", die sich auf die Geschichte eines Merkmals beziehen. Weitere Prädikate können spezifische, im Anwendungsbereich wichtige Zeitverläufe abfragen, wie z.B. die Zunahme des Anstiegs eines Wertes pro Zeiteinheit oder charakteristische Fieberkurven. Eine ausführlichere Diskussion des zeitlichen Schließens enthält [Puppe 88, Kap. 9].

8.5 Rücknahme von Schlußfolgerungen bei unvollständigen Daten

Wenn man mit dem Herleiten von Lösungen nicht warten kann, bis alle Daten eingegeben sind, kann es in folgenden Situationen passieren, daß Schlußfolgerungen ungültig werden:

- Der Benutzer verbessert eingegebene Merkmale, weil er sich entweder vertan hat, Widersprüche korrigieren muß, seine Wünsche geändert hat oder zeitbedingte Änderungen aufgetreten sind.
- Neue Merkmale verändern die Evidenz von Lösungsklassen, aus denen bereits Schlußfolgerungen abgeleitet wurden.
- Es werden Ausnahmen zu gefeuerten Regeln bekannt, weswegen die Regeln zurückgenommen werden müssen.

Dabei kann sich nicht nur der Status des direkt betroffenen Objektes ändern, sondern es kann eine Kettenreaktion von Folgeänderungen ausgelöst werden. Das Ziel aller Rücknahmetechniken ist dann, den Zustand herzustellen, der entstanden wäre, wenn die Änderungen von Anfang an im Problemlösungsprozeß berücksichtigt worden wären. Eine effiziente Technik besteht darin, daß die geänderten Objekte Nachrichten an alle ihre Regeln schicken, die daraufhin ihren Status überprüfen. Falls eine gefeuerte Regel zurückgezogen werden muß, schickt sie an das Objekt ihrer Nachbedingung eine Nachricht, daß die anfangs übertragene Evidenz subtrahiert werden muß. Die betroffenen Objekte überprüfen dann, ob sich aufgrund der Subtraktion eine Statusänderung ergibt, und verbreiten diese gegebenenfalls wiederum an ihre Regeln usw. Bei dieser Technik wird die Rücknahme von Regeln wie das normale "Feuern" mit umgekehrtem Vorzeichen der Evidenz behandelt. Allerdings erfordern Begründungsschleifen (s. Kap. 8.1.2) und das Vermeiden von Mehrfachaktivierungen eines geänderten Objektes eine Sonderbehandlung. Der genaue Algorithmus wird in [Puppe 87b] beschrieben.

8.6 Behandlung parametrisierbarer Merkmale und Lösungen

Bisher sind wir davon ausgegangen, daß sich Regeln auf konkrete Objekte beziehen, d.h. die Vorbedingung der Regeln sind Prädikate über den Werten bestimmter Merkmale oder Lösungen und die Nachbedingung verändert den Status eines Objektes. Im Vergleich zur Prädikatenlogik 1. Stufe fehlt die Quantifizierung "für alle", die sich auf Mengen von Objekten bezieht. Da die Voraussetzung der Klassifikation endliche Merkmals- und Lösungsmengen sind, kann man theoretisch jede quantifizierte Aussage mit einer Menge von nicht-quantifizierten Aussagen über individuellen Objekten ausdrücken (vgl. Kap. 4).

Der Bedarf für quantifizierte Regeln entsteht in der Klassifikation dann, wenn es viele gleichartige Merkmale und/oder Lösungen gibt, z.B. bei einem Auto mit vielen Zylindern, bei einem Roboter mit vielen gleichartigen Gelenken und Motoren oder bei einer Fertigungsstraße mit gleichen Maschinen. Eine typische quantifizierte Regel wäre z.B.: "Für alle x (x ist ein Zylinder) gilt: Wenn (Kompression bei x zu niedrig) dann (x wahrscheinlich defekt)". Solche Merkmale und Lösungen nennen wir parametrisierbar. Bei zwölf Zylindern gäbe es je zwölf Instanzen für das Merkmal "Kompression", die Lösung "Zylinder defekt" und die Regel. Der Vorteil der quantifizierten Regel im Vergleich zur Formulierung aller Instanzen ist eine einfachere Wissenseingabe und eine größere Speicherökonomie, der Nachteil die Notwendigkeit eines komplexeren Regelinterpreters.

Da der bisher benutzte objektorientierte Inferenzmechanismus effizient und durch zusätzliche Mechanismen einfach erweiterungsfähig ist, versuchen wir im folgenden, ihn beizubehalten. Trotzdem könnte man auf der Ebene der Wissenseingabe quantifizierte Regeln wegen ihre Ausdrucksstärke zulassen, aus denen dann von der Wissenserwerbskomponente automatisch entsprechend viele Instanzen nicht-quantifizierter Regeln erzeugt werden. Die Erzeugung der Instanzen sollte aus Effizienzgründen zum Zeitpunkt der Wissenseingabe durchgeführt werden; sie kann notfalls aber auch noch während des Dialoges erfolgen, z.B. als Reaktion auf eine Frage: "Wieviele Maschinen eines bestimmten Types hat die Fertigungsstraße?". Die Antwort würde dann zur Vervielfältigung der für eine Maschine notwendigen Einzelfragen, Regeln und Diagnosen mit entsprechenden Attributen führen. Anschließend werden die neu generierten Fragen im Dialog gestellt. Falls es Attribute gibt, die für alle Instanzen gleich sind (z.B. Fragetext und Wertebereich von Merkmalen), können diese auch von dem "generischen" Objekt, das als Kopiervorlage dient, ererbt werden.

8.7 Behandlung von Mehrfachlösungen

Mehrfachlösungen sind vor allem bei der Fehlersuche möglich, da mehrere unabhängige Fehlerursachen gleichzeitig vorhanden sein können. Da die verschiedenen Fehlerursachen normalerweise auch verschiedene Merkmale (Symptome) hervorrufen, an denen sie erkannt werden können, scheint auf den ersten Blick das Herausfinden von Mehrfachlösungen unproblematisch zu sein. Die Schwierigkeit resultiert daraus, daß auch bei einer vorliegenden Fehlerquelle oft mehrere gut bewertete Hypothesen vorliegen. Wenn man in solchen Fällen immer die am besten bewertete Hypothese auswählt, verhindert das prinzipiell das Herausfinden von Mehrfachlösungen.

Dieses Problem kann überwunden werden, wenn man nicht alle Lösungen als Konkurrenten betrachtet, aus denen man die beste auswählt, sondern nur die, die eine relativ ähnliche Symptomatik haben. Die Ähnlichkeit von Lösungen kann von der Wissenserwerbskomponte aus dem Vergleich ihrer Regeln hergeleitet oder direkt vom Experten eingegeben werden. Mehrere etablierte Lösungen, die nicht untereinander als Konkurrenten markiert sind, können dann als echte Mehrfachlösungen interpretiert werden. Systeme, die zwischen konkurrierenden und unabhängigen Lösungen unterscheiden, sind z.B. INTERNIST, wo die Konkurrenten-Beziehung hergeleitet wird (zwei Lösungen sind Konkurrenten, wenn die unwahrscheinlichere Lösung nicht mehr von den im konkreten Fall vorliegenden Merkmalen erklären kann als die wahrscheinlichere Lösung), und MED2, wo die Konkurrenten-Beziehung in der Wissensbasis statisch festgelegt ist.

Ein anderes Problem ist die Möglichkeit, daß sich die Symptome verschiedener unabhängiger Ursachen überlagern können und dadurch das normale Erscheinungsbild der Lösungen maskiert wird. Wenn in den Regeln solche Situationen nicht berücksichtigt sind, werden die tatsächlichen Fehlerursachen eventuell zu schlecht bewertet. In der heuristischen Klassifikation können solche Überlagerungen nur durch spezielles Zusatzwissen angemessen bearbeitet werden, z.B. durch Ausnahmen oder zusätzliche Bedingungen von Regeln, durch neue Regeln oder sogar durch neue Lösungen, die Kombinationen von sich überlagernden Fehlerursachen repräsentieren. Eine für diesen Fall günstigere Problemlösungsmethode ist die kausale Klassifikation (s. Kap. 9 + 10), bei der die Auswirkungen von Fehlerursachen explizit repräsentiert sind, und deswegen auch Überlagerungen simuliert werden können.

8.8 Kombinierte Empfehlungen für mehrere Lösungen

Normalerweise enthält jede Lösung eine Handlungsempfehlung, die bei Etablierung der Lösung dem Benutzer angezeigt oder vom Expertensystem automatisch abgearbeitet wird. Wenn jedoch mehrere Lösungen in Betracht kommen (egal ob als Mehrfachlösungen oder wegen verbliebener Unsicherheiten), möchte man manchmal nicht viele unabhängige Ratschläge, sondern nur eine Empfehlung, die alle Möglichkeiten berücksichtigt. Das kann man erreichen, wenn man im Anschluß an die eigentliche Klassifikation einen Algorithmus aufruft bzw. eine Konfigurierungstechnik (s. Teil IV) benutzt, der bzw. die die verdächtigten Lösungen, ihre Wahrscheinlichkeiten und die Kosten für die Durchführung der jeweiligen Empfehlungen zu einer Gesamtempfehlung kombiniert. Das Ergebnis kann ein Flußdiagramm sein, das darstellt, in welcher Reihenfolge man Reparaturen und Tests ausführt oder nach welcher Strategie man beim Produktkauf verhandelt, oder auch eine Kombinationsempfehlung wie ein Breitband-Antibiotikum, das alle nicht ausgeschlossenen Bakterienarten bekämpft.

9. Überdeckende Klassifikation

Die überdeckende Klassifikation eignet sich für Klassifikationsprobleme, bei denen die Lösungen (Ursachen) – eventuell über Zwischenzustände – relativ zuverlässig bestimmte Merkmale (Wirkungen) hervorrufen. Die Wissensrepräsentation besteht in der einfachsten Form aus Merkmalen, Lösungen und Regeln der Art: Lösung verursacht Merkmal (L -> M). Eine Lösung oder eine Gruppe von Lösungen ist um so besser bewertet, je vollständiger sie die beobachteten Merkmale gemäß ihrer Regeln erklärt, d.h. überdeckt, und je weniger nicht-beobachtete Merkmale sie herleitet. Die Grundstruktur illustriert Abb. 9.1. Wenn die überdeckende Klassifikation zur Fehlersuche eingesetzt wird, nennen wir sie auch Klassifikation mit Fehlermodellen. Zwei Beispiele für Fehlermodelle aus dem technischen und dem medizinischen Bereich zeigen die Abbildungen 9.2 und 9.3. Die überdeckende Klassifikation eignet sich jedoch nicht nur zur Fehlersuche, sondern für alle Anwendungsbereiche, bei denen die Lösungen durch charakteristische Mengen von Problemmerkmalen beschreibbar sind.

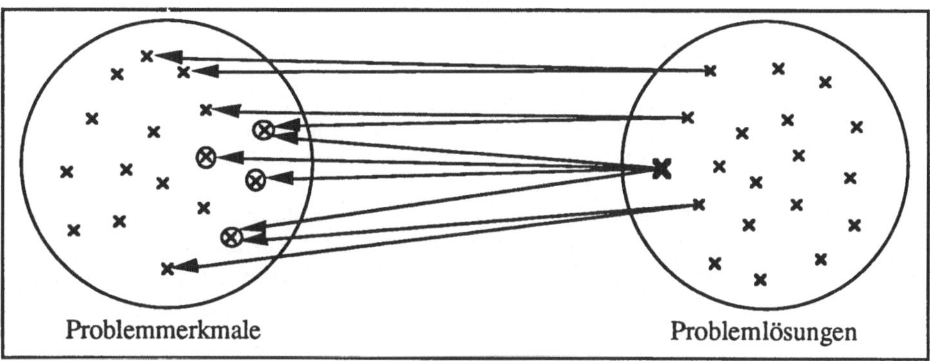

Abb. 9.1 Grundstruktur der überdeckenden Klassifikation.

Im Vergleich zu heuristischen Regeln "Merkmal deutet auf Lösung" sind die kausalen Regeln meist einfacher anzugeben, aber schwieriger auszuwerten[1]. Sie sind einfach, weil sie das Kausalitätsprinzip direkt abbilden und Evidenzwerte weniger bedeutsam sind. Die schwierigere Auswertung rührt daher, daß kausale Regeln (L -> M) bei gegebenen Merkmalen (M) nicht direkt anwendbar sind.

Daher müssen zunächst Verdachtshypothesen generiert werden. Eine einfache, wenn auch ineffiziente Art besteht darin, für alle Merkmale (Wirkungen) alle mögli-

---

1 Dies hat nichts mit der Unterscheidung zwischen Vorwärts- und Rückwärtsverkettung zu tun, bei der eine Regel nur unterschiedlich aktiviert wird, während hier zwei verschiedene Regeln A -> B und B -> A benutzt werden.

chen Lösungen (Ursachen) zu verdächtigen. Im zweiten Schritt werden die Verdachtshypothesen dann nacheinander überprüft, ob sie alle beobachteten, aber keine nichtbeobachteten Wirkungen gemäß den kausalen Regeln herleiten können. Die Differenzierungsfähigkeit des Fehlermodells ist um so besser, je detaillierter es ist.

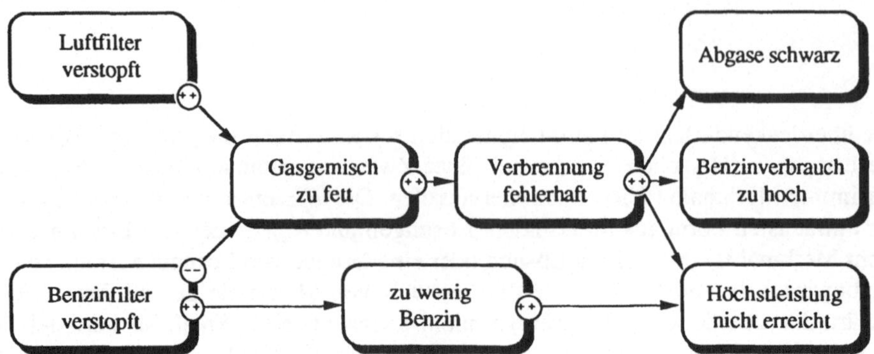

Abb. 9.2 Fehlermodell für verstopften Luftfilter und Benzinfilter beim Auto. *Formale Erläuterung*: Jeder Zustand hat einen Schweregrad, dessen Wert durch die als Kanten dargestellte Regeln an
Nachfolgezustände weitergegeben wird. Die Kreise in den die Regeln darstellenden Kanten enthalten
Regelbewertungen, wobei ++ direkte Proportionalität und -- umgekehrte Proportionalität darstellen.
Inhaltliche Erklärung für Luftfilter: Ein verstopfter Luftfilter verringert die Luftmenge, was bei
normaler Benzinmenge zu einem zu fetten Gasgemisch führt. Daraus resultiert eine fehlerhafte
Verbrennung, die sich in schwarzen Abgasen, zu hohem Benzinverbrauch und nicht erreichter
Höchstleistung bemerkbar macht. Zum Vergleich geben wir die entsprechenden heuristischen Regeln
mit einem Evidenzwert an:

    Wenn Abgase = schwarz,   dann Luftfilter verstopft; Evidenzwert: mittel
    Wenn Benzinverbrauch zu hoch,   dann Luftfilter verstopft; Evidenzwert: gering
    Wenn Höchstleistung nicht erreicht, dann Luftfilter verstopft; Evidenzwert: gering

Die Detailliertheit hängt einerseits von der Anzahl der Zustände (Merkmale, Lösungen
und Zwischenzustände), andererseits aber auch von der Ausdrucksstärke der Wissensrepräsentation ab. Letztere kann man erhöhen, wenn man den Zuständen Parameter zuordnet, z.B. Schweregrad, Dauer, Beginn, Auftreten (plötzlich oder allmählich). Die Regeln eines Zustandes nehmen dann auch Bezug auf seine Parameter und
sagen zusätzlich zu den Folgezuständen auch deren Parameterwerte voraus. Eine
attraktive Eigenschaft ist die Möglichkeit zur Parameterverknüpfung, bei der die Konsequenzen verschiedener Ursachen auf einen Zustand verrechnet werden. Auf diese
Weise können auch die Folgen multipler, sich überlagernder Ursachen vorhergesagt
werden, was in der heuristischen Klassifikation kaum möglich ist. Ein wichtiger
Sonderfall der Parameterverknüpfung ist die Behandlung von negativen Rückkopplungsschleifen (Regelkreisen), die letztlich den Schweregrad ihrer Ursache
abschwächen.

    Die Nachteile eines großen Detaillierungsgrades mit vielen Zuständen, Parametern
und Regeln sind abnehmende Laufzeiteffizienz und zunehmender Aufwand bei der
Merkmalserfassung. Sie lassen sich vermindern, wenn das Wissen auf verschiedenen
Detaillierungsgraden repräsentiert wird, wobei die detaillierteren Ebenen nur bei Bedarf benutzt werden. Dabei gibt es zwei Verfeinerungskonzepte: Bei der einfacheren
Regelverfeinerung werden die vorhandenen Zustände beibehalten und nur die Regeln

präzisiert, indem neue Zwischenzustände hinzugefügt werden (z.B. statt A -> B die verfeinerte Form A -> C, C -> B). Aufwendiger ist die Zustandsverfeinerung, bei der ein Zustand durch eine Menge von Feinzuständen ersetzt wird (z.B. "Lebererkrankung" durch speziellere Zustände wie " akute Hepatitis" oder "Zirrhose" bzw. "defekte Zündanlage" durch "falsche Zündeinstellung" oder "verbrauchte Zündkerzen). Dabei müssen auch alle Regeln des Grobzustandes durch die präziseren Regeln des Feinzustandes ersetzt werden.

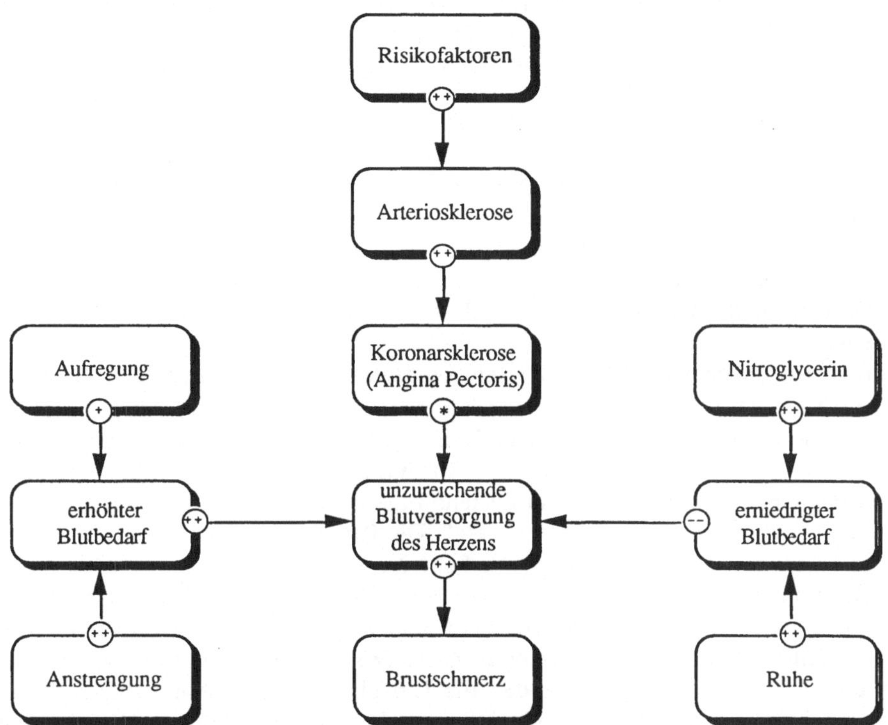

Abb. 9.3 Fehlermodell für Angina Pectoris. *Formale Erläuterung*: Jeder Zustand hat einen Schweregrad, dessen Wert durch die als Kanten dargestellte Regeln an Nachfolgezustände weitergegeben wird. Die Kreise in den die Regeln darstellenden Kanten enthalten Regelbewertungen, wobei + und ++ schwache bzw. starke direkte Proportionalität, -- starke umgekehrte Proportionalität und * notwendige Voraussetzungen, unter denen andere Proportionalitäten wirksam werden, darstellen. *Inhaltliche Erläuterung*: Die Risikofaktoren (Übergewicht, Bewegungsmangel, Rauchen, Diabetes, Bluthochdruck) führen auf Dauer zur Arteriosklerose (Verhärtung der Blutgefäße), wovon insbesondere auch die das Herz versorgenden Koronararterien betroffen sind. Die beschädigten Koronararterien, die die Angina Pectoris definieren, können zwar eine normale Blutversorgung gewährleisten, aber nicht einen erhöhten Blutbedarf befriedigen, wie er durch Aufregung oder Anstrengung verursacht wird. Das äußert sich subjektiv als Brustschmerzen. Der Blutbedarf kann durch Ruhe oder Medikamente wie Nitroglycerin gesenkt werden. Die entsprechenden heuristischen Regeln mit zusätzlichen Evidenzwerten wären:

        Wenn Anzahl der Risikofaktoren = hoch,   dann Angina Pectoris; Evidenzwert gering.
        Wenn Schmerzverstärkung = Anstrengung,   dann Angina Pectoris; Evidenzwert mittel
        Wenn Schmerzverstärkung = Aufregung,   dann Angina Pectoris; Evidenzwert gering
        Wenn Schmerzabschwächung = Ruhe,   dann Angina Pectoris; Evidenzwert mittel
        Wenn Schmerzabschwächung = Nitroglycerin,   dann Angina Pectoris; Evidenzwert hoch

9.1 Wissensrepräsentation

Die einfachste Wissensrepräsentation enthält nur den Objekttyp Zustand mit den
Attributen "Ursachen" und "Wirkungen", die jeweils aus einer Liste von Zuständen
bestehen, sowie einem dynamischen Attribut "Status" mit dem Wertebereich "etabliert", "unbekannt" oder "ausgeschlossen". Ausgehend von beobachteten Endzuständen (d.h. Zuständen ohne Wirkungen) wird dann eine Menge von Anfangszuständen
(d.h. Zuständen ohne Ursachen) gesucht, die die Endzustände gemäß ihren "Wirkungen" erklären können. Die Ableitung kann über beliebig viele Zwischenzustände (d.h.
Zustände mit Ursachen und Wirkungen) erfolgen.

Eine komplexere Wissensrepräsentation ergibt sich, wenn die Beziehungen auch
Kombinationen von Zuständen umfassen und dann zweckmäßig als eigene Objekte,
nämlich Regeln, repräsentiert werden. Weiterhin kann man auch Unsicherheiten
berücksichtigen, um auszudrücken, daß ein Zustand zwar meistens, aber nicht immer
einen anderen Zustand hervorruft. Dann muß zwischen potentiellen und den in einem
konkreten Fall tatsächlich vorliegenden "Wirkungen" eines Zustandes unterschieden
werden. Dadurch erweitert sich die Wissensrepräsentation um die dynamischen Attribute "Unsicherheitsgrad", "tatsächliche Wirkung" und die zugeordneten Prozeduren
"Bedeutung" und "Herleitung", die jeweils die mit einem Zustand verknüpften Regeln
enthalten.

Bisher unterscheidet sich die Wissensrepräsentation außer in der Regel-Semantik
nicht wesentlich von der der heuristischen Klassifikation[2]. Ein neuartiges Element
ist die Parametrisierung der Zustände. Dazu führen wir den neuen Objekttyp "Parameter" ein. Ein Zustand erhält als neues Attribut einen Verweis auf seine Parameter.
Jeder Parameter ist eindeutig einem Zustand zugeordnet und hat als Attribute "Wertebereich", "Wert" und "Wertkomponenten". Die Parameter repräsentieren typischerweise Eigenschaften von Zuständen wie Schweregrad und Dauer. Darauf können sich
die Regeln beziehen, z.B. ein Zustand A verursacht einen Zustand B, wobei sich die
Attribute von B aus den Attributen von A und aus der Existenz verstärkender und
abschwächender Umstände (d.h. anderer Zustände) ergeben. Wenn mehrere Ursachen
für eine Wirkung vorliegen, werden die Einzeleffekte auf dem Attribut "Wertkomponenten" gesammelt und durch einfache Addition oder gemäß den Anweisungen
spezifischer "Summationsregeln" zum "Wert" verrechnet.

Schließlich soll es noch möglich sein, verschiedene Abstraktionsebenen von Zuständen anzugeben. Wir sehen dafür ein Attribut "Verallgemeinerung" vor, auf dem
notiert wird, ob ein Zustand auf den nächsthöheren Ebenen noch repräsentiert sein
soll. Das abstraktere Modell wird dann automatisch aus dem detaillierten Modell unter
Weglassung der nicht markierten Zustände berechnet. Da die Regeln der verschiedenen Ebenen gewöhnlich unterschiedlich sind, muß bei der Problemlösung darauf
geachtet werden, daß sich die Regeln der verschiedenen Ebenen nicht miteinander
mischen. Insgesamt ergibt sich folgende Attributstruktur[3]:

---

2   Wir behandeln in diesem Kapitel keine Mechanismen zur Merkmalsvorverarbeitung, Dialoggestaltung und -steuerung, da sie sehr ähnlich zur heuristischen Klassifikation sind.

3   Zugeordnete Prozeduren, die als semistatische Attribute aus den eingegebenen Regeln abgeleitet
werden können, sind mit (z) und dynamische Attribute mit (d) gekennzeichnet.

1) Zustände
- Name
- Ursachen (Menge von Zuständen)
- Wirkungen (Menge von Zuständen)
- Bedeutung (z) (Regeln, die die Wirkungen herleiten)
- Herleitung (z) (Regeln, die den Zustand verursachen können)
- Parameter (Menge der Parameter des Zustandes)
- Status (d) (etabliert, unbekannt, ausgeschlossen)
- Unsicherheitsgrad (d) (zur Berechnung des Status)
- Verallgemeinerung (Verweis, ob der Zustand in vereinfachten Modellen beibehalten werden soll)

2) Parameter
- Name
- Wertebereich (mögliche Ausprägungen)
- Zustand (zugehöriger Zustand des Parameters)
- Summationsregeln (z) (Regeln, die die Wertkomponenten zum Wert verrechnen)
- Bedeutung (z)
- Herleitung (z)
- Wert (d)
- Wertkomponenten (d) (hier werden die Komponenten mit ihren Ursachen notiert)

3) Regeln
- Vorbedingung
- Nachbedingung

9.2 Wissensmanipulation

Kausale Modelle kann man auf drei verschiedene Arten benutzen:

1. Simulationsmodus: Gegeben sind Anfangszustände (Ursachen); gesucht sind die sich daraus ergebenden Endzustände (Wirkungen).
2. Konsistenzmodus: Gegeben sind Anfangs- und Endzustände; gesucht ist eine Aussage, ob und eventuell wie wahrscheinlich die Anfangs- die Endzustände verursachen.
3. Diagnostikmodus: Gegeben sind Endzustände (Wirkungen); gesucht sind Anfangszustände (Ursachen), die die gegebenen Endzustände erklären können.

Die Formen hängen eng miteinander zusammen, so umfaßt der Diagnostikmodus den Konsistenzmodus, der wiederum den Simulationsmodus umfaßt.

Der Kernalgorithmus für den Simulationsmodus basiert auf einem vorwärtsverketteten Regelinterpretierer mit Agendasteuerung. Ausgehend von den Anfangszuständen werden deren zugehörige Regeln (über das Attribut "Bedeutung") aktiviert. Sie berechnen Parameterwerte für neue Zustände. Dies wird solange fortgesetzt, bis Parameterwerte für alle Zustände ermittelt sind. Die Agendasteuerung dient zur Effizienzsteigerung. Da ein Zustand durch verschiedene andere Zustände beeinflußt werden kann, sollten die Regeln, die Konsequenzen aus diesem Zustand herleiten, erst dann feuern, wenn alle Einflüsse auf diesen Zustand bekannt sind, da andernfalls ständige Revisionen erforderlich wären. Zur Agendasteuerung gehört ein Kriterium, wann ein Zustand vollständig berechnet wurde, d.h. nicht von anderen Zuständen in der Agenda direkt oder indirekt abhängt. Dafür gibt es verschiedene Kompromisse zwischen dem Berechnungsaufwand und der oben skizzierten Ersparnis durch Vermeidung von Revisionen, z.B. eine Vorberechnung von Abhängigkeiten oder ein Abhängigkeitstest zweier Zustände über ein, zwei oder mehr Stufen.

Ein besonderes Problem stellen Rückkopplungsschleifen dar, bei denen eine Änderung eines Zustandes über Zwischenzustände sich selbst verstärkt (positive Rückkopplungsschleife), abschwächt (negative Rückkopplungsschleife) oder zu Oszillationen führt. Ohne spezielle Vorkehrungen bewirken Rückkopplungsschleifen eine Endlosschleife. Da andererseits die Behandlung von Rückkopplungsschleifen die Effizienz verringert, stellt sich als erstes die Frage, ob und welche Rückkopplungsschleifen notwendig sind. Technische Systeme (z.B. ein Auto-Motor) enthalten im Gegensatz zu biologischen Systemen kaum Rückkopplungsschleifen. Vorhandene Rückkopplungsschleifen sind meist negativ und bewirken eine Abschwächung der ursprünglichen Störung. Nichtkonvergierende, positive Schleifen haben wegen der Aufschaukelung auf unendlich hohe Werte gewöhnlich katastrophale Effekte, deren wesentliche Fehler-Information jedoch oft mit einer (willkürlichen) Obergrenze des Wertebereichs der betroffenen Parameter extrahiert werden kann. Die beiden wichtigsten Methoden zu Behandlung von Rückkopplungsschleifen sind:

1. Die Rückkopplungsschleife wird durch normale Verrechnung approximiert, indem bei jedem Schleifendurchlauf der alte Wert eines Parameters mit dem neu berechneten verglichen wird. Nur wenn die Differenz einen Schwellwert übersteigt, wird sie weitergegeben. Da die Effekte negativer Rückkopplungsschleifen bei jedem Schleifendurchlauf kleiner werden, terminiert dieses Verfahren bei negativen Rückkopplungsschleifen. Durch Verändern des Schwellwertes kann man verschiedene Kompromisse zwischen Genauigkeit der Berechnung und Effizienz einstellen. Positive Rückkopplungsschleifen führen dagegen zu einem ständigen Anstieg der betroffenen Parameterwerte. Wenn es eine Obergrenze des Wertebereiches von Parametern gibt, terminieren auch positive Rückkopplungsschleifen bei Erreichen der Obergrenze.
2. Unter der Voraussetzung negativer Rückkopplungsschleifen und linearer Beziehungen zwischen den Parametern kann man die Rückkopplungsschleifen vorberechnen und die resultierende Abschwächung mit folgender Formel vorwegnehmen: Der Primäreinfluß X auf einen Parameter, von dem eine negative Rückkopplungsschleife ausgeht, ist (X / (1 - *Stärke_der_Rückkopplungsschleife*)). Da sich nicht-lineare Beziehungen oft durch abschnittsweise lineare Beziehungen approximieren lassen und positive Rückkopplungsschleifen selten sind, kann man durch diese Technik häufig das erste, ziemlich ineffiziente Verfahren ersetzen.

Die Grundversion des Simulationsalgorithmus, die durch die Berechnung eines Auswahlkriteriums der Agenda und durch einen Modus zur Behandlung von Rückkopplungsschleifen erweitert werden muß, läßt sich wie folgt zusammenfassen:

Eingabe: Anfangszustände mit Parameterwerten
Ausgabe: Endzustände mit Parameterwerten
1. Setze Anfangszustände auf AGENDA
2. *Solange* noch ein Zustand in AGENDA ist, der Folgezustände hat, *wiederhole*:
2.1   Wähle einen Zustand aus AGENDA, der Folgezustände hat und dessen
       Komponenten möglichst vollständig berechnet sind, berechne seine Parameter-
       werte aus den Komponenten, lösche ihn aus AGENDA, werte seine Regeln
       aus "Bedeutung" aus, und setze die Folgezustände auf AGENDA.
3. Ausgabe der aktuellen Belegung von AGENDA.

Beim Simulationsmodus sind wir davon ausgegangen, daß die Effekte eines Zustandes bzw. die Summationseffekte mehrerer Einflüsse sicher sind. Falls die Effekte
jedoch nicht immer auftreten, kann man sie mit Evidenzwerten bewerten, z.B.
Zustand-1 bewirkt Zustand-2 "meistens" mit Schweregrad-1 jedoch selten auch mit
Schweregrad-2. Im Simulationsmodus könnte man diese Information verwenden, um
in verschiedene Alternativen zu verzweigen. Da das jedoch leicht zu einer kombi-
natorischen Explosion von Verzweigungen führt, ist es oft besser, sich zu beschränken und z.B. immer nur die wahrscheinlichste Alternative zu verfolgen.

   Während beim Simulationsmodus die zusätzliche Flexibilität der Evidenzwerte nur
schwer auszunutzen ist, spielt sie eine zentrale Rolle beim Konsistenzmodus, bei dem
Anfangs- und Endzustände feststehen. Hier wird geprüft, ob es eine konsistente
Erklärung der Eingaben gibt, was vielleicht nur unter der Annahme möglich ist, daß
relativ unwahrscheinliche kausale Beziehungen vorliegen. Ein einfaches Vorgehen
besteht darin, daß man für den Konsistenzmodus mit den gegebenen Anfangszuständen solange Simulationen durchführt, bis man die gegebenen Endzustände
hergeleitet hat, wobei zunächst die wahrscheinlichsten Beziehungen und dann
zunehmend weniger wahrscheinliche Alternativen getestet werden. Die Effizienz
dieses Verfahren läßt sich verbessern, wenn man möglichst frühzeitig erkennen kann,
wann ein Simulationslauf inkonsistent ist und wenn man nicht jede Simulation von
neuem starten muß, sondern nur den letzten Simulationslauf modifiziert. Zu letzterem
ist ein Rücksetzverfahren (TMS, s. [Puppe 88, Kap. 8]) erforderlich. Das frühzeitige
Erkennen der Inkonsistenz eines Simulationslaufes wird begünstigt, wenn man
bidirektional vorgeht und auch rückwärts von den geforderten Endzuständen zu ihrer
Herleitung erforderliche Zwischenzustände ermittelt. Das geht natürlich nur begrenzt,
wenn es keine hohe Verzweigungsrate beim Rückwärtsschließen gibt.

   Rückwärtsschließen ist einfach, wenn für einen Zustand nur eine Ursache
exisitiert, da dann die Parameterwerte der Ursache im allgemeinen eindeutig sind.
Wenn es mehrere Ursachen gibt, können gewöhnlich viele Kombinationen der
Parameterwerte dieser Ursachen denselben vorgegebenen Effekt erzielen. Wenn nicht
durch zusätzliche Informationen einige Ursachen ausgeschlossen werden können oder
man von der Single-Fault-Assumption ausgeht, wird hier eine Fortsetzung des
Rückwärtsschließen sehr ineffizient. Das Rückwärtsschließen bis vor den Punkt der
Ineffizienz (d.h. Abbruch bei zu hoher Verzweigungsrate) resultiert in der Erstellung
eines oder mehrerer "Basismodelle", die die gegebenen Endzuständen auf einige
Zwischenzustände rückführen, welche zur Herleitung der Endzustände erforderlich
sind. Da die Simulation jetzt nur noch bis zur Herleitung dieser Zwischenzustände
betrieben werden muß, wird die Konsistenzprüfung vereinfacht. Daraus ergibt sich
folgender Basis-Algorithmus für den Konsistenzmodus:

Eingabe: Anfangs- und Endzustände mit Parameterwerten
Ausgabe: Aussage über die Konsistenz der Eingabe
1. Berechne durch Rückwärtsschließen ein oder mehrere Basismodelle für die gegebenen Endzustände. Die Rückwärtsschließen sollte beendet werden, wenn zu viele verschiedene Basismodelle erzeugt werden würden.
2. Führe mit den gegebenen Anfangszuständen eine Simulation aus, bei der zunächst nur die wahrscheinlichsten Regel-Alternativen berücksichtigt werden.
3. *Solange* das Ergebnis der Simulation kein Basismodell ist und noch nicht ausprobierte Regel-Alternativen existieren, *wiederhole*
3.1 Wähle die nächstwahrscheinliche Regel-Alternative und modifiziere die Simulation entsprechend.
4. *Wenn* das Ergebnis der Simulation ein Basismodell ist,
dann Ausgabe der Unsicherheitsgrade der benutzten Regeln als Konsistenzbewertung,
sonst Ausgabe, daß es keine konsistente Interpretation der Eingabe gibt.

Beim Diagnostikmodus kommt als neues Problem die Verdachtsgenerierung hinzu. Die Verdachtshypothesen werden dann mit dem Konsistenzmodus getestet und die beste ausgewählt. Eine häufig relativ effiziente Form der Verdachtsgenerierung besteht darin, für jeden Endzustand eine "Konfliktmenge" zu berechnen, die alle seine potentiellen Ursachen (Anfangszustände ohne Parameterbelegungen) enthält und dann "Treffermengen" zu bilden, die aus jeder Konfliktmenge mindestens ein Element enthalten. Die Menge aller "minimalen" Treffermengen, die keine Obermenge einer anderen Treffermenge sind, stellen dann alle möglichen Ursachen dar. Einelementige Treffermengen sind potentielle Ursachen, die alle Endzustände mit nur einem Anfangszustand erklären können. Bei dieser Form der Verdachtsgenerierung sind keine Parameterwerte von Zuständen berücksichtigt. Daher müssen für jeden Zustand theoretisch alle Parameterkombinationen getestet werden, was zu einer erheblichen Erhöhung der Verdachtshypothesen führt. Die zu berücksichtigenden Parameterwerte lassen sich einfach durch Rückwärtsschließen der Parameter der Endzustände herleiten, wenn es zumindest von einer Ursache zu einem Endzustand nur einen Pfad gibt, d.h. keine zwei Beziehungen von A nach C über verschiedene Zwischenzustände B und D. Zur effizienten Behandlung von Mehrfachpfaden kann man den Gesamteinfluß zwischen Paaren von Zuständen vorberechnen, die über multiple Beziehungen verbundenen sind.

Die nächstliegende Möglichkeit der Verdachtsgenerierung, nämlich das Rückwärtsschließen der Endzustände mit Berücksichtigung der Parameterwerte, ist gewöhnlich wegen der hohen Verzweigungsrate zu ineffizient. Es eignet sich vor allem für die Suche nach einer einzigen Ursache, wenn außerdem wenig Mehrfach-Pfade zwischen einer Ursache und einem Endzustand existieren (hier nützt die Vorberechnung wenig, da beim Rückwärtsschließen noch keine potentielle Ursache bekannt ist).

Eine dritte Methode ist schließlich, zur Verdachtsgenerierung das Modell zu vereinfachen und dann eine der beiden oben genannten Methoden anzuwenden. Die Vereinfachung besteht aus der Eliminierung von Zuständen und der dazugehörigen Abstraktion der Beziehungen. Welche Zustände eliminiert werden, wird mit dem Attribut "Verallgemeinerung" von Zuständen in der Wissensbasis vorgegeben. Die abstrahierten Beziehungen können dann automatisch generiert werden. Insgesamt wird dann mit zwei (oder mehr) Modellen gearbeitet, von denen das Hauptmodell zur Verdachtsüberprüfung benutzt wird und die aufgrund der "Verallgemeinerungs-Attribute" generierten vereinfachten Modelle zur effizienten Verdachtsgenerierung dienen.

Der Kernalgorithmus des Diagnostikmodus besteht also aus folgenden Schritten:

Eingabe: Endzustände
Ausgabe: Anfangszustände

1. Verdachtsgenerierung in drei Versionen:
   a. Berechne minimale Treffermengen von Anfangszuständen und schätze ihre Parameterwerte.
   b. Schließe von den Parameterwerten der Endzustände im vollständigen Modell rückwärts.
   c. Schließe von den Parameterwerten der Endzustände im abstrahierten Modell rückwärts.
2. Verdachtsüberprüfung: Führe für jede in Schritt 1 generierte Menge von Anfangs-zuständen mit Parameterwerten einen Konsistenz-Test aus.
3. Differentialdiagnostik: Wähle die Menge aus, die das am besten bewertete Modell liefert. Mögliche Auswahlkriterien sind: minimaler Unsicherheitsgrad, falls ver-schiedene Modelle vollständige Erklärungen liefern; Differenzen zwischen vorher-gesagten und gegebenen Endzuständen, falls kein Modell vollständig paßt; oder die Anzahl und Apriori-Wahrscheinlichkeiten der postulierten Anfangszustände, falls zwischen ansonsten ähnlich bewerteten Alternativen entschieden werden muß.

9.3 Wissenserwerb

Die Vorgehensweise beim Wissenserwerb ähnelt der bei der heuristischen Klassifika-tion (s. Kap. 7.5):

1. Benennung und Anordnung der Zustände,
2. Eingabe lokaler Attribute und Parameter zu den Zuständen,
3. Genaue Spezifikation der Regeln zwischen den Zuständen.

Für den ersten Schritt eignen sich graphische Netzen (s. Abb. 4.5, 9.2 und 9.3) und für den zweiten Formulare als graphische Hilfsmittel. Da den meisten Regeln Kanten im Netz entsprechen, kann man einfache Regeln durch beschriftete Kanten (wie die Kreise in Abb. 9.2 und 9.3, die Stärke und Vorzeichen von Proportionalitäten darstellen) direkt beim Erstellen des graphischen Netzes definieren. Für die Eingabe komplexerer Regeln werden vorbelegte Regelformulare bereitgestellt.

9.4 Stand der Forschung

Fehlermodelle wurden vor allem in der medizinischen Diagnostik erforscht. Pionierarbeit leistete Ramesh Patil vom MIT mit seinem System ABEL zur Diagnostik von Säure-Basen- und Elektrolyt-Störungen [Patil 81, 82], das immer noch aktuell ist. ABEL benutzt als Wissensrepräsentation Fehlerzustände (die in der Medizin "pathophysiologische Zustände" heißen) mit den Parametern Schweregrad und Dauer. Aus seinen Eingabedaten, die Laborwerte des Blutes wie Natrium-Konzentration und pH-Wert umfassen, instanziiert ABEL Endzustände mit ihren Parametern. Danach versucht ABEL, diese Zustände in einem Basismodell (Patient Specific Model = PSM) zueinander in Beziehung zu setzen. Schließlich werden für die unerklärten Zustände im PSM Anfangszustände (Diagnosen) gesucht, die sie verursachen können. ABEL kann verschiedene Vereinfachungen im Vergleich zu unserer Darstellung benutzen: Da die Wechselwirkungen zwischen den pathophysiologischen Zuständen weitgehend als arithmetische Gleichungen bekannt sind, können die Schweregrade mit quantitativen Absolutwerten repräsentiert, weitergegeben und gegebenfalls summiert werden. Da das modellierte Anwendungsgebiet relativ klein ist und keine Zwischenzustände zwischen Diagnosen und unerklärten Zuständen im PSM existieren, kann ABEL erschöpfend alle Treffermengen bilden und deren Wirkungen simulieren. Als Bewertungskriterium benutzt ABEL keine Unsicherheitsgrade, sondern prüft, wie gut die Diagnosen alle unerklärten Zustände im PSM mit den korrekten Parametern erklären können bzw. ob sie zusätzliche nicht beobachtete Zustände vorhersagen. Die gut ausgearbeitete Abstraktion des quantitativen Modells zu verschiedenen abstrakteren qualitativen Modellen dient in ABEL nur zur Erklärung; zur Verdachtsgenerierung ist sie nicht nötig. Rückkopplungsschleifen sind in ABEL zwar vorgesehen, aber in der Literatur wird der genaue Verrechnungsmechanismus nicht beschrieben.

Ein Fehlermodell, das auch Rückkopplungsschleifen effizient behandelt, wurde von Long [88] zur Modellierung des Herz-Kreislaufsystems entwickelt. Es enthält Zustände (z.B. systolischer Blutdruck) mit Schweregraden, die Abweichungen vom Normalzustand repräsentieren (auf einer Skala von -3 bis +3). Zur effizienten Behandlung der zahlreichen Rückkopplungsschleifen werden diese vorberechnet, nur lineare Beziehungen repräsentiert und nicht-lineare durch abschnittsweise lineare Beziehungen approximiert, so daß die oben angegebene Spezialformel anwendbar ist. Die Diagnostik in Longs System verläuft in drei Stufen: Zunächst wird aus den vorgegebenen Symptomen (d.h. Endzuständen) mit einem vereinfachten Modell eine kausale Kette von Zwischen- und Anfangszuständen bestimmt. Danach wird mittels einfacher Tabellen ein Medikament gesucht, das einen möglichst frühen, d.h. in der kausalen Kette vorne liegenden Zustand beeinflußt. Die Anfangszustände selber sind oft nicht beeinflußbar. Die Tabellen haben Zeileneinträge der Art: "Medikament-1 senkt Zustand-1 stark (-3), Zustand-2 mäßig (-2) und erhöht Zustand-3 schwach (+1)". Während bei Long die Tabelle relativ klein ist und direkt das jeweils beste Medikament ausgewählt werden kann, würde sich bei umfangreicheren Tabellen die Variation der Vorschlagen-und-Verbessern-Strategie zur Parameterkonfigurierung (s. Kap. 15.5) anbieten, um möglichst optimale Medikamente-Konfigurierungen herauszufinden. Im dritten Schritt werden mit dem vollständigen Modell die detaillierten Auswirkungen der vorgeschlagenen Medikamente simuliert, da sie in den Tabellen nur sehr grob beschrieben werden können. Dabei kann sich herausstellen, daß aufgrund der Rückkopplungsschleifen die Effekte viel geringer als erwartet ausfallen oder unvorhergesehene Nebeneffekte auftreten.

Weitere Arbeiten zu weniger komplexen Fehlermodellen sind in [Reggia 83a,b], [Steels 87], [Kahn 88] und [Eshelman 88] beschrieben. In [Reggia 83a,b] werden nur einfache Fehlermodelle mit Zuständen ohne Parameter und ohne Zwischenzustände benutzt. Die Problemlösungmethode ist ein Algorithmus zur Mengenüberdeckung, bei dem für eine gegebene Menge von beobachteten Zuständen eine Menge von Diagnosen gesucht wird, die alle beobachteten Zustände gemäß ihrer Beziehungen überdeckt. Von Reggia haben wir den Begriff "überdeckenden Klassifikation" übernommen. In [Steels 87] wird ein einfaches Fehlermodell als Basis für das Lernen heuristischer Regeln vorgestellt. MORE [Kahn 88] benutzt ein etwas komplexeres Fehlermodell zum halbautomatischen Wissenserwerb heuristischer Regeln. MORE repräsentiert keine Schweregrade der Zustände, unterscheidet aber bei einer kausalen Regel D -> S auf der Symptomseite zwischen Symptomen, Symptomattributen und Symptombedingungen. Symptomattribute stellen Verfeinerungen der Symptomen dar (wenn S drei Verfeinerungen S_1, S_2 und S_3 hat, kann man die Regel "D -> S" z.B. zu "D -> S_1 verfeinern) und Symptombedindungen geben Kontexte an, wann ein Symptom auftritt (wenn es eine Bedingung K_1 gibt, die das Auftreten von S begünstigt, kann man z.B. "D -> S" zu "D -> S im Kontext K_1" verfeinern). Symptomattribute und -bedingungen werden dazu benutzt, die Unsicherheitsgrade der generierten Regeln zu erhöhen. In MOLE [Eshelman 88] wird ein Fehlermodell mit Zwischenzuständen, jedoch ohne Schweregrade direkt zur Problemlösung benutzt, wobei die Konzepte der Symptomattribute und Symptombedingungen von MORE nicht explizit übernommen wurden.

Eine Übersicht über Fehlermodelle, insbesondere in der Medizin, findet sich in [Miller 88] und [Patil 88].

9.5 Beispiel: FEMO

Ein Beispiel für ein Expertensystem-Werkzeug zur überdeckenden Klassifikation ist FEMO [Goos 89, 90]. Seine Wissensrepräsentation und seine Techniken zur Wissensmanipulation entsprechen denen aus Kap. 9.1 und 9.2. Der Wissenserwerb erfolgt noch über eine Textdatei; ein graphischer Editor ist in Entwicklung. Als Anwendungsbeispiel diente der Automotor, anhand dessen wir die Funktionsweise von FEMO erläutern. Einen Überblick über Teile der Wissensbasis zeigt Abb. 9.4.

Die Wissensrepräsentation wollen wir anhand eines Ausschnittes aus der Wissensbasis verdeutlichen (Abb. 9.5).

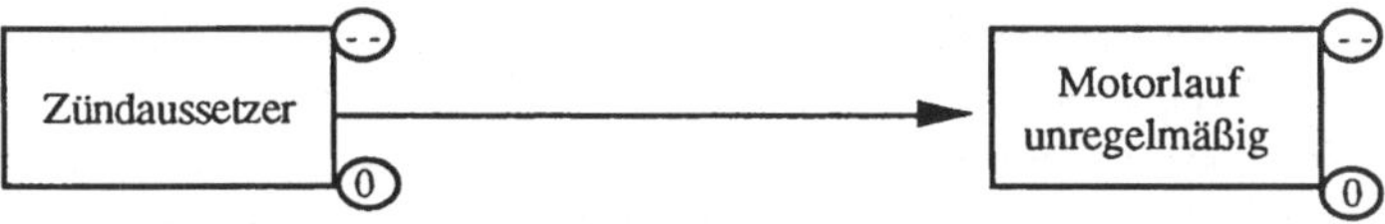

Abb. 9.5   Ausschnitt aus der Wissensbasis von Abb. 9.4 mit fallbezogenen Parameterbelegungen.

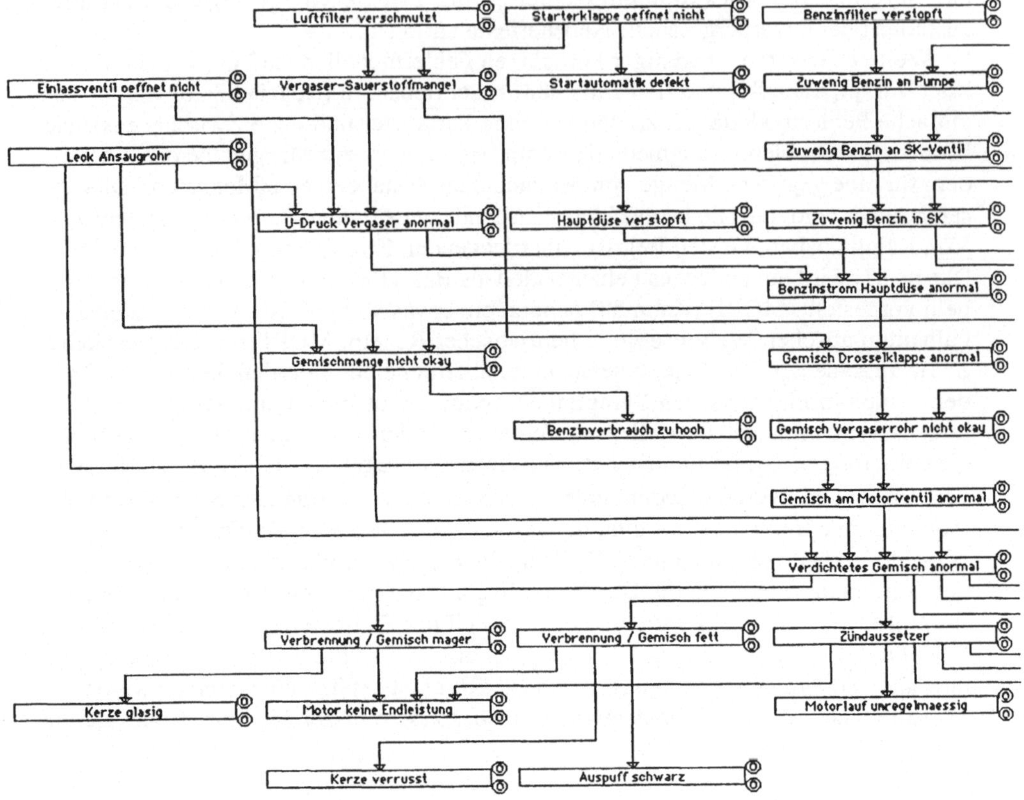

Abb. 9.4   Teil des Fehlermodells vom Automotor aus FEMO

Jeder Zustand besteht aus zwei Parametern, nämlich Schweregrad und Dauer, mit vier
bzw. sieben qualitativen Ausprägungen, z.B. beim Schweregrad des Zustandes
Zündaussetzer "sehr viele" (3), "viele" (2), "wenig" (1) "keine" (0) und bei der Dauer
"langfristig" (3), "mittelfristig" (2), "kurzfristig" (1), "gerade beobachtet" (0). Bei
anderen Schweregraden können neben erhöhten Werten (1 bis 3) und normal (0) auch
erniedrigte Werte (-1 bis -3) auftreten. Die aktuellen Parameterwerte der Zustände
werden in den kleinen Kreisen rechts oben (Schweregrad) bzw. rechts unten (Dauer)
visualisiert, wobei "--" den Schweregrad "2" bezeichnet. Die Pfeile zwischen den Zuständen repräsentieren Regeln zwischen den Parametern, z.B. wenn (Zündaussetzer =
etabliert und Schweregrad >= 2) dann (etabliere Motorlauf unregelmäßig und setze
seinen Schweregrad gleich dem Schweregrad von Zündaussetzer und seine Dauer
gleich der Dauer von Zündaussetzer). Falls mehrere Einflüsse auf einen Zustand
einwirken, werden die Schweregrade addiert und von den Dauern das Minimum
gewählt, außer wenn der Experte spezielle "Summationsregeln" für den Parameter
spezifiziert (z.B. wird in Abb. 9.4 bei der Summation der Einflüsse "Leck Ansaug-
rohr", "Einlaßventil öffnet nicht" und "Vergaser-anormal" auf den Zustand "Unter-
druck-am-Vergaser-anormal" nicht die Summe der Schweregrade, sondern nur das
Maximum berechnet). Die Dauer spielt bei Effekten eine Rolle, wo die Ausprägung
der Wirkung Zeit erfordert (z.B. muß die Dauer > 0 sein, bis sich bei gerissenem
Luftfilter Dreck im Zylinder ablagert).

Das Fehlermodell wird in den drei in Kap. 9.2 angegebenen Modi (Simulations-, Konsistenz- und Diagnostikmodus) benutzt. Die Eingabe besteht aus der Vorgabe von Anfangs- und/oder Endzuständen mit Schweregrad und Dauer. Ein Beispiel aus dem Diagnostikmodus mit der Eingabe "Motor keine Endleistung" bei einem Schweregrad "stark verringert" (-2) und einer Dauer "gerade beobachtet" (0) enthält Abb. 9.6, die die Erklärung von FEMO für die erste der beiden gefundenen Diagnosen "Benzinfilter verstopft" mit Schweregrad "leicht" (-1) zeigt. Die andere Diagnose ist. "Hauptdüse verstopft" mit Schweregrad "leicht" (-1).

Besondere Eigenschaften von FEMO sind die Fähigkeit zur Berechnung von negativen Rückkopplungsschleifen auf beide in Kap. 9.2 angegebene Arten, die Vorgabe und Auswertung globaler Betriebsarten (z.B. Normallast oder Leerlauf), die als Kontexte die Aktivierung von Regeln steuern können, und die automatische Abstraktion des Modells, wenn man einige Zustände aus dem Basismodell eliminiert (dabei werden die Regeln der eliminierten Zustände approximativ auf die übriggebliebenen Zustände transformiert).

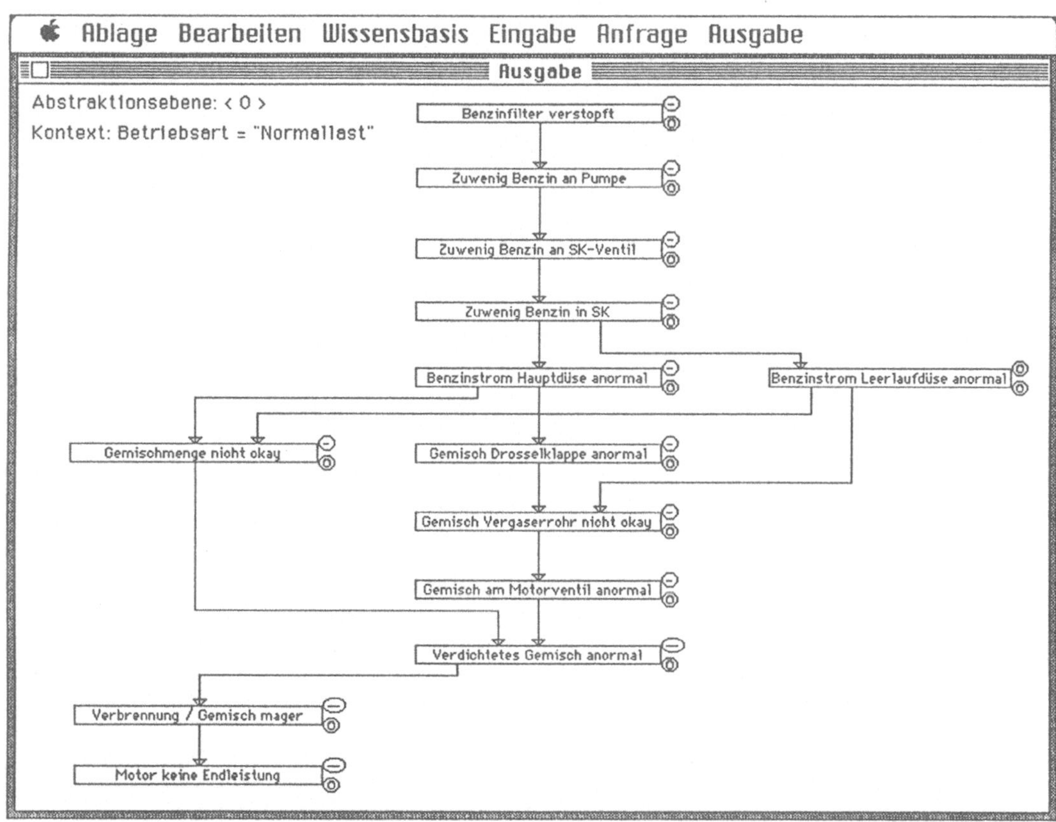

Abb. 9.6 Ausgabe der Erklärung für das Symptom "Motor keine Endleistung" mit Schweregrad "stark verringert" (-2, d.h. in Abb. 9.6 im oberen rechten Kreis "--" des Zustandes) und Dauer "gerade beobachtet" (0 im unteren rechten Kreis).

10. Funktionale Klassifikation

Die funktionale Klassifikation eignet sich für die Fehlersuche in einem System, dessen normale und fehlerhafte Struktur durch Materialien und Komponenten mit Zuständen beschrieben und dessen normales und anormales Verhalten aus der Verhaltensbeschreibung der Komponenten abgeleitet werden kann. Ein funktionales Modell beschreibt bei einem System, wie die Eingangs-Materialien in Ausgangs-Materialien umgewandelt werden. Beispiele sind der Vergasermotor, der Benzin und Luft in Antriebskraft und Abgase umwandelt (Abb. 10.1), der Blutkreislauf zur Sauerstoffversorgung des Körpers (Abb. 10.2) und ein Schaltkreis mit Addierern und Multiplizierern, der als Ein- und Ausgabe Zahlen hat (Abb. 10.3).

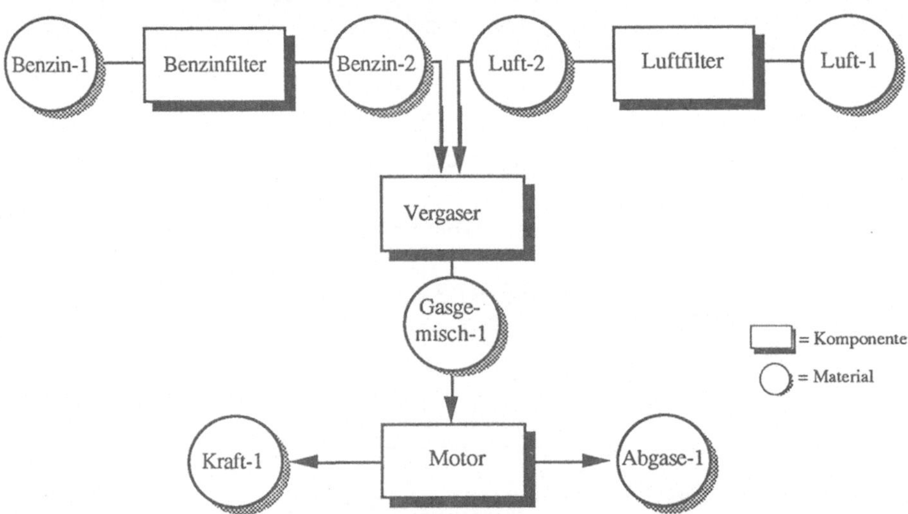

Abb. 10.1 Einfaches funktionales Modell des Vergasermotors. Erläuterung:
Materialien: Luft-1, Luft-2: Typ Luft mit Attributen Verschmutzungsgrad {dreckig, sauber} und Druck {normal, zu niedrig}

Benzin-1, Benzin-2: Typ Benzin mit Attributen Verschmutzungsgrad {dreckig, sauber} und Druck {normal, zu niedrig}

Gasgemisch-1: Typ Gasgemisch mit Attribut Verhältnis {zu fett, normal, zu mager}

Abgase-1: Typ Abgase mit Attribut Farbe {farblos, schwarz}

Kraft-1: Typ Kraft mit Attribut Intensität {normal, zu niedrig}

Komponenten: Luftfilter in verschiedenen Zuständen {Normal, Verstopft, Gerissen} mit Regeln:

Normal: Luft-2.Verschmutzungsgrad ::= sauber
Luft-2.Druck ::= Luft-1.Druck

Verstopft: Luft-2.Verschmutzungsgrad ::= sauber
Luft-2.Druck ::= "erniedrige Luft-1.Druck um eine Stufe"

Gerissen: Luft-2.Verschmutzungsgrad ::= Luft-1. Verschmutzungsgrad
Luft-2.Druck ::= Luft-1.Druck

Beschreibung der übrigen Komponenten entsprechend.

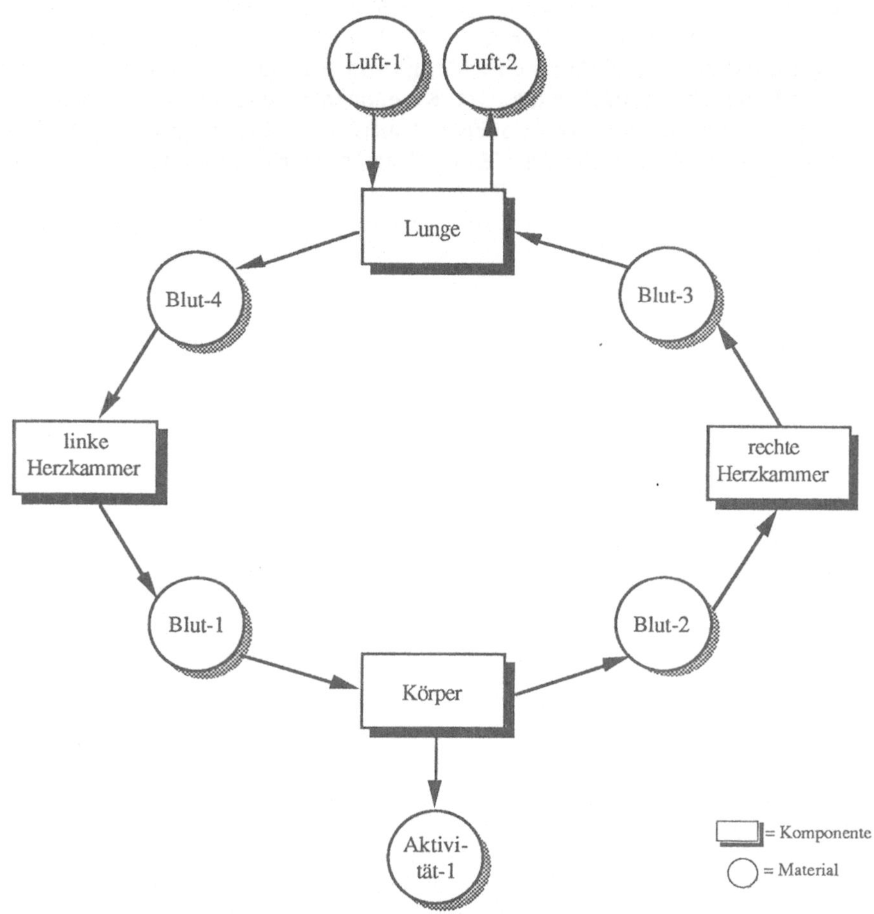

Abb. 10.2   Einfaches funktionales Modell des Blutkreislaufs. Erläuterung:

Materialien:	Blut-1, Blut-2,	Typ Blut mit Attributen Sauerstoffgehalt {hoch, mittel, niedrig}
	Blut-3, Blut-4:	und Druck {hoch, mittel, niedrig}
	Luft-1, Luft-2:	Typ Luft mit Attribut Sauerstoffgehalt {normal, erniedrigt}
	Aktivität-1:	Typ Aktivität mit Attribut Intensität {normal, erniedrigt}

Komponenten: Es wird jeweils nur das Normalverhalten der Komponenten beschrieben:

linke Herzkammer: Blut-1.Druck ::= hoch

Blut-1.Sauerstoffgehalt ::= Blut-4.Sauerstoffgehalt

Körper: Blut-2.Druck ::= niedrig

Blut-2.Sauerstoffgehalt ::= niedrig

Aktivität-1 ::= Blut-1.Sauerstoffgehalt (normal <- hoch;

erniedrigt <- mittel, niedrig)

rechte Herzkammer: Blut-3.Druck ::= hoch

Blut-3. Sauerstoffgehalt ::= Blut-2.Sauerstoffgehalt

Lunge: Blut-4.Druck ::= niedrig

Blut-4.Sauerstoffgehalt ::= Luft-1.Sauerstoffgehalt (hoch <- normal;

mittel <- niedrig)

Die Komponenten entsprechen meist festen Teilen und die Materialien beweglichen Teilen des Systems. Das Verhalten der Komponenten wird durch eine Menge von

Regeln beschrieben, wie sie ihre Eingangs- in ihre Ausgangs-Materialien umwandeln. Die Materialien, die Material-, Energie- oder Informationstransporte des Systems repräsentieren können, sind durch eine Menge von Attributen charakterisiert, deren Werte vom Benutzer vorgegeben oder von Komponenten hergeleitet werden. So setzt z.B. beim Automotor die Komponente "Luftfilter" den Wert des Attributes "Verschmutzungsgrad" des Materials "Luft-2" auf "sauber", während andere Attribute der "Luft-2" unverändert von Luft-1 übernommen werden. Wenn jedoch der Luftfilter verstopft ist, wird der "Druck" der Luft-2 vermindert und der verminderte Wert an andere Komponenten weitergeleitet, was schließlich zu Symptomen, d.h. anormalen Werten bei den Ausgangs-Materialien führt.

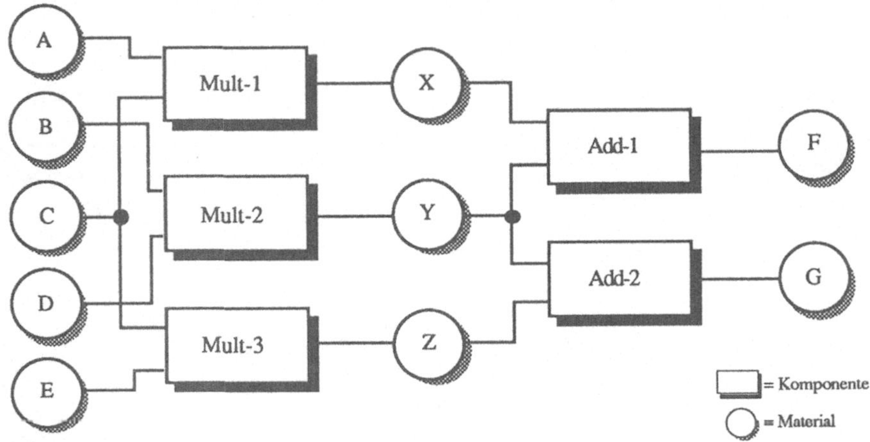

Abb. 10.3   Funktionales Modell eines einfachen Schaltkreises. Erläuterung:
Materialien: A, B, C, D, E, X, Y, Z, F, G: Typ Zahl mit Attribut Wert
Komponenten: Mult-1, Mult-2, Mult-3: Typ Multiplizierer; Verhalten: Input-1 * Input-2 = Output
                        Add-1, Add-2: Typ Addierer; Verhalten: Input-1 + Input-2 = Output.

In funktionalen Modellen ist jede Diskrepanz zwischen erwarteten und beobachteten Werten von Materialien ein Symptom (Merkmal) und jedes anormale Verhalten einer Komponente eine Diagnose (Lösung). Jedoch ist nicht jedes logisch mögliche anormale Verhalten auch physikalisch möglich (s. Kap. 10.4). Deswegen und auch zur Komplexitätsreduktion kann man die typischen Fehler einer Komponente explizit als ihre Zustände und das jeweilige Fehlverhalten mit spezifischen Regeln angeben.

   Im Prinzip korrespondieren die Attributwerte der Materialien mit meßbaren Werten des realen Systems. Da man sich jedoch hauptsächlich für die Diskrepanzen interessiert, repräsentiert man bei der Klassifikation mit funktionalen Modellen eher Abweichungen der Werte vom Normalzustand als ihre Absolutwerte. Der Wertebereich umfaßt also Beschreibungen wie "Wert zu hoch, normal, oder zu niedrig", wobei der Grad der Abweichung qualitativ mit mehr oder weniger feinen Abstufungen oder quantitativ angeben werden kann. Der Vorteil der Repräsentation von Wertänderungen anstelle von Absolutwerten ist eine erhebliche Komplexitätsreduktion des Modells, da im fehlerfreien Zustand des Systems alle Werte "normal" sind und nur die Abweichungen weitergegeben werden müssen. Ihre Abbildung auf Absolutwerte kann man approximieren, indem man für alle Attribute den absoluten Normalwert mit einem Schema angibt, wie sich Abweichungen quantitativ auf den Normalwert auswirken.

Wenn der Normalwert in Abhängigkeit von individuellen Systemspezifikationen schwankt, kann man ihn mit entsprechenden "Normierungsregeln" herleiten (Beispiel s. Kap. 10.5).

Die Frage, ob man Wertänderungen qualitativ oder quantitativ angibt, bestimmt die erreichbare Genauigkeit des Modells. Im allgemeinen sind quantitative Formeln nicht für alle Systembeziehungen verfügbar, weil das Wissen fehlt oder zu viele und zu aufwendig meßbare Variablen beteiligt sind. Andererseits haben qualitative Formeln den Nachteil, daß die Summation verschiedener Einflüsse auf einen Wert zu Unsicherheiten führen kann. Wenn z.B. ein Wert durch zwei verschiedene Einflüsse sowohl erniedrigt (-) als auch erhöht (+) wird, gilt bei der qualitativen Arithmetik: + und - ist nicht 0, sondern unbestimmt, d.h. es sind alle drei Werte {+, 0, -} möglich und es muß in alle Folgesituationen verzweigt werden. Eine Auflösung erfordert Zusatzwissen, wobei es verschiedene Formen gibt:

1. Einbezug von Wissen über Größenordnungen der Einflüsse, die dann verglichen werden können. Wenn z.B. der eine Einfluß größenordnungsmäßig stärker ist als der andere, kann man den anderen vernachlässigen.
2. Abbildung der Größenordnungen auf Zahlen, z.B. viel zu hoch = 3, zu hoch = 2, erhöht = 1, normal = 0, erniedrigt = -1, usw. mit normaler Arithmetik. Die Abbildung der Größenordnungen auf Zahlen gestattet auch, die Effekte von Rückkopplungsschleifen zu berechnen (s. Kap. 9.2).
3. Rückgriff auf zusätzlich vorhandene quantitative Formeln im Bedarfsfall, d.h. zu den qualitativen Beziehungen sind quantitative Formeln - soweit verfügbar - abgespeichert, die jedoch nur zur Auflösung von Konflikten benutzt werden.

Verschiedene Abstraktionsebenen kann man dadurch repräsentieren, daß eine Komponente auf der höheren Ebene nur durch ihre Verhaltensregeln und auf der detaillierteren Ebene durch ihre interne Struktur mit Unterkomponenten und Materialien beschrieben wird. Dabei müssen die Eingangs- und Ausgangs-Materialien der Komponente bzw. ihrer Unterkomponenten auf beiden Ebenen übereinstimmen, da sie die Schnittstelle zu anderen Komponenten sind.

10.1 Wissensrepräsentation

Funktionale Modelle können durch ein Netz von Komponenten und Materialien repräsentiert werden, wobei die Materialien auch die Verbindungen zwischen den Komponenten repräsentieren. Die Komponenten enthalten im wesentlichen Regeln, wie die Materialien verarbeitet werden. Wenn man auch Fehlfunktionen der Komponenten explizit angeben möchte, ordnet man den Komponenten Zustände (Normalzustand und Fehlerzustände) zu, die jeweils eigene Regeln besitzen. Die Materialien sind durch eine Menge von Attributen charakterisiert, die mit Parametern repräsentiert werden. Da es gewöhnlich von einem Material- bzw. Parametertyp viele Instanzen gibt, sollten Material- und Parametertypen als generische Objekte definiert werden, von denen die Instanzen die Grundstruktur erben. Ein Parameter besitzt einen (absoluten) Normalwert und den eigentlichen Wert, der die Abweichung vom Normalwert darstellt. Daraus ergibt sich folgende Attributstruktur[1]:

1. Komponenten
- Name
- Eingangs-Materialien
- Ausgangs-Materialien
- Zustände (Menge der möglichen Zustände)
- Normalzustand
- aktueller_Zustand (d)

2. Zustände
- Name
- Regeln (Regeln zur Verarbeitung der Eingangs-Materialien)
- Apriori-Wahrscheinlichkeit (Angabe über die Häufigkeit des Zustandes; optional)

3. Materialtypen
- Name
- Parametertypen (Liste aller Parametertypen)
- Instanzen (Liste von Materialien)

4. Materialien
- Name
- Materialtyp (Verweis auf Materialtyp)
- Vorkomponenten (Menge der Komponenten, wo das Material Ausgabe ist)
- Nachkomponenten (Menge der Komponenten, wo das Material Eingabe ist)
- Parameter (Attribute des Materials)

5. Parametertypen
- Name
- Materialtyp (Verweis auf Materialtyp)
- Wertebereich
- Einheit
- Instanzen (Liste von Parametern)

6. Parameter
- Name
- Parametertyp (Verweis auf Parametertyp)
- Material (Verweis auf Material)
- Normregeln (z) (Regeln zur Berechnung des absoluten Normalwertes der Parameter)
- Herleitung (z) (Regeln zur Herleitung des Parameterwertes)
- Bedeutung (z) (Regeln, die aus dem Parameterwert Schlußfolgerungen ziehen)
- Summationsregeln (z) (Regeln, zur Verrechnung der Wertkomponenten)
- Normalwert (d) (absoluter Normalwert des Parameters, der mit Normregeln berechnet wird)
- Wertkomponenten (d) (Abweichungen vom Normalwert, die mit Herleitungsregeln berechnet werden)
- Wert (d) (Abweichung vom Normalwert, wird aus den Wertkomponenten mit Summationsregeln berechnet)

---

[1] Zugeordnete Prozeduren, die als semistatische Attribute aus den eingegebenen Regeln abgeleitet werden können, sind mit (z) und dynamische Attribute mit (d) gekennzeichnet.

7. globale Systemparameter
- Name
- Wertebereich
- Normregeln (z) (Regeln zur Berechnung der absoluten Normalwerte der Parameter)
- Wert (d) (aktueller Wert, der vom Benutzer vorgegeben wird)

8. Regeln
- Typ (Normal oder Abweichung)
- Vorbedingung
- Nachbedingung

Wenn man den "Überbau" wegläßt (Komponenten, Materialtypen, Materialien, Parametertypen, globale Systemparameter), bleiben als Kern nur Zustände und Parameter übrig, die auf den ersten Blick der Wissensrepräsentation der Fehlermodelle entsprechen. Während Zustände und Parameter bei Fehlermodellen jedoch nur die Fehlerfortpflanzung beschreiben, enthalten sie bei funktionalen Modellen mehr Information: außer der Modellierung des Fehlverhaltens auch die Darstellung und Weitergabe von normalen Werten. Da auch bei fehlerhaften Systemen der größte Teil "normal" ist, bedingt das eine viel höhere Komplexität. Der Überbau ist daher auch deswegen nötig, um die viel größere Anzahl von Zuständen und Parametern bei funktionalen Modellen übersichtlich zu strukturieren. Wir haben bei funktionalen Modellen keine Evidenzwerte von Regeln berücksichtigt, obwohl das analog zu den Fehlermodellen möglich wäre, da dadurch die ohnehin größere Komplexität der funktionalen Modelle weiter erhöht würde.

10.2 Wissensmanipulation

Ein funktionales Modell kann man in verschiedener Weise auswerten: zur Verdachtsgenerierung, indem man mit den beobachteten Abweichungen von Materialien beginnt und dafür verantwortliche Komponenten sucht, zur Verdachtsüberprüfung, indem man mit vorgegebenen Ausgangszuständen und Komponentenfehlern startet und deren Auswirkungen im Modell simuliert, oder zur Erklärung, indem man für vorgegebene Komponentenfehler und anormale Materialienwerte eine konsistente Erklärung im Modell sucht. Alle Modi gibt es auch bei der überdeckenden Klassifikation mit Fehlermodellen (Kap. 9), von der auch die prinzipielle Vorgehensweise übernommen werden kann (Kap. 9.2). Der Unterschied besteht in der detaillierteren Wissensrepräsentation mit wesentlich mehr Objekten, Eigenschaften und Beziehungen, da nicht nur die Fehlerfortpflanzung, sondern die vollständige Funktionsweise des Systems beschrieben werden soll. Entsprechend ineffizienter ist daher die Phase der Verdachtsgenerierung. Wenn die Verdachtshypothesen nicht von außen durch den Benutzer oder ein anderes Programm vorgegeben sind, ist sie häufig nur unter vereinfachenden Randbedingungen sinnvoll, z.B. wenn man nur Komponenten und Parameter betrachtet, die "in Ordnung" oder "nicht in Ordnung" sein können. Notfalls sind einfache Randbedingungen durch Abstraktion herzustellen.

Die Verdachtsüberprüfung mit der Simulation vorgegebener Eingabedaten durch das Netzwerk ändert sich hingegen kaum im Vergleich zu den Fehlermodellen. Sie entspricht einer Vorwärtsverkettung, bei der die Eingangs-Materialien ihre zugehörigen Komponenten aktivieren und dort entsprechend des vorgegebenen Zustandes und seiner Regeln zu den Ausgangs-Materialien verarbeitet werden. Dies wiederholt sich, bis alle Komponenten abgearbeitet sind. Wenn eine Komponente mehrere Eingangs-materialien hat, sollte mit ihrer Aktivierung gewartet werden, bis alle Eingangsgrößen bekannt sind (vgl. Agenda-Mechanismus und Rückkopplungsschleifen-Problematik aus Kap. 9.2).

Das Ergebnis der Simulation sind Vorhersagen über die Effekte der Annahmen, die man mit den tatsächlichen Beobachtungen vergleichen kann. Dabei entstehen drei Mengen: 1) vorhergesagte und beobachtete Symptome, 2) vorhergesagte, aber nicht beobachtete Symptome, 3) nicht vorhergesagte, aber beobachtete Symptome. Während die erste Menge für die Korrektheit der Hypothesen spricht, eignet sich die zweite Menge für die Indikation zusätzlicher Tests. Die dritte Menge spricht gegen die Hypothesen.

Die Basis-Algorithmen für die Auswertung von funktionalen Modellen sind:

I. Simulationsmodus:

Eingabe: Wertebelegung der Eingangs-Materialien, Zustände der Komponenten, globale Systemparameter.
Ausgabe: Wertebelegung der Ausgangs-Materialien
1. Setze alle mit den Eingangs-Materialien verbundenen Komponenten auf eine globale Liste AGENDA.
2. *Solange* AGENDA nicht leer, *wiederhole:*
2.1   Wähle eine Komponente aus AGENDA, die möglichst von keiner anderen Komponente in AGENDA abhängt. Berechne aus ihren Eingangs-Materialien (falls welche unbekannt sind, gehe davon aus, daß sie "normal" sind) die Ausgangs-Materialien. Lösche die Komponente aus AGENDA.
2.2   *Wenn* mit den Ausgangs-Materialien andere Komponenten verbunden sind, *dann* setze diese Komponenten auf AGENDA,
       sonst setze die Ausgangs-Materialien auf ERGEBNISLISTE.
3. Ausgabe der Ausgangs-Materialien von ERGEBNISLISTE.

II. Diagnostikmodus:

Eingabe: Wertebelegungen von Eingangs- und Ausgangs-Materialien, globale Systemparameter.
Ausgabe: Zustände von Komponenten.
1. Entdeckung von Diskrepanzen: Berechne mit den globalen Systemparametern die Werte der Ausgangs-Materialien unter der Annahme, daß alle Komponenten im Normalzustand sind, und vergleiche sie mit den vorgegebenen Werten. Jede Differenz ist eine Diskrepanz. Dieser Schritt ist nicht nötig, wenn die Eingabedaten bereits als Abweichungen vom Normalzustand angegeben sind.
2. Verdachtsgenerierung: Ermittle für jede Diskrepanz eine "Konfliktmenge", die alle Komponenten und ihre in Frage kommenden Zustände enthält, die direkt oder indirekt an der Berechnung der Diskrepanz beteiligt sind. Bilde "minimale Treffer-mengen" aller Konfliktmengen (s. Kap. 9.2).

3. Verdachtsüberprüfung: Jede Treffermenge ist eine Verdachtshypothese, die simuliert wird, indem die entsprechenden Zustände von Komponenten verändert werden.
4. Differentialdiagnostik: Vergleiche bei jeder Simulation die vorhergesagten mit den beobachteten Zuständen. Kriterien für die vergleichende Bewertung verschiedener Hypothesen sind: a) Herleitung aller beobachteten Diskrepanzen b) Herleitung keiner nicht beobachteten Diskrepanz c) möglichst kleine Menge defekter Komponenten (die mit der Apriori-Wahrscheinlichkeit der Zustände gewichtet werden kann).

Wir haben bei den Algorithmen Zusatzmechanismen der Klassifikation mit Fehlermodellen (wie die Gewichtung von alternativen kausalen Beziehungen mit Evidenzwerten, die Behandlung von Rückkopplungsschleifen und die Abstraktion des Modells zur effizienteren Verdachtsgenerierung) nicht ausgeführt, obwohl sie sich im Prinzip übertragen lassen, da sie zu einer erheblichen Komplexitätssteigerung führen würden.

10.3 Wissenserwerb

Der große Vorteil beim Wissenserwerb im Vergleich zu den Fehlermodellen und dem heuristischen Wissen besteht darin, daß nicht unbedingt heuristisches Wissen erforderlich ist. Stattdessen wird die normale Funktionsweise des Systems modelliert, die bei technischen Systemen meist in ausreichendem Detail bekannt ist. Die Wissenseingabe beginnt mit der Definition der Material- und Parametertypen als Vorbereitung und dem Erstellen eines graphischen Netzes mit benannten Komponenten und Materialien (als Instanzen der Materialtypen). Als graphische Symbole kann man beschriftete Kästchen oder abstrakte Zeichnungen (Ikons) für die Komponenten und Kreise für die Materialen wählen, die man sich wie bei Zeichenprogrammen vom Bildschirmrand selektiert, mit einem Namen versieht, mit der Maus auf dem Bildschirm plaziert und schließlich ebenfalls mit der Maus Kanten zu bereits existierenden Objekten zieht. Das Ergebnis sind Graphen wie in Abb. 10.1 - 10.3. Nach Aufbau des initialen Modells gibt man dann für die Komponenten und Materialien das lokale Wissen an, indem man die Objekte aktiviert (anklickt) und dann das entsprechende Formular ausfüllt.

10.4 Stand der Forschung

Die hier beschriebene funktionale Klassifikation unterscheidet sich von den Arbeiten von de Kleer, Forbus und Kuipers [AI-Journal 84] über qualitatives Schließen, da dort das Verhalten eines Systems aus der Struktur und dem Verhalten seiner Komponenten ermittelt werden soll, während hier eine Verhaltensbeschreibung des Systems bereits vorausgesetzt und unter verschiedenen möglichen Verhalten dasjenige herausgesucht wird, das mit den Symptomen (beobachteten Merkmalen) am besten übereinstimmt. Die Arbeiten von de Kleer, Forbus und Kuipers diskutieren wir im Zusammenhang mit der qualitativen Mehrphasen-Simulation (Kap. 24).

Eine der ersten Arbeiten zur funktionalen Klassifikation ist das System HTE von Davis [84] zur Hardware-Diagnostik. Die Komponenten sind Addierer, Multiplizierer, usw. und die Materialien haben nur einen Parameter mit numerischem Wertebereich. Die Zustände der Komponenten sind nur "in Ordnung" und "nicht in Ordnung", wobei eine Komponente im Fehlerzustand "nicht in Ordnung" beliebige Zahlen ausgeben kann. Wegen der exakten Beziehungen kann Davis Absolut-Werte der Parameter repräsentieren, die durch die Komponenten entsprechend der arithmetischen Rechen-Regeln verändert werden. Weiterhin kann HTE Werte mit derselben Effizienz sowohl vorwärts als auch rückwärts schließen, was die Verdachtsgenerierung erheblich vereinfacht. HTE beginnt mit der Entdeckung von Diskrepanzen durch Vorwärtsschließen der Eingangswerte und Vergleich mit den Ausgangswerten. Für jede Diskrepanz wird dann mittels Rückwärtsschließen eine Menge potentieller Diagnosen generiert, d.h. Komponenten mit einem anormalen Verhalten. Die Verdachtskomponenten werden überprüft, indem ihre Ausgaben so gewählt werden, daß ihre unmittelbaren Diskrepanzen verschwinden. Mit diesen Annahmen wird dann eine Simulation durch Vorwärtsschließen gestartet. Falls keine neue Diskrepanz auftaucht, sind die anormalen Komponenten eine konsistente Erklärung für die beobachteten Fehler. Die fehlerhaften Komponenten können dann auf einer niedrigeren Abstraktionsebene (der Bit-Ebene) analog untersucht werden, welche Unterkomponente für den Fehler verantwortlich ist. Eine Besonderheit ist die Möglichkeit, neue Komponenten in das Modell einzuführen, um so ansonsten schlecht lokal beschreibbare Fehler wie Brücken zwischen benachbarten Leiterbahnen zu simulieren. Allerdings ist dafür die Verdachtsgenerierung sehr aufwendig.

Ein anderes wichtiges System ist GDE (General Diagnostic Engine) von de Kleer und Brown [87], das von Struß & Dressler [89] und de Kleer & Brown [89] weiterentwickelt wurde. Der wichtigste Anwendungsbereich ist auch hier die Schaltkreisdiagnostik. Wie in HTE werden bei einer Komponente auch nur zwei Zustände "in Ordnung" und "nicht in Ordnung" unterschieden. Die Besonderheit von GDE ist Benutzung eines ATMS [de Kleer 86] zur Herleitung von Verdachtshypothesen (Konfliktmengen) für Diskrepanzen, mit dem auch Mehrfachursachen relativ einfach generiert werden können.

Struß & Dressler [89] haben mit GDE+ gezeigt, daß die Leistungsfähigkeit von GDE mit explizitem Wissen über das Verhalten im Fehlerzustand erheblich verbessert werden kann, weil damit viele logisch mögliche Fehler mit physikalischem Wissen ausgeschlossen werden können. Ihr Beispiel ist ein Stromkreis mit einer Batterie und drei parallel angeschlossenen Lampen L1, L2, L3. Wenn die Lampen L1 und L2 nicht leuchten, ist die plausibelste Hypothese, daß beide Lampen kaputt sind. GDE würde jedoch auch jede Menge Verdachtshypothesen der Art generieren, daß z.B. die Batterie und die Lampe L3 "nicht in Ordnung" sind, was man so interpretieren muß: Die defekte Batterie bewirkt, daß die Lampen L1 und L2 nicht leuchten, und die Lampe L3 ist defekt, weil sie trotz defekter Batterie leuchtet! Solche absurden Hypothesen werden in GDE+ durch Wissen über Fehlerzustände vermieden. Noch einen Schritt weiter gehen de Kleer und Brown [89] mit SHERLOCK, wo den Fehlerzuständen Apriori-Wahrscheinlichkeiten zugewiesen werden, um unter verschiedenen physikalisch möglichen Fehlerzuständen bzw. Tests zu ihrer Bestätigung den besten herausfinden zu können. Nicht berücksichtigt in den GDE-Weiterentwicklungen bleiben jedoch die Zuordnung von Schweregraden zu Fehlerzuständen, was die Modellierung erheblich verkomplizieren würde.

Eine allgemeine Beschreibung der Diagnostik mit funktionalen Modellen findet sich in [Hamscher 87] und [Reiter 87]. Reiter unterscheidet bei den Komponenten nur zwischen "normal" und "anormal" ohne Schweregrade und Wissen über Fehlverhalten und gibt einen Algorithmus für die Verdachtsgenerierung für Ursachen von Diskrepanzen an, der auf einem Widerspruchsbeweis mit einem allgemeinen Theorem-Beweiser beruht.

10.5 Beispiel: SIMUL

Ein Beispiel für ein Expertensystem-Werkzeug zur eingeschränkten funktionalen Klassifikation, dessen Wissensrepräsentation der aus Kap. 10.1 weitgehend entspricht, ist SIMUL [Hnyk 88]. Die Einschränkung besteht darin, daß SIMUL keine Verdachtshypothesen generieren kann, sondern diese von außen kommen müssen, z.B. vom Benutzer oder über eine implementierte Kopplung mit dem heuristischen Diagnosesystem MED2 (s. Kap. 7.4). Der Wissenserwerb erfolgt derzeitig über einen interaktiven Editor noch ohne graphische Unterstützung. Als Anwendungsbeispiel dient der Automotor, anhand dessen wir die Funktionsweise von SIMUL erläutern. Einen Überblick über das verwendete Hauptmodell des Automotors zeigt Abb. 10.4. Für die beiden Komponenten "Motor" und "Vergaser" des Hauptmodells gibt es Submodelle, die in Abb. 10.4 nicht gezeigt sind.

Die Eingabe von SIMUL umfaßt eventuelle Fehlerzustände der Komponenten (z.B. "Luftfilter ist mäßig verstopft" oder "Batterie leer") und Werte für die globalen Systemparameter, die die aktuelle Betriebsweise des Motors charakterisieren, z.B. Gang {Leerlauf, 1. - 4. Gang, Rückwärtsgang} Motortemperatur {kalt, warm} Motorzustand {läuft, steht} Choke {gezogen, nicht gezogen}. Die Ausgaben sind nach ihrer Bedeutung gewichtete Symptome mit Schweregraden, z.B. "Brennraum zündet nicht bei Anlaßvorgang", und ihre kausale Herleitung aus den Fehlerzuständen. Die Wissensrepräsentation wollen wir anhand eines Ausschnittes aus der Wissensbasis erläutern (Abb. 10.5).

Abb. 10.5   Ausschnitt aus der Wissensbasis von Abb. 10.4

Das "Luftrohr" ist eine Verbindung zwischen zwei Komponenten und Träger eines Materials, nämlich Luft (eine Verbindung kann potentiell Träger mehrerer Materialien sein). Das Material "Luft" wird durch die Parameter "Druck", "Strömungsgeschwindigkeit", "Verschmutzungsgrad", "Sauerstoffgehalt" und "Temperatur" beschrieben. Die Parameter haben einen einheitlichen Wertebereich mit sieben qualitativen Ausprägungen und quantitativer Interpretation von "sehr stark erniedrigt" (-3) über "normal" (0) zu "sehr stark erhöht" (+3). Die Ausprägungen repräsentieren Änderungen des Parameters gegenüber seinem Normalwert.

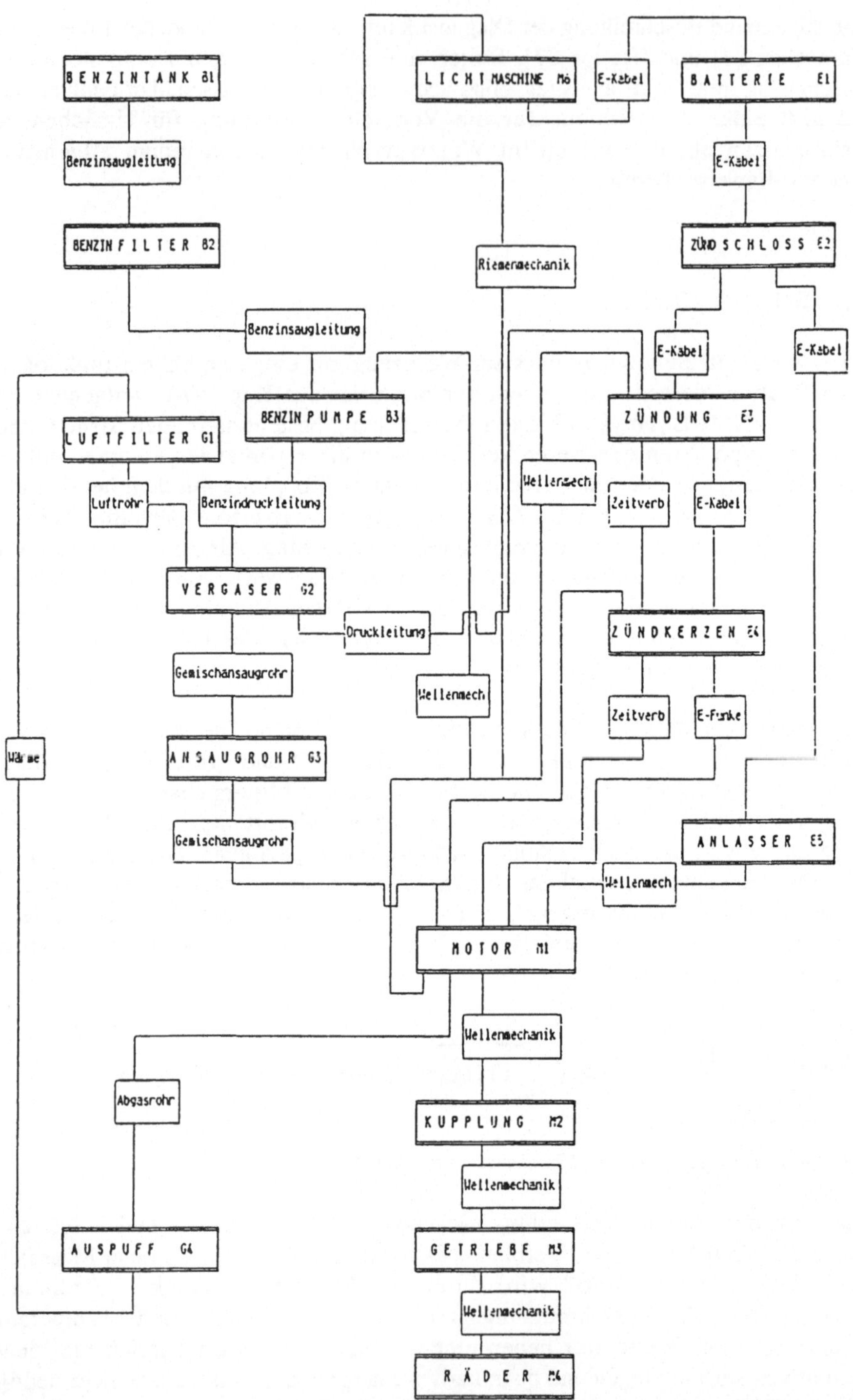

Abb. 10.4   Hauptmodell des Automotors in SIMUL. Es zeigt die Namen der Komponenten (in Doppelkästchen) und der Verbindungstypen (in einfachen Kästchen). Verbindungstypen sind zu Verbindungen instanziiert, die wiederum Träger von Materialien sind. Mit der Wissensrepräsentation in Kap. 10.1 müssen die Verbindungstypen durch ihre zugehörigen Materialien ersetzt werden.

Der Normalwert wird entweder festgelegt (z.B. Luft.Verschmutzung := 1000 ppm) oder mit Hilfe der globalen Systemparameter und Normierungsregeln berechnet, z.B. wenn (Motortemperatur = warm) dann (Luft.Temperatur := 30 Grad Celsius); wenn (Motortemperatur = kalt) dann (Luft.Temperatur := 20 Grad Celsius); wenn (Motorzustand = läuft) und (Gaseinstellung = Leerlauf) dann (Luft.Druck := 0.9 bar) und (Luft.Strömungsgeschwindigkeit := 1 m/s). Der Normalwert wird für die Fehlerfortpflanzung nicht benötigt, sondern dient nur zur groben Interpretation der Ergebnisse: Wenn z.B. der Luft.Druck "leicht erniedrigt" (-1) ist, dann bedeutet das absolut einen um 10 - 30% verminderten Druck bezogen auf den Normalwert von ca. 0.9 bar.

Die Komponenten besitzen eine Verhaltensbeschreibung mit Regeln, wie sie ihre Eingangsparameter-Werte in Ausgangs-Parameterwerte überführen. In SIMUL gibt es für jede Komponente einen Normalzustand und verschiedene Fehlerzustände, z.B. für den Luftfilter die Zustände "normal", "verstopft", "gerissen" und "erniedrigter Sauerstoffanteil". Für jeden Zustand gibt es eigene Regeln, z.B. beim Luftfilter im Normalzustand u.a. "Ausgangs-Luft.Temperatur := ($prop Eingangs-Luft.Temperatur)", wobei die Funktion $prop eine mögliche Erhöhung oder Erniedrigung des Eingangsparameters unverändert auf den Ausgangsparameter überträgt. Bei verstopftem Luftfilter würde eine Regel aktiviert "Ausgangs-Luft.Strömungsgeschwindigkeit := ($erniedrige Eingangs-Luft.Geschwindigkeit)", was eine Erniedrigung des Eingangsparameter-Wertes um eine Stufe (-1) bedeutet. Die erniedrigte Strömungsgeschwindigkeit kann in Regel-Vorbedingungen anderer Komponenten abgefragt werden und so spezifische Effekte verursachen. Für die Komponentensummation verschiedener Einflüsse auf einen Parameter bietet SIMUL dem Experten die beiden Grundfunktionen Addition und Extremwertdurchlaß, wobei entweder alle Eingangswerte addiert werden (z.B. -1 + -1 = -2) oder der höchste Wert übernommen wird (z.B. -1 + -1 = -1).

Verschiedene Abstraktionsebenen können in SIMUL dadurch repräsentiert werden, daß eine Komponente auf einer Abstraktionsebene durch ein Submodell, d.h. eine Menge von Komponenten auf einer niedrigeren Abstraktionsebene, ersetzt werden kann. Dabei müssen nur die Ein- und Ausgangsparameter der Komponente und ihres Submodells übereinstimmen. Wenn das Submodell geladen ist, wird die Simulation nicht mehr mit der Verhaltensbeschreibung der alten Komponente, sondern mit den neuen Komponenten des Submodells durchgeführt, d.h. die auf der niedrigeren Abstraktionsebene berechneten Parameterwerte ersetzen die auf der höheren Abstraktionsebene berechneten.

11. Statistische Klassifikation

Die statistische Klassifikation eignet sich für Klassifikationsprobleme, für die eine große, repräsentative Sammlung erfolgreich gelöster Fälle existiert. Die Grundidee entspricht der der heuristischen Klassifikation, wobei jedoch die Beziehungen zwischen Merkmalen und Lösungen aus Falldatenbanken mit statistischen Methoden extrahiert und nicht von Experten geschätzt werden. Ihr großer Vorteil ist die Objektivierbarkeit des Wissens. Die Einschränkungen der statistischen Klassifikation resultieren daraus, daß zu ihrer Anwendung eine Reihe von Voraussetzungen erfüllt sein muß. Der Ansatz kann zwar auch erfolgreich bei Verletzungen der Voraussetzungen benutzt werden, muß dann aber zu den heuristischen Verfahren gezählt werden, da die Objektivierbarkeit verloren geht.

Die Basis der statistischen Klassifikation ist das Theorem von Bayes (s. Abb. 11.1; eine kritische Diskussion der Grundlagen findet sich in [Puppe 88, Kap. 7.1]), mit dem zu einer gegebenen Menge von Merkmalen die wahrscheinlichste Lösung ausgewählt wird. Zu seinen Voraussetzungen gehören die Unabhängigkeit der Merkmale untereinander, die Vollständigkeit der Lösungsmenge, der wechselseitige Ausschluß von Lösungen, die Repräsentativität der Fallsammlung und ausreichend viele Fälle für jede Lösungsalternative. Um die ersten beiden Voraussetzungen herzustellen, kann man manchmal abhängige Merkmale zu unabhängigen Merkmalen durch partielles Ausblenden oder durch Merkmalsvorverarbeitung verdichten und eine unvollständige Lösungsmenge durch Hinzufügen einer Lösung "Sonstige" vervollständigen.

11.1 Wissensrepräsentation

Die Wissensrepräsentation besteht im einfachsten Fall aus einer Tabelle (z.B. als Array repräsentiert) mit den Lösungen als Spaltenbezeichnungen, in der ersten Zeile "Apriori-Wahrscheinlichkeiten" und als übrige Zeilenbeschriftungen die Merkmale. Die Tabelleneinträge sind in der ersten Zeile die Apriori-Wahrscheinlichkeiten $P(L)$ der Lösungen und ansonsten die bedingten Wahrscheinlichkeiten $P(M/L)$ für die Merkmale.

In die Objekt-Attribut-Wert-Repräsentation übertragen, gibt es die beiden Objekttypen "Merkmal" und "Lösung" mit folgenden Attributen[1]:

---

1   Dynamische Attribute sind mit (d) gekennzeichnet.

1. Merkmale:
- Name
- Übergangs-Wahrscheinlichkeiten (eine Liste von allen Lösungen L_i mit den bedingten Wahrscheinlichkeiten $P(M/L_i)$ für das Merkmal M)
- Wert (d) (vorhanden oder nicht vorhanden)

2. Lösung
- Name
- Apriori-Wahrscheinlichkeit
- Übergangs-Wahrscheinlichkeiten (eine Liste von allen Merkmalen M_i mit den bedingten Wahrscheinlichkeiten $P(M_i/L)$ für die Lösung L; ist redundant zu den Übergangs-Wahrscheinlichkeiten der Merkmale)
- Rohwert (d) (Ergebnis des Zählers der Formel in Abb. 11.1)
- Wert (d) (Ergebnis des Quotienten der Formel in Abb. 11.1)

Man beachte, daß es in dieser einfachen Wissensrepräsentation für die Merkmale nur den Wertebereich ja/nein und keine Diagnosehierarchie gibt. Um auch numerische Merkmale verarbeiten zu können, ist eine Datenvorverarbeitung erforderlich (s. Kap. 7), die die Rohdaten in ja/nein-Merkmalsinterpretationen umwandelt. Das gilt auch für symbolisch skalierte Merkmale (z.B. zu niedrig, normal, zu hoch, erheblich zu hoch), die untereinander abhängig sind, da sie nicht gleichzeitig die Ausprägungen "zu hoch" und "erheblich zu hoch" haben können und somit ebenfalls zu ja/nein-Merkmalen vereinfacht werden müssen.

11.2 Wissensmanipulation

Die Wissensmanipulation besteht aus dem einfachen Ausrechnen des Theorems von Bayes (Abb. 11.1), wobei als Eingabe die tatsächlich beobachteten Merkmale M_1 ... M_m benutzt werden. Die Formel liefert aus den Apriori-Wahrscheinlichkeiten der Lösungsalternativen $P(L)$ und den bedingten Wahrscheinlichkeiten $P(M/L)$ relative Wahrscheinlichkeiten aller Lösungsalternativen.

$$P_r(L_i / M_1 \& ... \& M_m) = \frac{P(L_i) * P(M_1 / L_i) * ... * P(M_m / L_i)}{\sum_{j=1}^{n} P(L_j) * P(M_1 / L_j) * ... * P(M_m / L_j)}$$

Abb. 11.1 Theorem von Bayes zur Berechnung der relativen Wahrscheinlichkeit P_r einer Lösung L_i aus einer Menge von n Lösungen unter der Annahme der Merkmale $M1$ ... Mm.

Wenn man auch die Abwesenheit von Merkmalen berücksichtigen möchte, kann man die Formel leicht erweitern, indem man bei abwesenden Merkmalen mit dem Komplement (1 - P(M/L)) statt wie bei zutreffenden Merkmalen mit P(M/L) multipliziert.

11.3 Wissenserwerb

Der Wissenserwerb umfaßt den Aufbau und die Auswertung großer Falldatenbanken.
Die Fälle in der Falldatenbank enthalten eine Menge von Merkmalen und die zutreffende Lösung. Daraus werden die erforderlichen Wahrscheinlichkeiten wie folgt berechnet: Die Apriori-Wahrscheinlichkeit einer Lösung P(L) ergibt sich aus dem Quotienten
(*Häufigkeit der Lösung*) / (*Anzahl aller Fälle*), und eine bedingte Wahrscheinlichkeit
P(M/L) berechnet sich aus dem Quotienten (*Häufigkeit des Zutreffens von Merkmal
und Lösung*) / (*Häufigkeit der Lösung*). Ein Beispiel findet sich Kap. 11.6.

11.4 Stand der Forschung

Die Anwendung des Theorems von Bayes ist eine der ältesten Methoden der
Klassifikation und besonders in der medizinischen Diagnostik weit verbreitet. Eine
umfassende Einführung findet sich in [Lusted 68]. Ein vielzitiertes Vorzeige-Beispiel
für ein erfolgreiches Bayes-Programm findet sich in [de Dombal 72], bei dem
zwischen sieben (bzw. später neun) häufigen Diagnosen für akute Bauchschmerzen
differenziert wird und dessen Trefferquote in einem einjährigen klinischen Test höher
als bei den behandelnden Ärzten bewertet wurde. Allerdings stellte sich heraus, daß
die statistischen Korrelationen wegen unterschiedlicher Vorselektionen nicht von
einem Krankenhaus (in Leeds) auf ein anderes Krankenhaus (in Kopenhagen)
übertragbar waren und sich die Trefferquote dort drastisch verschlechterte.
   Ein großes Problem beim Wissenserwerb ist - abgesehen von der Einhaltung der
Voraussetzungen des Formalismus und der Repräsentativität der Falldaten - die
Interpretation der Null als Wert einer Übergangs-Wahrscheinlichkeit P(M/L). Da die
Multiplikation mit Null für die betreffende Lösung eine Gesamtwahrscheinlichkeit von
Null ergibt, würde das Beobachten des entsprechenden Merkmals die betroffene
Lösung definitiv ausschließen — nur weil bei den bisherigen Fällen in der Falldaten-
bank das Merkmal nicht bei der Lösung aufgetreten ist. In [Lusted 68] wird vorge-
schlagen, in solchen Situationen statt der Null eine sehr geringe Wahrscheinlichkeit
einzusetzen, was jedoch auch unbefriedigend bleibt. Der einzige saubere Ausweg aus
diesem Dilemma ist die Auswertung hinreichend großer Falldatenbanken, in denen
praktisch keine zufälligen Nullen vorkommen. Das bedeutet jedoch, daß seltene
Lösungen, für die nur wenige Fallbeispiele existieren, nicht statistisch klassifiziert
werden können.
   Wegen der vielfältigen Schwierigkeiten mit der korrekten Anwendung des Theo-
rems von Bayes (Unabhängigkeit der Merkmale, Vollständigkeit und wechselseitiger
Ausschluß der Lösungen, Repräsentativität der Falldaten, Existenz genügend vieler
Fälle auch für seltene Lösungen) gibt es nur wenige erfolgreiche Bayes-Programme.
Im folgenden diskutieren wir einige Varianten, mit denen die Handhabung des
Theorems von Bayes verbessert werden soll. Allerdings werden dabei meist
Ungenauigkeiten in Kauf genommen, so daß fließende Übergänge zu den
"heuristischen" Verfahren im Umgang mit Unsicherheiten existieren, z.B. zum
INTERNIST-Schema oder zum MYCIN-Schema (s. [Puppe 88, Kap. 7.3 + 7.4]) .

11.5 Varianten des Theorems von Bayes

Das Ausrechnen der Formel aus Abb. 11.1 ist für die meisten Benutzer schlecht nachvollziehbar, da der Rohwert einer Lösung (d.h. der Zähler aus Abb. 11.1) nur in Relation zu den Rohwerten aller übrigen Lösungen bedeutungsvoll ist. Daher wird auch eine andere Form benutzt, bei der die Apriori-Wahrscheinlichkeiten der Lösungen schrittweise mit jedem neuen Merkmal aktualisiert werden. Die schrittweise Form eignet sich auch zur Dialogsteuerung, um vor jedem Schritt das Merkmal zu berechnen, daß am meisten zur Unterscheidung der wahrscheinlichsten Lösungen beitragen kann. Schließlich werden auch "Bayes´sche Netze" benutzt, bei denen sich die Wahrscheinlichkeiten von den Merkmalen zu den Lösungen über Zwischenstufen fortpflanzen.

Die schrittweise Lösungsfindung basiert auf folgendem Grundalgorithmus:

Eingabe: Menge von Merkmalen
Ausgabe: Wahrscheinlichste Lösung
1. Setze die aktuelle_Wahrscheinlichkeit jeder Lösung auf ihren "Apriori-Wert".
2. Für jedes neue Merkmal M: Multipliziere die aktuelle_Wahrscheinlichkeit aller Lösungen L mit einem "Wahrscheinlichkeits-Quotienten"
3. Selektiere die Lösung mit der größten aktuellen_Wahrscheinlichkeit.

Zwei Realisierungen dieses Algorithmus sind die Benutzung von Apriori-Wahrscheinlichkeiten der Merkmale und die sog. Odds-Likelihood-Form. Im ersten Fall sind die Apriori-Werte der Lösungen ihre Apriori-Wahrscheinlichkeiten P(L) und die Wahrscheinlichkeits-Quotienten das Verhältnis von bedingter Wahrscheinlichkeit P(M/L) zu Apriori-Wahrscheinlichkeit des Merkmals P(M). Wenn dabei die Häufigkeit des Merkmals durch die Lösung erhöht wird, ist der Quotient größer als 1 und erhöht die aktuelle_Wahrscheinlichkeit der Lösung, wenn Merkmal und Lösung voneinander unabhängig sind, ist der Quotient gleich 1 und läßt die aktuelle_Wahrscheinlichkeit der Lösung unverändert. Wenn man zum Schluß dieses Algorithmus die aktuellen_Wahrscheinlichkeiten in relative Wahrscheinlichkeiten umrechnet, liefert er dieselben relativen Wahrscheinlichkeiten wie die Formel aus Abb.11.1[2]. Ein Nachteil ist, daß man zusätzliche Wahrscheinlichkeiten kennen muß.

Wenn man keine relativen Wahrscheinlichkeiten der Lösungen berechnet, sondern die Ergebnisse für jede Lösung als absolute Wahrscheinlichkeiten interpretiert, muß man eine theoretische Ungenauigkeit in Kauf nehmen, nämlich daß zur Rechtfertigung des Algorithmus die Unabhängigkeitsannahme von Merkmalen erforderlich ist, d.h. P(M1 & M2) = P(M1) * P(M2), was nicht korrekt ist, da M1 und M2 ja von derselben Lösung abhängen und somit nicht unabhängig sind (s. [Puppe 88, Kap. 7.1]). In [Charniak 85, Kap. 8.2] wird dieser Algorithmus ohne Diskussion seiner theoretischen Probleme vorgestellt. Zusätzlich wird vorgeschlagen, das Problem der Null-Wahrscheinlichkeiten dadurch zu lösen, daß man als Quotient P(M/L) / P(M) eine 1 einsetzt, falls P(M/L) = 0 ist, so daß die Wahrscheinlichkeit P(L) unabhängig von M ist, statt durch M verringert zu werden. Obwohl diese Änderungen geringfügig erscheinen, ist das resultierende Verrechnungsschema nicht mehr theoretisch abgesichert und daher "heuristisch".

---

2   Der Grund ist, daß sich bei der Berechnung der relativen Wahrscheinlichkeiten die Apriori-Wahrscheinlichkeiten P(M) aus der Formel in Abb. 11.1 einfach herauskürzen, wenn man anstatt von P(M/L) das Verhältnis P(M/L) / P(M) einsetzt.

Eine andere Variante zur schrittweisen Lösungsfindung ist, als Apriori-Wert einer Lösung ihre "Odds" $O(L)$ zu nehmen, die als $P(L) / P(\neg L)$ definiert sind, und als Wahrscheinlichkeits-Quotient das sogenannte Wahrscheinlichkeits-Verhältnis (likelihood-ratio = $LR(M/L)$) zu benutzen, das sich aus der bedingten Wahrscheinlichkeit mittels Division durch die bedingte Wahrscheinlichkeit des Nichtzutreffens der Hypothese $P(M/\neg L)$ herleitet: $LR(M/L) = P(M/L) / P(M/\neg L)$. Um auch die Abwesenheit von Merkmalen auswerten zu können, kann man negative Übergangs-Wahrscheinlichkeiten benutzen, die als $LR(\neg M/L) = P(\neg M/L) / P(\neg M/\neg L)$ definiert sind. Die Odds und die Wahrscheinlichkeits-Verhältnisse verhalten sich zu den Wahrscheinlichkeiten nach der Formel: $O = P / (1 - P)$ bzw. $P = O / (1 + O)$ und sind so zu interpretieren, daß ein Wert von 1 Unwissenheit ausdrückt, d.h. das Zutreffen eines Merkmals bzw. einer Lösung ist genauso wahrscheinlich wie dessen Nicht-Zutreffen. Werte größer als 1 sprechen für und Werte zwischen 0 und 1 gegen das Zutreffen.

Der Algorithmus basiert auf folgender Formel: $O(L/M) = P(L/M) / P(\neg L/M) = P(L)\,P(M/L) / P(\neg L)\,P(M/\neg L) = O(L)\,LR(M/L)$. Bei mehreren Merkmalen $M_1 \dots M_n$ gilt entsprechend: $O(L/M_1 \dots M_n) = O(L)\,LR(M_1/L) \dots LR(M_n/L)$. Die Anwendung der Formel zur Differenzierung von mehr als zwei Lösungen (z.B. L_1, L_2 und L_3) ist problematisch, da sich die Wahrscheinlichkeit von $\neg L_1 = L_2$ und L_3 mit der Wahrscheinlichkeit der übrigen Lösungen L_2 und L_3 verändert und nicht konstant bleibt, was für die Anwendung der Formel eigentlich erforderlich ist (vgl. [Szolovits 78]). Trotzdem ist diese sogenannte Odds-Likelihood-Form zur Differenzierung mehrerer Lösungen z.B. in PROSPECTOR [Gaschnig 82] mit praktischen Erfolgen eingesetzt worden. Allerdings gehört sie dann auch in die Kategorie "heuristischer" Verrechnungsschemata.

Die Odds-Likelihood-Form ist auch die Grundlage für die Berechnung der Wahrscheinlichkeiten in Bayeschen Netzen [Pearl 85, Cooper 87], in denen die flache Struktur des Theorems von Bayes mit direktem Schließen von Merkmalen auf Lösungen aufgegeben wird und auch Lösungshierarchien zugelassen sind. Wenn für alle Zwischen- und End-Lösungen Apriori-Odds und für alle Beziehungen positive und negative Wahrscheinlichkeits-Verhältnisse existieren, kann man obigen Algorithmus iterativ anwenden, indem man die Zwischenlösungen gleichzeitig als Lösungen einer Stufe und Merkmale auf der nächsten Stufe betrachtet. Da die Zwischenlösungen üblicherweise unsicher sind und wir bisher von sicheren Merkmalen ausgegangen sind, muß die Übergangswahrscheinlichkeit mit der Wahrscheinlichkeit der Zwischenlösung verrechnet werden. Das hat zur Folge, daß für jedes neue Merkmal die Wahrscheinlichkeits-Änderungen jetzt durch das ganze Netz weitergegeben werden müssen. Wenn also eine Zwischenlösung eine neue Wahrscheinlichkeit zugewiesen bekommt, muß die Wahrscheinlichkeitsänderung mit allen ihren Übergangs-Wahrscheinlichkeiten multipliziert und weitergegeben werden. Ein erfolgreiches Beispiel für die Anwendung Bayes´scher Netze ist das bereits erwähnte Expertensystem PROSPECTOR.

11.6 Beispiel: FAKTA

Ein Beispiel für eine Falldatenbank mit statistischer Auswertungsoption nach dem Theorem von Bayes ist FAKTA [Mütter 89]. FAKTA ist auf der Basis der Datenbank dBase III plus implementiert. Die Fallbeschreibungen werden mit einem separaten Dialogprogramm (MED2) eingegeben und über ein Kopplungsprogramm an FAKTA weitergereicht. Als Beispiel-Wissensbasis (DABAS) dient die Aufgabe, aufgrund von Benutzeranforderungen eine geeignete Datenbank auszuwählen: Ein Benutzer mit IBM-AT-kompatiblem Rechner suche etwa eine Datenbank für Verwaltungs- und Analyse-Probleme und für die Entwicklung von Anwendungsprogrammen, die außerdem über einen Softwareanschluß an Word Perfect verfügt. Abb. 11.2 zeigt eine Häufigkeitsverteilung, wie viele frühere Benutzer mit denselben Anforderungen welche Datenbanken ausgewählt haben, wobei sich der jetzige Benutzer nur für die Datenbanken "dBase III", "dBase IV" und "ADIMENS" interessiert.

```
Tabelle SYMDIAG1_WT1

Zeitraum 13.06.89 - 19.06.89

Berechnung der absoluten Haeufigkeiten :

Sonstige : OPEN_ACCESS_II
           PARADOX
           RAPID_FILE


SYMDIAG1_WT1                    H(M) DBASE_III DBASE_IV ADIMENS SONSTIGE
________________________________________________________________________
ABS                             18      3         3        3       9
ANWENDUNGSGEBIET
= "Verwaltung und Analyse        6      1         1        1       3
RECHNER
= "IBM AT oder Kompatible        17     3         3        3       8
BENUTZER_TOOLS
= "als Anwendungsentwickl         9     3         3        1       2
SOFTWAREANSCHLUSS
= "ASCII/ Word Perfect          18      3         3        3       9
```

Abb. 11.2 Häufigkeitsverteilung aus FAKTA mit Beispiel für Datenbankauswahl

Aus dieser Häufigkeitsverteilung werden die in Abb. 11.3 gezeigten Apriori-Wahrscheinlichkeiten P(Datenbank) und die bedingten Übergangswahrscheinlichkeiten P(Datenbank/Benutzeranforderung) berechnet.

Als Auswertungsergebnis des Theorems von Bayes in der Form von Abb. 11.1 mit den obengenannten Benutzeranforderungen und den Wahrscheinlichkeiten aus Abb. 11.3 erhält man die relativen Wahrscheinlichkeiten aus Abb. 11.4.

```
Tabelle SYMDIAG1_WT1

Zeitraum 13.06.89 - 19.06.89

Berechnung von P(M/L)

Sonstige : OPEN_ACCESS_II
           PARADOX
           RAPID_FILE


SYMDIAG1_WT1                    H(M)  P(M)   DB_III DB_IV ADIMENS SONST
---------------------------------------------------------------------------
ABS                            18           3      3     3       9
P(L)                                 0.1667 0.1667 0.1667 0.5000
ANWENDUNGSGEBIET
= "Verwaltung und Analyse      6    0.3333 0.3333 0.3333 0.3333 0.3333
RECHNER
= "IBM AT oder Kompatible      17   0.9444 1      1     1       0.8889
BENUTZER_TOOLS
= "als Anwendungsentwickl      9    0.5000 1      1     0.3333 0.2222
SOFTWAREANSCHLUSS
= "ASCII/ Word Perfect         18   1.0000 1      1     1       1
```

Abb. 11.3 Apriori- und Übergangswahrscheinlichkeiten zu Abb. 11.2

```
Tabelle SYMDIAG1_BAYES1

Zeitraum 13.06.89 - 19.06.89

Sonstige : OPEN_ACCESS_II
           PARADOX
           RAPID_FILE


Symptom                  Wert                            H(M)    P(M)
---------------------------------------------------------------------------
ANWENDUNGSGEBIET         "Verwaltung und Analyse d        6      0.3333
RECHNER                  "IBM AT oder Kompatible"        17      0.9444
BENUTZER_TOOLS           "als Anwendungsentwickler        9      0.5000
SOFTWAREANSCHLUSS        "ASCII/ Word Perfect            18      1


Diagnose             H(L)    P(L)     P(L/M)     Zaehler
---------------------------------------------------------------------------
DBASE_IIIPLUS         3      0.1667   0.3420        0
DBASE_IV              3      0.1667   0.3420        0
ADIMENS               3      0.1667   0.1138        0
SONSTIGE              9      0.5000   0.2024        0
```

Abb. 11.4 Ergebnisse der Anwendung des Theorems von Bayes

Das Problem der Null-Wahrscheinlichkeiten wird in FAKTA durch einen "Zähler" behandelt, der angibt, wie häufig eine Korrelation P(Lösung/Merkmal) = 0 für eine Lösung vorkam. Seine Interpretation bleibt dem Benutzer überlassen. Mit dem "Zeitraum" kann man in FAKTA spezifizieren, welche Teile der Falldatenbank in die statistische Auswertung eingehen, da ältere Fälle wegen der unvermeidlichen Wissensfluktuation (neue oder veränderte Merkmal-Erhebungstechniken, neue oder veränderte Lösungen, andere Vorselektion der Fälle) eventuell unberücksichtigt bleiben sollten. Die Unabhängigkeit der Merkmale untereinander sowie Vollständigkeit und wechselseitiger Ausschluß der Lösungen kann der Benutzer dadurch kontrollieren, daß er sich die Zeilen und Spalten der Tabellen in Abb. 11.2 bzw. Abb. 11.3 für die jeweiligen Anfragen selbst konfigurieren und so eine geeignete Vorauswahl treffen kann. Das ist möglich, da die Falldatenbank nicht nur Rohmerkmale und Lösungen, sondern auch einen ausgeprägten diagnostischen Mittelbau von Merkmalsabstraktionen und Zwischenlösungen enthält. Die Konfigurierung der Tabellen unterstützt FAKTA mit Menü-artigen Eingabemasken (siehe Abb. 11.5).

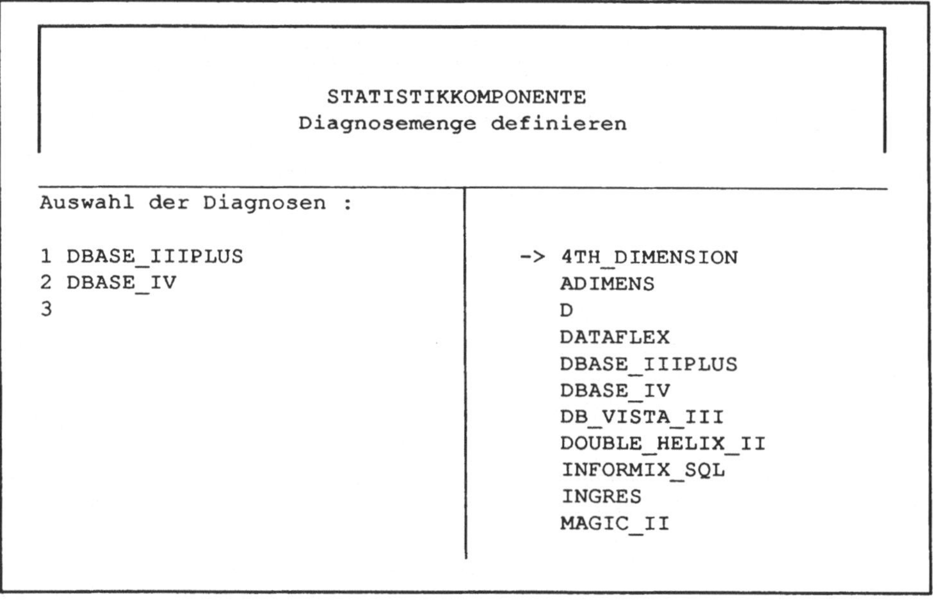

Abb. 11.5 Auswahl von Diagnosen in FAKTA zur Konfigurierung einer Tabelle

12. Fallvergleichende Klassifikation

Die fallvergleichende Klassifikation eignet sich für Klassifikationsprobleme, für die
eine große Sammlung echter oder ausgedachter Fälle mit korrekter Lösung und
Zusatzwissen vor allem über die relative Gewichtung von Merkmale vorhanden ist. Zu
einem neuen Fall wird aus einer Falldatenbank alter Fälle der Fall herausgesucht,
dessen Merkmale am besten mit denen des neuen Falles übereinstimmen, und seine
Lösung bei ausreichender Ähnlichkeit übernommen (Abb. 12.1).

	neuer Fall	Vergleichsfall-1	Vergleichsfall-2
Autotyp	Marke A	Marke B	Marke A
Km-Stand	100.000	110.000	95.000
Motor ruckelt	ja	ja	nein
Auto springt nicht an	meistens	manchmal	immer
Lösung	?	Zündkerzen verbraucht	Batterie leer

Abb. 12.1 Typische Situation beim Fallvergleich: Welcher Vergleichsfall ist ähnlicher zu dem
neuen Fall, und ist die Ähnlichkeit groß genug, um dessen Lösung übernehmen zu können?

Um den Grad der Übereinstimmung zu bewerten, ist ein Ähnlichkeitsmaß erforderlich. Bei vorgegebenem Ähnlichkeitsmaß verbessert sich die Qualität der Problemlösung mit jedem neuen Fall in der Datenbank. Weil dadurch der Wissenserwerb vereinfacht wird, ist die fallvergleichende Klassifikation theoretisch sehr attraktiv. Allerdings gibt es noch kaum praktische Erfahrungen, da einerseits die Methode erst seit
kurzem in Expertensystemen beachtet wird und andererseits geeignete Fallsammlun-
gen selten sind, auch wenn an sie geringere Anforderungen wie bei der statistischen
Klassifikation gestellt werden.

Ein Fall wird als ein Merkmalsvektor repräsentiert, d.h. er wird durch eine Menge
von Merkmalen mit ihren Ausprägungen charakterisiert. Die fallvergleichende
Klassifikation erfolgt in drei Phasen:

1. Vorauswahl von Fällen aus der Falldatenbank.
2. Feststellen der Ähnlichkeit zwischen dem neuen Fall und den ausgewählten Fällen.
3. Interpretation der Differenzen zwischen den Fällen und gegebenenfalls Übernahme
   der Lösung vom Vergleichsfall.

Die Vorauswahl ist aus Effizienzgründen erforderlich und kann mit wenigen Schlüs-
selmerkmalen des neuen Falles erfolgen. Als Schlüsselmerkmale eignen sich abnormale Merkmale des neuen Falles. Das Ergebnis sind eine Menge von Vergleichsfällen,
die zumindest in einigen Merkmalen mit dem neuen Fall übereinstimmen.

Im zweiten Schritt wird dann die Übereinstimmung bezüglich aller Merkmale fest-
gestellt und bewertet. Außer von der Anzahl und Qualität der Fälle hängt die Problem-

lösung von dem verwendeten Ähnlichkeitsmaß ab. Ausgehend von einem sehr einfachen Ähnlichkeitsmaß zeigen wir, wie man durch zusätzliches Wissen seine Trennschärfe erhöhen kann. Eine Zusammenfassung der vielfältigen, für das Ähnlichkeitsmaß relevanten Aspekte findet sich in Kap. 12.1.

Wenn alle Merkmale gleichgewichtig sind und nur die Ausprägungen "vorhanden" und "nicht vorhanden" haben, dann reicht für die Ähnlichkeitsbewertung das einfache Verhältnis der Merkmalsübereinstimmungen zu allen betrachteten Merkmalen. Die beiden Voraussetzungen sind jedoch nur selten erfüllt.

Wenn die Merkmale ein unterschiedliches Gewicht haben, sollte man dieses als Zusatzwissen (z.B. als Punktzahl) zu einem Merkmal angeben: So hätte ein Merkmal "Auto springt nicht an" ein höheres Gewicht (z.B. 50 Punkte) als "Motor ruckelt" (Gewicht: 10 Punkte), was im Normalfall wiederum wichtiger ist als der Autotyp (Gewicht: 1 Punkt). Bei der Ähnlichkeitsbewertung wird dann das gewichtete Verhältnis der Merkmalsübereinstimmungen zu allen betrachteten Merkmalen gebildet.

Bisher sind wir von untereinander unabhängigen ja-nein-Merkmalen ausgegangen. In vielen Anwendungen gibt es aber auch andere Typen, insbesondere Gruppierungen und Skalierungen. Ein skaliertes Merkmal kann einen numerischen (z.B. km-Stand) oder symbolischen Wertebereich haben, z.B. "Auto springt nicht an": {immer, meistens, manchmal, nie}, der jedoch einfach numerisch umgewandelt werden kann (immer = 1, nie = 4). In beiden Fällen wollen wir die Ähnlichkeit als Prozentzahl zu dem Gewicht des Merkmals ausrechnen. Ein einfaches Verfahren zur Berechnung der Prozentzahl bei skalierten Merkmalen ist, den kleineren Wert durch den größeren zu teilen, z.B. beim km-Stand $100.000 / 110.000 \approx 91$ %. Wenn das nicht ausreicht, kann man auch eine Funktion $y = f(x)$ angeben, die die Rohwerte transformiert, so daß statt x_1/x_2 der Quotient $f(x_1) / f(x_2)$ gebildet wird. Die Funktion f kann man algebraisch (z.B. $y = x + 1$) oder als abschnittweise lineare Funktion durch eine Menge von Punkten mit x/y-Werten (z.B. 0/0 10/1 100/2) angeben.

Eine Konsequenz all dieser Verfahren ist jedoch, daß dieselbe Differenz um so geringere Ähnlichkeiten erzeugt, je kleiner die Absolutwerte sind, z.B. hätten zwei km-Stände von 10.000 und 20.000 eine Ähnlichkeit von nur 50% im Vergleich zu den 91% oben, obwohl sich die absoluten Differenzen nicht unterscheiden. Wenn dies nicht erwünscht ist, kann man einen konstanten Nenner K vorgeben, mit dem entsprechend der Formel $(1 - |x_1 - x_2| / K)$ oder $(1 - |f(x_1) - f(x_2)| / K)$ die Ähnlichkeit berechnet wird. Falls K = 100.000, dann wäre die Ähnlichkeit obiger km-Stände in beiden Fällen 90%.

Ein gruppiertes Merkmal besitzt Ausprägungsalternativen mit teilweise ähnlicher Bedeutung, z.B. Autotyp: {A, B, C, D}, wobei A, B, und C sich untereinander sehr ähnlich und C und D nur etwas ähnlich seien. Um solche Ähnlichkeiten zu berücksichtigen, ist ein Gruppierungstyp nützlich, der ähnliche Alternativen zusammenfaßt. Wenn man zwischen Identität und gleicher Gruppenzugehörigkeit unterscheiden möchte, kann man dafür einen Ähnlichkeitsfaktor angeben. Eine mögliche Repräsentation von obigem Beispiel lautet dann (((A B C) 0.9) ((C D) 0.5)) mit folgender Semantik: Werden bei zwei Fällen identische Ausprägungen (A, A) oder (D, D) beobachtet, ergibt sich eine Ähnlichkeit von 100%; bei (A, C) 90%, bei (C, D) 50% und bei (A, D) 0%.

Bis jetzt sind wir davon ausgegangen, daß die verschiedenen Ausprägungen eines Merkmals alle das gleiche Gewicht haben. Stattdessen möchte man im allgemeinen eine Übereinstimmung bei seltenen Ausprägungen höher gewichten als bei häufigen Ausprägungen eines Merkmals. Seltene Ausprägungen sind bei der Fehlersuche die Abweichungen vom Normalverhalten. Wenn also zwei Fälle in vielen Abweichungen übereinstimmen, sind sie ähnlicher, als wenn sie viele normale Werte gemeinsam haben. Diese Differenzierung ist vor allem deswegen wichtig, weil es für die Diagnostik keinen Unterschied machen soll, ob bei einem Fall gezielt nur nach Abweichungen vom Normalverhalten gesucht wird oder systematisch alle denkbaren Tests gemacht werden. Da bei defekten Systemen oder kranken Patienten die meisten Meßwerte normal sein werden, sollten sie beim Fallvergleich gering bewertet werden, um die Trennschärfe zu erhöhen.

Wir führen daher das Konzept der Abnormalität ein, bei dem ein Merkmal ein um so höheres Gewicht bekommt, je abnormaler es ist. Bei ja-nein-Merkmalen kann das bedeuten, daß nur bei Übereinstimmung bzgl. des Vorhandenseins eines Symptoms Gewichtungs-Punkte vergeben werden. Wenn dagegen zwei Fälle darin übereinstimmen, daß in beiden ein Symptom nicht vorhanden ist (z.B. der Motor ruckelt jeweils nicht), gibt es keine oder sehr viel weniger Gewichtungs-Punkte. Die anfangs eingeführte Gewichtung eines Merkmals wird also nicht als Konstante betrachtet, sondern mit dem Abnormalitätsschema in Abhängigkeit von der Ausprägung modifiziert. Abnormalitäten sind natürlich nicht für alle Werte erforderlich, z.B. nicht unbedingt für den Autotyp.

Eine weitere Komplikation ergibt sich, wenn die Gewichte eines Merkmales auch von Merkmals-externen Faktoren abhängen. Das ist zum Beispiel für die Präzedenzauswahl typisch, wo der Benutzer die relative Gewichtung der Merkmale, die seine Wünsche darstellen, festlegen kann und dadurch eventuelle Default-Gewichte überschreibt. Eine andere Art von externer Gewichtung ist erforderlich, wenn Wissen über Besonderheiten der Lösungen berücksichtigt werden soll, da bei bestimmten Lösungen bestimmte Merkmale ein unterschiedliches Gewicht haben können. So ist z.B. bei den meisten medizinischen Diagnosen das Geschlecht unwichtig, es kann aber bei speziellen Diagnosen wie Schwangerschaft ein Ausschlußkriterium sein. Dies kann man durch dynamisches Ändern des Gewichtes von Merkmalen berücksichtigen, d.h. wenn man einen Vergleichsfall mit einer bestimmten Diagnose betrachtet, überschreiben die mit dieser Diagnose assoziierten Gewichte die Default-Gewichte der Merkmale (z.B. Ändern des Gewichtes von Geschlecht bei der Verdachtsdiagnose Schwangerschaft von "0" auf "-1000").

Eine noch detailliertere Interpretation von Differenzen ist mit kausalem Zusatzwissen möglich, indem für die Differenzen eine kausale Erklärung gesucht wird. Die Bedeutung der Differenz wird dann je nach der Art der Erklärung festgelegt. Im Vergleich zur kausalen Klassifikation (Kap. 9 + 10) braucht dabei "nur" ein für den alten Fall vorhandenes Modell an den neuen Fall adaptiert anstatt vollständig neu aufgebaut zu werden. Auf diesen Aspekt gehen wir nicht weiter ein (vgl. jedoch CASEY, Kap. 12.4).

Bisher haben wir als Merkmale nur die Rohdaten der Fälle betrachtet. Die Qualität des Fallvergleiches läßt sich beträchtlich verbessern, wenn stattdessen aufbereitete Merkmalsabstraktionen (z.B. qualitative Abstraktionen, arithmetisch berechnete Kenngrößen, usw.) verglichen werden. Deren Herleitung entspricht der Merkmalsvorverarbeitung der heuristischen Klassifikation (s. Kap. 7.0). Dabei muß man jedoch aufpassen, daß ein Merkmal (z.B. km-Stand) nicht doppelt, etwa sowohl als Rohwert (z.B. numerischer km-Stand) als auch als qualitative Abstraktion (z.B. km-stand-

Bewertung: Neu-Motor, Gebraucht-Motor, Alt-Motor, Uralt-Motor), in den Fallvergleich eingeht. Daher ordnen wir jedem Merkmal eine oder mehrere Abstraktionsebenen zu. Bei einem konkreten Fallvergleich wird dann als erstes die Abstraktionsebene vorgegeben, und es werden nur Merkmale dieser Abstraktionsebene berücksichtigt. Dabei gilt: Je höher die Abstraktionsebene gewählt wird, desto ähnlicher erscheinen die Fälle. Hohe Abstraktionsebenen eignen sich z.B. zur Vorselektion von Fällen. Ein gewisser Nachteil der Abstraktion besteht darin, daß die abstrakten Konzepte aus den Rohdaten erst hergeleitet werden müssen und dazu weiteres Zusatzwissen erforderlich ist. Dies wird besonders deutlich, wenn man die extremste Form der Abstraktion betrachtet, bei der der Fall zu einer Diagnose verdichtet, d.h. komplett gelöst wird.

12.1 Wissensrepräsentation

Für die einfachste Form des Fallvergleichs ohne Zusatzwissen reicht die Darstellung von Merkmalen mit den Attributen "Name" und aktuellem "Wert" (vorhanden, nicht vorhanden oder unbekannt) und die Darstellung von Lösungen mit den Attributen "Name" und aktuellem "Wert" (zutreffend oder nicht zutreffend). Weiterhin braucht man den Objekttyp Fall mit den Attributen "Merkmale" (Liste von Merkmalen) und "Lösungen". Um eine effiziente Vorauswahl treffen zu können, sollten die Fälle in einer Datenbank abgespeichert oder nach wichtigen Merkmalen indiziert sein.

Das Zusatzwissen für den Fallvergleich läßt sich in drei Aspekten zusammenfassen[1]:

1. Abstraktionsebene: Von außen wird eine Abstraktionsebene vorgegeben, auf der der Fallvergleich stattfinden soll, und es werden nur die Merkmale betrachtet, die entsprechend der Eintragung in ihrem Attribut "Abstraktionsebene" dazugehören.
2. Gewichtung: Für die Berechnung der Bedeutung eines Merkmals sind drei Attribute erforderlich:
   - Gewicht: eine Zahl, die die Bedeutung des Merkmals angibt.
   - Fallspezifische_Gewichtung: vom Benutzer oder von der Lösung des Vergleichsfalles stammende Zahl, die das Gewicht überschreibt. Im letzteren Fall müssen bei der Lösung auf einem zusätzlichen Attribut "Bedeutungsprofil" alle zu setzenden "fallspezifischen_Gewichtungen" notiert sein.
   - Abnormalität: Liste von Zahlen, die das Gewicht in Abhängigkeit der Merkmalsausprägung modifizieren.
3. Ähnlichkeitsangaben: Eine Typ-Angabe und eine inhaltliche Angabe pro Merkmal, auf deren Basis mit einer typ-spezifischen Formel die relative Ähnlichkeit zwischen zwei Merkmalsausprägungen berechnet wird. Das Ergebnis ist eine Zahl zwischen 0 und 100%, eventuell für sehr große Unähnlichkeit auch eine negative Zahl. Die relative Ähnlichkeit wird mit der Gewichtung des Merkmals verrechnet.

Die im vorherigen Abschnitt motivierten Ähnlichkeitsangaben präzisieren wir nach folgendem Schema: Zunächst werden die Wertebereichstypen von Merkmalen

---

[1] Wir beschreiben das Ähnlichkeitsmaß sehr detailliert (im Gegensatz etwa zu den heuristischen Evidenzkalkülen), weil wir bisher in der Literatur keine vergleichbare Beschreibung gefunden haben (vgl. Kap. 12.4) und die hier vorgestellten Differenzierungen für eine akzeptable Ausdrucksstärke notwendig erachten.

(ja/nein, numerisch, one-choice, multiple-choice), dann die jeweils möglichen
Ähnlichkeitstypen und schließlich der zugehörige Inhalt angeben, der durch Art der
Angabe, gegebenfalls eine Default-Einstellung, zugehörige Ähnlichkeitsformel und
Beispiel beschrieben wird (die jeweiligen Ausprägungen der Werte vom neuem Fall
und vom Vergleichsfall seien A und B, wobei gegebenenfalls der kleinere Wert A sei):

- Ja/nein: Keine Ähnlichkeitsangaben erforderlich. *Ähnlichkeitsformel*: Falls A =
  B, dann 100%, sonst 0%.
- Numerisch: Hier gibt es vier Untertypen:
  - funktional: *Angabe*: eine Funktion y = f(x). *Default*: Wenn eine Funktions-
    angabe fehlt, wird als Default die Identitätsfunktion f(x) = x genommen.
    Ähnlichkeitsformel: f(A) / f(B). *Beispiel*: Mit f(x) = x + 1, A = 0, B = 1 ergibt
    sich 0.5 = 50% Ähnlichkeit.
  - funktional_konstanter_Nenner: *Angabe*: eine Funktion y = f(x) und eine
    Konstante K. *Default*: Wenn eine Funktionsangabe fehlt, wird als Default die
    Identitätsfunktion f(x) = x genommen; wenn die Konstante K nicht angegeben
    wurde, wird die Differenz zwischen eventuell vorhandener Ober- und
    Untergrenze genommen. *Ähnlichkeitsformel*: 1 - (f(B) - f(A)) / K. *Beispiel*:
    Mit f(x) = x, A = 15, B = 20, K = 100 ergibt sich 0.95 = 95% Ähnlichkeit.
  - abschnittweise: *Angabe*: Menge von Punkten mit x/y Werten, die als
    abschnittweise lineare Funktion g(x) interpretiert werden. *Ähnlichkeitsformel*:
    g(A) / g(B). *Beispiel*: mit der Punktmenge (0/0, 10/10 20/15 30/18 50/20
    100/21), A = 40, B = 100 ergibt sich 19/21 ≈ 90% Ähnlichkeit.
  - abschnittweise_konstanter_Nenner: *Angabe:* Menge von Punkten mit x/y Wer-
    ten, die als abschnittweise lineare Funktion g(x) interpretiert werden und
    Konstante K. *Default*: Wenn keine Konstante angeben ist, wird als Default die
    Differenz zwischen größtem und kleinstem y-Wert der Punkte genommen.
    Ähnlichkeitsformel: 1 - (g(B) - g(A)) / K.
- One-Choice (genau eine Antwortalternative aus einer Menge vorgegebener Werte):
  Hier gibt es vier Untertypen:
  - individuell: keine Angabe erforderlich. *Ähnlichkeitsformel*: Wenn A = B, dann
    100%, sonst 0%.
  - gruppiert: *Angabe*: Menge von Wertemengen mit Ähnlichkeitsbewertung.
    Default: Falls keine Ähnlichkeitsbewertung angegeben ist, wird als Default-
    Bewertung 1 = 100% genommen. *Ähnlichkeitsformel*: Falls A =B dann 100%,
    falls A und B in derselben Wertemenge, dann deren Ähnlichkeitsbewertung,
    sonst 0%. *Beispiel*: Mit der Menge ((X1, X2) ((X3, X4) 0.9), A = X3, B =
    X4 ergibt sich 0.9 = 90% Ähnlichkeit.
  - skaliert: *Angabe*: Liste von Zahlen und Konstante. Die Länge der Liste muß mit
    der Anzahl der möglichen Werte übereinstimmen. *Default*: Falls keine Liste von
    Zahlen angegeben ist, wird als Default die Liste (1, 2, 3, 4, ...) genommen.
    Falls keine Konstante angegeben wurde, wird als Default die Differenz
    zwischen dem größten und dem kleinsten Wert der Liste genommen.
    Ähnlichkeitsformel: 1 - (listeneintrag (B) - listeneintrag (A)) / K. *Beispiel*: Mit
    der Wertemenge {normal, hoch, zu_hoch, erheblich_zu_hoch}, der Liste (0 10
    60 80), A = hoch, B = zu_hoch ergibt sich eine Ähnlichkeit von 30/80 ≈ 37%.
  - skaliert_funktional: *Angabe*: Liste von Zahlen. Die Länge der Liste muß mit der
    Anzahl der möglichen Werte übereinstimmen. *Default:* Falls keine Liste von

Zahlen angegeben ist, wird als Default eine Liste (1, 2, 3, 4, ...) genommen. *Ähnlichkeitsformel*: listeneintrag (B) / listeneintrag (A).

- Multiple-Choice (beliebig viele Antwortalternativen aus einer Menge vorgegebener Werte). Der Fragetyp entspricht ungefähr einer Zusammenfassung von vielen ja/nein-Fragen. Hier gibt es drei Untertypen:
  - einfach: keine Angabe erforderlich. *Ähnlichkeitsformel*: Übereinstimmungen werden zunächst für jede Antwortalternative getrennt wie bei ja/nein-Fragen berechnet, und dann wird der Quotient "Anzahl der Übereinstimmungen" / "Anzahl der Vergleiche" gebildet. *Beispiel*: Seien im Suchfall die Antwortalternativen {A, B} und im Vergleichsfall {B, D} gegeben. Dann werden zunächst drei unabhängige Vergleiche durchgeführt: (A, -) = 0; (B, B) = 1; (-, D) = 0. Daraus ergibt sich eine relative Ähnlichkeit von $1/3 \approx 33\%$.
  - gruppiert: *Angabe*: Menge von disjunkten Wertemengen mit Ähnlichkeitsbewertung. *Default*: Falls keine Ähnlichkeitsbewertung angegeben ist, wird als Default-Bewertung 1 = 100% genommen. *Ähnlichkeitsformel*: Übereinstimmungen werden zunächst für jede Antwortalternative getrennt berechnet, wobei Wertemengen als eine Einheit betrachtet werden, und dann wird der Quotient "Anzahl der Übereinstimmungen" / "Anzahl der Vergleiche" gebildet. *Beispiel*: Mit den Wertemengen ((A, B) 0.9) ((C, D) 0.8) E) und den Ausprägungen im Suchfall {A, B, D, E} und im Vergleichsfall {B, C} ergäbe sich: ((A, B), B) = 1; (D, C) = 0.8; (E, -) = 0 und als relative Ähnlichkeit 1.8/3 = 60%.
  - unabhängig: *Angabe:* Menge von disjunkten Wertemengen mit Ähnlichkeitsbewertung. *Default*: Falls keine Wertemengen angegeben ist, entspricht jeder Antwortalternative eine Wertemenge. Falls keine Ähnlichkeitsbewertung einer Wertemenge angegeben wurde, wird als Default-Bewertung 1 = 100% genommen. *Ähnlichkeitsformel*: Übereinstimmungen werden für jede Antwortalternative getrennt berechnet, wobei Wertemengen als eine Einheit betrachtet werden. Jeder Vergleich wird jedoch direkt mit der Gewichtung des Merkmals verrechnet. *Beispiel*: Mit den Wertemengen ((A, B) 0.9) ((C, D) 0.8) E) und den Ausprägungen im Suchfall {A, B, D, E} und im Vergleichsfall {B, C} ergäbe sich: ((A, B), B) = 1; (D, C) = 0.8; (E, -) = 0 und eine Gesamtähnlichkeit, als ob drei unabhängige ja/nein-Merkmale miteinander verglichen werden, d.h. die drei Einzelergebnisse von 100%, 80% und 0% werden nicht verrechnet.

Insgesamt ergibt sich daraus folgende Wissensrepräsentation für den Fallvergleich, wobei wir das Wissen zur Herleitung von Merkmalsabstraktionen nicht angeben (entspricht der heuristischen Klassifikation, Kap. 7)[2]:

1. Merkmale
- Name
- Wertebereichstyp (ja/nein, numerisch, one-choice, oder multiple-choice)
- Wertebereich
- Abstraktionsebene (Zahl oder Menge von Zahlen, die die Abstraktionsebenen angeben, in denen das Merkmal berücksichtigt werden soll)
- Gewicht (Zahl)
- Abnormalität (Liste von Zahlen, die den Antwortalternativen zugeordnet sind und das Gewicht modifizieren können)

---

[2] Dynamische Attribute sind mit (d) gekennzeichnet.

- Ähnlichkeitstyp (falls Wertebereichstyp = numerisch, dann {funktional, funktio-nal_konstanter_Nenner, abschnittweise, abschnittweise_konstanter_Nenner} falls one-choice, dann {individuell, gruppiert, skaliert, skaliert-funktional} und falls multiple-choice, dann {einfach, gruppiert, unabhängig}; Interpretation s.o.)
- Ähnlichkeitsangabe (abhängig vom Ähnlichkeitstyp; s.o)
- Wert (d) (aktueller Wert des Merkmals im neuen Fall)
- Vergleichswert (d) (Wert vom Vergleichsfall)
- fallspezifische_Gewichtung (d) (fallspezifische Gewichtung, mit der das "Ge-wicht" überschrieben werden kann)
- maximale_Ähnlichkeitspunkte (d) (maximal erreichbares Gewicht beim Ähnlich-keitsvergleich dieses Merkmals)
- relative_Ähnlichkeit (d) (Zahl zwischen 0 und 1, die die prozentuale Ähnlichkeit der Ausprägungen von Such- und Vergleichsfall berechnet; beim Ähnlichkeitstyp multiple-choice-unabhängig auch mehrere Zahlen)
- Ähnlichkeitspunkte (d) (tatsächlich ermittelte Ähnlichkeits-Punktzahl, die sich außer beim Ähnlichkeitstyp "multiple-choice-unabhängig" aus dem Produkt *maximale_Ähnlichkeitspunkte * relative_Ähnlichkeit* berechnet)

2. Lösungen
- Name
- Bedeutungsprofil (Liste von Paaren mit Merkmal und Gewichtung)

3. Fälle
- Name
- Menge von Merkmalen mit Ausprägungen
- Lösung
- Ähnlichkeit (d) (Zahl zwischen 0 und 1, die das Ergebnis des Ähnlichkeitsver-gleiches repräsentiert. Sie berechnet sich aus dem Quotienten ($\sum$ *Ähnlichkeits-punkte*) / ($\sum$ *maximale_Ähnlichkeitspunkte*) bezogen auf den Vergleich aller Merkmale des Suchfalles mit dem Vergleichsfall).

12.2 Wissensmanipulation

Wir gehen bei der Beschreibung der Problemlösungsmethode davon aus, daß die Vergleichsfälle in einer Datenbank abgespeichert sind. Falls die Vergleichsfälle nur Rohdaten und keine Merkmalsabstraktionen enthalten, letztere aber beim Fallvergleich verwendet werden sollen, müssen diese für alle Vergleichsfälle vorberechnet werden. Der Basis-Algorithmus besteht aus folgenden Schritten:

Eingabe: Merkmale eines neuen Falles
Ausgabe: Lösung eines relativ und absolut hinreichend ähnlichen Falles
1. Aufbereitung der Rohdaten des neuen Falles zu Merkmalsabstraktionen und globale Festlegung der "Abstraktionsebene". Im folgenden werden dann nur die Merkmale betrachtet, die eine gültige "Abstraktionsebene" besitzen.
2. Extraktion von Fällen aus der Datenbank, die bestimmte Schlüsselkriterien erfül-len. Als Schlüsselkriterien eignen sich Merkmale des neuen Falles mit einem hohen Gewicht.

3. Auswahl eines Vergleichsfalles und Eintragen seiner Merkmalsausprägungen in die jeweiligen Attribute "Vergleichswert". Falls bei der Lösung des Vergleichsfalles ein "Bedeutungsprofil" angegeben ist, werden die Werte in die jeweiligen Attribute "fallspezifisches_Gewicht" der betroffenen Merkmale übernommen. Auch der Benutzer kann das fallspezifische_Gewicht von Merkmalen manipulieren.

Für jedes Merkmal aus dem Fall und dem Vergleichsfall führe die Schritte 4, 5 und 6 aus:

4. Berechnung der maximalen_Ähnlichkeitspunkte. Sie werden vom "fallspezifischen_Gewicht" bzw., falls nicht vorhanden, vom "Gewicht" übernommen und können als Rohgewicht durch die "Abnormalität" modifiziert werden[3].

5. Berechnung der relativen_Ähnlichkeit: Die relative Ähnlichkeit zwischen "Wert" und "Vergleichswert" erfolgt mit der zum "Ähnlichkeitstyp" gehörenden Ähnlichkeitsformel unter Verwendung der "Ähnlichkeitsangaben".

6. Berechnung der Ähnlichkeitspunkte: Im Normalfall das Produkt *relative_Ähnlichkeit * maximale_Ähnlichkeitspunkte*; eine Sonderstellung hat der "Ähnlichkeitstyp" multiple-choice-unabhängig[4].

7. Berechne die Ähnlichkeit zwischen Suchfall und Vergleichsfall aus dem Quotienten der Summe der Ähnlichkeitspunkte dividiert durch die Summe der maximalen_Ähnlichkeitspunkte aller Merkmale von Suchfall und Vergleichsfall.

8. Wiederhole die Schritte 3 bis 7 für alle bei der Vorauswahl extrahierten Vergleichsfälle, wähle die Vergleichsfälle mit ausreichender Ähnlichkeit aus (bzw. den Fall mit der besten Ähnlichkeit) und übernimm die Lösungen.

Das Ergebnis des Ähnlichkeitsvergleiches sind die Lösungen der Fälle mit den höchsten Ähnlichkeitsquotienten, falls dieser einen gewissen Schwellwert überschreitet. Wenn in der Falldatenbank noch keine Fälle verfügbar sind, kann man die Falldatenbank zunächst mit einigen ausgedachten "typischen" Vergleichsfällen füllen. Auf diese Weise können zumindest typische Fälle auch ohne echte Fallsammlung gelöst werden.

---

3 Das Rohgewicht ist das maximal erreichbare Gewicht und gilt bei größter Abnormalität. Bei geringerer Abnormalität wird es wie folgt verringert: Mit den aktuellen Daten "Wert" und "Vergleichswert" wird entsprechend dem Wertebereich und der Ähnlichkeitsangabe die korrespondierende Zahl aus der Liste von Abnormalitätszahlen ausgewählt, z.B. bei einem Wert "zu hoch" und einem Vergleichswert "hoch", einem Wertebereich {normal, hoch, zu hoch, viel zu hoch} und einer Abnormalitätsliste von {0 10 60 80} die Zahlen 60 bzw. 10. Von diesen beiden Abnormalitätszahlen wird die größere gewählt (man könnte auch die Zahl nehmen, die dem "Wert" zugeordnet ist, was effizienter ist, da die Abnormalität nicht bei jedem Vergleichsfall neu berechnet werden müßte, was aber im allgemeinen zu ungenaueren Ergebnissen führt). Diese Zahl wird durch die größte Zahl aus "Abnormalität" (im Beispiel 80) dividiert und die Multiplikation der Rohpunktzahl mit dem Quotienten ergibt die maximalen_Ähnlichkeitspunkte (wenn im Beispiel die Rohpunktzahl 20 beträgt, wären 60/80 * 20 = 15 maximale_Ähnlichkeitspunkte bei diesem Merkmal erreichbar). Bei numerischen Merkmalen mit abschnittweise linearem Ähnlichkeitstyp kann die Ähnlichkeitszahl analog aus dem gültigen Abschnitt berechnet werden.

4 Beim "Ähnlichkeitstyp" multiple-choice-unabhängig werden mehrere Produkte gebildet: Die "Abnormalitäts"-Liste korrespondiert dann mit dem Wertebereich in der Weise, daß jede Gruppierung des Wertebereichs ein eigenes Gewicht hat. Beispiel: Seien bei einem Merkmal der Wertebereich {A, B, C, D, E, F}, die Ähnlichkeitsangabe ((A, B) (C, D) E F), der Wert (A, E), der Vergleichswert (B), die resultierende relative Ähnlichkeit (1, -, 0, -), die Abnormalität (40 10 20 10). Dann sind die maximalen_Ähnlichkeitspunkte 40 + 20 = 60 und die tatsächlichen Ähnlichkeitspunkte 40.

12.3 Wissenserwerb

Der Hauptteil des Wissenserwerbs besteht darin, daß man Fälle (d.h. Merkmals-
mengen) zusammen mit ihrer korrekten Lösung sammelt. Dabei kann es nützlich sein,
eine Menge von typischen Fällen vorzugeben, um eine Minimalleistungsfähigkeit
sicherzustellen. Im Vergleich zur statistischen Klassifikation ist die fallvergleichende
Vorgehensweise insofern robuster, als das Ergebnis nicht durch Null-Wahrscheinlichkeiten verfälscht werden kann.

Für eine gute Leistungsfähigkeit ist jedoch Zusatzwissen erforderlich. Da dieses
Wissen im wesentlichen heuristischer Art ist, muß es von Experten kommen. Das
Ausfüllen der für die fallvergleichende Klassifikation spezifischen Attribute "Ge-
wicht", "Abnormalität", "Ähnlichkeitstyp", "Ähnlichkeitsangabe" und "Abstraktions-
ebene" von Merkmalen kann entweder zusammen mit den anderen Attributen von
Merkmalen in einem Formular oder nachträglich in einer Tabelle erfolgen. Für die
Eingabe der Bedeutungsprofile der Lösungen eignen sich Tabellen, bei denen die
Merkmale Zeilenbeschriftungen und die Lösungen Spaltenbeschriftungen sind.

Schließlich muß noch das Wissen zur Merkmalsvorverarbeitung spezifiziert werden, deren Eingabe sich nicht von der Eingabe bei der heuristischen Klassifikation
unterscheidet.

Die Bereitstellung von typischen Fällen in der Falldatenbank führt zu einem
inkrementellen Wissenserwerb, indem mit dem typischen Erscheinungsbild von
Diagnosen begonnen und durch jeden neuen Fall das Wissen über die Variationsbreite
einer Diagnose ein bißchen erweitert wird.

12.4 Stand der Forschung

Die einfachste Form der fallvergleichenden Klassifikation entspricht einer normalen
Datenbankanfrage an eine Falldatenbank mit Selektoren (Merkmalen), von denen alle
oder möglichst viele zutreffen müssen. Solche Systeme sind vielfältig im Einsatz, z.B.
im Bibliothekswesen, wo die Autorennamen, Jahreszahlen und Schlüsselwörter den
Merkmalen entsprechen und die Bücher den Lösungen, oder auch in medizinischen
Informationssystemen wie z.B. in der großen Rheumatologie-Datenbank ARAMIS
[Fries 72]. Da jedoch nur ein sehr einfaches Ähnlichkeitsmaß verwendet wird, ist die
Problemlösungsqualität sehr beschränkt und entspricht unserer Vorauswahl. Der
eigentliche Ähnlichkeitsvergleich bleibt dem Benutzer überlassen.

In der Künstlichen Intelligenz ist das fallvergleichende Schließen erst in letzter Zeit
populär geworden. Teilweise beziehen sich die Ansätze auf Konstruktionsprobleme
(s. Kap.19). In der Diagnostik sind bisher keine praktisch erfolgreichen Systeme
bekannt. Wir vermuten, daß der Grund das Fehlen geeigneter, großer Falldatenbanken
ist, ohne die die Leistungsfähigkeit fallvergleichender Ansätze nicht demonstriert
werden kann. Ansätze für die fallvergleichende Klassifikation finden sich u.a. in
[Kolodner 85] [Koton 88] und [Althoff 89, 90]. In [Kolodner 85] wird ausführlich
diskutiert, wie wichtig die Erfahrung aus früheren Fällen für die medizinische
Diagnostik ist. Im technischen Teil wird der Fallvergleich jedoch auf einer relativ
einfachen, abstrakten Ebene durchgeführt, wobei als Deskriptoren (Schlüsselmerkmale) auch Diagnosen benutzt werden, z.B.: "Suche Fälle mit der Diagnose X,
bei der unerklärte Merkmale vorhanden waren!"

CASEY [Koton 88] ist ein fallvergleichendes Diagnosesystem auf der Basis des kausalen Diagnosesystems von Long (s. Kap. 9.4). CASEY vergleicht einen neuen Fall systematisch mit allen Fällen aus der Falldatenbank, wobei als Bedeutung die Bedeutung der Merkmale des Vergleichsfalles benutzt wird (was unserer "fallspezifischen_Bedeutung" entspricht). Allerdings braucht die fallspezifische_Bedeutung nicht vom Experten eingegeben werden, sondern wird aus der kausalen Erklärung für die Lösung des Vergleichsfalles ermittelt: Merkmale, die in der Erklärung eine Rolle spielen, sind wichtig, die übrigen unwichtig. CASEY konzentriert sich zunächst auf den Vergleich abstrakter Merkmale. Da außerdem nur ja/nein-Merkmale verwendet werden, kommt CASEY mit einem einfachen Ähnlichkeitsmaß aus. Falls zwei Fälle auf einer abstrakten Ebene übereinstimmen, auf einer konkreteren aber nicht, versucht CASEY durch Aufruf des kausalen Diagnosesystems eine Erklärung für den Unterschied zu finden. Falls das gelingt, wird dadurch die Übertragbarkeit der Lösung des Vergleichsfalles nicht beeinträchtigt, ansonsten spricht die Differenz gegen die Ähnlichkeit beider Fälle.

Bei [Kolodner 87], [Koton 88] und [Althoff 89, 90] fehlen leider detaillierte Angaben über das verwendete Ähnlichkeitsmaß. Es finden sich auch keine Hinweise auf die Unterscheidung zwischen verschiedenen Typen von Merkmalen und insbesondere auf das Konzept der Abnormalität. Das hier beschriebene Ähnlichkeitsmaß und seine Implementierung in CcC (s.u.) ist ein neuartiger Forschungsbeitrag.

12.5 Beispiel: CcC

CcC (Case comparing Component) [Hestermann 90] ist eine Erweiterung der heuristischen Diagnostik-Shell MED2 (s. Kap. 7.5) und der Falldatenbank FAKTA (s. Kap. 11.6) um eine Komponente zum Fallvergleich. Das Beispiel-Anwendungsgebiet von CcC ist der Vergleich von Werkstücken mit dem Ziel, daß eine Firma vor der Erstellung eines Arbeitsplanes für ein neues Werkstück (vgl.ExAP, Kap. 17.5) schnell überprüfen kann, ob sie ein ähnliches Werkstück schon einmal gefertigt hat.

CcC übernimmt von MED2 die Wissensrepräsentation für Merkmale mit den verschiedenen Wertebereichstypen (ja/nein, one-choice, multiple-choice, numerisch), die Mechanismen zur Merkmalsabstraktion und die Dialogführung. Es erweitert MED2 um die fallvergleichsspezifischen Attribute (s. Kap. 12.1) und den Auswertungsalgorithmus (s. Kap. 12.2). Der Aufbau einer Fallbibliothek und deren Auswertung erfolgt mit CcC in folgenden Schritten:

1.   Aufbau einer Wissensbasis für das Anwendungsgebiet:
1.1   Definition der Merkmale und Merkmalsabstraktionen und Anlegen der für den Fallvergleich erforderlichen Attribute.
1.2   Eingabe einer Menge von Fällen mit korrekter Lösung.
1.3   Abspeichern der Fälle in der Falldatenbank FAKTA.
2.   Eingabe der Symptome eines neuen Falles durch den Benutzer.
3.   Vorauswahl von Vergleichsfällen aus FAKTA:
3.1   Bestimmen der Schlüsselmerkmale. Dazu dienen in erster Linie Merkmale, die die Art und Anzahl der Bearbeitungselemente des Werkstückes repräsentieren.
3.2   Auswahl einer festen Anzahl von Vergleichsfällen aus FAKTA, die mit möglichst vielen Schlüssel-Merkmalen des neuen Falles übereinstimmen.

4.   Führe für jeden Vergleichsfall einen Ähnlichkeitsvergleich durch:
4.1   Zuordnung vergleichbarer Merkmalsklassen von neuem Fall und Vergleichsfall.
      (Dieser Schritt ist nötig, da bei Werkstücken mit mehreren Bearbeitungselemen-
      ten gleichen Typs, z.B. mehreren Absätzen, nicht offensichtlich ist, welche Be-
      arbeitungselemente am besten zueinander passen.)
4.2   Durchführung des eigentlichen Ähnlichkeitsvergleichs.
5.   Ausgabe der ähnlichsten Vergleichsfälle für den Benutzer.

Im folgenden illustrieren wir CcC am Beispiel des Vergleiches zweier sehr einfacher
Werkstücke, die beide nur das Bearbeitungselement Absatz haben (s. Abb. 12.2).

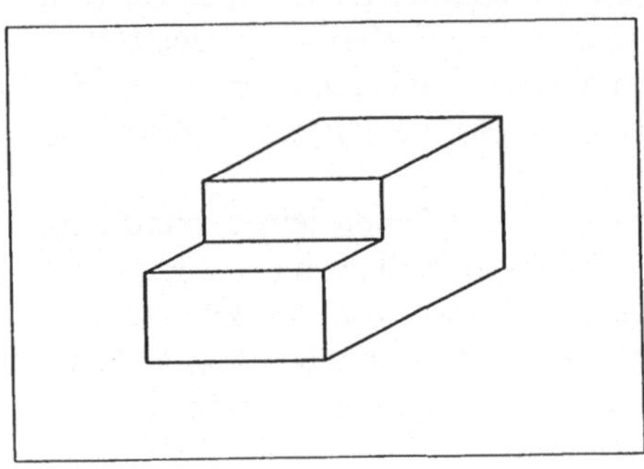 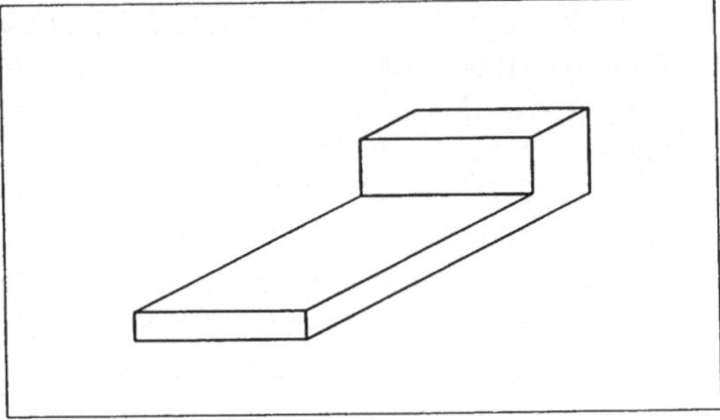

Abb. 12.2   Zwei Werkstücke mit einem Bearbeitungselement Absatz

Einen Teil der Werkstück-Wissensbasis mit den Merkmalsklassen "allgemeine
Werkstückdaten" und einer Merkmalsklasse für ein Bearbeitungselement vom Typ
"Absatz" zeigt Abb. 12.3.

Die Ausprägungen der beiden Werkstücke aus Abb. 12.2 sowie das Resultat des
Ähnlichkeitsvergleiches zeigt Abb. 12.4.

Während die Ähnlichkeit zwischen den beiden Werkstücken aus Abb. 12.2 92%
beträgt, ist die Ähnlichkeit beider Werkstücke zu dem Werkstück aus Abb. 12.5 wegen der zusätzlichen Nut erheblich kleiner und beträgt nur noch 60% (erstes Werkstück in Abb. 12.2 zu Abb. 12.5) bzw. 55% (zweites Werkstück in Abb. 12.2 zu
Abb. 12.5).

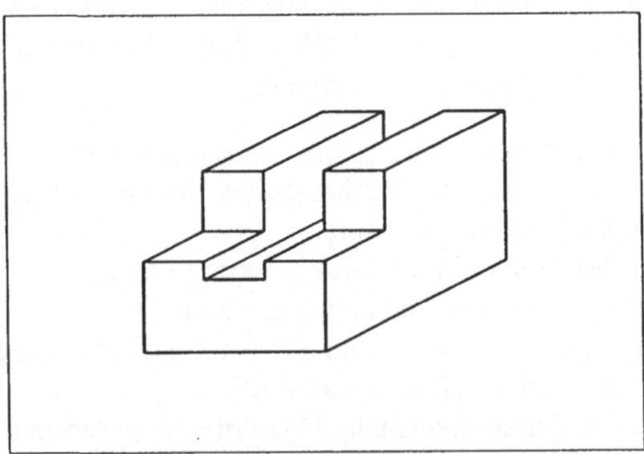

Abb. 12.5   Werkstück-3 mit zwei Bearbeitungselementen Absatz und Nut. Es hat eine Ähnlichkeit
von nur 60% bzw. 55% zum ersten bzw. zweiten Werkstück aus Abb. 12.2.

Name	Typ	Gewicht	Abnormalität	Ähnlichkeitsdaten
Allg. Werkstückdaten				
WSt-Identnummer	Str	1	—	—
WSt-Bezeichnung	Str	1	—	—
WSt-Länge	Num	10	—	—
WSt-Breite	Num	10	—	—
WSt-Höhe	Num	10	—	—
WSt-Zersp.-klasse	Num	50	—	—
WSt-Werkstoff	Str	1	—	—
WSt-Rohling[1]	OC-i	50	—	—
WSt-Beschichtung[2]	MC	10	—	—
WSt-Behandlung[3]	MC	10	—	—
WSt-Maßgenauigkeit[4]	OC	10	—	—
WSt-Oberflächengüte[5]	OC	10	—	—
WSt-Form[6]	OC	500	(2 1 2 2)	(1 2 4 10)
WSt-Volumen	Num-a	200	(3 2 1 2 5)	x (0 1000 10^4 5×10^5 10^7 10^9)
				y (0 1000 10^4 10^5 10^6 10^7)
WSt-Zerspanungsgrad	Num	50	—	$y = x + 1$
WSt-Anz-BE-gesamt	Num	200	—	$y = x + 1$
WSt-Anz-BE-oben	Num	100	—	$y = x + 1$
WSt-Anz-BE-vorne	Num	100	—	$y = x + 1$
WSt-Anz-BE-rechts	Num	100	—	$y = x + 1$
WSt-Anz-BE-links	Num	100	—	$y = x + 1$
WSt-Anz-BE-hinten	Num	100	—	$y = x + 1$
WSt-Anz-BE-unten	Num	100	—	$y = x + 1$
Absatz				
Ab-BE-Typ	OC-i	1	—	—
Ab-Identnummer	Str	1	—	—
Ab-Länge	Num	10	—	—
Ab-Breite-Grundfl.	Num	10	—	—
Ab-Breite-Seitenfl.	Num	10	—	—
Ab-Hüllfläche-1[7]	OC-i	100	—	—
Ab-Hüllfläche-2[7]	OC-i	100	—	—
Ab-enthält[8]	MC	50	—	—
Ab-liegt-in[8]	MC	50	—	—
Ab-überschneidet[8]	MC	50	—	—
Ab-liegt-neben[8]	MC	50	—	—
Ab-Oberflächengüte[9]	OC	10	—	—
Ab-Form[10]	OC	200	(2 1 2 2)	(1 2 4 10)
Ab-Volumen	Num-a	50	(3 2 1 2 5)	x (0 1000 10^4 5×10^5 10^7 10^9)
				y (0 1000 10^4 10^5 10^6 10^7)

[1] WSt-Rohling: Schmiedeteil, Gußteil, Stangenmaterial
[2] WSt-Beschichtung: Lackieren, Einbrennlackieren, Emaillieren, Galvanisieren
[3] WSt-Behandlung: Abschreckhärten, Einsatzhärten, Normalglühen, Anlassen
[4] WSt-Maßgenauigkeit: IT-06 – IT-10
[5] WSt-Oberflächengüte: unbearbeitet, geschruppt, geschlichtet, geschliffen
[6] WSt-Form: Platte, Block, Stab, Winkel
[7] Ab-Hüllfläche: oben, vorne, rechts, links, hinten, unten
[8] Ab-enthält, -liegt-in, -überschneidet, -liegt-neben: ein Bearbeitungselement, also z.B. Absatz, Bohrung oder Nut
[9] Ab-Oberflächengüte: wie WSt-Oberflächengüte
[10] Ab-Form: wie WSt-Form

Abb. 12.3 Wissensbasis für die Merkmale der Merkmalsklassen "allgemeine Werkstückdaten" und "Absatz". Die Wertebereiche der Merkmale sind in den Fußnoten notiert. Abkürzungen s. Kommentar zu Abb. 12.4. Der Wertebereichstyp und der Ähnlichkeitstyp sind in der zweiten Spalte "Typ" aufgeführt: num = numerisch-funktional, num-a = numerisch-abschnittweise, oc = one-choice-skaliert, oc-i = one-choice-individuell, mc = multiple-choice-einfach, str = string (entspricht ja/nein). Die Abstraktionsebene ist nicht angegeben. Bei den Ähnlichkeitsdaten bedeutet "-" für numerisch-funktionale Merkmale den Default, d.h. die Identitätsfunktion y = x.

Nummer	Suchwert	Vergleichs-wert	Ähnlich-keit in %	Tatsächliche Punkte	Maximale Punkte
Werkstück					
WSt-Identnummer	HAB-01	HAB-02	0	0	1
WSt-Bezeichnung	Absatz	Flacher-Absatz	0	0	1
WSt-Länge	50	80	62	6.2	10
WSt-Breite	30	30	100	10	10
WSt-Höhe	25	15	60	6	10
WSt-Zersp.-Klasse	2	5	40	20	50
WSt-Werkstoff	MAT. 2756	MAT. 2756	100	1	1
WSt-Rohling	Gußteil	Schmiedeteil	0	0	50
WSt-Beschichtung	(Lackieren)	(Lackieren)	100	10	10
WSt-Behandlung	(Einsatzhärten)	(Anlassen)	0	0	10
WSt-Maßgenauigkeit	IT-08	IT-08	100	10	10
WSt-Oberflächengüte	geschruppt	geschruppt	100	10	10
WSt-Form	Block	Block	100	250	250
WSt-Volumen	37500	36000	98	39.2	40
WSt-Zerspanungsgrad	86.4	41.6667	49	24.5	50
WSt-Anz-BE-gesamt	1	1	100	200	200
WSt-Anz-BE-oben	1	1	100	100	100
WSt-Anz-BE-vorne	1	1	100	100	100
WSt-Anz-BE-rechts	0	0	100	100	100
WSt-Anz-BE-links	0	0	100	100	100
WSt-Anz-BE-hinten	0	0	100	100	100
WSt-Anz-BE-unten	0	0	100	100	100
Summe	—	—	90	1186.9	1313
Absatz-01					
Ab-BE-Typ	1	1	100	1	1
Ab-Identnummer	ABSATZ-01	ABSATZ-01	100	1	1
Ab-Länge	30	30	100	10	10
Ab-Breite-Grundfl.	17	70	24	2.4	10
Ab-Breite-Seitenfl.	10	10	100	10	10
Ab-Hüllfläche-1	oben	oben	100	100	100
Ab-Hüllfläche-2	vorne	vorne	100	100	100
Ab-enthält	FALSE	FALSE	100	50	50
Ab-liegt-in	FALSE	FALSE	100	50	50
Ab-überschneidet	FALSE	FALSE	100	50	50
Ab-liegt-neben	FALSE	FALSE	100	50	50
Ab-Oberflächengüte	geschruppt	geschruppt	100	10	10
Ab-Form	Block	Block	100	100	100
Ab-Volumen	5100	21000	42	4.2	10
Summe	—	—	97	538.6	552
Gesamtbewertung	—	—	92	1725.5	1865

Abb. 12.4   Beschreibung und Ähnlichkeitsvergleich der beiden Werkstücke aus Abb. 12.2. Abkürzungen: Wst = Werkstück, Ab = Absatz, BE = Bearbeitungselement, Zersp = Zerspanung, Anz = Anzahl, Mat = Material.

Teil IV

Konstruktion

13. Übersicht über den Problemlösungstyp Konstruktion

Bei Konstruktionsproblemen kann die Problemlösung nicht wie bei der Klassifikation ausgewählt, sondern muß aus Lösungselementen zusammengesetzt werden. Im weiteren Sinne kann man jedes Problem als Konstruktionsproblem auffassen, wobei die Klassifikation ein einfacher Spezialfall ist. Eine halbwegs vollständige Einteilung in Problemlösungsklassen mit starken Problemlösungsmethoden ist daher unrealistisch. Ähnlich wie bei der Klassifikation versuchen wir eine Strukturierung gemäß drei Einteilungsprinzipien, wobei die Wissensart jedoch eine vergleichsweise weniger dominante Position einnimmt:

1. Problemtyp: Konfigurierung, Zuordnung, Planung;
2. Wissensart: heuristisch, fallvergleichend, modellbasiert;
3. Problemlösungsmethode: (Suchstrategien), Skelett-Konstruieren, Vorschlagen-und-Verbessern, Least-Commitment.

13.1 Anwendungsbereiche

Um die Konstruktionstechniken besser erläutern zu können, stellen wir zunächst einige Beispielprobleme vor: Stundenplanerstellung, Konfigurierung von Fahrstühlen und Computern, Planen molekulargenetischer Experimente, Arbeitsplanung und Maschinenauslastung bei der Werkstückbearbeitung, Planen in der Klötzchenwelt und Therapieplanung bei der Krebsbehandlung. Dabei geben wir das Problem P (d.h. die Ausgangssituation mit den verfügbaren, elementaren Objekten und den Anforderungen an die Lösung), die Art der gesuchten Lösung L, den Lösungsraum LR (d.h. die theoretisch möglichen Kombinationen der elementaren Objekte ohne Berücksichtigung der Anforderungen) und jeweils ein Beispiel-Expertensystem (XPS) an.

- Stundenplanerstellung: P: Räume, Lehrer, Klassen, Fächer, Zeiten und der Deputatsplan, welche Lehrer welche Fächer mit wieviel Stunden in welchen Klassen unterrichten sollen, z.B. Lehrer Maier unterrichtet drei Stunden Deutsch in Klasse 5a, zwei Stunden Deutsch in Klasse 7b usw. sowie Nebenbedingungen; L: der Stundenplan, der festlegt, wann und in welchen Räumen die Stunden unterrichtet werden; LR: alle denkbaren Stundenplankonstellationen; XPS: REST [Poeck 90].
- Konfigurierung von Fahrstühlen: P: Anforderungen an den Fahrstuhl (z.B. Höhe, Breite, Länge, Tragfähigkeit); L: Festlegung aller Fahrstuhlparameter (z.B. Anzahl und Stärke der Aufhängekabel, Art der Tür, Material, Kosten); LR: alle möglichen Parameterkombinationen; XPS: SALT/VT[Marcus 88].

- Konfigurierung von Computern: P: die Hauptkomponenten, aus denen der Computer bestehen soll; L: ein Layout, wie die Komponenten in einem Gehäuse untergebracht werden sollen und welche Hilfskomponenten (z.B. Kabel) zusätzlich gebraucht werden; LR: alle Komponentenkonstellationen; XPS: R1/XCON [Mc Dermott 82, 84, Barker 89].

- Planen von molekulargenetischen Experimenten: P: die allgemein verfügbaren Substanzen und Organismen, die durchführbaren Aktionen und das Ziel des Experimentes (z.B. die Herstellung von Insulin); L: eine Sequenz von Aktionen zur Erreichung des Zieles und eine Spezifikation der für das Experiment benötigten Substanzen und Organismen; LR: alle denkbaren Pläne; XPS: Friedlands MOLGEN [Friedland 79, 85].

- Arbeitsplanung von Werkstücken: P: der Rohling, die geforderte Form und Eigenschaften des Werkstücks und die möglichen Bearbeitungsaktionen (z.B. bohren, schleifen, lackieren usw.); L: eine kostengünstige Sequenz von Bearbeitungsschritten, die den Rohling in den Zielzustand transformiert; LR: alle Bearbeitungspläne; XPS: ExAP [Dyckhoff 89].

- Maschinenbelegung bei Werkstückbearbeitung: P: eine Menge von Rohlingen, für jeden Rohling eine Spezifikation der Bearbeitungsschritte und eine Zuordnung, welche Bearbeitungsschritte mit welchen Maschinen ausgeführt werden können; L: ein (optimaler) Maschinenbelegungsplan; LR: alle Maschinenbelegungspläne; XPS: ISIS [Fox 83].

- Klötzchenwelt: P: eine Menge von Klötzchen in einer bestimmten Anordnung, eine gewünschte Zielanordnung und ein Roboter mit einer Menge von möglichen Aktionen; L: eine Sequenz von Aktionen zum Herstellen der gewünschten Anordnung der Klötzchen; LR: alle denkbaren Aktionsfolgen; Beispiel: NOAH[1] [Sacerdoti 77].

- Beschreibung von Therapieplänen bei der Krebsbehandlung: P: Zustand des Patienten und Therapieziele; L: Spezifikation der Therapiemaßnahmen (z.B. Medikamente, Bestrahlung, Operationen) zum Erreichen der Therapieziele; LR: alle denkbaren Kombinationen und Sequenzen von Therapiemaßnahmen; XPS: ONCOCIN/OPAL[2] [Hickam 85 / Musen 87].

13.2 Einteilung nach Problemtypen

Eine Einteilung der Problemtypen ist für die Konstruktion schwieriger als bei der Klassifikation, da das Anwendungsspektrum sehr groß, heterogen und relativ wenig verstanden ist. Eine erste Strukturierung bringt die Einteilung aus Anwendersicht mit den Problemtypen Konfigurierung, Zuordnung und Planung. Die *Konfigurierung* umfaßt Probleme, bei denen verfügbare Basiselemente ausgewählt, parametrisiert und zu einem Lösungsobjekt zusammengesetzt werden, das gewünschte Eigenschaften erfüllt. Bei der *Zuordnung* wird eine Menge von Objekten unter Berücksichtigung von Rahmenbedingungen auf eine andere Menge von Objekten abgebildet. Ein

---

[1] Da Planungsprogramme für die Klötzchenwelt wie NOAH kein Expertenwissen enthalten, sind sie eigentlich keine Expertensysteme.

[2] ONCOCIN/OPAL ist eigentlich kein Planungssystem, sondern OPAL stellt eine graphische Beschreibungssprache für Therapiepläne bereit und ONCOCIN steuert die Ausführung der Therapiepläne.

Spezialfall der Zuordnung ist das *Scheduling*, bei der Objekte auf Zeitintervalle abgebildet werden. Bei der *Planung* wird eine Sequenz von Operatoren gesucht, die einen gegebenen Ausgangszustand in einen gewünschten Zielzustand transformieren.

Die Zuordnung unterscheidet sich von der Konfigurierung und Planung dadurch, daß die elementaren Objekte vorgegeben und für sich vollständig charakterisiert sind, aber ihre Zuordnung zu anderen Objekten festgelegt werden muß. Während bei der Konfigurierung der Wertebereich der Elementarobjekte überwiegend numerisch oder symbolisch ist (z.B. bei der Fahrstuhlkonfigurierung Kabelstärke = 600 kg), besteht er bei der Zuordnung aus anderen Objekten (z.B. bei Stundenplänen: Einer Unterrichtseinheit wird ein normiertes Zeitintervall und ein Raum zugewiesen, z.B. könnte die Unterrichtseinheit "1 Stunde Deutsch von Lehrer Maier in Klasse 9b" am "Montag in der ersten Stunde" im Raum "R267" stattfinden).

	Planung	Konfigurierung	Zuordnung
elementare Objekte	Objekte mit Attributen und (generische) Operatoren mit Vor- und Nachbedingung	Basisobjekte mit Attributen und Beziehungen untereinander	mindestens zwei disjunkte Mengen von Objekten
Problem	Transformation eines gegebenen Ausgangs- in einen gewünschten Zielzustand {Zustände sind Objekt-Konstellationen}	Auswahl, Parametrierung und Aggregierung der Basisobjekte zum Lösungsobjekt, so daß gewünschte Anforderungen erfüllt sind	Erstellung eines Zuordnungsplanes, der die Zuordnungspräferenzen, knappe Ressourcen und andere Randbedingungen berücksichtigt
Lösung	(optimale) Sequenz von anwendbaren Operator-(instanz)en, die den Ausgangs- in den Zielzustand transformieren	(optimales) Lösungsobjekt, das aus Basisobjekten zusammengesetzt ist und die Anforderungen erfüllt	(optimaler) Zuordnungsplan, der die Objektmengen aufeinander abbildet
Lösungsraum	bei durchschnittlicher Länge der Operatorsequenzen von n und (in jedem Zwischenzustand) durchschnittlich m anwendbaren Operator(instanz)en gibt es ca. m^n verschiedene Pläne	bei durchschnittlich n erforderlichen Objekt-Attributen mit je ca. m Ausprägungen gibt es m^n verschiedene Konfigurationen	bei zwei gleichgroßen Mengen mit je n Objekten gibt es $n!$ verschiedene Zuordnungspläne
Beispiele	Planen von Experimenten, Arbeitsplanung von Werkstücken, Verschieben von Klötzchen, Therapieplanung	Fahrstuhl-Konfigurierung, Computer-Konfigurierung	Stundenplan-Erstellung, Maschinen-Belegung

Abb. 13.1 vergleichende Beschreibung der Problemtypen Planung, Konfigurierung und Zuordnung

Die Planung kann man als einen Spezialfall der Konfigurierung auffassen, bei der die
als Elementarobjekte betrachteten Operatoren gewisse Nebenbedingungen erfüllen
müssen, d.h. sie müssen jeweils anwendbar sein und insgesamt den Zielzustand
erreichen. Diese Sichtweise drückt sich auch im Sprachgebrauch aus: z.B. eine Reise
planen oder einen Reiseplan konfigurieren. Andererseits sind die Nebenbedingungen
der Planung im Vergleich zu typischen Konfigurierungsproblemen ziemlich komplex;
so spielt die Anwendbarkeit und Reihenfolge der Operatoren bei der Planung eine
wichtige Rolle, was bei der Anordnung der Elementarobjekte bei der Konfigurierung
oft nicht explizit berücksichtigt werden braucht oder relativ einfach ist. Wir schränken
daher den Begriff Konfigurierung auf die Konfigurierung ohne komplexe
Nebenbedingungen ein, wobei die Anwesenheit komplexer Nebenbedingungen wie
bei der Planung als eigenständiger Problemtyp bezeichnet wird. Abb. 13.1 gibt eine
Übersicht über die elementaren Objekte, das Problem, die Art der Lösung, den
Lösungsraum und Beispiele für die Planung, Konfigurierung und Zuordnung.

13.3 Analyse von Problemeigenschaften

Wegen der Allgemeinheit des Problemlösungstyps Konstruktion wäre eine allgemeine
Problemlösungsmethode ein "General Problem Solver" und daher nicht besonders
nützlich. Starke Problemlösungsmethoden sind daher nur in speziellen Anwendungsbereichen mit eingeschränkter Komplexität zu erwarten. Wir beschreiben im folgenden
mögliche Einschränkungen. Wenn man einen Anwendungsbereich charakterisiert, ist
es daher das Ziel, zu zeigen, daß man dank Erfahrungswissen Vereinfachungen
vornehmen, d.h. auf eine Zustandsrepräsentation, eine Objekt/Operator-Auswahl,
usw., verzichten kann.

- *keine Zustandsrepräsentation*: Die Trennung von Operatoren und Zuständen mit
  Objekten, die von den Operatoren verändert werden, ist charakteristisch für die
  Planung. Die Anwendbarkeit eines Operators wird dabei so definiert, daß seine
  Vorbedingungen in dem aktuellen Zustand erfüllt sind und seine Nachbedingungen
  den Zustand verändern. Trotzdem kann man viele Planungsprobleme auch ohne
  explizite Repräsentation der Zustände lösen, indem man die Operatoren nicht durch
  das Erfüllt-Sein ihrer Vorbedingung durch den aktuellen Zustand, sondern rein
  heuristisch auswählt. Beispiele: Planen von Experimenten (Friedlands MOLGEN),
  Arbeitsplanung (ExAP)[3]. Gegenbeispiel: Planen in der Klötzchenwelt (NOAH).

- *keine externe Zustandsveränderung*: Wenn eine Zustandsrepräsentation existiert,
  beeinflussen dann nur die Operatoren den Zustand oder wird auch berücksichtigt,
  daß externe Einflüsse den Zustand verändern können? In letzterem Fall müssen in
  dem Plan verschiedene Alternativen berücksichtigt werden. Beispiel ohne externe
  Zustandsveränderung: Planen in der Klötzchenwelt (NOAH), Gegenbeispiel:
  Krebstherapieplanung (ONCOCIN/OPAL[4]).

---

3 Wir gehen bei der Arbeitsplanung davon aus, daß auf einer geeigneten abstrakten Ebene eine
eindeutige Zuordnung von geforderten Eigenschaften des Werkstücks zu Bearbeitungsaktionen möglich
ist und vor allem eine Zuordnung der Bearbeitungsaktionen zu den Ressourcen (Maschine, Aufspannung, Werkzeug) unter Beachtung von Reihenfolgerestriktionen gefunden werden muß.

- *Vorgabe der Konstruktionselemente (keine Objekt/Operator[5]-Auswahl)*: Sind die zur Lösung des Problems notwendigen Basiselemente in der Aufgabenstellung bereits gegeben oder direkt daraus abzuleiten, so daß nicht die Objekte bzw. Operatoren selbst, sondern nur ihre Eigenschaften bestimmt werden müssen? Beispiele: Fahrstuhlkonfigurierung (SALT/VT), Arbeitsplanung (ExAP), Stundenplanerstellung (REST). Gegenbeispiele: Planen von Experimenten (Friedlands MOLGEN), Planen in der Klötzchenwelt (NOAH).

- *keine Objekt/Operator-Spezifizierung*: Sind die Konstruktionselemente quasi Konstanten ohne zu spezifizierende Eigenschaften, die nur ausgewählt oder zugeordnet werden müssen? Das ist charakteristisch für Zuordnungsprobleme. Beispiele: Arbeitsplanung (ExAP), Stundenplanerstellung (REST). Gegenbeispiele: Konfigurierung von Fahrstühlen (SALT/VT) und von Computern (R1/XCON).

- *keine Objekt/Operator-Zuordnung*: Ist die Anordnung der Konstruktionselemente uninteressant oder evident und braucht daher nicht beim Problemlösen berücksichtigt werden? Das trifft kaum auf Zuordnungs- und Planungsprobleme, sondern eher auf manche Konfigurierungsprobleme zu. Beispiele: Konfigurierung von Fahrstühlen (SALT/VT). Gegenbeispiele: Stundenplanerstellung (REST), Arbeitsplanung (ExAP), Konfigurierung von Computern (R1/XCON), wo wegen der Verkabelung der Komponenten auch deren Anordnung berücksichtigt wird.

- *Phaseneinteilung*: Kann der Problembereich unabhängig von der konkreten Aufgabenstellung in Phasen eingeteilt werden, die nacheinander ausgeführt werden können? Beispiel: Computerkonfigurierung (R1/XCON). Gegenbeispiele: Arbeitsplanung (ExAP), Planen in der Klötzchenwelt (NOAH).

- *Hierarchisierung*: Ist es möglich und sinnvoll, zunächst mit abstrakten Operatoren bzw. Objekten zu konstruieren und diese später entlang einer Objekt/Operator-Hierarchie zu verfeinern, und gibt es für die Verfeinerungs-Entscheidungen brauchbare Heuristiken? Beispiele: Planen von Experimenten (Friedlands MOLGEN), Planen in der Klötzchenwelt (NOAH). Gegenbeispiel: Stundenplanerstellung (REST).

- *Beschränkung auf gerichtete Beziehungen*: Für nicht hierarchisierbare Beziehungen: Lassen sich die Beziehungen zwischen Objekten bzw. Operatoren in einem gerichteten Graphen formulieren, oder ist ein ungerichteter Graph erforderlich? Anders formuliert: Wie weit ist es sinnvoll, das Wissen über Beziehungen mit Regeln auszudrücken, oder müssen Constraints verwendet werden? Beipiele für gerichtete Beziehungen: Konfigurierung von Fahrstühlen und Computern (SALT/VT, R1/XCON). Gegenbeispiele: Arbeitsplanung von Werkstücken (ExAP).

---

4   ONCOCIN enthält eine Menge vordefinierter Pläne zur Behandlung krebskranker Patienten, von denen einer ausgewählt wird, auf Basis dessen ONCOCIN dem Arzt Ratschläge bei Auftreten von Komplikationen gibt. OPAL ermöglicht die Eingabe der Behandlungspläne durch Bereitstellung einer graphischen Programmiersprache mit Prozeduren, Verzweigungen, Schleifen und bereichsspezifischen Aktionen.

5   "Objekt/Operator" ist eine Kurzform für "Konstruktionselement", da dieses bei der Planung sich auf einen Operator und bei der Konfigurierung und Zuordnung auf ein Objekt bezieht.

- *keine Revision (kein Rücksetzen)*: Ist eine Problemlösungsmethode möglich, bei der die gefundenen Teillösungen nicht mehr revidiert werden müssen, oder können Konflikte auftreten, die die Rücknahme von Entscheidungen erfordern? Beispiele für die Vermeidung von Revisionen: Konfigurierung von Computern (R1/XCON), Planen von Experimenten (Friedlands MOLGEN). Gegenbeispiele: Stundenplanerstellung (REST), Konfigurierung von Fahrstühlen (SALT/VT).

13.4 Problemlösungsmethoden

Wir betrachten zunächst wie bei der Klassifikation verschiedene Wissensarten. So besteht eine Hauptunterscheidung beim Planen darin, ob eine eigenständige Repräsentation für Zustände erforderlich ist, nach denen die Operatoren ausgewählt werden und die von den Operatoren verändert werden. Eine Zustandsrepräsentation ermöglicht immer auch eine Simulation des Planes, bei der die Anwendung der Operatoren-Sequenz auf den Ausgangszustand den Endzustand ergeben muß. Dieses "zustandsgesteuerte" Planen ist sicher grundlegender als ein Planen ohne Zustände, weswegen wir es in Analogie zu den Wissensarten der Klassifikation auch "modellbasiert" nennen, während Planen ohne explizite Zustandsrepräsentation eher "heuristisch" ist. Die heuristische Konstruktion eignet sich ebenfalls für die Konfigurierung und Zuordnung, da dort die Objekte den Operatoren bei der Planung entsprechen und eine davon unabhängige Zustandsrepräsentation nicht nötig ist. Beide Wissensarten können durch das fallbasierte Konstruieren unterstützt werden, bei dem die Objekte oder Operatoren so weit wie möglich von einer ähnlichen Problemlösung aus einer Falldatenbank übernommen werden, und die notwendigen Modifikationen modellbasiert oder heuristisch vorgenommen werden. Daraus ergibt sich folgende Grobstrukturierung:

1. modellbasiertes Konstruieren (Planen auf der Basis von Zuständen),
2. heuristisches Konstruieren (heuristische Operator- bzw. Objektauswahl),
3. fallbasiertes Konstruieren (Auswahl ähnlicher Fälle und heuristische oder modellbasierte Modifikation der alten Problemlösung).

Wegen des großen Lösungsraumes bei Konstruktionsproblemen spielen Suchstrategien [Nilsson 82, Kap. 2 und 3], [Barr 81, Teil II] eine große Rolle. Im einfachsten Fall wird dabei der Lösungsraum mit Tiefen- oder Breitensuche systematisch durchsucht. Das scheitert jedoch meist wegen des exponentiell ansteigenden Aufwandes. Durch Einbau von heuristischem Wissen (z.B. A*-Algorithmus, Hill-Climbing) kann der Suchaufwand oft beträchtlich verkleinert werden. Nach unserer Grundthese gehen wir jedoch davon aus, daß menschliche Experten außerordentlich wenig suchen und sehr wissensintensive Strategien verwenden. Dafür eignen sich weniger Verfahren wie der A*-Algorithmus, da immer noch viele Suchpfade parallel verfolgt werden, sondern eher solche mit lokalen Heuristiken wie die Hill-Climbing-Technik, bei der immer die lokal beste Alternative ausgewählt wird. Da Sackgassen nicht ausgeschlossen werden können, sind außerdem Rücksetz-Techniken erforderlich. Nach der Art des einfließenden Wissens kann man verschiedene Formen des Rücksetzens unterscheiden:

- uninformiertes Rücksetzen: Rücknahme der jeweils letzten, noch nicht ausprobierten Alternative im Suchbaum wie bei der Tiefensuche.
- abhängigkeitsgesteuertes Rücksetzen: Rücknahme einer Alternative im Suchbaum, die an dem Zustandekommen der Sackgasse ursächlich beteiligt ist wie bei den Belief-Revision (TMS)-Techniken.
- wissensbasiertes Rücksetzen: Rücknahme einer Alternative im Suchbaum, die aufgrund von externem Zusatzwissen bestimmt wird.

Weitere wichtige Basistechniken zum Problemlösen sind Abstraktion und Modularisierung, da sie den Suchraum verkleinern. Bei der Modularisierung wird ein großer Suchraum in mehrere kleine Suchräume (Module) zerlegt, die bis auf definierte Schnittstellen unabhängig voneinander durchsucht werden können. Bei der Abstraktion wird nicht auf der Ebene von elementaren, sondern von aggregierten Konstruktionselementen gesucht, die später verfeinert werden. In beiden Fällen muß natürlich gewährleistet sein, daß das Zusammenfügen der Einzellösungen auch tatsächlich das Gesamtproblem löst, was oft neue Probleme verursacht.

Schließlich ist eine weitere Basismethode die Umformulierung eines Problems in ein einfacheres Problem, indem man schwierige Entscheidungen solange aufschiebt, bis sie relativ einfach lösbar sind. Die Umformulierung kann struktureller Natur sein oder einfach eine Einschränkung des Wertebereichs der Problemvariablen wie bei der Constraint-Propagierung. Ein typisches Beispiel ist Stefik´s MOLGEN, bei dem schwierige Entscheidungen während des Planens offen bleiben und als Constraints notiert werden, ohne daß der Planungsprozeß unterbrochen werden muß. Dadurch wird das ursprüngliche Planungsproblem in ein überschaubares Constraint-Problem umformuliert und durch einfache Constraint-Propagierung gelöst.

Aus diesen Grundideen kann man folgende einfache Problemlösungsmethoden ableiten, die bei ausreichendem Wissen den Suchraum so handhabbar machen, daß nur noch sehr wenige Alternativen ausprobiert werden müssen:

1. Skelett-Konstruieren (Abstraktion + Modularisierung + lokale Auswahlheuristiken): Das Konstruktionswissen ist hierarchisch in einem nicht-rekursiven Und-Oder-Graphen strukturiert, dessen Expansion mit heuristischen Regeln gesteuert wird.
2. Vorschlagen-und-Verbessern (Hill-Climbing + wissensbasiertes Rücksetzen): Es wird mit heuristischen Regeln oder Prozeduren immer die lokal beste Alternative vorgeschlagen. Bei Sackgassen wird mit heuristischen Regeln oder Prozeduren ein geeigneter Verbesserungsvorschlag ermittelt.
3. Least-Commitment (Problemumformulierung + Constraint-Propagierung): Zunächst wird das Problem strukturell umformuliert, und das einfachere Problem kann dann häufig mit Constraint-Propagierung oder Basissuchstrategien gelöst werden.

Diese Basismethoden finden sich in der Informatik in vielen Variationen und unter verschiedenen Namen wieder. Wir wollen sie gemäß unseren Überlegungen in Kap. 4.2 auf die Umsetzung in einfachen Wissensstrukturen beschränken. Daher haben wir die Namen aus Papieren übernommen, deren Autoren die Methoden erfolgreich bei Expertensystem-Anwendungen mit solchen einfachen Wissensstrukturen eingesetzt haben: Skelett-Konstruieren als Verallgemeinerung des Begriffs Skelett-Planen

(Skeletal Planning) aus Friedland´s MOLGEN [Friedland 79, 85], Vorschlagen-und-Verbessern (Propose-and-Revise) aus SALT [Marcus 88] und Least-Commitment aus Stefik´s MOLGEN [Stefik 81].

Von den eingeführten Kategorien (Problemtyp: Konfigurierung, Zuordnung, Planung; Wissensart: modellbasiert, heuristisch, fallbasiert; Problemlösungsmethoden: Skelett-Konstruieren, Vorschlagen-und-Verbesseren, Least-Commitment) zur Einteilung von Konstruktionsproblemen sind nicht alle Kombinationen sinnvoll. Wie schon erwähnt, ist das modellbasierte Konstruieren nicht für die Konfigurierung und die Zuordnung sondern nur für die Planung relevant. Wegen der meist fehlenden Abstraktionsmöglichkeiten und des besonders großen Lösungsraumes eignet sich das fallbasierte Konstruieren nur eingeschränkt für die Zuordnung. Für das heuristische Konstruieren gibt es dagegen keine Einschränkungen. Von den Problemlösungsmethoden hilft das hierarchische Skelett-Konstruieren selten bei den üblicherweise nicht hierarchischen Zuordnungsproblemen, für die auch die Least-Commitment-Strategie wegen des Fehlens lokal auswertbarer Einschränkungen meist ungeeignet ist.

Bei der folgenden Beschreibung von Problemlösungsmethoden konzentrieren wir uns auf heuristische Konstruktionstechniken. Das modellbasierte Konstruieren (Planen) ist zu komplex, was sich auch darin äußert, das bisher kaum praktische Erfolge erzielt wurden. Wir geben daher lediglich eine kurze Übersicht über das modellbasierte Planen. Auch das fallbasierte Konstruieren brauchen wir nur kurz beschreiben, da der Fallvergleich dem der Klassifikation entspricht und zur Modifikation der alten Problemlösung keine spezifischen fallvergleichenden Konstruktionsstrategien erforderlich sind. Auf das Lernen aus Fehlern in alten Problemlösungen gehen wir nicht ein.

Wenn man Planungsprobleme heuristisch löst, besteht kein großer Unterschied zwischen Planung und Konfigurierung, da die komplexen Nebenbedingungen bei der Planung im heuristischen Wissen versteckt sind. Dagegen besteht ein erheblicher Unterschied zwischen Konfigurierung und Zuordnung, da bei der Zuordnung viele gleichartige Objekte bearbeitet werden, während bei der Konfigurierung oft die Individualität der Konstruktionselemente im Vordergrund steht. Daher ist es sinnvoll, bei der Vorschlagen-und-Verbessern-Strategie zwischen zwei Versionen für die Konfigurierung und die Zuordnung zu unterscheiden. Letztere nennen wir "Vorschlagen-und-Vertauschen", da die Verbesserungen bei Zuordnungsproblemen meist Vertauschungen von Einzelzuordnungen sind.

Wir behandeln die Strategien zunächst in reiner Form, z.B. berücksichtigen wir bei Vorschlagen-und-Verbessern keine Hierarchisierung und beim Skelett-Konstruieren keine Constraints und gehen erst im letzten Kapitel auf einen Ansatz zur Integration ein.

Die sich daraus ergebende Struktur von Problemlösungsmethoden, die in den nächsten Kapiteln ausführlicher beschrieben werden, faßt Abb. 13.2 zusammen, und Abb. 13.3 enthält die Eignung der Problemlösungsmethoden für die Problemtypen Planung, Konfigurierung und Zuordnung.

Abb. 13.2   Problemlösungsmethoden für die Konstruktion

	Planung	Konfigurierung	Zuordnung
Skelett-Konstruieren	✖	✖	
Vorschlagen-und-Verbessern	✖	✖	
Vorschlagen-und-Vertauschen			✖
Least-Commitment	✖	✖	(✖)
modellbasiertes Konstruieren	✖		
fallbasiertes Konstruieren	✖	✖	(✖)

Abb. 13.3   Eignung der Problemlösungsmethoden für Problemtypen. Die ersten vier Methoden operieren mit heuristischem Wissen. Entsprechende Differenzierungen beim modellbasierten Konstruieren fehlen.

14. Skelett-Konstruieren

Das Skelett-Konstruieren eignet sich für einfache Planungs- und Konfigurierungs-
probleme, bei denen sich der Lösungsraum mit einem hierarchischen, nicht-rekursiven
Und-Oder-Graphen beschreiben läßt und Auswahl-Wissen zur hierarchischen
Expansion des Graphen vorhanden ist. Die Und-Knoten im Graphen nennen wir
"Skelettpläne", die Oder-Knoten "Konstruktionsschritte" (Abb. 14.1).

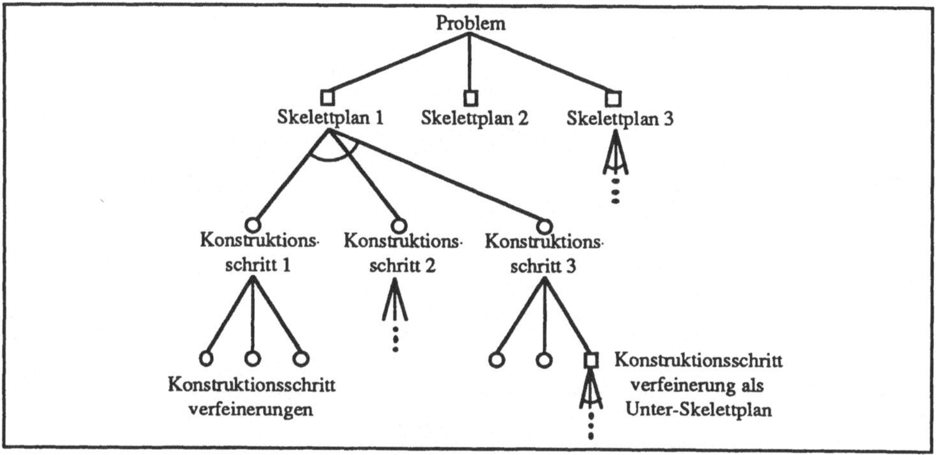

Abb. 14.1   Abstrakte Struktur des Wissens beim Skelett-Konstruieren: Zunächst wird ein Skelettplan ausgewählt, dann wird er in seine Konstruktionsschritte expandiert, diese werden verfeinert,
wobei wiederum Unter-Skelett-Pläne expandiert werden können, usw.

Die Zerlegung eines Konstruktionsproblemes in eine Menge von Teilproblemen
(Konstruktionsschritten) durch einen Skelettplan und die Darstellung des
Lösungsraumes der Teilprobleme in einer Hierarchie ist nicht immer durch das
Anwendungsgebiet vorgegeben, sondern beruht oft auf dem Erfahrungswissen von
Experten, die so komplexe Probleme auf eine einfache Struktur reduzieren. Die
abstrakten Konstruktionsschritte eines Skelettplanes sind dann eine verallgemeinerte
Darstellung von Lösungen vieler ähnlicher Probleme. Bei einem neuen Problem wird
zunächst ein geeigneter Skelettplan ausgewählt und dann werden alle darin vorgesehenen, abstrakten Konstruktionsschritte mit Regeln zu primitiven Konstruktionsschritten konkretisiert. Die Flexibilität kann erheblich gesteigert werden, wenn
Konstruktionsschritte auch Skelettpläne darstellen können. Parameter, d.h. Eigenschaften der Operatoren bzw. Objekte, spielen beim Skelett-Konstruieren keine
dominante Rolle, da sie implizit bei der hierarchischen Verfeinerung berücksichtigt
sind. Falls notwendig, können sie aus den primitiven Konstruktionsschritten direkt

hergeleitet werden, weswegen wir sie bei der Wissensrepräsentation weglassen (eine komplexere Bestimmung von Parametern würde eine andere Problemlösungsmethode darstellen). Einfache Beispiele für Skelettpläne mit Konstruktionsschritten zur Planung und Konfigurierung finden sich in den Abbildungen 14.2 und 14.3.

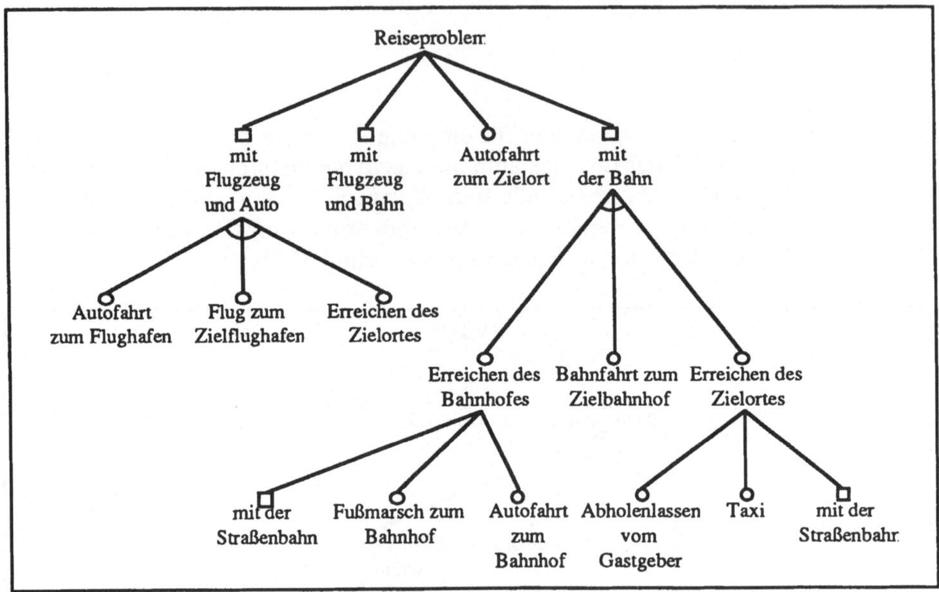

Abb. 14.2   Skelettpläne für die Reiseplanung

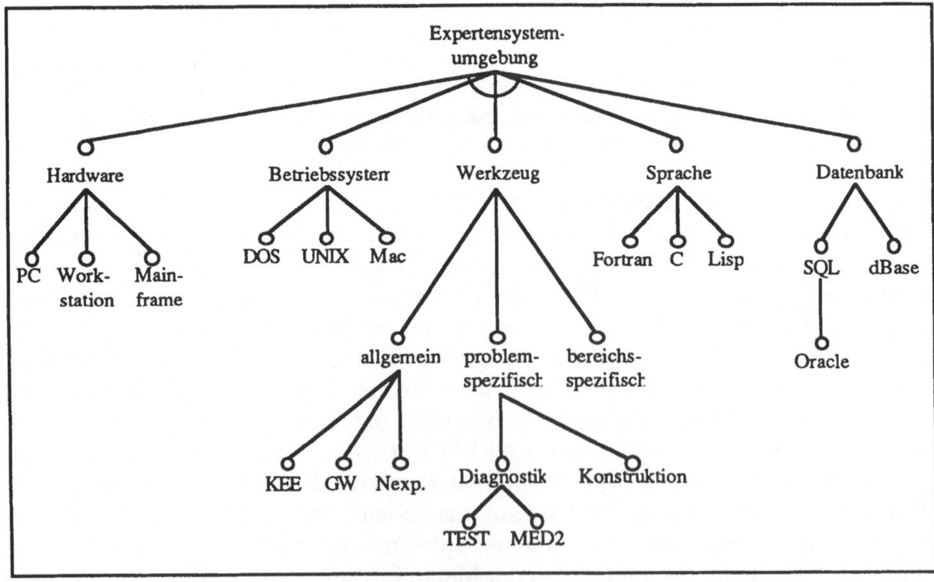

Abb. 14.3   Skelettplan für die Konfigurierung einer Expertensystem-Programmierumgebung

Das Skelett-Konstruieren entspricht einer multiplen heuristischen Klassifikation, da
sowohl der Skelettplan als auch die primitiven Konstruktionsschritte aus einer vorgegebenen Menge von Alternativen ausgewählt werden. Die Unsicherheiten der heuristischen Klassifikation entsprechen dabei Prioritäten zur Auswahl zwischen mehreren
möglichen Verfeinerungsschritten. Zusätzlich kann man jeden Konstruktionsschritt
mit Kosten bewerten, deren Summe die Gesamtkosten der Konstruktion darstellen.
Wenn die Auswahl eines Konstruktionsschrittes unterbestimmt ist und geraten werden
muß und deswegen ein Widerspruch zu der Auswahl eines anderen Konstruktionsschrittes bemerkt wird, muß eine Auswahl auch zurückgenommen werden können.

14.1 Wissensrepräsentation

Kern der Wissensrepräsentation sind die Skelettpläne und die Verfeinerungshierar-
chien für die Konstruktionsschritte. Weiterhin müssen Problemmerkmale repräsentiert
werden, die über Regeln die Auswahl der Skelettpläne und Konstruktionsschritte
steuern. Für diese Objekttypen sind folgende Attribute notwendig[1]:

1. Skelettpläne
- Name
- Elemente (abstrakte Konstruktionsschritte, aus denen der Skelettplan besteht)
- Herleitung (z) (Regeln, die die Anwendbarkeit des Skelettplanes herleiten)
- Wert (d) (instanziiert, nicht instanziiert; wird durch Regeln hergeleitet)

2. Konstruktionsschritte
- Name
- Verfeinerung (konkretere Konstruktionsschritte oder Skelettpläne)
- Kosten (globale Kosten des Konstruktionsschrittes)
- Vorgänger (Skelettplan oder allgemeinerer Konstruktionsschritt)
- Herleitung (z) (Regeln zur Herleitung des Konstruktionsschrittes)
- Bedeutung (z) (Regeln zur Ableitung von Konsequenzen)
- Bewertung (d) (lokale Bewertung; wird durch Regeln hergeleitet)
- Wert (d) (instanziiert, nicht instanziiert)

3. Problemmerkmale (Benutzer-Anforderungen)
- Name
- Wertebereich
- Bedeutung (z) (Regeln zur Auswahl der Skelettpläne oder Konstruktionsschritte)
- Wert (d) (vom Benutzer eingegebener Wert)

4. Regeln
- Kontext (Konstruktionsschritt, dessen Verfeinerung die Regel bestimmt)
- Vorbedingung (Prädikate über Problemmerkmale und Konstruktionsschritte)
- Aktion (Konstruktionsschritt oder Skelettplan)
- Bewertung (Bewertung der Aktion)
- Wert (d) (gefeuert, nicht gefeuert)

---

[1] Zugeordnete Prozeduren, die als semistatische Attribute aus den eingegebenen Regeln abgeleitet
werden können, sind mit (z) und dynamische Attribute mit (d) gekennzeichnet.

Wegen der Ähnlichkeit mit der heuristischen Klassifikation kann die Wissensrepräsentation um viele dort erwähnte Strukturen erweitert werden, z.B. um Merkmalsklassen zur Dialogsteuerung und zur Merkmalsvorverarbeitung (Kap. 7 und 8).

14.2 Wissensmanipulation

Wir gehen von folgendem Basis-Algorithmus aus:

Eingabe: Problemmerkmale
Ausgabe: Menge oder Sequenz von Konstruktionsschritten, die zusammen die Problemlösung darstellen.
1. Eingabe der Werte der Problemmerkmale durch den Benutzer.
2. Auswahl eines Skelettplanes mit den Regeln aus "Bedeutung" der Merkmale.
3. Setze die "Elemente" des Skelettplanes auf eine globale Datenstruktur AKTUELLE_KONSTRUKTION.
4. *Solange* es einen Konstruktionsschritt in AKTUELLE_KONSTRUKTION gibt, dessen Verfeinerung nicht leer ist, *wiederhole*:
   4.1   Wähle einen Konstruktionsschritt aus AKTUELLE_KONSTRUKTION aus, dessen Verfeinerung nicht leer ist. Selektiere mit den Bedeutungsregeln des ausgewählten Konstruktionsschrittes K einen Nachfolger K´. Falls dabei auf andere Konstruktionsschritte zugegriffen werden muß, stelle die Verfeinerung zurück, bis die anderen Konstruktionsschritte bearbeitet sind. Ersetze K in AKTUELLE_KONSTRUKTION durch K´.
   4.2   Wenn K´ ein Skelettplan ist, ersetze K´ in AKTUELLE_KONSTRUKTION durch die Elemente von K´.
5. Ausgabe der Konstruktionsschritte von AKTUELLE_KONSTRUKTION.

Zunächst spezifiziert der Benutzer seine Problemmerkmale. Die in dem Attribut "Bedeutung" der Problemmerkmale verzeichneten Regeln selektieren einen Skelettplan, der in einer globalen Variablen "aktuelle_Konstruktion" notiert wird. Danach werden die Konstruktionsschritte des Skelettplanes instanziiert. Diese werden schrittweise zu primitiven Konstruktionsschritten verfeinert, wozu gegebenenfalls nach zusätzlichen Problemmerkmalen gefragt oder darauf gewartet wird, daß andere Konstruktionsschritte hinreichend verfeinert sind. Falls mehrere Nachfolger zulässig sind, wird nach der besten "Bewertung" entschieden. Das gleiche gilt auch, wenn zu wenig Informationen vorliegen und geraten werden muß. In beiden Fällen werden der ausgewählte Konstruktionsschritt und seine Alternativen in einer globalen Variablen "Rücksetzliste" notiert, die zur Behandlung von eventuell auftretenden Widersprüchen dient, d.h. wenn ein späterer Konstruktionsschritt nicht verfeinert werden kann. Dann werden die Kontexte und Vorbedingungen seiner Regeln daraufhin untersucht, ob sie direkt oder indirekt auf einen Konstruktionsschritt in der "Rücksetzliste" referieren, woraufhin dessen Alternativen ausprobiert werden. Das System terminiert, wenn alle Konstruktionsschritte des ursprünglichen Skelettplanes und eventueller untergeordneter Pläne zu primitiven Schritten (ohne "Verfeinerung") aufgelöst wurden. Das Endergebnis ist der ausgewählte Skelettplan mit seinen Verfeinerungen und der Angabe seiner Kosten. Falls gewünscht, können durch Instanziierung von Alternativen der Rücksetzliste auch weitere Lösungen generiert werden.

14.3 Wissenserwerb

Die graphischen Grundelemente für den Wissenserwerb sind sehr ähnlich wie bei der heuristischen Klassifikation (Kap. 7.5):

1. Zum Aufbau der Begriffshierarchie mit Skelettplänen, Konstruktionsschritten und Problemmerkmalen kann man eine graphische Heterarchie mit folgenden (zur Übersichtlichkeit separierbaren) Komponenten vorsehen: Jeder abstrakte Konstruktionsschritt ist die Wurzel einer eigenen Hierarchie von Verfeinerungen. Zusammengehörige, abstrakte Konstruktionsschritte haben als Vorgänger ihren Skelettplan. Da die Auswahl der Skelettpläne und Konstruktionsschritte durch Problemmerkmale gesteuert wird, sollten letztere auch in dem Graphen repräsentiert werden, wobei von ihnen Kanten zu den anderen Objekten zeigen.
2. Für jeden Objekttyp werden dann spezifische Formulare zur Angabe des lokalen Wissens angeboten.
3. Das Beziehungswissen (d.h. die Regeln) kann einerseits direkt durch Anklicken einer Kante im Graphen, worauf ein entsprechend vorbelegtes Regelformular erscheint, oder durch Tabellen spezifiziert werden. Bei den Tabellen ist der Typ vorteilhaft, bei dem eine Spalte eine Regel darstellt (s. Abb. 4.3), wenn es meistens zur Auswahl einer Verfeinerung nur eine - möglicherweise komplexe - Regel gibt.

14.4   Stand der Forschung

Die Suche in Und-Oder-Graphen nach der Hill-Climbing-Technik ist eine etablierte Technik [Nilsson 82]. Ihre Bedeutung als starke Problemlösungsmethode für Planungsprobleme wurde vor allem von Friedland in seiner Dissertation über MOLGEN [Friedland 79] und dem Nachfolgesystem SPEX [Friedland 85] dargestellt, die beide molekulargenetische Experimente planen. Statt Experimente von Grund auf neu zu entwerfen, adaptieren nach Friedlands Untersuchungen erfahrene Molekulargenetiker für das Experiment geeignete Skelettpläne. Während Friedlands MOLGEN im wesentlichen nach der hier vorgestellten Wissensrepräsentation und Problemlösungsstruktur arbeitet, enthält SPEX zwei Erweiterungen: Zum einen sind für die einzelnen Konstruktionsschritte auch Vor- und Nachbedingungen angegeben, so daß der fertige Plan simuliert werden kann, zum anderen wurde die Reihenfolge, in der Planungsschritte ausgeführt werden (z.B. Expansion eines Skelettplanes, Verfeinerung eines Konstruktionsschrittes) durch eine Agenda gesteuert, um unterschiedliche Planungsstrategien ausprobieren zu können (sog. Meta-Planen).

Ein großer, sehr attraktiver Anwendungsbereich für das Skelett-Konstruieren ist die Systemkonfigurierung bei der Erstellung von Angeboten an einen Kunden, z.B. die Spezifikation von Computersystemen mit Hard- und Software für spezielle Anwendungen, da es meist verschiedene Hauptalternativen (z.B. die Typen von Anwendungen) gibt, die den Skelettplänen entsprechen, und die Elemente der Alternativen (z.B. Art des Rechners, des Betriebssystems, der Datenbank usw.) den Konstruktionsschritten entsprechen und konkretisiert werden müssen (vgl. Abb. 14.3).

Ein Beispiel eines problemspezifischen Expertensystem-Werkzeuges für Skelett-Konstruieren ist PLAKON [Neumann 87], das jedoch auch andere Konstruktionsstrategien integriert (s. Kap. 20).

14.5   Varianten des Skelett-Konstruierens: Generate-and-Test

Eine wesentliche Eigenschaft des Skelett-Konstruierens ist die Benennung aller
Skelettpläne und Konstruktionsschritte als eigenständige Objekte. Dadurch läßt sich
das Wissen übersichtlich in einer Und/Oder-Hierarchie mit unkomplizierten Regeln
darstellen. Bei der allgemeineren Generate-and-Test-Strategie verzichtet man auf eine
explizite Benennung der Objekte und gibt stattdessen einen Algorithmus an, der
jeweils die Nachfolger der aktuellen Teilkonstruktion berechnet. Dieser Algorithmus
kann im Prinzip alle theoretisch möglichen Lösungen (d.h. den gesamten Zustandsraum) generieren und wäre daher ohne Test-Funktionen zu ineffizient. Die Tests
entsprechen den Auswahl-Regeln beim Skelett-Konstruieren und bestimmen, welche
der generierten Nachfolger für die Lösung relevant sind und in die aktuelle
Teilkonstruktion übernommen werden sollen.

Ein Beispiel für die Anwendung der Generate-and-Test-Strategie ist DENDRAL
[Lindsay 80], das die Strukturformel von chemischen Molekülen aufgrund ihrer
Summenformel und der Interpretation von Massenspektrogrammen bestimmt. Der
Generierungsalgorithmus kann mit der Summenformel alle chemisch möglichen
Strukturformeln generieren und wird durch die Massenspektrogramme und eventuell
zusätzliches Wissen über weitere Eigenschaften der chemischen Substanz hinreichend
gut gesteuert, um abwegige Teilstrukturen sofort zu erkennen und auszuschließen.

14.6   Heuristische Klassifikation und Skelett-Konstruieren

Der fließende Übergang zwischen Auswahl und Zusammensetzen von Problemlösungen wird besonders deutlich beim Vergleich zwischen der heuristischen Diagnostik
und dem Skelett-Konstruieren. Im ersten Fall besteht das Wissen aus einer Oder-
Hierarchie von Grob- und Feindiagnosen, im zweiten Fall aus einer Und/Oder-Hierar-
chie von Skelettplänen und Verfeinerungen. Da auch bei der Diagnostik Mehrfachdiagnosen durch explizite Unterscheidung zwischen konkurrierenden und unabhängigen
Alternativen möglich sind, braucht dieser Zusatzmechanismus nur weiter ausgebaut zu
werden, um Skelettpläne zu inkorporieren. Das wollen wir am Beispiel eines Einsatzes der Diagnostik-Shell MED2 (s. Kap. 7.5) für die Therapie-Planung bei Diabetes-
Patienten verdeutlichen: Eine Diabetes-Therapie besteht aus mehreren Teiltherapien für
Diät, oralen Antidiabetika, Insulin, Resorptionsverzögerer, Appetitzügler, Muskelar-
beit/Körpertraining, Kontrolle und Schulung. Die Verfeinerung der verschiedenen
Teilpläne ist im wesentlichen eine Klassifikations-Aufgabe. Eine reine Diagnostik-
Shell wie MED2 liefert als Ergebnis eine Menge von Einzel-Vorschlägen, wobei insbesondere nicht zwischen zusammengehörigen Teilplänen (z.B. Diät-X und Insulin-
präparat-Y) und konkurrierenden Alternativen innerhalb eines Teilplanes (z.B. Insu-
linpräparat-Y oder Insulinpräparat-Z) unterschieden wird. Das Problem kann ohne
Änderung der Shell durch wechselseitigen Ausschluß konkurrierender Diagnosen (mit
sicherem Wissen oder dem Attribut "Konkurrenten" in Kap. 7.1) und einer geeigneten
(Druck)Aufbereitung der Ergebnisse behoben werden. Dieser Weg wurde auch in anderen Projekten mit MED2 zur heuristischen Konstruktion von Spritzgußwerkzeugen
[Nedeß 88, Plog 90] und zur Werkzeugmaschinenauswahl beschritten. Auf konzepti-
oneller Ebene kann man dieses Vorgehen durch einen neuen Objekttyp "Skelettplan"
unterstützen, der zum Diagnostik-Shell hinzugefügt wird und eine Menge von Konstruktionsschritten, d.h. "Diagnosen", enthält, um die Zusammengehörigkeit der
Elemente korrekt repräsentieren zu können.

15. Vorschlagen-und-Verbessern

Die Vorschlagen-und-Verbessern-Strategie eignet sich zur Herleitung von Werten für
eine Menge von Parametern. Sie ermöglicht eine effiziente, sequentielle Bestimmung
der Parameterwerte, auch wenn der Lösungsraum global und lokal unter- oder
überbestimmt ist, oder zyklische Abhängigkeiten existieren. Ihre Flexibilität resultiert
daraus, daß zunächst vorgeschlagene Parameterwerte jederzeit mit "Verbesserungs-
wissen" korrigiert werden können, falls sich dies als notwendig herausstellt. Für
zyklische Parameterabhängigkeiten eignet sie sich insofern, als Zyklen aufgebrochen
werden können, indem ein Zyklus-Parameter als Startparameter ausgewählt und sein
Wert geschätzt wird. Falls sich bei den weiteren Berechnungen ein Widerspruch
aufgrund der Zyklizität herausstellt, wird der Parameterwert entsprechend herauf- oder
heruntergesetzt (Abb. 15.1).

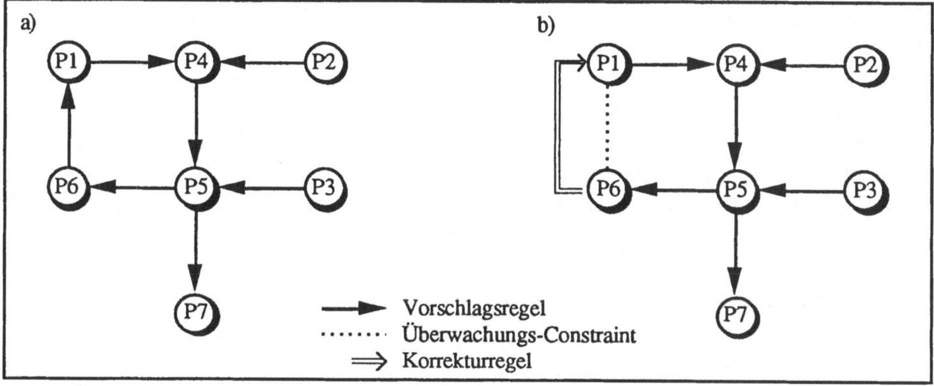

Abb. 15.1   (a) zyklische Berechnung, (b) nicht-zyklische Berechnung.
Während zur Lösung von (a) Optimierungsmethoden für Gleichungen mit Variablen erforderlich sind,
reicht in (b) ein einfacher Regelinterpretierer mit Rücknahmetechniken. Falls keine brauchbaren Heuristiken für die erste Festsetzung von P1 und gegebenenfalls für eine erfolgversprechende Korrektur
aufgrund des Wertes von P6 existieren, ist das Verfahren jedoch sehr ineffizient.

Die Vorgehensweise der Methode besteht darin, daß zunächst mit Regeln Vorschlags-
Werte für die zu bestimmenden Parameter ermittelt werden. Nach jeder Festlegung
wird die Konsistenz des neuen Wertes mit den übrigen Parameterwerten durch
Constraints überprüft. Falls ein Widerspruch entdeckt wurde, muß ein Wert korrigiert
werden, was eine spezifische, dem Constraint zugeordnete Korrektur-Regel tut.
Daraufhin wird das Beziehungs-Netz unter Berücksichtigung des neuen Wertes
aktualisiert. Falls weitere Widersprüche auftauchen, werden sie auf die gleiche Weise
behoben. Wenn mehrere Constraints einen Wert in entgegengesetzter Richtung

verändern, sollten sie gleichzeitig zur Ermittlung des neuen Wertes berücksichtigt werden. Falls keine Parameterbelegung gefunden wird, die alle Constraints erfüllt, wird von den lokal zur Verfügung stehenden Alternativen diejenige gewählt, die Constraints der niedrigsten Priorität verletzt.

Die Optimalität der Lösung und der Umfang der Korrekturen wird durch die Qualität der Vorschlags- und Korrektur-Regeln bestimmt. Auch die Reihenfolge, in der die Parameter festgelegt werden, kann eine Rolle spielen, da das Verfahren nicht kommutativ ist. Die Vorschläge und Korrekturen beinhalten das Erfahrungswissen des Anwendungsexperten. Das strukturelle Wissen über Randbedingungen, die die Lösung einhalten muß, ist in den Constraints repräsentiert.

15.1 Wissensrepräsentation

Das Verfahren besteht aus zwei Komponenten: einem Zuweisungssystem, das Werte für die Parameter herleitet, und einem Kontrollsystem, das eventuelle Widersprüche zwischen den Werten entdeckt und korrigiert. Als Zuweisungssystem eignet sich ein vorwärtsverketteter Regelinterpretierer. Die Rücknahme von Werten vereinfacht sich, wenn die Regeln mit ihren Objekten vollständig verzeigert sind, wovon wir im folgenden ausgehen. Die Constraints des Kontrollsystems haben wie die Regeln eine Vorbedingung, die einen Widerspruch beschreibt, und als Aktion verweisen sie auf Korrektur-Regeln, die den Widerspruch durch Neuberechnung eines Wertes aufheben. Weiterhin enthalten sie als Attribut eine Liste interagierender Constraints, deren Gültigkeit bei der Festlegung eines neuen Wertes gleich mitberücksichtigt werden sollte. Die Parameter sind aufgeteilt in vorgegebene Parameter, die Benutzeranforderungen repräsentieren, und abgeleitete Parameter. Daraus ergeben sich die fünf Objekttypen Benutzeranforderungen, Parameter, Vorschlags-Regeln, Constraints und Korrektur-Regeln mit folgenden Attributen[1]:

1. Benutzeranforderung (Frage)
- Name
- Wertebereichstyp
- Wertebereich
- Bedeutung (z) (Regeln oder Constraints, die Schlußfolgerungen aus der Benutzeranforderung ziehen)
- Wert (d) (vom Benutzer eingegebene Antwort auf die Frage)

2. Parameter
- Name
- Wertebereichstyp
- Wertebereich
- Bedeutung (z) (Regeln oder Constraints, die Schlußfolgerungen aus dem Parameter ziehen)
- Herleitung (z) (Regeln zur Herleitung des Parameters)

---

[1] Zugeordnete Prozeduren, die als semistatische Attribute aus den eingegebenen Regeln abgeleitet werden können, sind mit (z) und dynamische Attribute mit (d) gekennzeichnet.

- Wert (d) (hergeleiteter Wert)
- Grund (d) (gültige Regel, mit der der Wert hergeleitet wurde)

3. Vorschlags-Regel
- Vorbedingung
- Nachbedingung (Prozedur zur Wertberechnung von Parametern)
- Ziel (in der Nachbedingung angesprochener Parameter)
- Wert (gefeuert, nicht_gefeuert)

4. Constraint
- Bedingung (logische Restriktion über Benutzeranforderungen und Parametern, die eingehalten werden soll)
- Grund (Kommentar)
- Korrektur (Verweis auf Korrektur-Regel)
- Interaktionen (Verweis auf interagierende Constraints)
- Priorität (natürliche Zahl, wobei 1 die niedrigste Priorität ist)
- Wert (eingehalten, verletzt, nicht_aktiviert)

5. Korrektur-Regel
- Kontext (z) (das die Korrektur-Regel aktivierende Constraint)
- Vorbedingung
- Nachbedingung (Prozedur zur Wertberechnung)
- Ziel (in der Nachbedingung angesprochener Parameter)
- Wert (gefeuert, nicht_gefeuert)

15.2 Wissensmanipulation

Zunächst gibt der Benutzer seine Anforderungen ein. Über das Attribut "Bedeutung" dieser Objekte werden ihre Vorschlags-Regeln aktiviert, die abgeleitete Parameter-Werte bestimmen. Diese aktivieren über ihre "Bedeutung" vor allem auch Constraints, die eventuell Widersprüche entdecken. Daraufhin werden die Korrektur-Regeln auf dem Attribut "Ziel" des Constraints der Reihe nach ausprobiert, ob ihre Nachbedingungen den unmittelbaren Widerspruch aufheben. Falls "Interaktionen" existieren, werden deren Constraints direkt mitberücksichtigt. Wenn ein neuer Wert für einen Parameter gefunden wurde, wird er (rekursiv) an alle Beziehungen unter "Bedeutung" weitergegeben, um so die Revision aller Konsequenzen zu bewirken. Außerdem wird der neue "Grund" für den Wert eingetragen. Das Ergebnis ist eine vollständige Parameterbelegung, die wegen der Heuristiken der optimalen Lösung sehr nahe kommen kann. Allerdings läßt sich das nicht objektivieren. Das Basis-Verfahren kann wie folgt zusammengefaßt werden:

Eingabe: partielle Anfangsbelegung von Parametern als Benutzeranforderungen
Ausgabe: vollständige und konsistente Parameterbelegung
1. Auswertung der Vorschlagsregeln aufgrund der Benutzeranforderungen. Dafür eignet sich außer einem vorwärtsverketteten Regelinterpretierer auch eine Agenda-Steuerung, in die die zu bestimmenden Parameter in einer günstigen Reihenfolge eingetragen und abgearbeitet werden.

Wenn keine Vorschlagsregel mehr aktiv ist oder für alle Parameter Werte
berechnet sind und kein Widerspruch offen ist,
dann Ausgabe der Parameterbelegung.

2.   Falls eine Kontroll-Regel einen Widerspruch entdeckt, unterbreche Schritt 1 und:
2.1   Berechne mit der zugehörigen Korrektur-Regel aus "Korrektur" des Con-
       straints einen neuen Parameterwert (der den Widerspruch aufhebt).
2.2   Berechne die Konsequenzen des neuen Parameterwertes und revidiere insbe-
       sondere alle davon abhängigen, bereits berechneten Parameter-Werte.
2.3   *Wenn* nach Abschluß der Revision mit einem Constraint ein anderer Wider-
          spruch entdeckt wird,
       dann
            wenn noch nicht eine bestimmte Anzahl von Korrekturversuchen durch-
               geführt wurde,
            dann wiederhole Schritt 2 für den neuen Widerspruch unter Beibehaltung
               der bisherigen Kontrollversuche,
            sonst wiederhole den Schritt 2 komplett von neuem unter Annullierung
               aller bisherigen Korrekturversuche, aber ignoriere bei der Wieder-
               holung alle Constraints der um 1 erhöhten, alten Prioritätsstufe (die mit
               0 initialisiert ist);
       sonst fahre an der unterbrochenen Stelle mit Schritt 1 fort.

15.3 Wissenserwerb

Als Grundlage des Wissenserwerbs dienen Graphen, die das Beziehungsnetz
repräsentieren (vgl. Abb. 15.1 b). Die Knoten des Graphen stehen für die Parameter,
die Kanten stellen Vorschlags-Regeln, Korrektur-Regeln oder Constraints dar. Zur
Übersichtlichkeit kann man das Gesamtnetz in überschaubare Teilgraphen zerlegen.
Der Wissenserwerb erfolgt in zwei Etappen:

1. Zeichnen der Parameter und gerichteten und typisierten Kanten des Graphen.
2. Ausfüllen von typspezifischen Formularen für die Parameter und Kanten.

15.4   Stand der Forschung

Die Vorschlagen-und-Verbessern-Strategie ist eine Kombination von drei etablierten
Basisproblemlösungsmethoden: Vorwärtsverkettung von Regelsystemen, Überwachung mit Constraints und abhängigkeitsgesteuertes Rücksetzen durch eine spezia-
lisierte Form eines JTMS (Justification-based Truth Maintenance System), bei dem
jedoch die Korrekturen zur Auflösung von Widersprüchen mit bereichsspezifischen
Wissen erfolgen. Im Vergleich zu Optimierungsalgorithmen für lineare Gleichungs-
systeme kann sie keine optimale Parameterbelegung garantieren. Dafür ist die
Vorschlagen-und-Verbessern-Strategie insbesondere auch bei komplexen oder schwer

spezifizierbaren Optimalitätskriterien einsetzbar, da sie keine mathematische Durchdringung des Anwendungsbereiches voraussetzt. Sie ist wie das Skelett-Konstruieren eine relativ starke Problemlösungsmethode, da die Vorgehensweise einfach, effizient und wissensintensiv, die Objekt-Attribut-Struktur festgelegt, der Variablengebrauch auf Behältervariablen eingeschränkt und so eine gute graphische Unterstützung des Wissenserwerbs möglich ist. Dafür eignet sie sich in der hier dargestellten Form nur für die nicht-hierarchische Parameter-Konfigurierung. Eine Erweiterung der Vorschlagen-und-Verbessern-Strategie für Zuordnungsprobleme diskutieren wir im nächsten Kapitel.

Trotz ihrer Einfachheit und Nützlichkeit wurde die Vorschlagen-und-Verbessern-Strategie in expliziter Form erst kürzlich in dem problemspezifischen Expertensystem-Werkzeug SALT [Marcus 88a] auf der Basis der Regelsprache OPS5 implementiert und mit dem Expertensystem VT [Marcus 88b] zur Konfigurierung von Fahrstühlen getestet. Mit SALT werden hauptsächlich numerische Parameterwerte bestimmt, indem ein gerichtetes Netz von Parametern abgearbeitet wird und für jeden Parameterwert mit einer Berechnungsfunktion oder einem Datenbankzugriff ein Wert bestimmt wird. Bei Entdeckung eines Widerspruches durch ein Constraint werden ein oder mehrere Alternativwerte berechnet. Die Alternativen werden mit Zahlenwerten von 1 (verursacht keine Probleme) bis 12 (beeinträchtigt die System-Leistung) gewichtet, die beste ausgewählt und der neue Wert weitergeleitet. SALT kann auch die globalen Auswirkungen mehrerer Alternativen miteinander vergleichen, indem die resultierenden Werte aller Parameter aufgelistet werden.

15.5 Variation von Vorschlagen-und-Verbessern zur Therapieplanung durch Parametereinstellung

In vielen Fällen besteht eine Therapieplanung in einer Parametereinstellung, um identifizierte Problemvariablen günstig zu beeinflussen und die meist unvermeidlichen Nebenwirkungen zu minimieren. Das Wissen besteht aus Regeln, wie die Parameter die Problem- und Nebenwirkungsvariablen beeinflussen. Die Beziehungen können linearisiert in Tabellenform (Parameter beeinflußt Problemvariable um Faktor x) oder als komplexe Funktionen über eventuell mehreren Variablen spezifiziert sein.

Ausgangspunkt sind die ungünstigen Werte von einigen Problemvariablen. Für sie werden geeignete Parameter selektiert und aktiviert, die die Problemvariablen günstig beeinflussen. Dabei werden die Nebenwirkungen überwacht. Wenn eine Nebenwirkungsvariable zu stark ansteigt, kann zur Korrektur ein Parameter ausgewählt werden, der dem Anstieg entgegenwirkt. Falls dieser Parameter andere Nebenwirkungen aufweist, müssen auch diese korrigiert werden. Gegebenenfalls müssen auch Nebenwirkungen eines gewissen Umfanges (d.h. einer möglichst geringen Priorität) in Kauf genommen werden.

Das Verfahren entspricht der Vorschlagen-und-Verbessern-Strategie, wenn man die primäre Parameter-Auswahl als Schritt 1 im Algorithmus in Kap. 15.2, die Überwachung der Nebenwirkungen als Schritt 2 und die Korrektur der Nebenwirkungen als Schritte 2.1 bis 2.3 betrachtet. Die Wissensrepräsentation aus Kap. 15.1 kann vereinfacht werden, da die Bedingung eines Constraints nur darin besteht, eine Nebenwirkungsvariable mit einem Schwellwert zu vergleichen, und da die Vorschlags- und Korrektur-Regeln alle direkt von Parametern auf Problem- oder Nebenwirkungsvariablen ohne Zwischenelemente zeigen, so daß bei der Korrektur einer Variable kein TMS zur Konsistenzerhaltung benötigt wird. Ein praktisch erfolgreiches Beispiel für die skizzierte Parametereinstellung ist PAREX-CO [Hartinger 90] zur Konfiguration von Parametern eines Produktionsplanungs- und Steuerungssystems.

15.6 Heuristische Klassifikation und Vorschlagen-und-Verbessern

Die Merkmalsvorverarbeitung der heuristischen Klassifikation (Kap. 7) mit den Zusatzmechanismen der Plausibilitätskontrolle (Kap. 8.3) und der Rücknahme von Schlußfolgerungen (Kap. 8.5) stellen eine gute Grundlage zur Realisierung einer einfachen Form der Vorschlagen-und-Verbessern-Strategie bereit[2].

Die wichtigste notwendige Erweiterung ist die Verknüpfung der Überwachungsregeln zur Plausibilitätskontrolle mit Korrekturmaßnahmen, deren Auswertung dann vom Rücknahmealgorithmus übernommen wird. Daraus entsteht ein neuer Regeltyp mit der Grundform: *Wenn <Überwachungsbedingung verletzt>, dann {erhöhe, erniedrige} einen Parameter Y um den Wert x, jedoch höchstens n-mal, oder setze den Parameter Y auf den Wert z.* Der Aktionsteil der Regel sollte auch mehrere Parameterwerte gleichzeitig korrigieren und mehrere Korrekturalternativen bereitstellen können.

Die Parameter können als Merkmalsabstraktionen in der heuristischen Diagnostik-Shell repräsentiert werden. Zusätzlich muß ihr Status bezüglich der Konfigurierung festgelegt werden, z.B. ob sie Teil des Endergebnisses sind. Dafür sind neue Attribute erforderlich.

---

2   Da wir eine Integration der Problemlösungsstrategien beabsichtigen (vgl. Kap. 25-27), wollen wir in diesem Kapitel vor allem die Querverbindungen betonen. Als Modell der Diagnostik-Shell gehen wir von MED2 (s. Kap. 7.5) aus.

16. Vorschlagen-und-Vertauschen

Die Vorschlagen-und-Vertauschen-Strategie eignet sich zur heuristischen Lösung von komplexen Zuordnungsproblemen, für die exakte Optimierungsalgorithmen nicht anwendbar sind. Die Grundidee entspricht der der Vorschlagen-und-Verbessern-Strategie (Kap. 15). Bei der Zuordnung werden nicht wie bei der Konfigurierung Objekt-Eigenschaften festgelegt (z.B. Dicke eines Kabels bei der Fahrstuhlkonfigurierung), sondern vorgegebene Objektmengen nach bestimmten Rahmenbedingungen einander zugeordnet (Abb. 16.1).

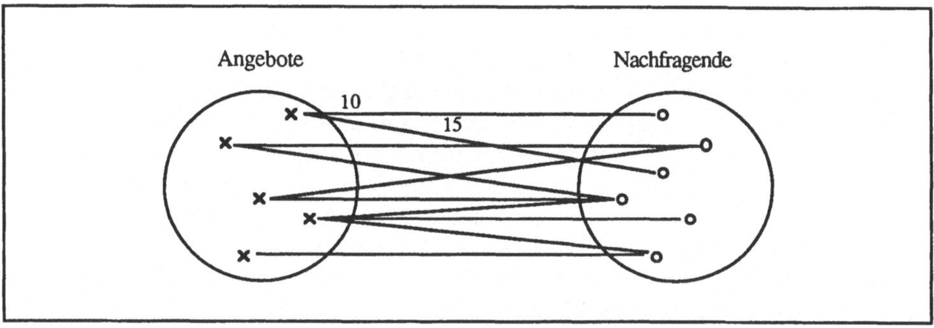

Abb. 16.1 Grundstruktur eines Zuordnungsproblems: Gesucht ist eine oft bijektive Abbildung zwischen mindestens zwei Objektmengen ("Angebote" und "Nachfragende"), die gewisse Rahmenbedingungen erfüllt, z.B. Verfügbarkeit von Ressourcen oder Berücksichtigung der durch die Linien angedeuteten "Affinität" zwischen Objekten, die kategorisch oder numerisch gewichtet sein kann. Im letzteren Fall erhält man ein Optimierungsproblem. Beispiele sind Arbeitsplätze/Arbeitssuchende, Wohnungen/Mieter, Studienplätze/Studienplatzwünsche, Fertigungskapazität/Aufträge, Zeitscheiben[1]/Unterrichtseinheiten, Lagerplatz/Produkte, Flughafen-Stellplätze/Flugzeuge, Schachbrettfelder/acht-Damen, Kuchenstücke/Kaffeerundenteilnehmer usw., wobei man die Größe der Mengen bei Bedarf durch "Dummy-Objekte" angleichen kann.

Zuordnungsprobleme zeichnen sich durch einen außergewöhnlich großen Lösungsraum aus, der ein systematisches Ausprobieren meist unmöglich macht, da z.B. schon bei der einfachen Struktur in Abb. 16.1 für n Elemente n! Zuordnungen überprüft werden müßten. Obwohl es für einfach strukturierte Zuordnungsprobleme leistungsfähige, spezielle Optimierungsalgorithmen gibt, können diese meist nur bestimmte Typen von Rahmenbedingungen berücksichtigen, z.B. wären statische Gewichtungen der Affinität zweier Objekte in Abb. 16.1 kein Problem, wohl aber dynamische Gewichtungen, die sich in Abhängigkeit bereits festgelegter Objektzuordnungen verändern. Beispiele für Zuordnungsprobleme mit dynamischen Gewichtungen sind die Stundenplanerstellung, wenn für die Schüler Lücken im Stundenplan (d.h. Freistun-

---

1 Als "Zeitscheiben" bezeichnen wir normierte Zeitintervalle.

den) vermieden werden sollen, oder die Maschinenbelegungsplanung, wenn die Um-
rüstdauer bei einer Maschine von der Reihenfolge der Auftragsabarbeitung abhängt.
Die im letzten Kapitel eingeführte Vorschlagen-und-Verbessern-Strategie kann zwar
keine optimalen Lösungen garantieren, aber sie ist an alle Arten von Randbedingungen
leicht anpaßbar und kann auch bewährte Heuristiken als Vorschläge oder Korrekturen
berücksichtigen. Wegen der Unterschiede in der Wissensrepräsentation bei Konfigu-
rierungs- und Zuordnungsproblemen beschreiben wir die Vorschlagen-und-Vertauschen-Strategie für Zuordnungsprobleme als eigenständige Problemlösungsmethode,
obwohl die Grundstruktur mit Vorschlags-, Überwachungs- und Korrektur-Wissen
dieselbe ist.

Die Besonderheiten der Wissensrepräsentation bei Zuordnungsproblemen liegen
darin, daß die übliche Einteilung in von der Problemlösungsmethode vorgegebene
Objekttypen, vom Experten definierte Objekte als Instanzen der Objekttypen und vom
Benutzer eingegebene bzw. während der Problemlösung abgeleitete konkrete Ausprägungen (Werte) der Objekte aufgeweicht werden muß. Stattdessen sind bei der
Zuordnung die Objekttypen anwendungsspezifisch (z.B. bei der Stundenplanerstellung Objekttypen wie Lehrer, Räume, Klassen, Unterrichtseinheiten und Zeiten), so
daß sie der Experte festlegen muß, die Objektinstanzen, d.h. die konkreten Lehrer,
Unterrichtseinheiten usw., muß der Benutzer anlegen, und die "Werte", d.h. Objekt-
Zuordnungen wie Unterrichtseinheit-Zeit-Festlegungen werden von der Problemlösung hergeleitet. Auf der Ebene der Problemlösungsmethode können nur Hilfsmittel
für die Anlegung der Objektinstanzen zur Verfügung gestellt werden, so daß jeweils
höhere Anforderungen als bei den meisten anderen Problemlösungsmethoden an
Experte und Benutzer gestellt werden müssen. Möglicherweise ist dieses Phänomen
für komplexere Konstruktionsstrategien typisch (vgl. auch Kap. 17 und 20).

Da die abstrakte Ebene der Problemlösungsmethode schwer zu verstehen ist,
illustrieren wir sie anhand des einfachen Zuordnungsproblems aus Abb. 16.1. Eine
anspruchsvollere Anwendung, nämlich die Stundenplangenerierung, wird in Kap.
16.5 im Rahmen des Beispiels gezeigt.

16.1 Wissensrepräsentation

Ein Zuordnungsproblem enthält mindestens zwei Objekttypen mit jeweils einem
Attribut, in das das zugeordnete Objekt eingetragen werden kann, z.B. Objekttyp
"Angebot" mit Attribut "Nachfragender" und Objekttyp "Nachfragender" mit Attribut
"Angebot". Ein Attribut-Eintrag bei einem Objekt löst einen "inversen" Attribut-
Eintrag in dem eingetragenen Objekt aus. Anwendungsabhängig können natürlich
auch weitere Objekttypen und Attribute vorkommen, die beteiligte Ressourcen,
Präferenzen oder Objekt-Eigenschaften festlegen, welche direkt oder indirekt für die
Zuordnung relevant sind. Da diese nicht vordefiniert werden können, muß der Experte
die Namen der Objekttypen und ihre Attributstruktur anlegen. Man kann ihm jedoch
helfen, indem man ihm Attributtypen anbietet, so daß er bei der Attribut-Definition nur
aus einer Menge von Optionen auswählen braucht. Ein Attribut wird gekennzeichnet
durch seinen Wertebereichs- und Bedeutungstyp, die teilweise durch Angabe eines
Objekttyps oder durch Attribut-Namen präzisiert werden müssen. Falls der
Bedeutungstyp "hergeleitet" ist, müssen außerdem Vorschläge und Constraints zur
Herleitung als zugeordnete Prozeduren des Attributes angegeben werden.

Wichtige Wertebereichstypen sind:
W1: "String",
W2: "Zahl",
W3: "Element aus Menge von Strings",
W4: "ein Element aus Menge von Objekten eines bestimmten Objekttyps",
W5: "mehrere Elemente aus Menge von Objekten eines bestimmten Objekttyps",
W6: "mehrere Elemente aus Menge von Objekten eines bestimmten Objekttyps mit
      Präferenzen".

Wichtige Bedeutungstypen eines Attributes sind:
B1: "Wert wird vom Benutzer eingetragen",
B2: "Wert wird aus einem anderen vom Benutzer eingetragenen, inversen Attribut
      ermittelt",
B3: "Wert wird hergeleitet, löst aber keine Folgeaktionen aus",
B4: "Wert wird hergeleitet und führt bei dem eingetragenen Objekt zu einem
      inversen Eintrag, der dann nicht mehr gesondert hergeleitet werden muß",
B5: "Wert wird hergeleitet und führt zu gleichartigen Einträgen bei weiteren
      Objekten, die in bestimmten anderen Attributen des Objektes verzeichnet sind".

Der Bedeutungstyp B5 ist für die Verwaltung von Ressourcen wichtig, z.B. wenn bei
einer Unterrichtseinheit eine Zeitscheibe eingetragen wird, dann muß auch bei den für
die Unterrichtseinheit benötigten Ressourcen Lehrer, Klasse, und Raum die gleiche
Zeitscheibe belegt werden.

Da die Herleitungsprozeduren für alle Objekt-Attribute eines Objekttyps gleichartig
sind, ist es nicht wie bei der Vorschlagen-und-Verbessern-Strategie für das Konfigurieren erforderlich, für jedes Individuum eigene Regeln oder Constraints anzugeben,
sondern man kann jeweils allgemeine Prozeduren für ein Attribut eines Objekttyps
definieren. Dafür sind diese Prozeduren komplizierter als normale Regeln, da sie sich
nur über Variablen auf konkrete Objekte beziehen können.

Die Prozeduren dienen dazu, die in den Attributen spezifizierten Rahmenbedingungen für die Zuordnung auszuwerten. Entsprechend der Vorschlagen-und-Vertauschen-Strategie gibt es drei Arten von Prozeduren: Vorschläge, Constraints und
Korrekturen. Die Prozeduren haben meist folgende Struktur:

* Vorschlagsprozeduren: *Inhalt:* "Schlage alle Objekte eines bestimmten Typs vor,
  die gewisse Prädikate erfüllen. Wenn Präferenzen bekannt sind, sollen die
  Vorschläge nach den Präferenzen geordnet werden." *Anbindung:* an jeweils ein
  Objekttyp-Attribut. *Aufruf:* wenn ein Wert ermittelt werden soll.
* Constraints: *Inhalt:* Prädikate über den Werten der Objekttyp-Attribute.
  Anbindung: an eventuell mehrere Objekttyp-Attribute. *Aufruf*: nach Eintrag eines
  Wertes bei den jeweiligen Objekttyp-Attributen.
* Korrekturen: *Inhalt:* "Mache einen neuen Vorschlag für einen Objekttyp-Attribut-
  Eintrag, der an dem verletzten Constraint beteiligt ist. Versuche gegebenenfalls
  durch einstufiges oder mehrstufiges Verschieben von Einträgen bei anderen
  Objekt-Attributen einen geeigneten Platz freizumachen." *Anbindung:* an eventuell
  mehrere Constraints. *Aufruf*: durch die Constraints.

Obwohl der genaue Prozedur-Code nicht auf der Ebene der Problemlösungsmethode
festgelegt werden kann, da er von den noch unbekannten Objekttypen abhängt, kann
man dem Experten eine Sprache anbieten, die Funktionen für die Ermittlung der

Grundmengen, Prädikate über Objekt-Attribute und Verknüpfungsrelationen bereitstellt. Jedoch kann diese Sprache nur schlecht durch graphische Eingabeformen unterstützt werden.

Bei der Definition der Vorschlags-Prozeduren muß der Experte ein anwendungsspezifisches Optimum zwischen zwei Extremen finden: entweder einfache Generierung von Vorschlägen mit eventuell aufwendiger Korrektur oder aufwendige Generierung, um Korrekturen möglichst zu vermeiden. Ein typischer "Trick" ist, schwache Präferenzen bis zu einer bestimmten Schwelle nicht mit Constraints zu überwachen, sondern nur bei den Vorschlägen zu berücksichtigen, um ausufernde Korrekturen zu vermeiden.

Ein Merkmal der Vorschlagen-und-Vertauschen-Strategie ist, daß zwar am Anfang für die Objekte meist optimale Zuordnungen möglich sind, aber für die letzten Objekte eventuell nur schlecht passende Partnerobjekte übrigbleiben, was auch durch Korrekturen nur mühsam und nur partiell ausgeglichen werden kann. Daher kommt der Reihenfolge, in der die Objekte bearbeitet werden, eine große Bedeutung zu: Am Anfang sollten die Objekte mit den größten Einschränkungen und den meisten Präferenzen zugeordnet werden, wobei sich die Priorität dynamisch verändern kann. Deswegen ist eine zentrale Steuerung notwendig, z.B. eine Agenda mit allen Objekten, für die noch ein Partner-Objekt gesucht wird, wobei die Objekte nach einer Prioritätsfunktion geordnet werden. Da eine Neusortierung der Agenda nach jeder Einzelzuordnung oft zu aufwendig wäre, muß auch hier ein Kompromiß zwischen Sortierungsaufwand und Qualität des Ergebnisses gefunden werden. Eine Möglichkeit besteht darin, die Agenda vorzusortieren und während der Problemlösung mit einem weiteren Typ von zugeordneten Prozeduren zu überprüfen, ob der Zuordnungsspielraum eines Objektes sehr klein geworden ist, um es gegebenenfalls an die Spitze der Agenda zu setzen (z.B. wenn beim Stundenplanproblem für eine Klasse, einen Lehrer oder einen Raum nur noch wenige Zeitscheiben frei sind, sollten deren noch zu vergebende Unterrichtseinheiten prioritär festgelegt werden).

Eine vollständige Wissensrepräsentation für das einfache Beispiel aus Abb. 16.1 mit den Objekttypen Angebote und Nachfragende könnte also wie folgt aussehen (in Klammern die Wertebereichs- und Bedeutungstypen; s.o.):

Angebote:
-   Name (W1, B1)
-   Inkompatibilitäten (W5, B1) (Liste von inkompatiblen Nachfragenden)
-   Präferenzen (W6, B1) (Liste von Nachfragenden mit Präferenzen, z.B.{N1 5, N2 1, N3 -3})
-   Nachfragender (W4, B4) (das Objekt vom Typ Nachfragender, das während der Problemlösung dem Angebot zugeordnet wurde)

Nachfragende:
-   Name (W1, B1)
-   Inkompatibilitäten (W5, B2) (Liste von inkompatiblen Angeboten, symmetrisch zu den Angebots-Inkompatibilitäten)
-   Präferenzen (W6, B1) (Liste von Angeboten mit Präferenzen, z.B.{A1 4, A2 1, A3 -2}, die jedoch nicht symmetrisch zu den Angebots-Präferenzen sein müssen)
-   Angebot (W4, B4) (das Objekt vom Typ Angebot, das während der Problemlösung dem Nachfragenden zugeordnet wurde)

Vorschläge:
- Suche-Angebot (NACHFRAGENDER): "Schlage alle Objekte X vom Typ "Angebot" vor, die nicht auf dem Attribut "Inkompatibilitäten" von NACHFRAGENDER verzeichnet sind und bei denen möglichst X.Nachfragender noch nicht belegt ist. Ordne die Vorschläge so, daß X unter NACHFRAGENDER.Präferenzen einen möglichst hohen Wert hat. Trage das beste Angebot unter NACHFRAGENDER.Angebot und entsprechend dem Bedeutungstyp den NACHFRAGENDEN unter Angebot.Nachfragenden ein."
- Suche-Nachfragenden (ANGEBOT): "Schlage alle Objekte X vom Typ "Nachfragenden" vor, die möglichst nicht auf dem Attribut "Inkompatibilitäten" von ANGEBOT verzeichnet sind und bei denen möglichst X.Angebot noch nicht belegt ist. Ordne die Vorschläge so, daß X unter ANGEBOT.Präferenzen einen möglichst hohen Wert hat. Trage den besten Nachfragenden unter ANGEBOT.Nachfragenden und entsprechend dem Bedeutungstyp das ANGEBOT unter Nachfragenden.Angebot ein."

Constraints [mit Gewichtung]:
- Belegt (ANGEBOT) [3]
- Belegt (NACHFRAGENDER) [3]
- Inkompatibel (ANGEBOT, NACHFRAGENDER) [2]
- Negative-Präferenz (ANGEBOT, NACHFRAGENDER) [1] "Das Prädikat ist erfüllt, wenn eine der beiden Präferenzen einen negativen Wert hat".

Korrekturen:
- Tausche-einstufig (ANGEBOT, NACHFRAGENDER): "Suche für das Objekt X unter ANGEBOT.Nachfragender oder NACHFRAGENDER.Angebot einen möglichst präferierten, nicht belegten und nicht-inkompatiblen Platz, setze X dahin und setze NACHFRAGENDER bzw. ANGEBOT an die Stelle des alten Platzes von X. Falls die beste Korrektur-Möglichkeit jedoch eine schlechtere Präferenz als das ursprünglich verletzte Constraint hat, wird nicht korrigiert."
- Tausche-zweistufig (ANGEBOT, NACHFRAGENDER): "Wie Tausche-einstufig, wobei zusätzlich Kombinationen mit zwei Vertauschungen ausprobiert werden."

Agenda-Steuerungen:
- Sortiere-Agenda: "Ordne alle Objekte nach der Länge ihres Attributes "Inkompatibilitäten" und bei Gleichheit nach der Länge von "Präferenzen"."

Die Vorschlags-Prozeduren werden jeweils einem der beiden Objekttypen, alle Constraints jeweils beiden Objekttypen und die Korrekturen jeweils allen Constraints zugeordnet. Die Agenda-Prozedur ist global, den Objekttypen brauchen daher keine Agenda-Prozeduren zugewiesen werden.

16.2 Wissensmanipulation

Der Basis-Algorithmus entspricht weitgehend dem Algorithmus für die Vorschlagen-und-Verbessern-Strategie in Kap. 15.2, wobei wir jedoch den dortigen vorwärtsverkettenden Regelinterpretierer im Schritt 1 durch eine explizite Agenda-Steuerung (Schritte 1 bis 2.2) ersetzt haben:

Eingabe: Spezifikation der Angebote und Nachfragenden mit Eigenschaften
Ausgabe: Zuordnung zwischen Angeboten und Nachfragenden unter Berücksich-
           tigung ihrer Eigenschaften

1. Plazierung der Objekte gemäß der Agenda-Sortierfunktion auf eine AGENDA.
2. *Solange* AGENDA nicht leer *wiederhole*:
2.1   Auswahl eines Objektes aus AGENDA, zu dem mit seiner Vorschlags-Proze-
       dur ein Partner-Objekt ermittelt wird.
2.2   Abspeicherung der Zuordnung und Ausführung direkter Folgeaktionen, insbe-
       sondere Abspeicherung der eventuell erforderlichen inversen Zuordnung und
       Durchführung von Agenda-Manipulationen.
2.3   Überprüfung der Constraints, und falls welche verletzt sind: Ausführung der
       zugehörigen Korrekturen analog zu den Schritten 2.1 bis 2.3 des Vorschlagen-
       und-Verbessern-Algorithmus aus Kap. 15.2.
3. Ausgabe der Zuordnungen für alle Objekte.

Diese Vorgehensweise ändert sich auch dann nur wenig, wenn mehrere gekoppelte
Zuordnungsprobleme zu lösen sind, wie z.B. bei der Stundenplanbelegung die Zuordnung von Unterrichtseinheiten zu Räumen und zu Zeitscheiben oder bei der gleich-
zeitigen Wohnungs- und Arbeitsplatzsuche von Personen. Es sind dann nur zusätzliche Objekttypen, Attribute und/oder komplexere Prozeduren erforderlich.

16.3 Wissenserwerb

Wie schon erwähnt, kann der Wissenserwerb nicht so gut wie bei den bisherigen
Problemlösungsmethoden graphisch unterstützt werden, da nicht konkrete Objekte
und objektbezogene Regeln, sondern Objekttypen und objekttypbezogene Prozeduren
vom Experten formuliert werden müssen. Insbesondere die Definition der Prozeduren
erfordert ohne spezielle Hilfsmittel Kenntnisse einer normalen Programmiersprache,
was die Nutzung einer entsprechenden Shell durch Fachexperten stark beeinträchtigt.
Daher ist eine wichtige Forderung die Definition einer spezifischen Sprache mit
Grundfunktionen und Prädikaten für die Prozedurdefinitionen. Davon abhängig sollte
man versuchen, eine graphische Oberfläche oder zumindest einen komfortablen
syntaxgesteuerten Editor bereitzustellen. Dazu sind jedoch noch mehr Erfahrungen mit
verschiedenen Anwendungsbereichen erforderlich (vgl. Kap. 16.4).
    Dagegen kann der Benutzer, der ein konkretes Zuordnungsproblem in seinem
Anwendungsbereich eingeben will, sehr gut mit einer graphischen Oberfläche unterstützt werden, da fast alle seine Eingaben Beziehungen zwischen konkreten Objekten
sind (z.B. die konkreten Inkompatibilitäten und Präferenzen im Beispiel-Problem in
Kap. 16.1). Als Eingabeformen eignen sich insbesondere Tabellen. Weiterhin ist es
meistens für den Benutzer sehr wichtig, daß er interaktiv die Ergebnisse manipulieren
kann, was sich problemlos in die Vorschlagen-und-Vertauschen-Strategie integrieren
läßt. Auch dafür kann man ihm die Ergebnisse in Tabellenform präsentieren. Für den
Experten ergibt sich jedoch die zusätzliche Aufgabe, daß er auch die Oberfläche für
den Benutzer konfigurieren muß, wobei man ihn zwar mit geeigneten graphischen
Primitiven unterstützen, aber keine Standard-Oberfläche vordefinieren kann.

16.4 Stand der Forschung

Die unseres Wissens erste Zuordnungs-Shell nach der Vorschlagen-und-Vertauschen-Strategie ist COKE (s. Kap. 16.5). In der Expertensystem-Literatur haben wir wenig Hinweise auf vergleichbare Shells gefunden. Auch bei SALT [Markus 88], wo die Vorschlagen-und-Verbessern-Strategie für einfache Konfigurierungsprobleme benutzt wird (s. Kap. 15), fehlen Überlegungen für die Übertragung.auf die Zuordnung.

Für viele Zuordnungsprobleme gibt es jedoch spezielle Algorithmen, die - wenn sie anwendbar sind - meist weit bessere Ergebnisse als die Vorschlagen-und-Vertauschen-Strategie produzieren. Für das einfache Zuordnungsproblem mit Präferenzen aus Abb. 16.1 eignen sich Varianten allgemeiner Operations-Research-Algorithmen, z.B. lineare Optimierungsverfahren wie die für ganzzahlige Probleme adaptierte SIMPLEX-Methode oder der Busacker-Gowen-Algorithmus für kostenminimale Maximalflußsysteme. Bei letzterem wird das Zuordnungsproblem aus Abb. 16.1 auf ein Flußsystem durch Hinzufügen einer "Quelle" mit Kanten zu allen Angeboten und einer "Senke" mit Kanten zu allen Nachfragenden erweitert, wobei die Kosten der Kanten aus den Präferenzen abgeleitet werden und die Kapazität aller Kanten zwischen Angeboten und Nachfragenden immer 1 beträgt. Eine Übersicht findet sich in Lehrbüchern über Operations-Research, z.B. [Neumann 75, 86].

Ein Beispiel aus der Praxis für die Anwendung der exakten Technik des dynamischen Programmierens[2] auf das Zuordnungsproblem der Testplanung findet sich in [Ernst 90]. Bei der Testplanung sollen Zeitscheiben eines Prüfstandes für komplexe Tests vergeben werden, so daß die erforderlichen Umrüstzeiten des Prüfstandes bei den Testwechseln minimiert und Zeitpräferenzen der die Tests durchführenden Arbeitsgruppen berücksichtigt werden (z.B. will eine Arbeitsgruppe zwei Zeitscheiben, die jedoch mindestens zwei Tage auseinanderliegen, um genügend Zeit zur Auswertung der Ergebnisse des ersten Tests zu haben). Da für jeweils eine Woche vorausgeplant wird und der Tag in drei Zeitscheiben à vier Stunden zerlegt wird, ergibt sich ein Zuordnungsproblem mit je 15 Angeboten und Nachfragenden. Während ein Durchprobieren aller 15! Zuordnungspläne zu aufwendig war, reichte die Komplexitätsreduktion durch das dynamische Programmieren auf 2^{15} zu untersuchende Zustände aus, um akzeptable Antwortzeiten zu bekommen, wobei der Vorteil einer garantiert optimalen Lösung erhalten bleibt (da bei der Generierung des Suchbaumes die als nicht relaxierbar interpretierten Zeitpräferenzen direkt mitberücksichtigt werden, ist die Anzahl der tatsächlich zu untersuchenden Zustände noch geringer). Die Problematik mit exakten Zuordnungs-Techniken zeigt sich allerdings darin, daß die Optimalität nur bezüglich eines Teststandes gewährleistet ist, aber in dem Anwendungsbereich viele verschiedene Teststände parallel benutzt werden, die zwar weitgehend, aber nicht völlig unabhängig sind, da sie Testgeräte austauschen können (ein Teststand besteht aus vielen Testgeräten, die in wechselnden Konstellationen für die Tests benötigt werden). Eine optimale Lösung für alle Teststände zu finden, scheitert an der exponentiellen Zunahme des Lösungsraumes. Während das Problem durch eine sequentielle, lokale Planerstellung der Teststände in der Rangfolge ihrer Priorität umgangen wurde, könnte die Vorschlagen-und-Vertauschen-Strategie für das globale Problem durchaus attraktiv sein.

---

[2]   Die Idee des dynamischen Programmierens besteht darin, wichtige Zwischenergebnisse abzuspeichern , um ein späteres erneutes Berechnen zu vermeiden. Hier werden in einem Suchbaum verschiedene Pfade, die zu gleichen Knoten führen, erkannt und nur der jeweils beste wird weiterverfolgt.

Schließlich sollte noch erwähnt werden, daß es für spezielle Zuordnungs-
anwendungen wie die Stundenplangenerierung viele Programme auf dem Markt gibt.
Da diese Programme in ihrer Objektstruktur festgelegt sind, können jedoch
Besonderheiten einzelner Schulen oft nur unbefriedigend abgebildet werden, so daß
eine anpaßbare Wissensrepräsentation klare Vorteile hätte, die ein allgemeines Werkzeug für die Vorschlagen-und-Vertauschen-Strategie bietet.

16.5   Beispiel: COKE und REST

COKE ist ein problemspezifisches Expertensystem-Werkzeug nach der Vorschlagen-
und-Vertauschen-Strategie mit einer formular-orientierten Wissenserwerbskomponente [Poeck 90]. Im Vergleich zu der skizzierten Wissensrepräsentation und Wissensmanipulation enthält COKE einige Erweiterungen, z.B. daß die Vorschläge auch ten-
tativ gesetzt werden können und der beste Vorschlag so ausgewählt wird, daß die Anzahl und Gewichtung der verletzten Constraints minimal ist. Außerdem ist in COKE
auch der oben erwähnte Busacker-Gowen-Algorithmus in seiner Spezialisierung für
Zuordnungsprobleme implementiert, der als exaktes Verfahren für Probleme ohne
komplexere Randbedingungen als Präferenzen der Vorschlagen-und-Vertauschen-
Strategie meist überlegen ist[3]. Eine Wissensbasis wird in COKE wie folgt aufgebaut:

1. Anlegen der Objekttypen mit einem spezifischen Formular,
2. Angabe der Attribute für jeden Objekttyp in einem spezifischen Formular,
3. Angabe des Wertebereichs für jedes Attribut in einem spezifischen Formular,
4. Zuordnung wechselseitig inverser Objekt-Attribute mit Tabellen,
5. Definition der Prozeduren in jeweils Prozedurtyp-spezifischen Formularen,
6. Zuordnung der Prozeduren zu ihren aufrufenden Objekt-Attributen mit Tabellen.

Mit COKE wurden verschiedene Anwendungen erstellt, wobei die komplexeste REST
zur Generierung von Stundenplänen ist. Wegen des dahinterliegenden Werkzeuges
COKE kann REST leicht adaptiert werden, um schulspezifische Typen von Rahmenbedingungen zu berücksichtigen. Standardmäßig stellt REST mit seinen zehn Objekttypen (Zeitscheiben, Unterrichtseinheit-Gruppe, Unterrichtseinheit, Blockungseinheit-
Gruppe, Blockung, Lehrer, Klasse, Raum, Fach, Tag und Stunde), die jeweils fünf
bis zehn Attribute haben, und den zahlreichen vordefinierten Prozeduren Mechanismen zur Verarbeitung folgender Haupttypen von Rahmenbedingungen bereit:

* Prioritäten für die zur Verfügung stehenden Zeitscheiben (z.B. möglichst wenig
  Nachmittagsunterricht).
* Angaben über die Verfügbarkeit von Räumen und Lehrern mit Prioritäten (z.B.
  Lehrer X kann montags nicht in der ersten und zweiten Stunde oder möchte einen
  freien Tag haben).

---

[3] Ein Gegenbeispiel sind Zuordnungsprobleme, wo es bei *gegebenen* Präferenzen günstiger ist,
möglichst viele Einzelzuordnungen mit hohen Präferenzen als eine rechnerisch optimale Lösung mit
vielen mittleren Präferenzen zu finden (d.h. es kann pragmatisch besser sein, teils sehr gute und teils
schlechte als viele mittlere Angebote zu machen).

Die Deputatsliste

```
         Fächer
Klassen
         ETH      |  RKA     |  REV     |  MU      |  KU      |  B       |  D       |
11B      ..KLE 2...|..MCH 2...|..ENG 2...|..FRA 2...|..MRS 1...|..HIT 1...|..RUD 3...|
11A      ..KLE 2...|..MCH 2...|..ENG 2...|..FRA 2...|..MRS 1...|..HIT 1...|..BEN 3...|
10B      ..KLE 2...|..MCH 2...|..ENG 2...|..........|..BRT 2...|..GER 2...|..KFL 4...|
10A      ..KLE 2...|..MCH 2...|..ENG 2...|..........|..BRT 2...|..HIT 2...|..RUP 3...|
 9       ..KLE 2...|..MCH 2...|..ENG 2...|..FRA 1...|..BRT 1...|..........|..ALL 3...|
 8B      ..KLE 2...|..OCK 2...|..SWZ 2...|..FRA 1...|..........|..GER 2...|..HAG 4...|
 8A      ..KLE 2...|..OCK 2...|..SWZ 2...|..FRA 1...|..........|..GER 2...|..STA 4...|
 7B      ..........|..MCH 2...|..ENG 2...|..KUL 2...|..BRT 2...|..RIE 2...|..HAG 4...|
 7A      ..........|..MCH 2...|..ENG 2...|..KUL 2...|..BRT 2...|..GER 2...|..STA 4...|
 6B      ..........|..OCK 2...|..SWZ 2...|..KUL 2...|..MRS 2...|..HIT 2...|..BEN 6...|
 6A      ..........|..OCK 2...|..SWZ 2...|..FRA 2...|..MRS 2...|..RIE 2...|..RUP 6...|
 5B      ..........|..OCK 2...|..SWZ 2...|..KUL 3...|..MRS 2...|..RIE 2...|..ALL 5...|
 5A      ..........|..OCK 2...|..SWZ 2...|..KUL 3...|..BRT 2...|..GER 2...|..HAG 5...|

         M        |  E       |  SPJ     |  SPM     |  EK      |  L       |  F       |
11B      ..BAM 4...|..KHN 3...|..BAM 2...|..KUP 2...|..STA 1...|..KLE 3...|..WOL 3...|
11A      ..BAM 4...|..HEL 3...|..BAM 2...|..KUP 2...|..STA 1...|..KLE 3...|..........|
10B      ..KUN 5...|..RUP 3...|..BRT 2...|..KUP 2...|..........|..KLE 4...|..WOL 4...|
10A      ..HIT 3...|..RUP 3...|..BRT 2...|..KUP 2...|..........|..KLE 4...|..WOL 4...|
 9       ..BAM 3...|..FIR 4...|..BRT 2...|..KUP 2...|..........|..MCH 4...|..SNG 4...|
 8B      ..STP 5...|..SHU 5...|..SRB 2...|..SFL 2...|..SRB 2...|..KLE 5...|..SNG 5...|
 8A      ..BAM 5...|..HIN 5...|..SRB 2...|..SFL 2...|..FRA 2...|..KLE 5...|..........|
 7B      ..KRI 4...|..FIR 4...|..BRT 2...|..KUP 2...|..SRB 2...|..........|..SNG 5...|
 7A      ..STP 4...|..FIR 4...|..BRT 2...|..KUP 2...|..STA 2...|..MCH 5...|..........|
 6B      ..HIT 5...|..HIN 5...|..SRB 2...|..KUP 2...|..MIT 2...|..........|..........|
 6A      ..GRI 5...|..SFL 5...|..SRB 2...|..KUP 2...|..SRB 2...|..........|..........|
 5B      ..KRI 4...|..SFL 5...|..WOL 2...|..SFL 2...|..MRS 3...|..........|..........|
 5A      ..GRI 4...|..KHN 5...|..BAM 2...|..SFL 2...|..STA 3...|..........|..........|

         GKD      |  G       |  PH      |  CH      |  MDI     |  RU3     |  F3      |
11B      ..HIN 2...|..HIN 2...|..MIT 2...|..KNO 2...|..STP 4...|..KFL 5...|..........|
11A      ..FIR 2...|..FIR 2...|..MIT 2...|..KNO 2...|..........|..........|..BEN 5...|
10B      ..STA 2...|..SHU 2...|..KUN 2...|..KNO 2...|..........|..........|..........|
10A      ..RUD 2...|..HAG 2...|..KUN 1...|..KNO 2...|..........|..SRM 4...|..HEL 4...|
 9       ..........|..WOL 2...|..MIT 2...|..KNO 2...|..KUN 5...|..KFL 6...|..WOL 6...|
 8B      ..........|..STA 2...|..STP 2...|..........|..........|..........|..........|
 8A      ..........|..HAG 2...|..MIT 2...|..........|..........|..........|..........|
 7B      ..........|..SNG 2...|..........|..........|..........|..........|..........|
 7A      ..........|..ALL 2...|..........|..........|..........|..........|..........|
 6B      ..........|..........|..........|..........|..........|..........|..........|
 6A      ..........|..........|..........|..........|..........|..........|..........|
 5B      ..........|..........|..........|..........|..........|..........|..........|
 5A      ..........|..........|..........|..........|..........|..........|..........|

         B+       |  PH+     |  F+      |  L+      |  EK+     |  D+      |
11B      ..HIT 2...|..STP 3...|..WOL 1...|..KLE 1...|..SRB 2...|..RUD 1...|
11A      ..........|..........|..........|..........|..........|..........|
10B      ..........|..........|..........|..........|..........|..........|
10A      ..........|..........|..........|..........|..........|..........|
 9       ..........|..........|..........|..........|..........|..ALL 1...|
 8B      ..........|..........|..........|..........|..........|..........|
 8A      ..........|..........|..........|..........|..........|..........|
 7B      ..........|..........|..........|..........|..........|..........|
 7A      ..........|..........|..........|..........|..........|..........|
 6B      ..........|..........|..........|..........|..........|..........|
 6A      ..........|..........|..........|..........|..........|..........|
 5B      ..........|..........|..........|..........|..........|..........|
 5A      ..........|..........|..........|..........|..........|..........|
```

Abb. 16.2:   Deputatsliste einer Schule (z.B. Lehrer "KLE" unterrichtet 2 Stunden "ETH" (Ethik) in Klasse "11b"). Die ca. 50 Blockungen von parallel zu unterrichtenden Stunden sind nicht gezeigt.

Stundenplan Klasse 7A

	MONTAG	DIENSTAG	MITTWOCH	DONNERSTAG	FREITAG	SAMSTAG
_1	B-424-0 --- ---	B GER _113	B-431-0 --- ---	B-424-1 --- ---	D STA _212	M STP _212
_2	D STA _212	E FIR _212	DOPPEL --- ---	E FIR _212	L MCH _212	--- --- ---
_3	M STP _212	L MCH _212	KU BRT AULA	L MCH _212	E FIR _212	L MCH _212
_4	E FIR _212	D STA _212	DOPPEL --- ---	D STA _212	B GER _113	--- --- ---
_5	EK STA _212	G ALL _212	MU KUL MUS	M STP _212	MU KUL MUS	--- --- ---
_6	--- --- ---	EK STA _212	L MCH _212	G ALL _212	M STP _212	--- --- ---
_7	--- --- ---	--- --- ---	--- --- ---	--- --- ---	--- --- ---	--- --- ---
_8	--- --- ---	--- --- ---	--- --- ---	--- --- ---	--- --- ---	--- --- ---

Komplexe blockungen

```
B-424-1      Zeit DONNERSTAG-_1
RKA          MCH              (7A 7B)
REV          ENG              (7B 7A)

B-431-0      Zeit MITTWOCH-_1
SPJ          BRT              (7A 7B)
SPM          KUP              (7B 7A)

B-424-0      Zeit MONTAG-_1
RKA          MCH              (7A 7B)
REV          ENG              (7B 7A)
```

Abb.16.3   Von REST erzeugter Ergebnis-Stundenplan der Klasse 7A zum Deputatsplan aus Abb. 16.2 und zahlreichen Randbedingungen

- Angaben von Blockungen, d.h. Unterrichtseinheiten, die parallel unterrichtet werden müssen (vor allem bei der Auflösung des Klassenverbandes wie beim Religionsunterricht oder beim Kursunterricht).
- Vermeidung von Springstunden für die Schüler (d.h. Lücken im Stundenplan).
- Keine Unterrichtung eines Faches in einer Klasse mehrmals am Tag, außer bei beabsichtigten Doppelstunden. Doppelstunden dürfen nur zu bestimmten Zeiten anfangen.
- Eignung von Räumen für Fächer.
- Keine Mehrfachbelegung einer Zeitscheibe bei einem Lehrers, einer Klasse oder einem Raum mit mehreren Unterrichtseinheiten.

Die Eingabe von REST ist eine Deputatsliste mit Einträgen der Art "Lehrer X unterrichtet in Klasse Y das Fach Z mit n Stunden" (s. Abb. 16.2) sowie den Randbedingungen. Zur Eingabe der Deputatsliste definiert der Benutzer zunächst seine

Objektmengen als Instanzen der vorgegebenen Objekttypen. Alle Attribute, die Beziehungen zu anderen Objekten ausdrücken, werden dann mit Tabellen eingegeben. .

Die Ausarbeitung des Stundenplans wird über die Agenda-Steuerung in drei nacheinander bearbeitete Zuordnungsteilprobleme zerlegt:

1. Klasse-Klassenraum-Zuordnung: Jeder Klasse wird ein Klassenraum zugeordnet.
2. Unterrichtseinheit-Raum-Zuordnung: Jeder Unterrichtseinheit, die nicht im Klassenraum stattfinden kann, wird ein geeigneter Raum zugeordnet, wobei durch Constraints eine Überbelegung der Räume vermieden wird.
3. Unterrichtseinheit-Zeit-Zuordnung: Jeder Unterrichtseinheit wird eine Zeitscheibe zugeordnet, wobei automatisch den beteiligten Lehrern, Klassen und Räumen auch eine Zeitscheibe zugeordnet wird. Als Ergebnis werden für alle Lehrer, Klassen und Räume Stundenpläne ausgegeben (s. Abb. 16.3)

Das Formular zur interaktiven Generierung oder Nachbesserung des Stundenplans in REST zeigt Abb. 16.4.

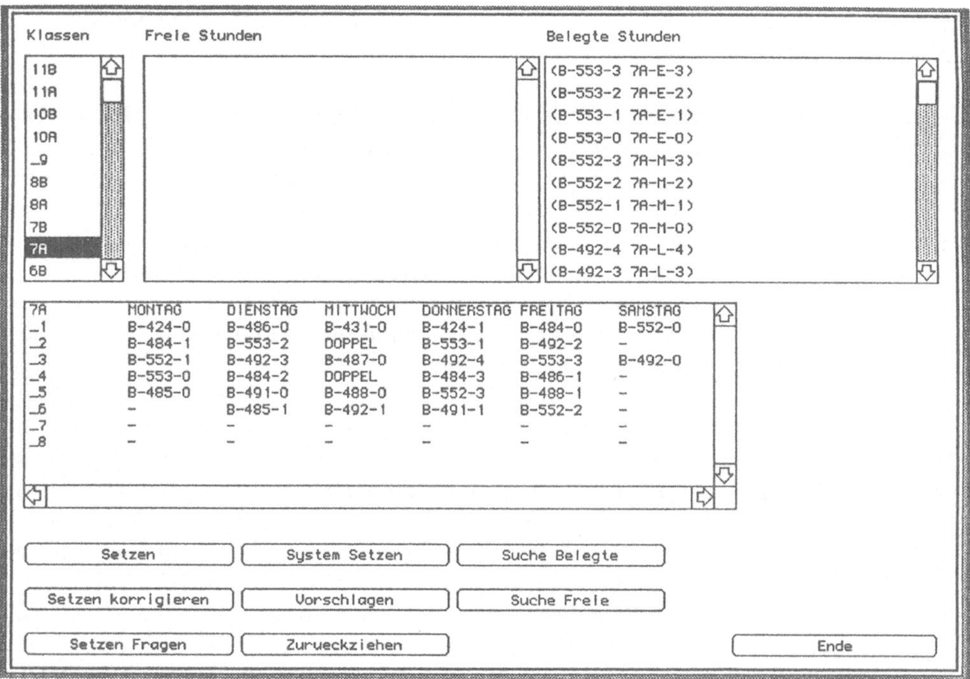

Abb. 16.4 Formular zur interaktiven Generierung oder Nachbesserung von Stundenplänen. Der Benutzer kann im Stundenplan eingetragene Unterrichtseinheiten zurückziehen (Zurückziehen), freie Stunden setzen (Setzen), dabei das System nach Vorschlägen fragen (Vorschlagen) oder das System setzen lassen (System setzen). Er kann auch Unterrichtseinheiten auf bereits belegte Plätze setzen, wobei das System geeignete Korrekturmaßnahmen trifft (Setzen korrigieren), oder er kann — wenn nichts anderes mehr geht — beim Setzen Constraints bewußt verletzen, die das System vorher anzeigt (Setzen Fragen). Weiterhin kann er auch das System fragen, welche freien oder belegten Stunden auf eine Zeitscheibe passen (Suche Freie bzw. Suche Belegte). Zur Ausführung der Kommandos wählt er jeweils eine Unterrichtseinheit aus dem Menü "Freie Stunden" oder "Belegte Stunden" und eine Zeitscheibe aus. Die vollen Informationen zu einer Unterrichtseinheit werden nach einem Doppelklick angezeigt.

17. Least-Commitment-Strategie

Die Least-Commitment-Strategie eignet sich ähnlich wie die Vorschlagen-und-Verbessern-Strategie zur Herleitung der Werte für eine Menge von Parametern. Im Unterschied zu dieser vermeidet sie jedoch eine rasche, vorläufige, heuristische Bestimmung von Parameterwerten; insbesondere brauchen auch keine Zyklen wie in Abb. 15.1 aufgelöst werden. Das Beziehungswissen der Parameterabhängigkeiten wird mit ungerichteten Constraints statt mit gerichteten Regeln repräsentiert. Die Least-Commitment-Strategie ist daher nur dann nützlich, wenn eine halbwegs effiziente Constraint-Propagierung möglich ist. Die wichtigsten Constraint-Propagierungstechniken sind (vgl. [Puppe 88, Kap. 6]):

- Propagierung von festen Werten: Sie setzt im allgemeinen voraus daß von n Variablen eines Constraints (n - 1) Variablen bekannt sind.
- Propagierung von Wertemengen (Beispiel s. Kap. 17.1): Sie ist vor allem bei symbolischen, kleinen Wertebereichen von Parametern nützlich.
- Propagierung mit Fallunterscheidungen: Fallunterscheidungen sind nur bei symbolischen, sehr stark eingeschränkten Wertebereichen von Parametern sinnvoll.
- symbolische Propagierung: Sie setzt mächtige algebraische Techniken zur Umformung von symbolischen Ausdrücken voraus und wird daher nur selten und in vereinfachter Form in Constraint-Systemen benutzt.

Die Auflistung zeigt, daß eine effiziente Constraint-Propagierung von starken Rahmenbedingungen abhängt. Sie sind in vielen Anwendungsbereichen nicht ohne weiteres erfüllt. In manchen Fällen ist es jedoch möglich, daß ursprüngliche Problem so umzuformulieren, daß es doch durch obige Constraint-Propagierungs-Techniken gelöst werden kann. Das Expertenwissen besteht dann zu einem erheblichen Teil in der Generierung von geeigneten Constraints aus der ursprünglichen Aufgabenstellung. Die Kombination von Generierung eines relativ einfachen Constraint-Netzes und deren Auswertung durch Constraint-Propagierung ist die Idee der Least-Commitment-Strategie.

Ein Beispiel aus der Arbeitsplanung für eine Constraint-Generierungsregel, die als Vorbedingung Aussagen über Problemmerkmale hat und als Nachbedingung ein einfaches Constraint generiert, ist: *Wenn für zwei Flächen von zwei Bearbeitungselementen die relative Toleranz zueinander kleiner als ein Schwellwert ist, dann müssen beide Bearbeitungselemente in derselben Aufspannung gefertigt werden (Priorität: hoch).* Diese Regeln unterscheiden sich von unseren üblichen Regeln (s. Kap. 4.2) dadurch, daß sie mit allquantifizierten Variablen arbeiten und mehrfach mit unterschiedlichen Variablenbelegungen instanziiert werden. Sie erfordern daher einen leistungsfähigen Regelinterpretierer mit Pattern-Matching, der als Ergebnis eine

Menge von Constraints mit instanziierten Bezugsparametern generiert, so daß bei der Constraint-Propagierung keine allquantifizierten Variablen mehr berücksichtigt werden müssen. Da die Regelsprache zur Constraint-Generierung von Besonderheiten der Problemmerkmale des Anwendungsbereichs abhängt, läßt sich eine genaue Wissensrepräsentation nicht angeben. Das gilt auch für die Constraint-Propagierungs-Phase, wenn die angegebenen Standard-Techniken versagen und durch andere Verfahren (z.B. Spezial-Algorithmen oder auch die Vorschlagen-und-Verbessern- oder Vorschlagen-und-Vertauschen-Strategie) ergänzt werden müssen. Die Least-Commitment-Strategie ist daher eine relativ schwache Problemlösungsmethode, die sich nicht auf derselben Ebene wie die bisher beschriebenen Problemlösungsmethoden befindet. Die folgende Beschreibung von Wissensrepräsentation und Wissensmanipulation soll nur die Grundideen darstellen und muß gegebenenfalls wesentlich erweitert werden.

17.1 Wissensrepräsentation

Die Wissensrepräsentation besteht aus Parametern, Constraint-Generierungsregeln, die aufgrund vorgegebener Parameterwerte Constraints generieren, und aus den Constraints, die zur Wertbestimmung der übrigen Parameter dienen. Analog zu dem Unterschied zwischen Constraint-Generierungsregeln und instanziierten Constraints ist auch eine Unterscheidung zwischen Parameterklassen und instanziierten Parametern sinnvoll. Im letzteren Fall erfolgt die Instanziierung durch Vererbung allgemeiner Eigenschaften und Hinzufügen des spezifischen Parameter-Wertes durch den Benutzer. Die Constraint-Generierungsregeln erfordern eine Regelsprache mit allquantifizierten Variablen, die sich auf die Parameterklassen beziehen. Die Constraints können als Mengen von (einfachen) Regeln, als Tabellen mit Kompatibilitätsrelationen (z.B. X ist verträglich mit A oder B oder C) oder als bereichsspezifische Funktionen dargestellt werden. Wichtig ist, daß sie nicht nur konkrete Werte, sondern auch Wertemengen (z.B. wenn bei einem Constraint A = B die aktuellen Wertemengen A = {x, y, z} und B = {v, w, x, y} bekannt sind, dann ergibt sich A = B = {x, y}) und Intervalle propagieren können (z.B. kann eine Funktion "X ergibt sich aus Y + Z" die partiellen Informationen "Y > 5" und "3 < Z < 6" zu "X > 8" verwerten). Weiterhin besitzen die Constraints und gegebenenfalls auch die Parameter, sofern sie Benutzeranforderungen repräsentieren, Prioritäten. Daraus ergibt sich folgende Wissensrepräsentation[1]:

1. Parameterklasse
- Name
- Wertebereich
- Typ (vom Benutzer erfragt, abgeleitet oder beides möglich)
- Instanzen (d) (alle instanziierten Parameter der Parameterklasse)

2. Parameter
- Name
- Parameterklasse (d) (Verweis auf zugehörige Parameterklasse)
- Constraints (d) (Constraints, an denen der Parameter beteiligt ist)

---

[1] Dynamische Attribute sind mit (d) gekennzeichnet.

- aktueller_Wertebereich (d) (jeweils aktuell gültiger Wertebereich)
- Vorgabe (d) (vom Benutzer oder System vorgegebener Wert oder Wertebereich)
- Priorität (d) (Priorität der Vorgabe)
- Alternativen (d) (weitere mögliche Vorgaben mit Prioritäten)
- getestete_Vorgaben (d) (schon getestete und revidierte Vorgaben mit Prioritäten)

3. Constraint-Generierungsregeln
- Vorbedingung
- Nachbedingung

4. Constraints
- Name
- Verweis (Verweis auf die erzeugende Constraint-Generierungsregel)
- Parameter (mit dem Constraint verbundene Parameter)
- Priorität (Priorität des Constraints)
- Typ (Tabelle oder Regeln oder Funktionen)
- Inhalt (Verweis auf eine Tabelle oder Regeln oder Funktionen)
- Status (d) (aktiv, [inaktiv], aufgehoben)

17.2 Wissensmanipulation

Zunächst gibt der Benutzer (oder ein Fremdprogramm) die Anzahl und Typen seiner Parameterklassen an, woraufhin entsprechende Parameter instanziiert und deren Werte teilweise vom Benutzer erfragt werden. Mit dieser Datenbasis wird ein vorwärtsverketteter Regelinterpretierer aufgerufen, der so viele Constraints wie möglich generiert. Die Auswertung der Constraints erfolgt zunächst mit einem Constraint-Propagierungsverfahren. Wenn der Lösungsraum überbestimmt ist, was sich in der Unerfüllbarkeit eines Constraints durch die aktuellen Parameterwerte manifestiert, muß der Widerspruch entweder durch Aufhebung des Constraints oder Änderung mindestens eines Parameterwertes aufgelöst werden. Ein Parameterwert kann entweder durch Benutzervorgabe, durch Fallunterscheidung oder durch andere Constraints hergeleitet sein. Wenn die verschiedenen Alternativen gewichtet sind, sollte die Alternative mit der niedrigsten Priorität revidiert werden, die den Widerspruch aufheben kann. Die an dem Widerspruch beteiligten Basis-Parameter (deren Attribute "Vorgabe" und "Priorität" gesetzt sind) und revidierbaren Constraints (deren Attribut "Priorität" belegt ist) können durch die Verweise "Constraints" bei den Parametern und "Parameter" bei den Constraints einfach herausgefunden und nach ihrer Priorität geordnet werden.

Die Constraint-Propagierung terminiert, wenn kein Constraint mehr anwendbar ist bzw. keine Änderung des Wertebereichs von Parametern bewirkt. Das Ergebnis ist die aktuelle Wertebelegung der Parameter. Wenn bei jedem Parameter nur ein Wert unter "aktueller_Wertebereich" übriggeblieben ist, werden diese Werte als Ergebnis ausgegeben. Wenn noch unerforschte Alternativen von Fallunterscheidungen existieren, können weitere Lösungen durch deren Abarbeitung generiert werden. Falls Constraints oder Benutzer-Vorgaben während der Problemlösung revidiert werden mußten, werden diese zusätzlich mit ihrer Priorität ausgegeben. Wenn jedoch bei den Parametern mehr Werte unter "aktueller_Wertebereich" übrigbleiben, als durch Fallunterscheidungen sinnvoll behandelt werden können, ist der Lösungsraum unterbestimmt, und es muß in einem zweiten Problemlösungsschritt mit einem separaten, eventuell bereichsspezifischen Algorithmus eine Lösung generiert werden, wozu die Wertebereichs-Einschränkungen der Constraint-Propagierung ausgenutzt werden können. Die Vorgehensweise läßt sich wie folgt zusammenfassen:

Eingabe: Anzahl und Typen von Parameterklassen, Vorgabe einiger Parameterwerte.
Ausgabe: Eindeutige Wertebelegung aller Parameter.
1. Eingabe der Anzahl und Typen von Parameterklassen.
2. Instanziierung von Parametern und teilweise Erfragung der Vorgabewerte.
3. Vorwärtsverkettete Abarbeitung der Constraint-Generierungsregeln zur Instanziierung von Constraints.
4. Auswertung der Constraints durch Constraint-Propagierung. Sobald der aktuelle_Wertebereich eines Parameters leer ist, wird der Widerspruch durch Revision von vorgegebenen Parameterwerten oder Aufheben von Constraints unter Berücksichtigung der Prioritäten aufgehoben.
5. Falls keine eindeutige Lösung gefunden wurde, d.h. die aktuellen_Wertebereiche der Parameter noch Wertemengen enthalten, wird ein Spezial-Algorithmus zur Generierung einer eindeutigen Lösung benutzt.

17.3 Wissenserwerb

Wir verzichten auf die Angabe von graphischen Hilfsmitteln für den Wissenserwerb, da die Least-Commitment-Strategie in der hier skizzierten Allgemeinheit als Problemlösungsmethode zu schwach ist, um eine gute Unterstützung beim Wissenserwerb zu bieten.

17.4 Stand der Forschung

Die Least-Commitment-Strategie ist als schwache Problemlösungsmethode breit anwendbar, aber vielfach nicht besonders hilfreich, wenn keine durch die üblichen Constraint-Propagierungstechniken auswertbaren Constraints vorliegen oder generiert werden können. Das zeigt sich z.B. oft bei modellbasierten, nichtlinearen Planungssystemen (s. Kap. 18.3).

Ein frühes Beispiel für ein Expertensystem, das erfolgreich nach der Least-Commitment-Strategie mit einer Constraint-Generierungs-Phase und einer Constraint-Auswertungs-Phase arbeitet, ist Stefiks MOLGEN[2] [Stefik 80, 81]. Es plant molekulargenetische Experimente, wobei zunächst durch die Differenzenmethode (means-ends-Analysis, s. Kap. 18.2) ein Grobplan von Operatoren erzeugt wird. Bei der hierarchischen Verfeinerung der Operatoren werden die beteiligten Objekte nicht sofort instanziiert, sondern Constraints generiert, die meist Kompatibilitäten ausdrücken, z.B. daß ein vorgesehenes Bakterium mit einem vorgesehenen Vektor kompatibel ist,

---

2   Friedlands MOLGEN (s. Kap. 14.5) hat denselben Anwendungsbereich und auch weitgehend dieselbe Wissensbasis wie Stefiks MOLGEN, benutzt jedoch als Problemlösungsstrategie das Skelett-Planen. Es wurde im Gegensatz zu Stefiks MOLGEN weiterentwickelt.

der Vektor zu einem bestimmten Gen paßt, usw. Das Wissen über prinzipiell mögliche
Kompatibilitäten zwischen den in der Wissensbasis vorkommenden Objekten ist in
Tabellen abgespeichert. Erst nachdem alle Constraints generiert sind, werden sie zur
Identitätsbestimmung der Objekte ausgewertet. Für die Constraint-Propagierung reicht
in Stefiks MOLGEN ein einfacher Constraint-Propagierungs-Algorithmus aus, der
nur Werte und Wertemengen propagiert und Fallunterscheidungen durchführen kann.
Eine Aufhebung von Constraints oder Benutzeranforderungen ist nicht erforderlich.

Ein komplexeres Expertensystem, das mit der Least-Commitment-Strategie
Arbeitspläne generiert, ist GARI [Descotte 85]. Aus den Werkstück- und Werkstatt-
daten werden durch Constraint-Generierungsregeln mit Prioritäten gewichtete
Constraints erzeugt, die dann zu einem Arbeitsplan ausgewertet werden. Im
Gegensatz zu Stefiks MOLGEN kann es passieren, daß die Anwendung der
Constraints zu einem Widerspruch führt. Da die Benutzeranforderungen nicht
geändert werden können, muß ein Constraint aufgehoben werden, um den
Widerspruch zu beseitigen. GARI wählt dabei immer das Constraint mit der
niedrigsten Priorität aus. Falls zum Schluß für Parameter eine Wertemenge übrig
bleibt, wird dadurch eine Menge möglicher Pläne repräsentiert, wobei GARI
garantiert, daß die Pläne insofern optimal sind, als es keine anderen Pläne gibt, die nur
Constraints mit niedrigeren Prioritätsstufen verletzen.

17.5 Beispiel: ExAP

ExAP [Dyckhoff 89] ist ein teilimplementiertes Expertensystem zur Arbeitsplanung.
Es hat als Eingabe eine Beschreibung des Werkstückes und generiert als Ausgabe
einen Arbeitsplan mit einer Reihenfolge von Operationen, der möglichst wenige Auf-
spannungswechsel an der Maschine erfordert. Das Werkstück wird im wesentlichen
auf einer abstrakten Ebene mit Bearbeitungselementen beschrieben, die jedoch
theoretisch aufgrund der CAD-Basis-Daten abgeleitet werden können. ExAP
berücksichtigt die Bearbeitungselemente Grundfläche, Nut, Tasche, Durchbruch,
Absatz, Aussparung, Ecke, Bohrung, Gewinde, Durchbohrung, Durchgewinde und
Senkung. Jedes Bearbeitungselement und zusätzlich das Werkstück als Ganzes wird
als eine Objektklasse dargestellt, die jeweils verschiedene Attribute besitzt, z.B. beim
Absatz seine Orientierung zu den verschiedenen beteiligten Grundflächen und seine
geometrischen Abmessungen. Jedem Bearbeitungselement ist eine Operation zugeordnet, mit dem es gefertigt wird. Für diese Operationen muß im Arbeitsplan die Reihenfolge und die Maschinenkonfiguration (vor allem die Aufspannung) festgelegt
werden.

Zunächst werden die Objektklassen entsprechend der Werkstückdaten instanziiert.
Wenn z.B. ein Werkstück fünf Absätze hat, werden fünf Instanzen der Objektklasse
Absatz erzeugt. Bei der Instanziierung werden den Attributen bzw. Parametern Werte
teilweise direkt zugewiesen und teilweise aus den bereits zugewiesenen Werten mit
Regeln berechnet. Dann werden für jedes Bearbeitungselement die zugehörigen
Operationen erzeugt, was im wesentlichen eine Umbenennung ist. Die Operationen
müssen mit bestimmten Maschinen, Aufspannungen der Maschine und Werkzeugen in
der Maschine gefertigt werden. In ExAP wird nur ein Maschinentyp betrachtet (da
eine Maschine oft zur Fertigung eines Werkstückes ausreicht) und bezüglich

Aufspannungswechseln optimiert (Werkzeugwechsel sind auf der angenommenen Maschine weniger aufwendig). Die Anzahl der möglichen Maschinenaufspannungen ist a priori bekannt. Für die Operationen werden dann aufgrund der Attribute der Bearbeitungselemente Constraints generiert, wobei es folgende Constraintklassen gibt:

- (fertigbar A1 {OP1, ... , OPn}): In der Aufspannung A1 können die Operationen {OP1, ... , OPn} prinzipiell gefertigt werden.
- (vor OP1 OP2): Die Operation OP1 muß vor OP2 ausgeführt werden.
- (selber_Arbeitsgang OP1 OP2): Die beiden Operationen müssen im selben Arbeitsgang, d.h. in derselben Aufspannung, gefertigt werden.
- (abhängig OP1 {OP2, ... , OPn}): Wenn ein Element aus der Menge {OP2, ... , OPn} in einer Aufspannung gefertigt wird, in der auch OP1 gefertigt werden kann, dann muß OP1 in einer dieser Aufspannungen gefertigt werden.
- (sperrt OP1 {A1, ... , An}): Die Ausführung der Operation OP1 macht die Aufspannungen {A1, ... , An} unmöglich.

Bei der Constraint-Auswertung in ExAP stellte sich heraus, daß der Lösungsraum nicht wie bei GARI überbestimmt ist und Constraints zurückgenommen werden müssen, sondern daß er unterbestimmt ist und zusätzliche Annahmen erforderlich sind. In ExAP wird daher zunächst eine minimale Menge von Aufspannungen bestimmt, mit denen alle Constraints ohne Berücksichtigung ihrer Reihenfolgebeziehungen gefertigt werden könnten, und dann versucht, ihre genaue Zuordnung zu Aufspannungen durch Constraint-Propagierung aller Constraints festzulegen. Falls dabei ein Widerspruch entdeckt wird, so daß eine Operation nicht mit den bisherigen Aufspannungen gefertigt werden kann, wird einfach eine neue Aufspannung für diese Operation dazugenommen und mit der erweiterten Aufspannungsmenge weitergearbeitet.

Im folgenden illustrieren wir die Vorgehensweise von ExAP anhand der Erstellung eines Arbeitsplanes für das Werkstück aus Abb. 17.1 [Dyckhoff 89, Kap. 5.4].

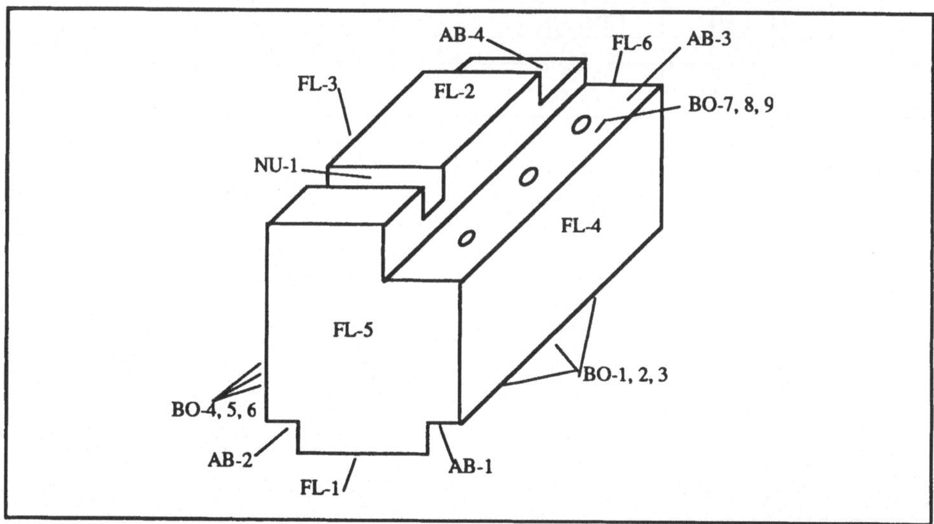

Abb. 17.1 Beispielwerkstück mit 20 Bearbeitungselementen: 6 Grundflächen FL-1, FL-2, Fl-3, FL-4, Fl-5, Fl-6; 4 Absätze AB-1, AB-2, AB-3, AB-4; 1 Nut NU-1 und 9 Bohrungen BO-1 bis BO-9.

Abb. 17.2 zeigt die Zuordnung von Bearbeitungselementen zu Operationen und ihre Reihenfolge-Constraints, die durch vorwärtsverkettete Auswertung der Constraint-Generierungs-Regeln und der Datenbasis aus den genauen Eigenschaften der Bearbeitungselemente instanziiert wurden.

BE	OP-i	(vor OP-i OP-j)	(sa OP-i OP-j)	(oa OP-i op-j)
FL-1	OP-1	(OP-8,9)	-	(OP-8,9)
FL-2	OP-2	(OP-7,11,21,22)	-	(OP-7,11,22)
FL-3	OP-3	(OP-9,21,22,24)	-	(OP-9,22,24)
FL-4	OP-4	(OP-8,23)	-	(OP-8,23)
FL-5	OP-5	(OP-7,23,24,25)	-	(OP-7,23,24,25)
FL-6	OP-6	(OP-11)	(OP-11)	-
NU-1	OP-7	-	-	-
AB-1	OP-8	(OP-23)	(OP-23)	-
AB-2	OP-9	(OP-24)	(OP-24)	-
AB-3	OP-21	(OP-7, OP-11, OP-22)	-	-
	OP-22	(OP-25)	(OP-25)	-
AB-4	OP-11	-	(OP-6)	-
BO-1,2,3	OP-23	-	(OP-8)	-
BO-4,5,6	OP-24	-	(OP-9)	-
BO-7,8,9	OP-25	-	(OP-22)	-

Abb. 17.2 Liste der generierten Reihenfolge-Constraints für die den Bearbeitungselementen zugeordneten Operationen (sa = selber_Arbeitsgang, oa = abhängig, s.o)

Aufspannungen		Mögliche	Aufspannungen		Mögliche
Nr.	Beschr.	Operationen	Nr.	Beschr.	Operationen
A-1	FL-1/3/5	OP-2,7,21,26	A-25	FL-4/1/5	OP-3
A-2	FL-1/3/6	OP-2,5,7,21	A-26	FL-4/1/6	OP-3,5
A-3	FL-1/4/5	OP-2,7,26	A-27	FL-4/2/5	OP-3
A-4	FL-1/4/6	OP-2,5,7	A-28	FL-4/2/6	OP-3,5
A-5	FL-1/5/3	OP-2,4,7,21,29	A-29	FL-4/5/1	OP-3,2,7
A-6	FL-1/5/4	OP-2,3,7,21	A-30	FL-4/5/2	OP-3,1,28
A-7	FL-1/6/3	OP-2,4,21	A-31	FL-4/6/1	OP-3,2
A-8	FL-1/6/4	OP-2,3,21	A-32	FL-4/6/2	OP-3,1
A-9	FL-2/3/5	OP-1,28	A-33	FL-5/1/3	OP-4
A-10	FL-2/3/6	OP-1,5,28	A-34	FL-5/1/4	OP-3
A-11	FL-2/4/5	OP-1,27	A-35	FL-5/2/3	OP-4,26
A-12	FL-2/4/6	OP-1,5,27	A-36	FL-5/2/4	OP-3,26
A-13	FL-2/5/3	OP-1,4,27,28	A-37	FL-5/3/1	OP-2,7,26
A-14	FL-2/5/4	OP-1,3,27,28	A-38	FL-5/3/2	OP-1,7,26
A-15	FL-2/6/3	OP-1,4	A-39	FL-5/4/1	OP-2,7,26
A-16	FL-2/6/4	OP-1,3	A-40	FL-5/4/2	OP-1,7,26
A-17	FL-3/1/5	OP-4	A-41	FL-6/1/3	OP-5,4
A-18	FL-3/1/6	OP-4,5	A-42	FL-6/1/4	OP-5,3
A-19	FL-3/2/5	OP-4,21	A-43	FL-6/2/3	OP-5,4,7
A-20	FL-3/2/6	OP-4,5,21	A-44	FL-6/2/4	OP-5,3,7
A-21	FL-3/5/1	OP-4,2,21,29	A-45	FL-6/3/1	OP-5,2,7
A-22	FL-3/5/2	OP-4,1,27	A-46	FL-6/3/2	OP-5,1,7
A-23	FL-3/6/1	OP-4,2,21	A-47	FL-6/4/1	OP-5,2
A-24	FL-3/6/2	OP-4,1	A-48	FL-6/4/2	OP-5,1

Abb. 17.3 Liste der erlaubten Aufspannungs/Operation-Zuordnungen für eine bestimmte Maschine (genaue Definition der Aufspannungen fehlt)

Die Operationen, die in derselben Aufspannung gefertigt werden müssen, können zur
Komplexitätsreduktion zusammengefaßt werden, wozu vier neue Operationen eingeführt werden: OP-26 (ersetzt OP-6 und OP-11), OP-27 (ersetzt OP-8 und OP-23),
OP-28 (ersetzt OP-9 und OP-24) und OP-29 (ersetzt OP-22 und OP25). Die Liste der
generierten Operation/Aufspannungs-Constraints zeigt Abb. 17.3.

Das von ExAP produzierte Ergebnis der Constraint-Auswertung zeigt Abb. 17.4.

1. Arbeitsgang:

  - Aufspannung: A-26
  - Operationen: OP-3, OP-5

2. Arbeitsgang:

  - Aufspannung: A-13
  - Operationen: OP-1, OP-4, OP-27, OP-28

3. Arbeitsgang:

  - Aufspannung: A-5
  - Operationen: OP-2, OP-7, OP-21, OP-29

4. Arbeitsgang:

  - Aufspannung: A-36
  - Operationen: OP-26

Abb. 17.4   Fertiger Arbeitsplan mit drei Aufspannungswechseln

Aus den Operationen in Abb. 17.4 ergibt sich folgende Fertigungsreihenfolge der
Bearbeitungselemente von Abb. 17.1:

Aufspannung A-26:   FL-3, FL-5.
Aufspannung A-13:   FL-1, FL-4, AB-1, BO-1,2,3, AB-2, BO-4,5,6.
Aufspannung A-5:   FL-2, NU-1, AB-3 (grob), AB-3 (fein), BO-7,8,9.
Aufspannung A-36:   FL-6, AB-4.

18. Modellbasiertes Planen

Während man sich beim heuristischen Planen nur auf kritische Aspekte des Planens beschränkt und Erfahrungswissen benötigt, welches die kritischen Aspekte sind und wie man sie darstellt, werden beim modellbasierten Planen keine solchen Reduktionen vorgenommen. Stattdessen werden die Objekte des Gegenstandsbereiches ausreichend genau beschrieben, so daß die Operatoren vollständig durch ihre Wirkungen auf die Objekte charakterisierbar sind. Ein Kennzeichen des modellbasierten Planens ist die inhärente Möglichkeit einer Simulation des fertigen Plans, indem man zeigt, wie die Ausführung der Operatoren die Anfangssituation schrittweise in die Zielsituation überführt. Beim heuristischen Planen fehlt diese Möglichkeit, weil meist die Wirkungen von Operatoren auf Situationen nicht oder zu unvollständig beschrieben sind.

Die Allgemeinheit des modellbasierten Planens wird durch einen extrem großen Suchraum bezahlt. Der Suchraum ist die Anzahl aller möglichen Operatorfolgen. Die wichtigsten Methoden zur Reduktion des Suchraumes sind Modularisierung und Abstraktion. Bei der Modularisierung wird ein Planungsziel in verschiedene Teilziele aufgespalten, die weitgehend unabhängig voneinander zu lösen sind. Bei der Abstraktion wird zunächst mit abstrakten, vereinfachten Operatoren oder Situationen ein Grobplan erstellt, dessen Teile dann konkretisiert werden.

Leider handelt man sich durch diese Techniken neue Probleme ein: Bei der Modularisierung können Interaktionen verhindern, daß die Ausführung der Teilpläne auch eine Lösung des Gesamtproblems ist, und bei der Abstraktion kann sich herausstellen, daß ein ausgearbeiteter Grobplan nicht verfeinerbar ist.

Eine manchmal hilfreiche Analogie, die zumindest die Komplexität des Planens zeigt, ist der Vergleich mit dem Programmieren. Die Objekte des Anwendungsbereiches entsprechen den Objekten der Programmiersprache und die Operatoren den Programmbefehlen. Eine allgemeine Problemlösungsmethode für das Planen entspräche einem automatischen Programmgenerator, was derzeit utopisch ist[1]. Tatsächlich können mit den bisherigen Planungsmethoden nur relativ einfache Beispielprobleme gelöst werden, die meistens aus der Block-Welt stammen, welche sich als ein Standard-Anwendungsgebiet des Planens etabliert hat.

Da mit allgemeinen Planungstechniken derzeit noch eine für praktische Expertensystem-Anwendungen meist zu niedrige Problemkomplexität lösbar ist, andererseits die Techniken wegen ihrer Allgemeinheit schnell sehr komplex werden, beschränken wir uns in diesem Kapitel auf eine Übersicht. Ausgereifte klassische Planungssysteme sind NOAH [Sacerdoti 77] und SIPE [Wilkins 84]. Eine gute Einführung in die

---

[1] Viele Planungsprobleme scheinen jedoch insofern etwas einfacher als Programmierprobleme zu sien, als meist ein Programm für ein konkretes Problem und nicht für eine durch die möglichen Eingabedaten definierte Klasse von Problemen gesucht wird, was sich in einer geringeren Parametrisierung auswirkt.

Planung findet sich in [Nilsson 82, Kap. 7 und 8], [Cohen 82, Kap. XV] und [Hertzberg 86]. Unter den vielen aktuellen Forschungsaktivitäten im Planungsbereich wollen wir hier nur [Ginsberg 88] und [Wilkins 88] erwähnen. Einen Überblick über die Literatur und eine umfassende, detaillierte Beschreibung von allgemeinen Planungsstrategien enthält [Hertzberg 89].

18.1 Einstufiges Planen

Eine einfache Formulierung von Planungsproblemen ist die Darstellung als Regelsystem. Die Zustandsbeschreibung der Objekte entspricht der Datenbasis, und die Operatoren entsprechen den Regeln. Die Zielsituation kann dann durch rückwärtsverkettete Regelanwendung (z.B. in PROLOG) hergeleitet werden, wobei die Sequenz der angewandten Regeln der zu generierende Plan ist. Die Vorbedingung einer Regel beschreibt die Situationen, in denen der Operator anwendbar ist, und die Nachbedingung ihre positiven und negativen Wirkungen (s. Abb. 18.1).

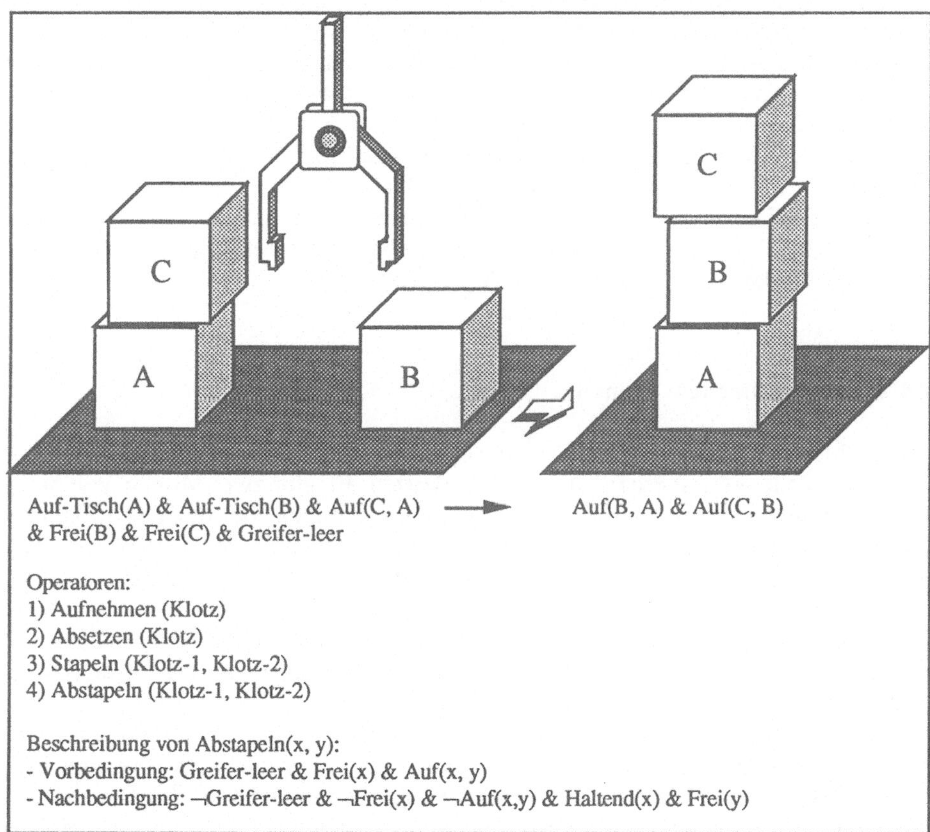

Abb. 18.1 Ein Roboter-Planungsproblem aus der Klötzchenwelt

Leider funktioniert diese Strategie nur, wenn verschiedene Teilziele, die sich häufig aus der Erfüllung mehrerer Vorbedingungen für einen Operator oder für das Gesamtziel ergeben, keine Interaktionen haben. Ein Beispiel für Interaktionen ist die Sussman-Anomalie in Abb. 18.1, in der die zwei gelösten Teilpläne für "stapel C auf B" und "stapel B auf A" in dieser Reihenfolge keine Lösung des Gesamtproblems sind, da bei bei der Ausführung des zweiten Teilplanes die Effekte des ersten wieder rückgängig gemacht werden müssen.

Zur Behandlung von Interaktionen müssen diese erkannt und aufgelöst werden. Zum Erkennen eignen sich "Schutzmarken" (Protections), die Situationsmerkmalen zugewiesen werden, die nicht verändert werden dürfen. Dazu gehören solche, die in der Zielsituation oder als Vorbedingung für die Anwendung eines Operators von der Erzeugung bis zu dessen Ausführung gefordert werden (z.B. um das Ergebnis des ersten Teilplanes zu schützen, daß C auf B gestapelt ist).

Das nächstliegende Verfahren zum Auflösen von Interaktionen ist die Veränderung der Reihenfolge der Operatoren. Da jedoch bei n Operatoren n! Kombinationen möglich sind, können nicht alle ausprobiert werden. Zwei effiziente, allerdings nicht vollständige Methoden sind: 1) Nur die direkten Teilziele eines übergeordneten Zieles werden umgestellt. 2) Der problematische Teilplan wird im Gesamtplan bis vor die Generierung der verletzten Schutzmarke verschoben, was etwas flexibler als die erste Methode ist. Falls diese Methoden versagen, kann das verletzte Teilziel ein zweites Mal generiert werden. Da Endlosschleifen entstehen können (z.B. bei zwei sich wechselseitig ausschließenden Teilzielen), müssen diese erkannt werden können (z.B. als periodisch auftretende Operatorfolgen).

Außer der Tatsache, daß eventuell nicht optimale Operatorfolgen erzeugt werden, leidet das einstufige Planen an der Konzentration auf Details — als ob man eine lange Reise mit der Plazierung des ersten Schrittes planen würde! Daher werden praktisch fast ausschließlich die beiden in den folgenden Abschnitten beschriebenen Techniken des hierarchischen und nicht-linearen Planens verwendet.

18.2 Hierarchisches Planen

Hierarchisches Planen erfordert Erfahrungswissen über sinnvolle Abstraktionen, um die prinzipielle Verfeinerbarkeit zu gewährleisten. Es gibt zwei Möglichkeiten zur Abstraktion: Planen mit abstrakten Situationsmerkmalen, bei der die Situationsmerkmale gewichtet und zunächst nur die wichtigsten Merkmale durch Operatoren hergeleitet werden, und Planen mit abstrakten Operatoren, die nicht direkt ausführbar sind, sondern in einfachere Operatoren zerlegt werden müssen. Da die Operatorabstraktion meist eine Situationsabstraktion impliziert, weil abstrakte Operatoren sich gewöhnlich nur auf wichtige Merkmale beziehen, beschreiben wir hier beide Formen zusammen.

Zunächst wird ein Plan auf der abstraktesten Ebene generiert. Anschließend wird für jeden abstrakten Operator ein Unterplan erzeugt, der die Vorbedingungen des abstrakten Operators als Ausgangs- und die Nachbedingungen als Zielsituation hat. Dieses Verfahren wird solange iteriert, bis nur noch primitive Operatoren benutzt worden sind. Ein großer Vorteil des hierarchischen Planens ist, daß die Definition, was "primitive Operatoren" sind, leicht verändert werden kann, um den Detaillierungsgrad des Planes an das Vorwissen des Akteurs anzupassen.

Falls Interaktionen erkannt werden, kann man versuchen, sie mit den gleichen Methoden wie beim einstufigen Planen aufzulösen, nämlich zunächst Umstellen der Operatoren auf einer Abstraktionsebene oder Verschieben eines Teilplanes vor die Erzeugung des geschützten, verletzten Situationsmerkmals ohne Berücksichtigung von Abstraktionsebenen.

Statt der rückwärtsgerichteten Suche ist es manchmal vorteilhafter, zunächst einen abstrakten Operator für das am schwierigsten zu erfüllende Situationsmerkmal zu suchen, um dann den Plan in beide Richtungen zu expandieren, d.h. von der Ausgangssituation zur Vorbedingung des abstrakten Operators und von seiner Nachbedingung zur Zielsituation. Diese "Differenzenanalyse" (means-ends-analysis) basiert auf einer Zuordnung von gewichteten Situationsmerkmalen zu Operatoren. Falls die Situationsmerkmale nicht direkt in der Problemstellung gegeben sind, kann man sie durch Vergleich des Ausgangs- mit dem Zielzustand generieren.

Die Leistungsfähigkeit eines hierarchischen Planers hängt von der Qualität der Abstraktionen ab. Da bei abstrakten Operatoren die Situationsbeschreibung extrem vereinfacht werden muß, ergibt sich ein fließender Übergang zum heuristischen Planen. Der Hauptunterschied ist die Behandlung von Interaktionen.

18.3 Nicht-lineares Planen

Während bisher Interaktionen durch nachträgliches Umstellen eines bereits geordneten Planes aufgelöst wurden, vermeidet man beim nicht-linearen Planen das Festlegen einer Reihenfolge, solange kein zwingender Grund dazu besteht. Wenn z.B. mehrere Teilziele für ein übergeordnetes Ziel oder mehrere Vorbedingungen für einen Operator hergeleitet werden, werden sie als Menge ohne innere Ordnung repräsentiert und nur als Voraussetzung für das übergeordnete Ziel synchronisiert. Nach einer Planerweiterung wird dann überprüft, ob Interaktionen zwischen den neuen Operatoren oder zu anderen bereits existierenden Operatoren vorhanden sind. Falls ja, wird eine Reihenfolgerestriktion, d.h. eine zusätzliche Synchronisation, für die davon betroffenen Operatoren festgelegt. Der Planungszyklus besteht also aus einer ständigen Wiederholung der beiden Phasen Plankritik und Planerweiterung. Bei der Plankritik kann man auch Optimierungen versuchen, z.B. wenn zwei identische Vorbedingungen in verschiedenen Teilplänen benutzt wurden, kann man eine davon eliminieren. Falls Operatoren in dem resultierenden Gesamtplan ungeordnet bleiben, können sie in beliebiger Reihenfolge oder parallel abgearbeitet werden. Nicht-lineares Planen kann man daher als eine Variante des Least-Commitment-Strategie betrachten, bei der während der eigentlichen Planungsphase Constraints (d.h. ReihenfolgeRestriktionen) erzeugt werden, die danach durch Constraint-Propagierung ausgewertet werden. Diese Idee kann man verallgemeinern, indem man nicht nur ReihenfolgeRestriktionen, sondern auch Attribute von Operatoren im Plan so lange wie möglich variabel hält, d.h. Interaktionen mit anderen Operatoren ebenfalls als Constraints formuliert (vgl. Stefik´s MOLGEN, Kap. 17.4).

19. Fallvergleichendes Konstruieren

Beim fallvergleichenden Konstruieren wird versucht, für eine Aufgabenstellung einen möglichst ähnlichen Fall aus einer Fallbibliothek zu finden und dessen Lösung zu übernehmen. Da bei der Konstruktion im Gegensatz zur Klassifikation zwei Problemlösungen selten übereinstimmen, muß der Vergleichsfall entsprechend den besonderen Anforderungen der neuen Aufgabenstellung modifiziert werden. Dafür ist eine zusätzliche Wissensrepräsentation erforderlich. Die fallvergleichende Konstruktion ist deshalb keine eigenständige Problemlösungsmethode, sondern ergänzt eine andere Konstruktionsmethode, deren Wissensrepräsentation übernommen wird. Wir beschreiben in diesem Kapitel daher nur die fallvergleichenden Besonderheiten. Die fallvergleichende Konstruktion besteht aus zwei Phasen: Auswahl eines Vergleichsfalles und Übernahme bzw. Modifikation seiner Lösungsteile.

Auf Wunsch kann der Vergleichsfall vom Benutzer vorgegeben werden. Ansonsten wird er mittels eines Ähnlichkeitsvergleiches der jeweiligen Aufgabenstellungen ausgewählt, was der Fallauswahl bei der Klassifikation entspricht (s. Kap. 12), die wir hier ebenfalls nicht wiederholen.

Für die Übernahme oder Modifikation von Lösungsteilen des Vergleichsfalles gibt es zwei prinzipielle Möglichkeiten, wie die Basismethode ergänzt wird:

- Der Vergleichsfall dient als Entscheidungshilfe für die Basismethode, d.h. es wird versucht, einen Konstruktionsschritt so wie im Vergleichsfall auszuführen, und nur wenn das nicht geht, wird der Konstruktionsschritt entsprechend dem Wissen der Basismethode durchgeführt. Beim Skelett-Konstruieren werden die Verfeinerungen in der Und/Oder-Hierarchie vom Vergleichsfall übernommen, sofern sie existierenden Regeln nicht widersprechen. Bei Vorschlagen-und-Verbessern stammen die Vorschläge vom Vergleichsfall statt von den Vorschlags-Regeln. Bei Least-Commitment besteht dagegen nur geringer Spielraum zur Orientierung am Vergleichsfall, da die Constraints in jedem Fall ausgewertet werden sollten und nur ein eventuell verbleibender Entscheidungsspielraum durch den Vergleichsfall eingeschränkt werden kann.
- Die andere Alternative besteht darin, die Lösung des Vergleichsfalles komplett zu übernehmen und nachträglich entsprechend den Unterschieden zwischen den Anforderungen beider Fälle zu korrigieren. Dafür eignet sich besonders die Vorschlagen-und-Verbessern-Strategie, bei der die Überwachungs-Constraints Widersprüche entdecken und die Korrektur-Regeln spezifische Verbesserungen an der übernommenen Lösung bewirken. Da bei den anderen Methoden Korrektur-Regeln fehlen, bliebe dort nur die Lösungsanpassung mit einem allgemeinen TMS, das bei Widersprüchen irgendeine Veränderung vornimmt, die den Widerspruch beseitigt, aber im Gegensatz zu den spezifischen Korrekturregeln keine Optimalität berücksichtigt.

Bei den bisher diskutierten Ansätzen werden die Fälle selber nicht weiter analysiert. Das setzt voraus, daß es genügend viele Fälle gibt, um zu einem neuen Problem einen halbwegs vergleichbaren Fall zu finden, und auch, daß die abgespeicherten Problemlösungen keine Fehler enthalten. Anwendungsbereiche mit guten Chancen, daß diese Voraussetzungen erfüllt sind, sind die Angebotserstellung von einfachen Systemkonfigurationen und die Arbeitsplanung von Werkstücken, da eine Firma normalerweise sehr viele Fälle lösen muß und deren Korrektheit nachträglich überprüft wird. In vielen anderen Anwendungsbereichen und insbesondere bei der Alltagsplanung sind diese Voraussetzungen dagegen selten erfüllt. Mögliche Lernmethoden sind die Generierung von Skelettplänen aus einem Fall oder mehreren Fällen mit den Techniken des Explanation-Based-Learning oder die Analyse von fehlerhaften Plänen, um aus Fehlern zu lernen.

Das fallvergleichende Konstruieren ist ein noch junges, aber rasch expandierendes Forschungsgebiet. Zu den Pionieren gehören Janet Kolodner, in deren Forschungsgruppe die Systeme MEDIATOR [Simpson 85, Kolodner 87b] zur fallbasierten Analyse von Meinungsverschiedenheiten in Diskussionen und JULIA [Kolodner 87a, b] zur fallbasierten Planung von Menü-Zusammenstellungen für Gäste mit unterschiedlichen Diät-Wünschen entwickelt wurden, sowie Kristian Hammond, der das System CHEF zur Analyse und Behebung von Fehlern in Kochrezepten entwickelt hat [Hammond 86, 87, 89].

20. Partielle Integration von Konstruktionsmethoden

Die diskutierten Konstruktionsmethoden basieren jeweils auf einer unterschiedlichen Kernidee:

- *Skelett-Konstruieren*: Top-Down-Verfeinerung entlang einer Und/Oder-Hierarchie.
- *Vorschlagen-und-Verbessern bzw. Vorschlagen-und-Vertauschen*: Direkte, heuristische Festlegung von Parameter-Werten bzw. Zuordnungen mit der Möglichkeit der wissensbasierten Korrektur.
- *Least-Commitment*: Vermeidung verfrühter Festlegungen von Parameter-Werten durch Constraint-Generierung und anschließende Auswertung durch Constraint-Propagierung.
- *Fallvergleichendes Konstruieren*: Übernahme von möglichst vielen Konstruktionsentscheidungen von einem ähnlichen Fall.
- *Modellbasiertes Konstruieren*: Konstruktion auf der Basis eines Modells, das mit Operatoren explizit manipuliert wird.

Weitere Kernideen sind:

- *Bottom-Up-Aggregierung*: Symmetrisch zur Top-Down-Verfeinerung beim Skelett-Konstruieren kann man sich auch eine Bottom-Up-Aggregierung von vorgegebenen Konstruktionsteilen vorstellen. Auch Zwischenformen wie die Differenzenmethode (Kap. 18.2) sind denkbar.
- *Interaktives Konstruieren*: Der Benutzer trifft bei allen kritischen Schritten die Entscheidung.

Die Übersicht zeigt, daß sich die Ideen der Konstruktionsmethoden wechselseitig ergänzen und im Vergleich zu den Klassifikationsmethoden (s. Kap. 26) weniger überlappen. Während die Klassifikationsmethoden verschiedene Wege zum selben Ziel darstellen, von denen man sich in einem konkreten Einzelfall den besten aussucht, weisen die Konstruktionsmethoden eher zu verschiedenen Zielen, d.h. sie eignen sich für verschiedene Aufgabenstellungen. Das Ziel der Integration ist daher weniger, Konkurrenzeffekte auszunutzen, als vielmehr die bei einzelnen Methoden begrenzten Einsatzmöglichkeiten zu erweitern.

So ergänzen sich das hierarchische Skelett-Konstruieren und die Vorschlagen-und-Verbessern-Strategie ideal. Allerdings kann die Kombination der Objektverfeinerung entlang von Und/Oder-Hierarchien mit der Parameterbestimmung von Eigenschaften spezialisierter oder neu generierter Objekte einen erheblichen Komplexitätszuwachs bedingen, wenn die Menge der zu betrachtenden Objekte sich dynamisch verändert, da dann neue Regeln und Constraints generiert werden müssen. Andererseits ist mit der Erzeugung von Constraints eine wesentliche Voraussetzung für die Integration der Least-Commitment-Strategie erfüllt. Sie ergänzt die Vorschlagen-und-Verbessern-Strategie insofern, daß eine maximale Einschränkung des aktuellen Wertebereichs aller Parameter durch Constraint-Propagierung eine gute Ausgangssituation für Vorschlagen-und-Verbessern schafft. Auch das fallvergleichende und modellbasierte Konstruieren bietet attraktive Ergänzungen, da ersteres bei ausreichender Ähnlichkeit quasi eine nur noch zu modifizierende Musterlösung bereitstellt und letzteres bei Planungsproblemen eine Überprüfung der Lösung durch Simulation ermöglicht.

Wegen der großen Komplexität einer Gesamtintegration wollen wir eine dynamische Generierung von Objekten nicht betrachten und beschränken uns bei der folgenden Beschreibung einer partiellen Integration auf die Konstruktionsmethoden mit dem meisten Erfahrungswissen. Dazu gehören das Skelett-Konstruieren, die Vorschlagen-und-Verbessern-Strategie und das fallvergleichende Konstruieren. Bei der Constraint-Propagierung der Least-Commitment-Strategie betrachten wir nur einfache Propagierungstechniken (Propagierung fester Werte und eventuell von Wertemengen). Die modellbasierten Planungstechniken wollen wir nicht berücksichtigen, da sie zu komplex sind; in rudimentärer Form tauchen sie bei der Gesamt-Integration (Kap. 27.1) zur Simulation von fertigen Plänen wieder auf. Dafür sollen das interaktive Konstruieren als Option sowie eine eingeschränkte Form des Bottom-Up-Konstruierens hinzukommen.

Die grobe Vorgehensweise beim Konstruieren besteht darin, zunächst die Objekte entlang der Begriffshierarchien zu verfeinern, dabei das Regel- bzw. Constraint-Netz der Parameterbeziehungen aufzubauen und damit die Parameter-Werte zu bestimmen. Dabei zu treffende, nicht eindeutig herleitbare Entscheidungen können mit Default-Werten oder Vorschlags-Regeln heuristisch hergeleitet oder von einem ähnlichen Fall aus einer Fallbibliothek übernommen oder vom Benutzer bestimmt werden.

Diese "Top-Down-Strategie" muß erweitert werden, wenn vorhandene Informationen über konkrete Objekte, die in der Konfiguration vorkommen sollen, zu berücksichtigen sind. Dazu kann man entweder die konkreten Objekte in umgekehrter Richtung entlang der Hierarchie abstrahieren, oder man muß die Auswahlregeln bei der Hierarchieverfeinerung so ergänzen, daß die konkreten Objekte nicht ausgeschlossen werden. Letzteres bekommt man quasi umsonst beim Fallvergleich, wenn man sich einen Vergleichsfall aussucht, der die gewünschten konkreten Objekte enthält.

Je schwierigere Entscheidungen beim Konstruieren zu treffen sind, desto wichtiger wird die Fähigkeit zur Korrektur bei auftretenden Widersprüchen mit einem allgemeinen TMS oder – falls vorhanden – mit spezifischen Korrektur-Regeln entsprechend der Vorschlagen-und-Verbessern-Strategie. Wenn zu wenig Wissen über die Entscheidungen und deren Korrekturen vorliegt, ist ein interaktives Konstruieren ein Ausweg, bei dem der Benutzer die kritischen Entscheidungen trifft.

Um die Problemlösungsmethode stärker zu machen, kann man die Struktur der Begriffshierachien vereinfachen, indem man ausschließt, daß bei Zerlegungshierarchien eine variable Anzahl von Teilobjekten angegeben werden kann und daß Spezialisierungs- und Zerlegungshierarchie sich durchmischen, d.h. für ein Objekt dürfen nicht sowohl Teile als auch Verfeinerungen angegeben werden. Dadurch wird die Ausdrucksstärke nicht prinzipiell eingeschränkt, da die damit verbundenen Fallunterscheidungen auch durch zusätzliche Objekte in der Spezialisierungshierarchie repräsentiert werden können.

Im folgenden skizzieren wir nur die Grundstruktur einer Integration, die vor allem die Vielfalt des Beziehungswissens (jeweils mehrere Typen von Hierarchien, Regeln und Constraints) zeigt.

20.1 Wissensrepräsentation

Die wesentlichen Elemente der Wissensrepräsentation sind die aus Objekten bestehende Begriffshierarchie, die Parameter und ihre Beziehungen. Ein Objekt hat als Nachfolgeobjekte entweder nur Verfeinerungen oder nur Teile. Eine variable Anzahl von Teilen wollen wir zwar zulassen, aber sie darf nur benutzt werden, wo eine Fallunterscheidung mit Spezialisierungsobjekten nicht adäquat wäre, weil der Anzahl der Teile keine große Bedeutung zukommt (wenn man z.B. einen Besprechungsraum konfiguriert, wäre es nicht adäquat, für jede mögliche Anzahl der Stühle ein Objekt anzugeben). Die Anzahl wird als ein Parameter "Anzahl" des Teiles repräsentiert. Das hat die Konsequenz, daß alle Teile gleichartig verfeinert werden müssen, da sie nur als ein Objekt dargestellt sind.

Während die Verfeinerungen eines Objektes dieselben Parameter wie das übergeordnete Objekt besitzen, haben die Teile eines Objektes normalerweise eine andere Parameterstruktur. Die Spezialisierungshierarchie entspricht daher einer üblichen Frame-Struktur mit Vererbung, zugeordneten Prozeduren und Default-Werten. Wie bei den Wissensrepräsentationen der anderen Problemlösungsmethoden wollen wir jedoch statt einer Quadrupel-Repräsentation (Frame-Attribut-Facette-Wert) die Parameter nicht als Attribute, sondern als eigenständigen Objekttyp darstellen, um mit Tripel-Repräsentationen (Objekt-Attribut-Wert + Parameter-Attribut-Wert) auszukommen, wobei Objekte einen Verweis auf ihre Parameter enthalten. Ein Parameter gehört potentiell zu mehreren Objekten einer Spezialisierungshierarchie. Bei jeder Verfeinerung eines Objektes kann der aktuelle Wertebereich eines Parameters eingeschränkt werden. Daraus ergibt sich folgende Attributstruktur der Objekttypen, wobei wir als weiteren Objekttyp noch Benutzeranforderungen hinzufügen. Die Aufteilung in Benutzeranforderungen und abgeleitete Parameter wird dabei der Einfachheit halber als statisch angenommen[1].

1. Objekte
- Name
- Spezialisierungen (Nachfolge-Objekte die das Objekt spezialisieren)
- Abstraktionen (inverse Relation zu Spezialisierung)
- hat_Teile (Nachfolge-Objekte, die Teile des Objektes bezeichnen)
- ist_Teil_von (inverse Relation zu hat_Teile)
- Parameter (Liste der Parameter des Objektes)
- Auswahl-Regeln (z) (Liste von Regeln, die die Spezialisierung steuern)
- Zerlegungs-Regeln (z) (Regeln, die Parameter der Teile bei einer Zerlegung setzen)
- Einschränkungs-Regeln (z) (Regeln, die Parameter bei einer Spezialisierung einschränken)

---

[1] Zugeordnete Prozeduren, die als semistatische Attribute aus den eingegebenen Regeln abgeleitet werden können, sind mit (z) und dynamische Attribute mit (d) gekennzeichnet.

- Wert (d) (instanziiert, nicht instanziiert)
- Auswahl-Begründung (d) (Regel, die die Instanziierung des Objektes begründet)

2. Parameter
- Name
- Objekte (Liste der Objekte, zu denen der Parameter gehört)
- Wertebereich
- Default (Wert oder Prozedur zur Berechnung des Parameter-Default-Wertes)
- Objekt-Regeln (z) (Regeln von Objekten, die den Wertebereich einschränken)
- Constraints (z) (Liste der Constraints, die die Parameter untereinander verbinden)
- Vorschlags-Regeln (z) (Vorschlags-Regeln zur Herleitung des Parameterwertes)
- Korrektur-Regeln (z) (Regeln zur Korrektur des Parameterwertes bei Widersprüchen)
- aktueller_Wertebereich (d)
- Regel-Begründungen (d) (einschränkende, gefeuerte Objekt-Regeln)
- Constraint-Begründungen (d) (einschränkende, gefeuerte Constraints)
- Wert (d)

3. Benutzeranforderungen
- Name
- Wertebereich
- Gewicht (Zahl; für Fallvergleich, s. Kap. 12.1)
- Ähnlichkeitstyp (für Fallvergleich, s. Kap. 12.1)
- Ähnlichkeitsangabe (für Fallvergleich, s. Kap. 12.1)
- Bedeutung (z) (Regeln oder Constraints mit Schlußfolgerungen)
- Wert (d)

4. Vergleichsfall (Komplette Darstellung einer Lösung mit allen Zwischen-Konstruktionsschritten eines Vergleichsfalles)

5. Regeln
- Typ (Auswahl, Zerlegung, Einschränkung, Vorschlag, Korrektur, Constraint)
- Kontext (Objekt)
- Vorbedingung
- Zielobjekt (Objekt oder von der Nachbedingung betroffener Parameter)
- Nachbedingung (Formel oder Zuweisung)
- Wert (d) (gefeuert, nicht gefeuert)

6. Constraint
- Typ (Überwachung oder Einschränkung)
- Parameter (an dem Constraint beteiligte Parameter)
- Inhalt (Verweis auf Menge von Regeln oder Tabellenabfrage)
- Korrektur (bei Überwachungs-Constraints die zugehörigen Korrektur-Regeln)

Der aktuelle Stand der Konfigurierung wird in einer globalen Variablen "Konfigurierung" notiert, in der der Wurzelknoten der Begriffshierarchie (der selbst in einer globalen Variablen notiert ist) und jede Zerlegung entlang eines Attributes "hat_Teile" abgespeichert wird.

20.2 Wissensmanipulation

Ausgehend von den Anforderungen des Benutzers, der Objekte oder Parameter oder Eigenschaften der Konfigurierung vorgibt, wird die Konfigurierung schrittweise vervollständigt. Die wichtigsten prinzipiellen Strategien sind:

1. Top-Down-Konfigurierung: Ausgehend von dem Wurzelknoten werden zunächst die Objekte verfeinert und in ihre Teile zerlegt. Danach werden die Parameter der Objekte instanziiert, ihr Wertebereich maximal eingeschränkt und das zugehörige Constraint-Netz aufgebaut und evaluiert.
2. Bottom-Up-Konfigurierung: Falls die Problemspezifikation Angaben über konkrete Objekte und Parameterwerte macht, werden diese zunächst instanziiert und so weit wie eindeutig möglich daraus Schlußfolgerungen gezogen. Erst danach wird mit der Top-Down-Konfigurierung weitergemacht, wobei als zusätzliche Randbedingung die bereits instanziierten Objekte berücksichtigt werden müssen.
3. Fallvergleichende Konfigurierung: Zunächst wird ein Vergleichsfall ausgesucht, der die Benutzer-Anforderungen möglichst gut erfüllt oder direkt vom Benutzer vorgegeben wurde. Bei allen Konfigurierungsentscheidungen wird versucht, die Entscheidung des Vergleichsfalles zu übernehmen.

Um diese drei Strategien und ihre Mischformen in einem System realisieren zu können, ist eine Agenda zur Steuerung der heuristischen Entscheidungen erforderlich. Nicht-heuristische Aktionen werden dagegen immer sofort ausgeführt. Die möglichen Aktionstypen in der Agenda sind:

1. Verfeinerung eines Objektes mit dem Attribut "Spezialisierung".
2. Zerlegung eines Objektes mit dem Attribut "hat_Teile".
   Bei beiden Schritten wird außerdem der Wertebereich aller Parameter der neuen Objekte gemäß der "Einschränkungs-Regeln" eingeschränkt.
3. Abstraktion eines konkreten Objektes mit dem Attribut "ist_Teil_von".
4. Abstraktion eines konkreten Objektes mit dem Attribut "Abstraktion".
   Für diese beiden Schritte sind zusätzliche Heuristiken in der Wissensrepräsentation der Objekte erforderlich.
5. heuristische Festlegung oder Einschränkung eines Parameters (die nicht-heuristischen Einschränkungen von Parametern werden immer automatisch im Zusammenhang mit der sie verursachenden Aktion durchgeführt und müssen daher nicht durch die Agenda gesteuert werden).

Auch für die Durchführung einer Aktion gibt es verschiedene Möglichkeiten:

1. Übernahme der Aktion von dem Vergleichsfall,
2. Auswahl gemäß heuristischer Default-Regeln oder Übernahme von Default-Werten,
3. Nachfrage nach relevanten Anforderungen an den Benutzer,
4. Direkte Steuerung durch den Benutzer.

Je mehr heuristische Entscheidungen getroffen werden müssen, desto größer ist die Wahrscheinlichkeit, daß Widersprüche entstehen. Zunächst wird versucht, Widersprüche mit eventuell vorhandenen Korrektur-Regeln wie bei der Vorschlagen-und-Verbessern-Strategie zu beheben. Ansonsten muß für jeden Problemlösungsschritt sein Grund mitabgespeichert werden. Bei einem Widerspruch werden die Gründe rekursiv nach beteiligten heuristischen Entscheidungen durchsucht, da diese die Kandidaten für eine Revision darstellen. Dabei ist es günstig, wenn die Heuristiken gewichtet sind, da dann die jeweils am niedrigsten bewertete Heuristik zuerst revidiert werden kann (ansonsten könnte man z.B. die zuletzt ausgeführte Heuristik als erstes revidieren). Für die entsprechende Aktion wird dann eine Alternative gewählt, durchgeführt, und die Konsequenzen werden durch das Netz propagiert. Dieses Verfahren muß solange wiederholt werden, bis ein konsistenter Zustand erreicht wurde. Um Wiederholungen zu vermeiden, sollten inkonsistente Kombinationen in einer globalen Variablen abgespeichert werden.

20.3 Wissenserwerb

Ausgangspunkt für den Wissenserwerb ist der Aufbau der Begriffshierarchie. Dazu eignet sich ein streng hierarchischer Graph mit zwei Typen von Kanten für die Spezialisierung und für die Zerlegung. Zur Verbesserung der Übersichtlichkeit kann man auch die Spezialisierungshierarchien in jeweils einem eigenen Graphen darstellen, wobei jede Zerlegung zu entsprechend vielen neuen Spezialisierungshierarchien führt. Jede Kante in dem Graphen ist anklickbar, worauf ein Regelformular erscheint, in dem die "Auswahl-Regeln" und eventuell auch die "Zerlegungs-" und "Einschränkungs-Regeln" spezifiziert werden können. Zu jedem Objekt des Graphen kann man mittels eines Formulars lokale Information eingeben, also im wesentlichen die Parameter und deren Attribute. Wenn innerhalb einer Spezialisierungshierarchie dieselben Parameter benutzt werden, reicht die einmalige Angabe in dem obersten Objekt der Hierarchie.

Die zweite Phase des Wissenserwerbs ist die Festlegung der Beziehungen zwischen den Parametern in einem Netz mit Regeln und Constraints. Es gibt drei Möglichkeiten, den Wertebereich der Parameter einzuschränken: durch "Einschränkungs-Regeln" bei Spezialisierungen, durch "Zerlegungs-Regeln" bei Instanziierung von Teilen und durch Parameter-Parameter-Beziehungen. In allen Fällen ist normalerweise nur eine kleine Gruppe von Parametern betroffen, da nur wenige Objekte beteiligt sind. Das gilt auch für die Parameter-Parameter-Beziehungen, da diese sich gewöhnlich nur auf Parameter beziehen, die alle zu Nachfolge-Objekten einer Zerlegung gehören. Diese Gruppe von Parametern kann man in einem Fenster auflisten, so daß bei dem Ausfüllen von Regel- und Constraint-Formularen auf die beteiligten Objekte durch Anklicken leicht referiert werden kann.

20.4 Stand der Forschung

Bei einer integrierten Konstruktions-Shell potenziert sich die Variabilität der Einzel-
methoden. Insbesondere wenn die Parameter und ihre Beziehungen nicht explizit in
der Wissensbasis vorgegeben sind, sondern während der Konstruktion dynamisch
generiert werden, würde sich eine Shell erheblich verkomplizieren. Wir sind daher bei
der obigen Wissensrepräsentation von der einfacheren Alternative ausgegangen. In
dem derzeit wohl am weitesten entwickelten System, der integrierten Konstruktions-
shell PLAKON [Neumann 87, Cunis 89a, b] ist dagegen eine dynamische Generierung von Parametern und Constraints möglich. PLAKON integriert einen Und/Oder-
Graphen mit Top-Down-Verfeinerung und Bottom-Up-Aggregierung, eine Parameter-
Berechnung mittels Defaultwerten, zugeordneten Prozeduren und Constraint-Propagierung, fallvergleichendes Konstruieren durch Übernahme von Konstruktionsschritten vorgegebener Vergleichsfälle und läßt auch ein interaktives Konstruieren zu. Für
die Rücknahme von Konstruktionsschritten bietet es vier verschiedene Optionen an:
keine Rücknahmemöglichkeit, chronologisches Rücksetzen, einen JTMS-Algorithmus
und einen ATMS-Algorithmus. Eine gezielte Korrektur entsprechend der Vorschlagen-und-Verbessern-Strategie ist jedoch nicht vorgesehen. Wegen der Komplexität
der Wissensrepräsentation ist eine graphische Unterstützung des Wissenserwerbs nur
eingeschränkt möglich.

Teil V

Simulation

21. Übersicht über den Problemlösungstyp Simulation

Während bei Klassifikation und Konstruktion Problemlösungen ausgewählt bzw. zusammengesetzt werden, dient die Simulation "nur" dazu, die Auswirkungen von bestimmten Annahmen auf ein System vorherzusagen. Voraussetzung ist ein Modell des zu simulierenden Systems, das Parameter und Beziehungen zwischen den Parametern enthält. Die Simulation besteht darin, für gewisse Werte von (Eingabe-)Parametern Belegungen von anderen (Ausgabe-)Parametern abzuleiten.

21.1 Anwendungsbereiche

Anwendungsbereiche für die Simulation finden sich überall beim Umgang mit Systemen. Systeme betrachten wir hier als Einheiten, deren Verhalten sich aus dem Verhalten ihrer Komponenten herleitet. Was System und was Komponente ist, ist eine Frage des Standpunktes, z.B. kann man einen Verbrennungsmotor als System oder als Komponente eines Autos, ein Auto als System oder als Komponente eines Verkehrsverbundes betrachten. Andere Beispiele sind Organsysteme wie das Herz-Kreislauf-System im Organismus, der Organismus als Ganzes, Ökosysteme, das Zusammenwirken von Maschinen und Menschen in einer Fabrik, Stromkreise, Stromverbundsysteme, usw.

Durch Simulation können Prognosen wie bei der Wettervorhersage generiert oder virtuelle Experimente wie mit einem Flugsimulator durchgeführt werden. Dazu sind jedoch im allgemeinen sehr genaue und aufwendige Simulationsmodelle erforderlich. In Expertensystemen beschränkt man sich bisher meist auf vergleichsweise einfache Anwendungsbereiche , z.B. um mit Klassifikations- oder Konstruktionsmethoden hergeleitete Problemlösungen daraufhin zu überprüfen, ob sie die gewünschten Effekte erzielen, um sich (als menschlicher Problemlöser) ein "Gefühl" für einen Anwendungsbereich zu verschaffen oder um eine Schwachstellen-Analyse eines Systems vorzunehmen. Die Grenzen der Simulation liegen in den Begrenzungen des Modells, das als Voraussetzung der Simulation festgelegt sein muß, d.h. es kann nur eine begrenzte, vorselektierte Menge von Parametern und Komponenten betrachtet werden. Diese Festlegungen erfordern Erfahrungswissen, was "wichtig" ist.

21.2 Einteilung nach Problemtypen

Da eine Simulation eine Beschränkung auf das Wesentliche voraussetzt, kann man die Problemtypen danach einteilen, was bei ihnen das Wesentliche ist: die *Zeit*, *Parameterwerte* oder *Parameterverläufe*.

Wenn man in einer Fabrik, einer Bürokratie oder einem Verkehrsverbund eine Schwachstellen-Analyse vornehmen möchte, interessiert man sich in erster Linie dafür, wie lange die zu erledigenden Aufgaben an den verschiedenen Stationen verweilen und wie hoch die Auslastung der Stationen und Betriebsmittel ist. Falls die Auslastung im Durchschnitt niedrig ist, aber eine Station oder ein Betriebsmittel zu nahezu 100 % ausgelastet ist, hat man einen Engpaß gefunden. Man kann dann eine neue Simulation mit geändertem Modell starten, um Mittel zur Überwindung des Engpasses zu testen. Dabei wird nicht simuliert, wie die Aufgaben im einzelnen bearbeitet werden, z.B. wie ein Werkstück in den verschiedenen Maschinen verändert wird. Stattdessen werden nur die Bearbeitungszeit und eventuelle Transport- und Wartezeiten repräsentiert.

In anderen Situationen, z.B. bei der Simulation des Herz-Kreislauf-Systems oder eines elektrischen Stromkreises, interessiert man sich dafür, wie das System auf Störungen von außen reagiert. Die Störungen, z.B. die Einnahme von Medikamenten oder das Einschalten eines stromverbrauchenden Gerätes, bewirken Veränderungen bestimmter Parameterwerte, und die Systemreaktion besteht darin, daß sich andere Parameterwerte verändern und sich ein neuer Gleichgewichtszustand einstellt. Wenn das quasi momentan geschieht, interessiert man sich nicht für den zeitlichen Verlauf, sondern nur für die Werte bestimmter kritischer Parameter im neuen Gleichgewichtszustand.

In wieder anderen Anwendungsbereichen gibt es keinen Gleichgewichtszustand, oder er stellt sich erst sehr langsam ein, und man interessiert sich auch für den Verlauf zwischendurch. Dazu gehören z.B einfache periodische Vorgänge wie das Schwingen eines Pendels oder einer Klingel, aber auch komplexe Prozesse wie die Wetter-Vorhersage oder das Verhalten einer Volkswirtschaft. Typisch dafür ist, daß die Parameterwerte sich zeitlich verändern und in Abhängigkeit der Parameterwerte auch neue Prozesse aktiv bzw. alte inaktiv werden können. Da ein kontinuierlicher zeitlicher Verlauf kaum simulierbar ist, wählt man mehr oder weniger willkürlich bestimmte Zeitpunkte und berechnet die Parameterwerte dazu. Das Ergebnis der Simulation ist eine Folge von durch ihre Parameterwerte charakterisierten Zuständen.

21.3 Analyse von Problemeigenschaften

Die Simulation ist um so aufwendiger, je komplexer das zugrundeliegende Systemmodell ist. Im einfachsten Modell gibt es für jeden Parameter eine Komponente mit einer einfachen Formel, wie der Parameter aus den Eingabe-Parametern berechnet wird. Zur Komplexität tragen folgende Eigenschaften des Simulationsmodells bei:

* *Parametersummation*: Ein Parameter wird durch verschiedene Komponenten beeinflußt, deren Wirkungen verrechnet werden müssen.

- *Zustände von Komponenten*: Die Komponenten können sich in verschiedenen Zuständen befinden, in denen sie ein unterschiedliches Verhalten zeigen. Die Zustände können zu Beginn der Simulation unbekannt sein oder sich sogar während der Simulation verändern.
- *Unsicheres Wissen über die Komponenten*: Die Wirkung einer Komponente kann nicht sicher vorhersagbar sein, weil das zugrundeliegende Wissen fehlt oder das Modell zu kompliziert würde. In diesem Fall müssen verschiedene Alternativen in Betracht gezogen werden, die mit Wahrscheinlichkeiten bewertet werden können.
- *Ungenaues Wissen über die Eingabeparameter*: Wenn nur grobe Angaben über die Eingabeparameter verfügbar sind, sollte trotzdem eine Simulation möglich sein, deren Vorhersagen die Ungenauigkeiten der Eingabe reflektieren.
- *Rückkopplungsschleifen*: Rückkopplungsschleifen, bei denen die Änderung eines Parameters über mehr oder weniger viele Zwischenstufen eine Verstärkung oder Abschwächung der Ausgangs-Änderung bewirkt, verkomplizieren sowohl das Modell als auch die Problemlösungsmethode beträchtlich.
- *Verschiedene Abstraktionsebenen und multiple Modelle*: Häufig ist es wünschenswert, die Genauigkeit der Simulation variabel zu halten, wozu die Darstellung eines Modells auf verschiedenen Abstraktionsebenen hilfreich ist. In manchen Fällen gibt es sogar verschiedene, nicht kompatible Modelle, die zu unterschiedlichen Ergebnissen führen.
- *Zeitverhalten:* Oft kann die Zeit bis zur Herausbildung der Effekte bei einer Simulation nicht vernachlässigt werden. Je nach Präzision von Daten und Wissen sind dazu verschiedene Zeitrepräsentationen erforderlich.

21.4 Problemlösungsmethoden

Die Basisproblemlösungsmethode ist ein vorwärtsverkettetes Schließen in dem Modell, um aus den Eingangs-Parametern die Ausgangs-Parameter herzuleiten. Während in manchen Bereichen die einmalige Ermittlung der Ausgangs-Parameter ausreicht, interessiert man sich in anderen Bereichen für den zeitlichen Verlauf der Parameter. Den ersten Typ nennen wir *Einphasen-Simulation*, den zweiten *Mehrphasen-Simulation*. Weiterhin wird nach der Art des Wertebereiches der Parameter zwischen numerischer, analytischer und qualitativer Simulation unterschieden. Bei der *numerischen Simulation* wird mit konkreten Zahlenwerten gerechnet, was genaues Wissen über die Beziehungen und die Eingabedaten voraussetzt. Anschließend müssen die ermittelten Zahlenwerte der Ausgangsparameter zu einem Ergebnis interpretiert werden. Wenn den Benutzer die Abhängigkeit bestimmter Ausgabe- von bestimmten Eingabeparametern interessiert, ist es manchmal besser, die Abhängigkeit in einer Gleichung zusammenzufassen. Diese *analytische Simulation* erfordert meist komplexe algebraische Umformungen, weswegen sie nur sehr beschränkt anwendbar ist. Die *qualitative Simulation* ist eine Vereinfachung der numerischen Simulation, bei der man trotz Verzichtes auf genaue Zahlenwerte und Gleichungen die wesentlichen Schlußfolgerungen weiterhin herleiten möchte. Dazu wird der Wertebereich auf qualitative "Landmarkenwerte" reduziert, die für den Parameter eine besondere Bedeutung haben, z.B. wären das beim Wasser der Gefrier- und Siedepunkt und die drei zugehörigen Intervalle.

Von den daraus resultierenden sechs Simulationstypen {einphasig, mehrphasig} x {numerisch, analytisch, qualitativ} fassen wir die numerische und die qualitative Einphasen-Simulation zusammen, da deren Struktur im Gegensatz zu den unterschiedlichen Phasenübergängen bei der Mehrphasen-Simulation doch relativ ähnlich ist, und lassen die analytische Simulation weg, da die Expertensystem-Techniken dazu nicht viel beitragen können und die Gleichungen rasch sehr komplex werden. Daraus ergibt sich folgende Problemlösungsstruktur für die Simulation:

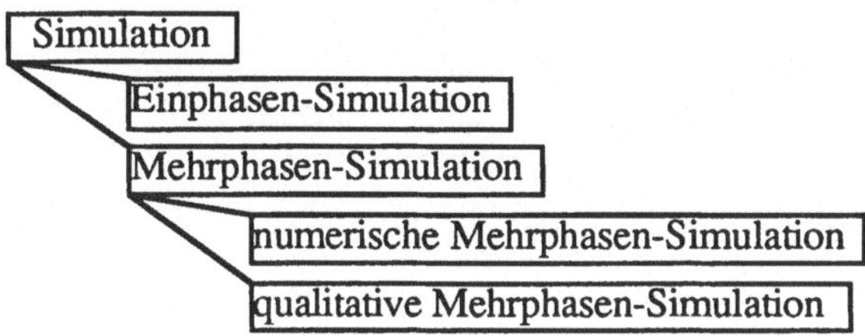

Abb. 21.1 Problemlösungsmethoden für die Simulation

Die Einphasen-Simulation eignet sich besonders zur Vorhersage, wie sich bei von außen induzierten Störungen auf ein System ein neuer Gleichgewichtszustand einstellt. Eine Engpaßanalyse in Fabriken usw. und das Testen von Veränderungsvorschlägen läßt sich gut mit der numerischen Mehrphasen-Simulation durchführen. Der dritte Problemtyp, die Vorhersage zeitlicher Parameterverläufe, kann mit beiden Typen der Mehrphasen-Simulation durchgeführt werden, wobei die numerische exaktere Ergebnisse liefert, aber die qualitative insgesamt wesentlich einfacher ist (hinsichtlich Exaktheit der erforderlichen Eingangsdaten und des erforderlichen Wissens).

Diese Simulationsmethoden sind zwar für Expertensystemanwendungen typisch, decken aber das weite Feld der Simulation keineswegs ab. Für eine Übersicht und weiterführende Literatur zur Simulation sei auf [Round 89], [Griffin 86], [Bratley 87] und [Mattern 89] verwiesen.

22. Einphasen-Simulation

Obwohl die Einphasen-Simulation wegen des Fehlens einer expliziten Zeitrepräsenta-
tion relativ einfach ist, reicht sie für viele Anwendungsbereiche aus, da zeitliche Abhängigkeiten oft implizit klar sind. So gilt z.B. für die Materialien in Abb. 22.1 auch
ohne explizite Repräsentation, daß in Pfeilrichtung eine strenge vor/nach-Beziehung
gilt.

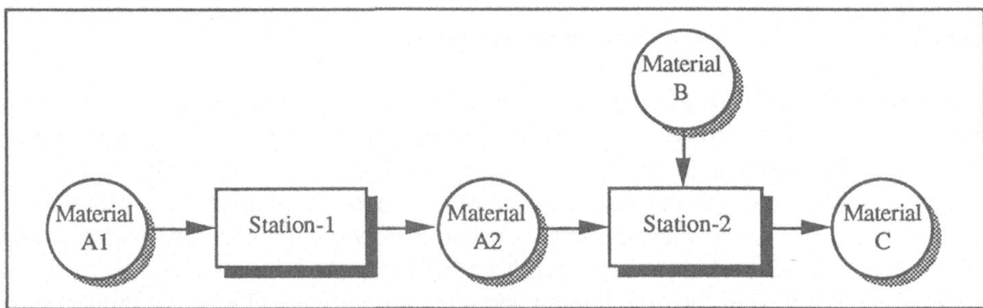

Abb 22.1 Grundstruktur der Einphasen-Simulation: Die Materialien werden durch die Komponenten in Pfeilrichtung manipuliert (z.B. Material-A1 = beschichtete Pappe, Material-A2 = Tüten,
Material-B = Milch und Material-C = Milch in Tüten).

Die Einphasen-Simulation eignet sich für die Ableitung von Parameterwerten in
Simulationsmodellen, z.B. bei der Simulation von Fertigungsanlagen wie für das
Abfüllen von Flüssigkeiten oder für die Heißverzinnung von Leiterplatten, bei der
Simulation von Maschinen wie Computern oder Automotoren oder auch bei der
Simulation biologischer Experimente wie bei der DNA-Bestimmung.

Die Grundstruktur der Wissensrepräsentation, Wissensmanipulation und des Wissenserwerbs entspricht den in Kap. 10 beschriebenen funktionalen Modellen, die wir
hier nicht wiederholen. Jedoch eignet sie sich nicht nur zur Überprüfung von Lösungen für Klassifikationsprobleme, sondern auch zur Simulation von Konstruktions-
lösungen (s. Kap. 27). Der Hauptunterschied zwischen den verschiedenen Anwendungsbereichen besteht in dem Wertebereich der Eigenschaften (Parameter) von
Materialien (vgl. Kap. 10):

- Für die Klassifikation mit funktionalen Modellen haben wir als typischen Wertebereich Abweichungen vom Normalwert angegeben (von -3, d.h. "erheblich zu
  niedrig", über 0, d.h. "normal", bis +3, d.h. "erheblich zu hoch"), da als Ergebnisse der Simulation nur Diskrepanzen zwischen Soll- und Ist-Wert relevant sind.
- Für die Simulation als "Selbstzweck" sind dagegen die Absolutwerte der
  Parameter interessanter. Dabei kann man je nach Genauigkeitsanforderungen

zwischen qualitativem und quantitativem Wertebereich unterscheiden. Während die Problemlösungsmethode davon unbeeinflußt bleibt, erfordern Absolutwerte meist ein komplexeres Modell: Wenn es bei einem System verschiedene Betriebsweisen gibt (z.B. beim Autofahren im ersten, zweiten, dritten oder vierten Gang), dann können zur Berechnung der Absolutwerte davon abhängiger Parameter jeweils eigene Regeln erforderlich sein, während die Bedingungen für Abweichungen vom Normalwert in allen Betriebsweisen gleich sind und daher nur einmal spezifiziert werden müssen.

- Bei der Aktionsplanung gibt es oft keine skalierten, sondern nur ordinale Wertebereiche von Parametern, z.B. setzt ein Experiment-Schritt eine Eigenschaft einer DNA auf einen festen Wert, bei dem es kein "höher" oder "niedriger" gibt. Auch das hat keinen Einfluß auf die Problemlösungsmethode.

Neben den in Kap. 9 und 10 erwähnten Systemen, bei denen die Simulation zur Überprüfung von Diagnosen dient, ist ein wichtiger eigenständiger Anwendungsbereich für die Einphasen-Simulation die Schaltkreisanalyse mit Widerständen, Dioden, Transistoren usw. als Komponententypen und Spannung und Strom als Materialtypen. Allerdings kann dabei zeitliches Verhalten von Schwingkreisen oder die Wirkung von Verzögerungsgliedern nicht angemessen modelliert werden. Bekannte Beispiele sind EL [Stallman 77] und SOPHIE I, II und III [Brown 82], wo das Simulationsmodell für tutorielle Zwecke genutzt wird.

23. Numerische Mehrphasen-Simulation

Bei der Mehrphasensimulation verhalten sich die Komponenten während der Simulation unterschiedlich, was von ihren Eingangsdaten oder auch von einem Zufallsgenerator abhängt. Das unterschiedliche Verhalten wird durch verschiedene Simulationsphasen abgebildet. Bei der numerischen Simulation lassen sich die Phasenübergänge und das Komponentenverhalten exakt berechnen, während man bei der qualitativen Simulation nicht von exakten Daten ausgeht. Die numerische Mehrphasen-Simulation ist ein etabliertes Hilfsmittel in Technik und Wissenschaft und weit verbreitet. Wir beschreiben hier nur eine einfache Grundstruktur, die je nach Komplexität des Anwendungsbereiches erweitert werden muß.

Ein wichtiges Anwendungsgebiet, für das sich die numerische Mehrphasensimulation eignet, ist die Simulation von Fertigungssystemen zur Engpaßanalyse. Im Gegensatz zu den Beispielen der Einphasen-Simulation aus dem letzten Kapitel geht es hier nicht primär um die inhaltlichen Änderungen an den Materialien während der Fertigung eines Auftrages, sondern um die Durchlaufzeit der Materialien und die Auslastung der Maschinen bei der parallelen Abarbeitung verschiedener Aufträge (Abb. 23.1).

Ein zentrales Hilfsmittel der numerischen Mehrphasensimulation ist die globale Uhr, die in diskreten, numerischen Zeitintervallen die Simulation vorantreibt. Die Länge eines Zeitintervalls hängt von der Anwendung ab, sie kann eine konstante Zeitspanne, z.B. fünf Minuten oder 24 Stunden betragen, oder variabel sein. Zu jedem Zeitpunkt werden die neuen Parameterwerte mit arithmetischen Formeln aus den alten Parametern vom letzten Zeitpunkt berechnet.

Die Mehrphasen-Simulation wechselt zwischen Zustandsberechnung und Zustandsübergang. Ausgehend von einer Ausgangssituation mit partieller Parameterbelegung werden bei der Zustandsberechnung Werte für die übrigen Parameter nach zeitunabhängigen Formeln berechnet. Das entspricht der Einphasen-Simulation. Der Zustandsübergang wird durch das Fortschreiten der Uhr angestoßen und bewirkt eine Änderung der Werte bestimmter Parameter aufgrund zeitabhängiger Formeln (z.B. die Verweildauer eines Materials in einer Komponente). Das Wechselspiel zwischen Zustandsberechnung und Zustandsübergang wird solange wiederholt, bis der Benutzer es anhält oder ein Gleichgewichtszustand erreicht ist, in dem keine zeitabhängigen Formeln mehr anwendbar sind. Das Ergebnis kann z.B. als Animation oder als Statistik über die Maschinenauslastung und über die Abfertigungsdauer von Aufträgen präsentiert werden.

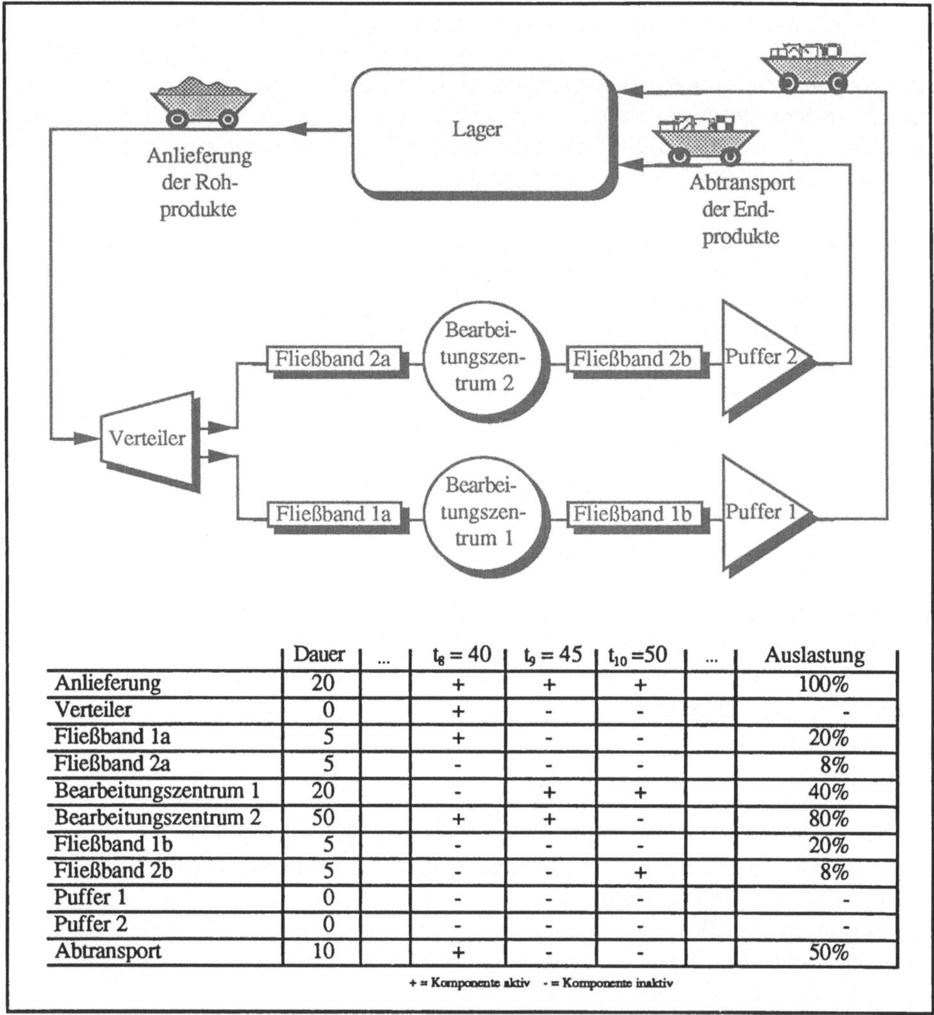

	Dauer	...	$t_8 = 40$	$t_9 = 45$	$t_{10} = 50$	...	Auslastung
Anlieferung	20		+	+	+		100%
Verteiler	0		+	-	-		-
Fließband 1a	5		+	-	-		20%
Fließband 2a	5		-	-	-		8%
Bearbeitungszentrum 1	20		-	+	+		40%
Bearbeitungszentrum 2	50		+	+	-		80%
Fließband 1b	5		-	-	-		20%
Fließband 2b	5		-	-	+		8%
Puffer 1	0		-	-	-		-
Puffer 2	0		-	-	-		-
Abtransport	10		+	-	-		50%

Abb. 23.1 Beispiel für ein Simulationsmodell einer Fertigung, bei der Rohlinge aus einem Lager geholt werden, in zwei Bearbeitungszentren gefertigt werden und die Werkstücke wieder ins Lager rücktransportiert werden. Die Hauptschwachstelle mit zu geringer Kapazität ist die Anlieferung.

23.1 Wissensrepräsentation

Die wichtigsten Elemente sind wie bei allen Simulationstypen Komponenten und Materialien. Die Materialien sind typisiert und haben Attribute, die beschreiben, wo und/oder in welchem Zustand sie sich befinden. Die Komponenten verändern die Eigenschaften der Materialien gemäß numerischer Formeln, z.B. wie lange sich die Materialien in einer Komponente aufhalten oder wie ihre Attribute durch die Komponente verändert werden. Dabei wird zwischen zeitabhängigen und zeitunabhängigen Formeln unterschieden (z.B. Materialfluß oder Differentialgleichungen bzw. Informationsfluß oder normale Gleichungen). Weiterhin haben die Komponenten Zustände (z.B. arbeitend, wartend oder defekt), die zusammen mit den Attributen der Eingabematerialien mittels Regeln die Attribute der Ausgangsmaterialien bestimmen. Falls Komponenten zu ihrer Arbeitsweise potentiell knappe Ressourcen benötigen, sollten auch diese dargestellt werden. Da es oft viele Komponenten und Materialien vom gleichen Typ gibt, lohnt sich die Definition entsprechender Objekttypen. Für die Fertigung wären wichtige Komponententypen u.a.:

- unbewegliche und bewegliche Fördermittel (z.B. Rutsche, Fließband bzw. Gabelstapler), deren Verhalten in dem Weitertransport von Materialien mit Kapazität und Verweildauer besteht. Falls bewegliche Fördermittel je nach Auslastung für verschiedene Zwecke benutzt werden sollen, sollten sie außer als zweckgebundene Komponenten auch als Ressourcen dargestellt werden.
- Bearbeitungszentren (Maschinen), die eine Verweildauer für Materialien haben, wobei nicht notwendigerweise auch die Veränderungen der Materialeigenschaften repräsentiert werden müssen.
- Speichervorrichtungen (Puffer und Lager) mit ihren Kapazitäten.
- Weichen bzw. Zusammenführungen mit einer Verteilung bzw. Vereinigung von Materialien gemäß Steuerungsregeln.

Entsprechend kann man auch generische Objekttypen für Zustände, Materialien und Parameter einführen, die deren allgemeine Eigenschaften beschreiben, welche dann an die Objektinstanzen vererbt werden. Da sich dadurch jedoch die Struktur der Wissensrepräsentation nicht ändert, beschreiben wir im folgenden nur die Attribute der Instanzen[1]:

1. Komponenten
- Name
- Ikon (bildliche Darstellung der Komponente im Simulationsmodell)
- Typ (Typ der Komponente)
- Eingangsmaterialien
- Ausgangsmaterialien
- Zustände (Liste der möglichen Zustände)
- aktueller Zustand (d)
- Auslastung (d) (Abfolge der jeweils aktuellen Zustände mit Zeitdauer während der Simulation)

2. Zustände
- Name
- Komponente (Verweis auf zugehörige Komponente)
- Ikon (bildliche Darstellung als Ergänzung oder Ersatz des Komponenten-Ikons)
- zeitabhängige_Regeln
- zeitunabhängige_Regeln

---

[1] Zugeordnete Prozeduren, die als semistatische Attribute aus den eingegebenen Regeln abgeleitet werden können, sind mit (z) und dynamische Attribute mit (d) gekennzeichnet.

3. Materialien
- Name
- Ikon (bildliche Darstellung des Materials)
- Typ (Typ des Materials)
- Parameter (für Materialien-Attribute, z.B. Ort, Menge, Bearbeitungszustand; falls
  es pro Material nur ein Attribut gibt, können die Parameter-Attribute
  auch direkt bei den Materialien abgespeichert werden)

4. Parameter
- Name
- Material (Rückverweis auf zugehöriges Material)
- Typ
- Wertebereich (meist numerisch)
- Herleitung (z) (Regeln zur Herleitung des Parameters)
- Bedeutung (z) (Regeln, die aus dem Parameterwert Schlußfolgerungen ziehen)
- Wert (d)
- Aktivitätsprozedur (Prozedur, um Wertänderungen sichtbar zu machen)

5. Regeln
- Kontext (zugehöriger Zustand)
- Zeittyp (zeitabhängig oder zeitunabhängig)
- Vorbedingung
- Nachbedingung (enthält gewöhnlich numerische Formel)

6. Uhr
- Zeiteinheit (d) (Sekunde, Minute, Stunde, ...)
- Takt (d) (Intervallsprünge der Uhr)
- aktuelle Zeit (d)

Das Verhalten einer Komponente wird mit den Regeln ihrer Zustände beschrieben. Oft
lassen sie sich zu einer kleinen Entscheidungstabelle übersichtlich zusammenfassen.
Ein wesentlicher Zweck der Simulation kann sein, die Reaktion des Systems auf
abnormale Komponentenzustände zu beobachten. Außer gezielten Zustandsverände-
rungen durch den Benutzer sollten auch mit einem Zufallsgenerator erzeugte Störungen (und nach gewisser Zeit Rückkehr zum Normalzustand aufgrund einer Reparatur) abgearbeitet werden.

Um das Simulationsmodell flexibler zu gestalten, sollte man wichtige Kenngrößen
des Modells wie z.B. Zustände von Komponenten oder Konstanten in den numerischen Formeln mit Variablen repräsentieren, die vom Benutzer eingestellt werden
können. Bei größeren Modellen wird die Übersichtlichkeit wesentlich verbessert,
wenn man Teilmodelle zu einer Einheit zusammenfassen kann. Dadurch ändert sich an
der Simulation jedoch nichts, da sie immer auf der konkreten Ebene, d.h. im expan-
dierten Zustand des Modells, ausgeführt wird.

23.2 Wissensmanipulation

Der große Vorteil der numerischen Simulation in der hier betrachteten Form ist ihre
Eindeutigkeit, da durch das Ausrechnen der Formeln den Parametern eindeutige Werte
zugewiesen werden können. Eine Simulation beginnt mit der Einstellung der
Simulationsvariablen, der Taktfrequenz der Uhr und der Eingabe von Wertbelegungen
für die Eingangsparameter. Danach werden zunächst die unmittelbar wirksamen
Beziehungen mit den zeitunabhängigen Regeln berechnet und von diesem aktuellen
Zustand die relevanten Parameter dem Benutzer sichtbar gemacht, dann die Uhr
weitergestellt und die davon betroffenen zeitabhängigen Regeln aktiviert. Die
resultierenden neuen Parameterwerte werden wie Eingangsparameter behandelt, und
dieser Zyklus wird solange iteriert, bis keine zeitabhängigen Regeln mehr feuern oder
der Benutzer die Simulation abbricht. Daraus ergibt sich folgender Algorithmus:

Voraussetzung: eingestelltes Simulationsmodell
Eingabe: Anfangsbelegung von Parametern
Ausgabe: Sichtbarmachen des zeitlichen Verlaufs der Parameterwerte, Statistik

1. Zuweisung der Anfangsbelegung an die Parameter.
2. Berechnung aller davon abhängigen Parameter mit zeitunabhängigen Regeln.
3. Während bzw. nach Schritt 2 machen die "Aktivitätsprozeduren" ihre Parameterwerte auf dem Bildschirm sichtbar.
4. *Solange* der Benutzer nicht unterbricht und noch zeitabhängige Regeln feuern
   können, *wiederhole*:
4.1   Voranschreiten der Uhr um ein Taktintervall.
4.2   Berechnung der zeitabhängigen Regeln gemäß vorgerückter Uhrzeit.
4.3   Für die geänderten Parameter werden wie bei Schritt 2 die zeitunabhängigen
      Regeln aktiviert und weitere Parameter berechnet.
4.4   Während bzw. nach Schritt 5 und 6 machen die Aktivitätsprozeduren ihre
      Parameterwerte auf dem Bildschirm sichtbar.
5. Ausgabe einer Statistik der Parameter wie in Abb. 23.1 unten.

Die jeweils aktuellen Regeln werden aus den geänderten Parametern über ihr Attribut
"Bedeutung" ermittelt, wobei die zeitunabhängigen Regeln sofort ausgeführt werden
können, während die zeitabhängigen Regeln bzw. ihre zugehörigen Komponenten
zunächst in einer globalen Variablen notiert und erst nach dem Vorrücken der Uhr
aktiviert werden. Falls ein Parameterwert über verschiedene Regeln ermittelt wird und
man erreichen möchte, daß der Parameterwert erst dann sichtbar gemacht wird, wenn
alle Regeln gefeuert haben, braucht man eine weitere globale Variable, in der alle
geänderten Parameter notiert werden und deren "Aktivitätsprozeduren" erst dann aktiviert werden, wenn alle zeitunabhängigen Regeln ausgeführt wurden, d.h. in diesem
Fall sind die Schritte 3 bzw. 4.4 eigenständige Schritte des Algorithmus, die nicht
während der vorhergehenden Schritte ausgeführt werden können.
   Das Attribut "Auslastung" bei Komponenten dient als Grundlage zur Berechnung
der Statistik, die neben der Bildschirm-Animation die eigentliche Ausgabe darstellt.

23.3 Wissenserwerb

Der Wissenserwerb beginnt mit dem Zeichnen eines Netzes, in dem graphische
Symbole (Ikons) definiert, für die verschiedenen Arten von Komponenten und
Materialien angeordnet und durch Pfeile miteinander verbunden werden. Dabei
werden zunächst Teilmodelle erstellt (z.B. die Funktionsweise eines Lagers in einer
Fabrik), die dann als ein Ikon zum Aufbau größerer Modelle zur Verfügung stehen.
Durch Anklicken der Komponenten und Materialien bekommt man ein Objekt-spezi-
fisches Formular, in dem ihre lokalen Attribute eingetragen werden. Die Regeleingabe
kann durch eine lokale Entscheidungstabelle für jede Komponente vereinfacht werden.
Für die Eingabe numerischer Formeln in die Regelnachbedingungen sollte ein Formel-
Editor zur Verfügung stehen.

23.4 Stand der Forschung

Numerische Simulation gehört zu den Standard-Techniken der Informatik. Eine
ausführliche Übersicht mit Beispielsystemen und weiterführender Literatur findet sich
in [Round 89]. Zwei Beispiele für graphische, kommerzielle Entwicklungs-Werk-
zeuge, mit denen man Modelle zur numerischen Mehrphasen-Simulation erstellen
kann, sind SIMKIT, das auf KEE aufbaut, und SIMPLE [Becker 89]. Insbesondere
letzteres Werkzeug, das auf die Simulation von Fertigungssystemen spezialisiert ist,
ist ein Beispiel für ein problemspezifisches Expertensystem-Werkzeug, mit dem
Wissensträger selbst Simulationsmodelle aufbauen können. Im Gegensatz zu unserer
Wissensrepräsentation sind in SIMPLE die Komponenten- und Materialtypen
weitgehend vorgegeben (eingeteilt in die Klassen beweglich oder unbeweglich, aktiv
oder passiv und Materialfluß oder Informationsfluß). Das Ausfüllen ihrer Attribute
geschieht in objekttypspezifischen Formularen, und die Regeln werden in einfachen
Entscheidungstabellen eingegeben. Soweit möglich, wurde das Verhalten der
Komponenten im Falle eines Rückstaus aufgrund einer defekten Komponente bereits
vordefiniert.

24. Qualitative Mehrphasen-Simulation

Die qualitative Mehrphasen-Simulation ist eine Vereinfachung der numerischen Mehrphasen-Simulation. Sie benötigt im Vergleich zur numerischen Mehrphasen-Simulation keine globale Uhr und kann keine genauen Auslastungsstatistiken als Ausgabe liefern, sondern hat als Ergebnis ein Zustands-Übergangsdiagramm. Ein Zustand ist gekennzeichnet durch eine Menge gleichzeitig geltender Parameter-Werte. Der Wertebereich von Parametern ist qualitativ und wird so gewählt, daß jeder Wert für die Simulation eine besondere Bedeutung hat, weshalb man auch von "Landmarkenwerten" spricht. Jede Wert-Änderung führt zu einem neuen Zustand. Da Wert-Änderungen nicht mehr durch Vorrücken der Uhr und numerische Formeln ausgerechnet werden können, muß ein anderes Konzept eingeführt werden. Es basiert darauf, daß für jeden Parameter außer seinem qualitativen Wert auch seine Änderungstendenz mit dem Wertebereich "zunehmend", "konstant" oder "abnehmend" repräsentiert wird. Ein Zustandsübergang besteht darin, daß für einen Parameter mit zunehmender oder abnehmender Änderungstendenz sein nächsthöherer bzw. -niedrigerer qualitativer Wert übernommen wird. Allerdings kann wegen des Fehlens einer Uhr keine Aussage gemacht werden, wieviel Zeit ein Zustandsübergang erfordert. Dafür sind Zustands-Übergangsdiagramme relativ kompakt, und zyklische Zustandsfolgen können einfach erkannt werden, was bei der numerischen Mehrphasen-Simulation wesentlich aufwendiger wäre. Abb. 24.1 zeigt das Ergebnis einer qualitativen Mehrphasensimulation für ein Heizung-Thermostat-System mit einer zyklischen Zustandsfolge (Episode 1 bis 4).

Bei einer numerischen Mehrphasen-Simulation für dasselbe Beispiel würde die Zustandsfolge durch die Taktfrequenz der globalen Uhr bestimmt, z.B. alle 10 Minuten ein neuer Zustand, die Innentemperatur würde nicht als Relation zu den Landmarkenwerten (oberer und unterer Thermostatschwellwert, Außentemperatur), sondern absolut (in Grad Celsius) gemessen, und das Ganze wäre wegen der großen Datenfülle recht unübersichtlich und müßte durch ein zweites Programm interpretiert werden. Die qualitative Mehrphasen-Simulation will den mit einem numerischen Modell verbundenen Aufwand vermeiden und liefert direkt eine Interpretation.

Ein Kernproblem der qualitativen Simulation ist die Unsicherheit, wenn verschiedene, gegenläufige Änderungstendenzen sich überlagern, z.B. in Abb. 24.1 die Einflüsse der Heizung und der Außentemperatur auf die Innentemperatur, von der man ohne Zahlenwerte nicht wissen kann, ob sie die Thermostat-Abschalt-Temperatur erreicht (z.B. Übergang von Episode 4 in Episode 1) oder nicht (Übergang in Episode 5). Zur Auflösung solcher Unsicherheiten ist Zusatzwissen erforderlich, z.B. gezieltes Auswerten von numerischem Wissen oder Angaben über die Größenordnungen der verschiedenen Einflüsse ("Order-of-Magnitude-Reasoning") z.B. kann man in Abb. 24.1 unter "normalen Umständen" angeben, daß der Einfluß der Heizung größer als der Einfluß der Außentemperatur ist. Wir beschreiben im folgenden ein Grundgerüst der Wissensrepräsentation und -manipulation.

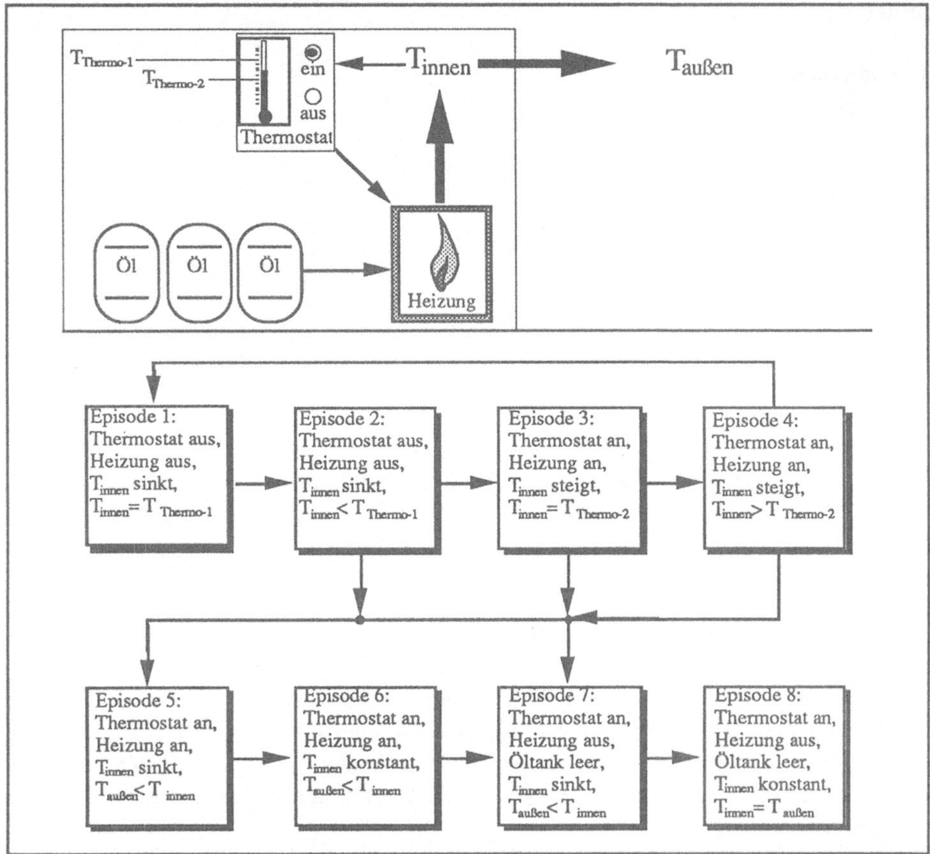

Abb. 24.1 Modell eines Heizung-Thermostat-Systems und das Ergebnis einer qualitativen Mehrphasen-Simulation: Die Kästchen beschreiben Zustände mit ihren wichtigsten Parameterwerten und die Pfeile geben mögliche Zustandsübergänge an. Die Landmarkenwerte für die Innentemperatur (T_{innen}) sind der obere Thermostat-Temperatur-Schwellwert ($T_{Thermo1}$), der untere Thermostat-Temperatur-Schwellwert ($T_{Thermo2}$) und die Außentemperatur ($T_{außen}$), die in einer strengen Relation $T_{Thermo1} > T_{Thermo2} > T_{außen}$ zueinander stehen.

24.1 Wissensrepräsentation

Die Wissensrepräsentation ähnelt der der numerischen Mehrphasen-Simulation. Unterschiede betreffen das Fehlen der Uhr, ein zusätzliches Attribut "Änderungstendenz" bei Parametern, das zusammen mit bereichsunabhängigen Zustands-Übergangs-Regeln bereichsspezifische, zeitabhängige Regeln überflüssig macht, und das Ersetzen numerischer Wertebereiche und Formeln durch qualitative Entsprechungen. Weiterhin kann man die Regeln durch Constraints ersetzen, wenn die Ableitungsrichtung nicht eingeschränkt werden soll. Wenn man auch Größenordnungen von Einflüssen berücksichtigen will, kann man bei den Parametern zusätzlich relative Stärken der verschiedenen Einflüsse auf einen Parameter angeben. Daraus ergibt sich folgende Struktur[1]:

1. Komponenten
- Name
- Typ (Typ der Komponente)
- Eingangsmaterialien
- Ausgangsmaterialien
- Zustände (Liste der möglichen Zustände)
- aktueller Zustand (d)
- Wirkung (Liste von Beziehungen)

2. Materialien
- Name
- Typ
- Parameter (für Materialien-Attribute; falls es pro Material nur ein Attribut gibt, können die Parameter-Attribute auch direkt bei den Materialien abgespeichert werden)

3. Parameter
- Name
- Material (Rückverweis auf zugehöriges Material)
- Typ
- Wertebereich (qualitativ über Landmarkenwerte definiert)
- Beziehungen (z) (Constraints, an denen der Parameter-Wert beteiligt ist)
- Einflüsse (z) (Constraints zur Berechnung der Änderungstendenz des Parameters)
- Größenordnungen (Zuordnung von Größenordnungen zu den Einflüssen)
- Wert (d)
- Änderungstendenz (d) (zunehmend, konstant oder abnehmend)

4. Constraints
- Name
- Typ (Verweis auf Constrainttyp, z.B. Proportionalität, Additivität, Ableitung usw.)
- Parameter (an dem Constraint beteiligte Parameter)

5. Constrainttyp
- Name
- Definition (Menge von Regeln oder Tabellen)

Die Constrainttypen sind qualitative Formeln, z.B. ein Wert ist proportional zu einem anderen Wert oder er ergibt sich aus einer qualitativen Addition bzw. Multiplikation zweier anderer Werte (was bei einem Wertebereich von {+, 0, -} einer Vorzeichen-Addition bzw. -Multiplikation entspricht) oder seine Änderungstendenz ist propor-

---

[1] Zugeordnete Prozeduren, die als semistatische Attribute aus den eingegebenen Constraints abgeleitet werden können, sind mit (z) und dynamische Attribute mit (d) gekennzeichnet.

tional zu einem anderen Wert. Die genaue Verhaltensdefinition eines Constrainttypes kann man durch eine Menge von Regeln oder Tabellen angeben. Ein Beispiel dafür findet sich in [Kuipers 84, Appendix B].

24.2 Wissensmanipulation

Ähnlich wie bei der numerischen Mehrphasen-Simulation wechselt die Problem-lösungsmethode im wesentlichen ständig zwischen einer Intrastate-Analyse, bei der eine partielle Parameterbelegung vervollständigt wird, und einer Interstate-Analyse, bei der der Übergang in einen Folgezustand bestimmt wird. Dabei entspricht das Berechnen zeitabhängiger Formeln der numerischen Simulation dem Berechnen und der Projektion von Änderungstendenzen. Die wichtigsten Unterschiede bestehen in dem Auftauchen von Unsicherheiten bei der qualitativen Simulation und der Mög-lichkeit und Notwendigkeit einer globalen Analyse. Unsicherheiten entstehen z.B., wenn die Änderungstendenz eines Parameters bei zwei gegensätzlichen Einflüssen zunehmen, konstant bleiben oder abnehmen kann, und können ohne zusätzliches Wissen nur durch Verzweigung in alle möglichen Folgezustände behandelt werden. Die globale Analyse kontrolliert Verzweigungen, überprüft die mögliche Vereinigung verschiedener Zweige und stellt Zustandswiederholungen und Gleichgewichts-zustände fest. Daraus ergibt sich folgender Algorithmus:

Voraussetzung: qualitatives Simulationsmodell
Eingabe: qualitative Anfangsbelegung von Parametern
Ausgabe: Zustands-Übergangsdiagramm

1. Wertzuweisung an Parameter gemäß Anfangsbelegung.
2. Intrastate-Analyse: Die Regeln werden mit den vorgegebenen Parameterwerten vorwärtsverkettet, so daß für alle Parameter Werte und Änderungstendenzen berechnet werden. Bei Unsicherheiten wird mit allen Alternativen weitergerechnet. Jede unterschiedliche Parameterbelegung wird als eigener Zustand betrachtet.
3. *Wiederhole solange,* bis bei der globalen Analyse keine aktiven Zustände mehr gefunden werden:
3.1 Interstate-Analyse: Parameter, deren Änderungstendenz zunehmend oder abnehmend ist, nehmen ihren nächsthöheren oder -niedrigeren qualitativen Wert an. Falls verschiedene, voneinander unabhängige Parameter sich ändern, entsteht eine neue Unsicherheit, und es kommen neue Verzweigungspunkte hinzu, die Informationen über die Reihenfolge enthalten, in der ihre Wertänderungen gültig werden. Die Anzahl der Verzweigungspunkte kann durch allgemeine Zustands-Übergangs-Regeln eingeschränkt werden, z.B. daß der Übergang von einem Landmarkenwert weg schneller erfolgt als zu einem Landmarkenwert hin oder daß die "Größenordnungen" der Parameter zur Eliminierung möglicher Verzweigungen benutzt werden.
3.2 Intrastate-Analyse: Die geänderten Parameter stoßen wieder eine Intrastate-Analyse an, bei der sich die Änderungen durch das Simulationsmodell fortpflanzen.

3.3   Globale Analyse: Für die neu berechneten Zustände wird untersucht, ob sie
       aktiv sind, d.h. in der bisherigen Simulation nicht schon einmal abgeleitet wur-
       den und Schleifen darstellen und keine Gleichgewichtszustände sind. Weiter-
       hin wird untersucht, ob in verschiedenen Zweigen gleiche Zustände zu einer
       Vereinigung führen, woraufhin diese als ein Zustand weiteruntersucht werden.
4. Ausgabe des Zustands-Übergangsdiagramms aller Zustände, wobei jeder Zustand
    durch seine Parameterbelegung beschrieben ist (s. Abb. 24.1 unten).

24.3 Wissenserwerb

Ähnlich wie bei der numerischen Mehrphasen-Simulation beginnt der Wissenserwerb
mit dem Zeichnen eines Netzes, in dem graphische Symbole (Ikons) für die Parameter
und verschiedenen Arten von Constrainttypen (die natürlich vorher vom Benutzer
definiert oder als Grundfunktionen vom System bereitgestellt sein müssen) angeordnet
und durch Linien miteinander verbunden werden. Durch Anklicken der Knoten
bekommt man ein Objekt-spezifisches Formular, in dem ihre lokalen Attribute eingetragen werden. Besonders wichtig ist dabei die Festlegung der Landmarkenwerte in
dem Wertebereich der Parameter. Materialien und Komponenten dienen zur Strukturierung des Netzes, indem Parameter zu einer Gruppe zusammengefaßt werden
können. Zur Reduktion der Verzweigungsrate sollten Größenordnungen für Einflüsse
angegeben werden, wenn auf einen Parameter verschiedene Einflüsse einwirken.

24.4 Stand der Forschung

Die qualitative Mehrphasen-Simulation ist seit ca. zehn Jahren ein Gegenstand
intensiver Forschungstätigkeit. Eine aktuelle Übersicht findet sich in [Iwasaki 89].
Pionierarbeiten sind die Modelle von de Kleer [84a, b], Forbus [84] und Kuipers
[84], die im [AI-Jounal 84] eine große Beachtung gefunden haben und auch
verschiedentlich verglichen und integriert wurden [Bredeweg 88] [Struß 89a].
Weiterentwicklungen finden sich u.a. in [Voss 86] zum Einbezug von hierarchischen
Modellierungen und explizit definierbaren zeitlichen Relationen, [Kuipers 87] zum
Umgang mit kombinatorisch explosiven Verzweigungsraten, [Davis 87] zum Order-
of-Magnitude-Reasoning und [Sacks 88], der eine Reihe von verschieden aufwendigen und genauen Approximationsverfahren analysiert. Ein formaler Rahmen zum
qualitativen Schließen findet sich in [Struß 89b] und [Sacks 90]. In letzterem Beitrag
wird die qualitative Simulation als Variante der dynamischen Systemtheorie betrachtet.

Teil VI

Integration
von
Problemlösungsmethoden

25. Grundideen zur Integration von Problemlösungsmethoden

Das Dilemma von Expertensystem-Werkzeugen ist die Notwendigkeit, zwischen Zeitersparnis bei der Expertensystem-Entwicklung durch Spezialisierung und der damit einhergehenden Einschränkung der Anwendungsbreite zu vermitteln (vgl. Abb. 1.2). Die Geschichte der Expertensysteme zeigt den Trend zur Spezialisierung, die gerade einen wesentlichen Unterschied zu den universellen Programmierumgebungen ausmacht. Andererseits lassen sich mit spezialisierten Werkzeugen meist nur ausgewählte Teile des Gesamtproblems optimal lösen, während für andere Teile andere Problemlösungsmethoden und Werkzeuge erforderlich wären. Die Einfachheit, die aus der Benutzung spezialisierter Werkzeuge resultiert, wird häufig durch die Schwierigkeit der Kopplung verschiedener Teillösungen bezahlt. Daher besteht ein starker Druck seitens der Expertensystemanwender, daß die Kopplung unterstützt wird.

Die Minimalanforderung, die inzwischen von vielen Werkzeugen erfüllt wird, ist eine offene Architektur, bei der das Expertensystem-Werkzeug Schnittstellen zu anderen Programmierumgebungen bereitstellt. Neben dieser schwachen Form der Unterstützung, bei der die Kopplung vom Anwender realisiert werden muß, werden in manchen Werkzeugen auch schon fertige Kopplungen zwischen wichtigen Programmpaketen bereitgestellt, wie z.B. zu bestimmten Datenbanken. Der weitestgehende Ansatz sind Integrationen verschiedener Programmierkonzepte in einem Werkzeug, bei denen nicht nur zwei getrennte Programme addiert, sondern zu einem Programm vereinigt werden. Beispiele dafür sind hybride allgemeine Expertensystem-Werkzeuge, die verschiedene Basis-Wissensrepräsentationen wie Regeln und Frames integrieren und sich inzwischen gegenüber den einfachen Werkzeugen mit nur einem Basis-Formalismus weitgehend durchgesetzt haben.

Bei problemspezifischen Expertensystem-Werkzeugen verschärft sich das Problem der Integration erheblich: Einerseits ist der Bedarf für Integrationen wegen der zusätzlichen Spezialisierung größer, andererseits werden an die Integration viel höhere Anforderungen gestellt, da programmierunkundigen Experten die Expertensystementwicklung ermöglicht werden soll. Schnittstellen und Kopplungen von Programmierumgebungen erfordern noch viel konkrete Programmierarbeit und können für problemspezifische Werkzeuge nur ein Notbehelf sein. Zwar wird häufig versucht, alle Teilprobleme so umzuformen, daß sie mit einem Werkzeug behandelt werden können, aber solche Anpassungen der Wissensdarstellung an eine Shell sind nur in engen Grenzen sinnvoll. Insbesondere wenn man das Expertensystem als Wissensmedium und nicht nur als Problemlöser betrachtet, verbieten sich alle dem Menschen unnatürlich erscheinenden Repräsentationen.

Eine zentrale Richtung der Expertensystem-Forschung wird daher die Entwicklung hybrider problemspezifischer Werkzeuge sein. Wegen ihrer größeren Spezialisierung und guten Entwicklungsunterstützung für den Experten muß dabei die Frage der Integration wesentlich detaillierter als bei den hybriden allgemeinen Werkzeugen behandelt werden. Wir diskutieren die Integration der bisher am besten verstandenen Problemlösungstypen, d.h. die Integration aller Diagnostikmethoden, der heuristischen und fallvergleichenden Konstruktionsmethoden und der einfachen Simulation. Dabei beginnen wir mit der Kurzvorstellung dreier komplexer Anwendungsbereiche zur Motivation, stellen dann die verschiedenen Ebenen der Integration vor und geben schließlich eine Übersicht über relevante Paare von zu integrierenden Problemlösungsmethoden.

25.1 Anwendungsbereiche

Wir skizzieren hier anhand dreier klassischer Anwendungsbereiche von Expertensystemen die Notwendigkeit einer Integration von Problemlösungsmethoden. Eine detailliertere Beschreibung der Integration findet sind in Kap. 27.

1. Medizinische Entscheidungsfindung: Dazu gehört u.a. die Diagnostik (ein Klassifikationsproblem mit heuristischem, fallvergleichendem, statistischem Wissen und Fehlermodellen), die Therapieplanung, die je nach Komplexität ein Klassifikations- oder Konstruktionsproblem sein kann, und eventuell eine Simulation, mit der Therapieeffekte und Nebenwirkungen überprüft und miteinander verglichen werden.
2. Angebotserstellung, Konfigurierung und Wartung: Der Verkauf einer technischen Anlage besteht aus dem Kundengespräch zur Spezifikation mit Kostenvoranschlag (ein Konstruktionsproblem), der vollständigen Konfigurierung der Anlage aufgrund der Spezifikation (ebenfalls ein Konstruktionsproblem) und der anschließenden Wartung. Letztere besteht aus einer Überwachung (ein Klassifikationsproblem), der Ursachenfindung von Fehlern (ein Klassifikationsproblem) und der Reparaturplanung, die je nach Komplexität ein Klassifikations- oder Konstruktionsproblem ist. Während bei der Ursachenfindung von Fehlern zunächst nur funktionale Modelle aus der Konstruktion bekannt sind, wird mit zunehmender Erfahrung auch Wissen für alle anderen Klassifikationsmethoden verfügbar.
3. Arbeitsplanung, Produktionsplanung und Qualitätskontrolle: Bei der Fertigung von Werkstücken muß zunächst ein Arbeitsplan erstellt werden (ein Konstruktionsproblem), dann ein Maschinenbelegungsplan für die optimale Fertigung aller Fertigungsaufträge gemäß den erstellten Arbeitsplänen generiert und bei Ausfällen oder Zusatzanforderungen adaptiert werden (ein Zuordnungsproblem). Falls bei der Qualitätskontrolle (ein Klassifikationsproblem) Fehler entdeckt werden, muß auf die Ursachen bei der Fertigung zurückgeschlossen werden (entspricht der oben skizzierten Wartung).

25.2 Integrationsebenen

Eine Integration problemspezifischer Expertensystem-Werkzeuge umfaßt zunächst
eine wechselseitige Ergänzung ihrer vier Komponenten (Problemlösungs-, Wissens-
erwerbs-, Erklärungs- und Interviewer-Komponente), wobei der Nutzen des beabsichtigten integrierten Expertensystems in Form einer besseren Problemlösung und
Erklärung überproportional größer sein sollte als der zusätzliche Aufwand für den
Wissensbasisaufbau und die Datenerhebung. Um Wechselwirkungen ausnutzen zu
können, ist eine gemeinsame Terminologie erforderlich. Sie manifestiert sich in
Objekt-Bezügen der Wissensrepräsentation. Schließlich kann die Integration auch die
Programmierung der jeweiligen Werkzeuge vereinfachen, da manche Module mehrfach verwendet werden können. Daraus ergeben sich folgende Integrationsebenen, die
im folgenden ausführlicher erläutert werden:

- Herstellen von Objekt-Bezügen in der Wissensrepräsentation,
- Wechselseitige Ergänzungen bei der Problemlösungsmethode,
- Wechselseitige Übernahme von Wissen beim Wissenserwerb,
- Angebot von Erklärungen und tutoriellen Strategien in verschiedenen Wissens-
  arten,
- Minimierung der Datenerfassung durch Datenaustausch,
- Verringerung des Programmieraufwandes zur Shell-Entwicklung.

25.3 Objektbezüge in der Wissensrepräsentation

Eine Integration setzt zunächst voraus, daß äquivalente Objekte der auf verschiedene
Problemlösungsmethoden hin ausgerichteten Wissensbasen einander zugeordnet
werden. So kann ein bestimmtes Objekt, d.h. ein Name, sowohl eine Diagnose bei
der heuristischen Klassifikation, einen Skelettplan beim Skelett-Konstruieren als auch
einen Komponentenzustand bei der qualitativen Einphasen-Simulation darstellen. Die
Bedeutung eines Objektes in den verschiedenen Problemlösungsmethoden wird durch
jeweils unterschiedliche Attribute bzw. zugeordnete Prozeduren ausgedrückt. Der
Bezug zwischen zwei Objekten kann in einer Zuordnungstabelle oder besser durch
Vereinigung der jeweiligen Attributmengen in einem einzigen Objekt notiert werden.

25.4 Problemlösung

Bei der wechselseitigen Ergänzung der Problemlösung gibt es einen konkurrierenden
und einen kooperierenden Ansatz: Beim konkurrierenden Ansatz kann ein Problem mit
verschiedenen Problemlösungsmethoden gelöst werden, und es sind Kriterien notwendig, wann welche Methoden aktiviert werden bzw. welche Lösungen vorzuziehen
sind. Diese Situation trifft vor allem für Problemlösungsmethoden innerhalb einer der
Hauptproblemklassen (Klassifikation, Konstruktion, Simulation) zu. Beim kooperierenden Ansatz zerfällt das Gesamtproblem in unterschiedliche Teilprobleme, die am
zweckmäßigsten mit verschiedenartigen Problemlösungsmethoden gelöst werden
sollten. Dieser Ansatz gilt teilweise für verschiedene Problemlösungsphasen innerhalb

einer Hauptproblemklasse (z.B. können bei der Klassifikation die Verdachtsgenerierung heuristisch und die Verdachtsüberprüfung modellbasiert erfolgen), vor
allem aber zwischen den Hauptproblemklassen (z.B. Fehlersuche durch Klassifikationsmethoden, Reparaturplanung durch Konstruktionsmethoden, Planüberprüfung
mit Simulationsmethoden). Dabei sind die Ergebnisse einer Problemlösungsstrategie
häufig die Ausgangsdaten für die nächste.

25.5 Wissenserwerb

Da sich bei integrierten Expertensysteme die einzelnen Wissensbasisteile addieren,
sollte vor allem der Umgang mit redundantem Wissen unterstützt werden. Redundanzen sind bei konkurrierenden Problemlösungsmethoden unvermeidlich, aber auch
bei kooperierenden Methoden kann ähnliches Wissen verwendet werden, z.B. kann
das Ergebnis einer Konstruktion ein funktionales Modell sein, das sowohl für die
Simulation als auch für die modellbasierte Diagnostik das Basiswissen enthält. Ohne
spezielle Vorkehrungen bedeuten Redundanzen für den Experten Mehraufwand, wenn
dasselbe Wissen mehrfach in syntaktisch unterschiedlichen Formen eingegeben
werden muß. Außerdem können Inkonsistenzen zwischen den Wissensarten entstehen, so daß verschiedene Problemlösungsmethoden zu unterschiedlichen Ergebnissen kommen. Es gibt drei Arten zum Umgang mit Redundanzen:

1. Die Shell ist in der Lage, Wissen selbständig von einem Formalismus in einen
   anderen zu transformieren. Das ist eine andere Formulierung für Lernen. Das
   gelernte Wissen ist meist um so besser, je mehr Zusatzwissen das Lernsystem
   besitzt, z.B. beim Lernen von Regeln und Regelbewertungen aus Fallwissen hilft
   kausales Wissen zur Unterscheidung zwischen wichtigen und unwichtigen Merkmalen und zur korrekten Interpretation von Korrelationen. Wir befürchten, daß für
   gute Lernerfolge außerordentlich viel Zusatzwissen einschließlich Allgemeinwissen erforderlich ist, dessen Erwerb und Verwaltung derzeit unrealistisch ist[1].
   Da das fehlende oder unzureichende Hintergrund- und Allgemeinwissen die
   Lernqualität erheblich beeinträchtigt und insbesondere kein Schutz vor groben
   Fehlern besteht, ist in jedem Fall eine Überprüfung und Nachbesserung durch
   einen Experten erforderlich.
2. Der Experte gibt das Wissen in verschiedenen Formalismen redundant ein, und die
   Shell überprüft die Konsistenz. Für die Konsistenzüberprüfung gibt es mehrere
   Techniken: Im einfachsten Fall werden Beispielfälle mit den verschiedenen
   Problemlösungsmethoden gelöst, die Ergebnisse verglichen, und bei Differenzen
   wird eine Inkonsistenz gemeldet. Aufwendiger ist ein direkter Vergleich des
   Wissens in den verschiedenen Formalismen mit Kompatibilitäts-Regeln. Die
   Erfahrungen von MORE (s. Kap. 9.4) zeigen jedoch, daß selbst innerhalb einer
   Wissensart praktisch beliebig viele kleine Beanstandungen der Wissensbasis
   möglich, jedoch offensichtliche Inkonsistenzen wegen der Verwendung von
   vagem Wissen sehr selten sind.

---

1 Ein Versuch, Allgemeinwissen in einer Wissensbank verfügbar zu machen, wird in dem seit 1984
laufenden CYC-Projekt des MCC unternommen, das aber bisher nicht überzeugen konnte.

3. Ein Mittelweg zwischen den beiden Alternativen besteht darin, daß der Experte die
   Wissensbasen in den verschiedenen Formalismen selbst aufbaut, aber dabei durch
   Transformationsschemata unterstützt wird. Sie dienen dazu, beim Aufbau einer
   Teilwissensbasis in einer Wissensart bereits in anderen Wissensarten forma-
   lisiertes Wissen so weit wie möglich zu übernehmen und später bei Änderungen
   auch konsistent zu halten. Dabei verliert der Experte einerseits nicht die Kontrolle
   über die Wissensbasis, braucht aber andererseits auch kaum redundantes Wissen
   einzugeben. Die Entwicklung der Transformationsschemata erfordert eine genaue
   Analyse der Beziehungen zwischen den den Problemlösungsmethoden zugrundeliegenden Wissensarten und ist ein Kernstück der Integration.

Ein anderes Problem von integrierten Wissenserwerbskomponenten ist ihre Komplexität, die für den Experten den Einarbeitungsaufwand erhöht. Dieses Problem ist
schwerwiegend, da die Hauptmotivation zur Entwicklung problemspezifischer Werkzeuge die einfache Bedienung durch den Experten ist. Daher sollte sich die integrierte
Shell dem Experten in einfachen Fällen wie eine entsprechende einfache Shell
präsentieren. Das läßt sich durch eine Konfigurierung der integrierten Shell erreichen,
bei der alle nicht benötigten Optionen ausgeblendet werden. Der Aufwand zur
Konfigurierung entspricht dann dem Aufwand zur Auswahl einer passenden einfachen
Shell. Ein Vorteil der Verwendung einer konfigurierten integrierten Shell besteht
darin, daß Fehler bei der Analyse des Anwendungsbereichs durch Umkonfigurierung
einfacher zu beheben sind als durch Wechsel einer ungeeigneten einfachen Shell, so
daß die für Expertensysteme wichtige Vorgehensweise der schnellen Prototyp-
entwicklung besser unterstützt wird.

25.6 Erklärungsfähigkeit

Die Basis einer integrierten Erklärungskomponente ist die Erklärungsfähigkeit jeder
einzelnen Methode. Darüber hinaus sollte die Erklärungskomponente bei kooperierenden Problemlösungsmethoden die Übernahme von Ergebnissen einer Problemlösungsmethode als Ausgangsdaten für eine andere Problemlösungsmethode transparent machen können. Bei konkurrierenden Problemlösungsmethoden sollten auch das
Meta-Wissen über die Bewertung der eventuell unterschiedlichen Ergebnisse und die
Beziehungen zwischen den Wissensarten erklärt werden können.

25.7 Datenerfassung

Ähnlich wie beim Wissenserwerb soll auch bei der Erfassung der Problemmerkmale
die Eingabe von redundanten Daten vermieden werden. Bei konkurrierenden
Problemlösungsmethoden, die ja dasselbe Problem mit denselben Problemmerkmalen
lösen, brauchen diese nur einmal eingegeben werden, so daß sich eine einheitliche
Interviewerkomponente anbietet. Wenn bei kooperierenden Problemlösungsmethoden
die Ergebnisse der einen Methode die Ausgangsdaten der nächsten Methode sind,
kann man ebenfalls die Dateneingabe beträchtlich vereinfachen. In allen Problem-
lösungsstadien und insbesondere zwischen zwei Problemlösungsphasen sollte der
Benutzer jedoch Zwischenergebnisse vorgeben oder überschreiben können.

25.8 Programmierung

Schließlich sind auch bei der Programmierung des integrierten Expertensystem-Werkzeuges Vereinfachungen durch Mehrfach-Verwendung von Modulen möglich. Auf der Ebene der Basis-Wissensrepräsentationen wurde dieses Einsparungspotential schon teilweise durch die Entwicklung allgemeiner Expertensystem-Werkzeuge realisiert, die für die Entwicklung unterschiedlicher problemspezifischer Werkzeuge verwendet werden können. Ähnlich nützlich sind allgemeine Graphik-Werkzeuge, die die zum Wissenserwerb erforderlichen Graphik-Primitive (Tabellen, Hierarchien usw.; s. Kap. 4.5) bereitstellen. Das gleiche gilt für Werkzeuge zur Dialoggestaltung, wozu neben Graphik-Primitiven auch Kopplungen zu anderen Programmierumgebungen gehören (z.B. zu Datenbanken und Prozeßrechnern zur Datenübernahme). Darüber hinaus kann man noch spezifische Ähnlichkeiten der Problemlösungsmethoden ausnutzen: Zum Beispiel kann man beim Skelett-Planen die Verfeinerung von Planungsschritten als heuristische Klassifikation auffassen oder bei der Klassifikation mit funktionalen Modellen als Verdachtsüberprüfung eine Simulationsmethode benutzen, so daß die entsprechenden Programmteile mehrfach verwendet werden können.

25.9 Übersicht über die Integration der Problemlösungsmethoden

Die Aufgabe der skizzierten Integration besteht darin, die Zusammenhänge zwischen Diagnostikmethoden (heuristisch, statistisch, fallvergleichend, überdeckend und funktional), Konstruktionsmethoden (Skelett-Konstruieren, Vorschlagen-und-Verbessern, Least-Commitment und fallvergleichendes Konstruieren) und die Einphasen-Simulation (zur Überprüfung von ausgewählten oder konstruierten Problemlösungen) bezüglich der Integrationsebenen (Objektbezüge, Problemlösung, Erklärung, Wissenserwerb, Datenerfassung, Programmiertechnik) zu untersuchen. Eine vollständige Untersuchung umfaßt bei 10 Methoden und 6 Ebenen 45 * 6 = 270 ungerichtete bzw. 540 gerichtete Wechselwirkungen. Wir konzentrieren uns daher auf die wichtigsten. Da es bei konkurrierenden Problemlösungsmethoden intensivere Wechselwirkungen als bei kooperierenden Methoden gibt und die Methoden innerhalb einer Hauptproblemklasse eher konkurrieren, aber zwischen den Problemklassen eher kooperieren, betrachten wir zunächst die Methoden innerhalb von und danach zwischen Hauptproblemklassen. Dabei stehen die Transformationen von Wissen für den Wissenserwerb, die wechselseitige Ergänzung bei der Problemlösung und die Mehrfachverwendung von Programmmodulen im Vordergrund.

Innerhalb der Diagnostik wird insbesondere bei neuen technischen Systemen mit zunehmender Erfahrung Wissen von funktionalen Modellen über Fehlermodelle in heuristisches Wissen und über Falldatenbanken in statistisches und fallvergleichendes Wissen transformiert.

Bei der Konstruktion ergänzen sich das Anwendungsspektrum des hierarchischen Skelett-Konstruierens und der Vorschlagen-und-Verbessern-Strategie. Da das fallvergleichende Konstruieren nach Auswahl eines Vergleichsfalles eine Adaptation der Lösung erfordert, eignet sich dafür insbesondere die Vorschlagen-und-Verbessern-Strategie, die den Vergleichsfall gleichsam als zu verbessernden Vorschlag benutzen kann.

Da wir uns für die Simulation nur hinsichtlich der Überprüfung von Diagnostik und Konstruktion interessieren, tritt die Integration von Simulationsmethoden in den

Hintergrund, da bei angemessener Vereinfachung in allen Fällen eine Einphasen-Simulation ausreicht.

Zwischen Diagnostik und Simulation gibt es eine starke Wechselwirkung bei der Diagnostik und Simulation mit funktionalen Modellen, wo fast dasselbe funktionale Modell verwendet werden kann.

Zwischen Diagnostik und Konstruktion besteht die Hauptwechselwirkung in der Übernahme von Programmodulen. Bei der fallvergleichenden Diagnostik und der fallvergleichenden Konstruktion verläuft der Fallvergleich im Prinzip gleich, der Unterschied besteht hauptsächlich darin, daß bei der Konstruktion der Vergleichsfall zusätzlich modifiziert werden muß. Bei der heuristischen Diagnostik nach der Establish-Refine-Strategie und beim Skelett-Konstruieren gibt es ebenfalls große Ähnlichkeiten. Der Hauptunterschied besteht darin, daß beim Skelettkonstruieren außer den Diagnose-ähnlichen Oder-Knoten auch Und-Knoten in der Hierarchie verwaltet werden müssen. Beziehungen bestehen auch zwischen der heuristischen Diagnostik und der Vorschlagen-und-Verbessern-Strategie, wenn man das Konzept der Ausnahme-Regeln bei der Diagnostik zu Verbesserungs-Vorschlägen erweitert.

Zwischen heuristischer Konstruktion und Simulation besteht der Zusammenhang in einem möglichen Wissenstransfer, wobei Wissen von den eher bauteilorientierten, heuristisch erstellten Konstruktionen zu eher funktionsorientierten Simulationmodellen transferiert werden soll.

Eine Zusammenfassung der Integrationsrichtungen zeigt Abb. 25.1.

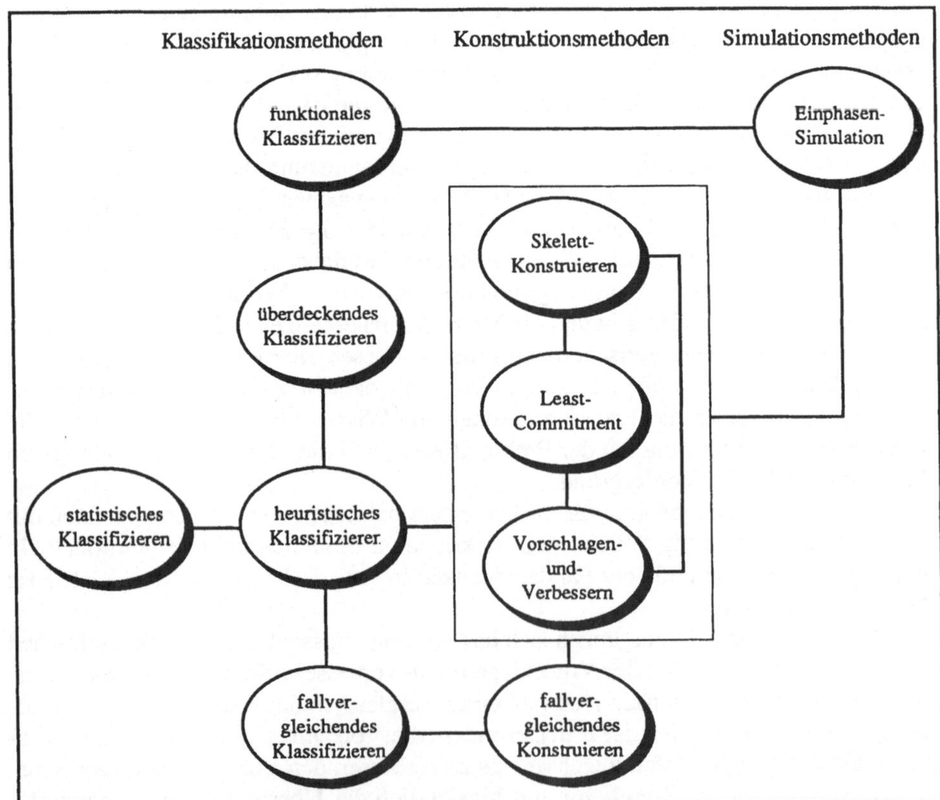

Abb. 25.1 Übersicht über die Integration der Problemlösungsmethoden

26. Integration von Klassifikationsmethoden

Eine Integration der Klassifikationsmethoden verspricht gute Synergieeffekte, da die Klassifikation der am besten verstandene Problemlösungstyp ist und sich das Wissen der verschiedenen Methoden (sichere, heuristische, statistische, fallvergleichende, überdeckende, funktionale Klassifikation; s. Kap. 6 - 12) zwar überlappt, aber nicht ineinander überführbar ist:

- Statistisches und heuristisches Wissen ähneln sich in der Darstellung probabilistischer Bewertungen. Sie unterscheiden sich jedoch einerseits in der Vielfalt der angebotenen Wissensrepräsentationen, da heuristische Klassifikationssysteme Mechanismen wie multiple Hierarchien, Regeln mit Symptomkombinationen und Ausnahmen usw. bieten, die kein Äquivalent in statistischen Wissensrepräsentationen haben, und andererseits in der Exaktheit der probabilistischen Bewertungen, die aus Falldatenbanken errechnet bzw. von Experten geschätzt sind. Die Bedeutung des Unterschiedes zwischen errechneten und geschätzten Symptom/Diagnose-Wahrscheinlichkeiten zeigten Experimente mit einem erfolgreichen, auf dem Theorem von Bayes beruhenden Programm von de Dombal, dessen Erfolgsquote sich drastisch verschlechterte, als die statistischen Wahrscheinlichkeiten durch Schätzwerte von Experten ersetzt wurden [de Dombal 72].
- Die heuristische und überdeckende Klassifikation beruhen beide auf Erfahrungswissen über das Fehlverhalten des zu diagnostizierenden Systems. Sie unterscheiden sich jedoch in der Ableitungsrichtung (Symptom -> Diagnose bzw. Diagnose -> Symptom) und darin, daß bei heuristischen Systemen die von Experten geschätzten Bewertungen eine große Rolle spielen, während überdeckende Systeme eher überprüfen, ob Diagnosen mit den beobachteten Symptomen konsistent sind.
- Die überdeckende und funktionale Klassifikation ähneln sich in ihrer Vorgehensweise, beobachtete Symptome mit vorhergesagten Symptomen zur Deckung zu bringen. Sie unterscheiden sich jedoch in ihrer Sichtweise von Diagnosen und Symptomen: Während bei der überdeckenden Klassifikation die als Zustände repräsentierten Diagnosen und Symptome ebenso wie in allen anderen Wissensarten nicht hinterfragbare Begriffe sind, leiten sie sich bei der funktionalen Klassifikation aus dem Funktionsmodell ab: Diagnosen sind Komponenten mit einem geänderten Ein-/Ausgabeverhalten und Symptome sind abnormale Parameterwerte der Materialien.
- Die fallvergleichende Klassifikation unterscheidet sich prinzipiell von allen anderen Wissensarten, da ihr Wissen weniger auf einer Abstraktion von Fallwissen beruht, sondern ein neuer Fall direkt mit abgespeicherten Fällen einer Datenbank verglichen wird.

- Die sichere Klassifikation kann man als kompilierte Form der anderen Problemlösungsmethoden auffassen, in der Unsicherheiten oder kausale Beziehungen nicht mehr explizit repräsentiert sind.

26.1 Stärken und Schwächen der Problemlösungsmethoden

Die Problemlösungsmethoden zeichnen sich dadurch aus, daß im Prinzip jede zur Lösung von Klassifikationsproblemen ausreicht. Sie haben jedoch unterschiedliche Voraussetzungen: Sichere und heuristische Methoden basieren auf Erfahrungswissen von Experten, statistische und fallvergleichende Methoden bauen auf großen Falldatenbanken auf, und die beiden modellbasierten Methoden erfordern kausales Grundlagenwissen aus der Literatur, wobei insbesondere bei der überdeckenden und fallvergleichenden Klassifikation zusätzliches Erfahrungswissen hilfreich ist.

Während Erfahrungswissen eine effiziente Verdachtsgenerierung ermöglicht, ist es schlecht objektivierbar. Dagegen sind statistisches Wissen und funktionale Modelle gut objektivierbar. Die überdeckende und die fallvergleichende Klassifikation nehmen eine mittlere Stellung ein, da sie für eine optimale Funktionsweise auf Erfahrungswissen angewiesen sind. Ein großes Problem beim Erfahrungswissen sind Unsicherheitsangaben, da Experten meist Schwierigkeiten haben, sie zu schätzen. Deswegen werden bei der heuristischen Klassifikation im allgemeinen gröbere Evidenzkalküle als bei der statistischen benutzt, und bei den anderen Methoden versucht man möglichst, auf Wahrscheinlichkeiten zu verzichten.

Die Qualität der Verdachtsüberprüfung hängt von der Menge des Wissens ab und kann bei allen Methoden nahezu beliebig gesteigert werden, z. B. durch die Größe der Falldatenbank bei statistischen und fallvergleichenden Methoden und durch den Detaillierungsgrad der funktionalen bzw. Fehlermodelle. Bei der einfachen und in abgeschwächter Form auch bei der heuristischen Klassifikation erreicht man vergleichsweise schnell eine hohe Qualität, deren Verfeinerung wegen der Abhängigkeit vom Erfahrungswissen von Experten jedoch überproportional aufwendig ist.

Eine Herausforderung für Klassifikationsmethoden ist die Fähigkeit zum Stellen von Mehrfachdiagnosen. Da es bei n Einzeldiagnosen 2^n Kombinationen gibt und deswegen jede einzelne Kombination ziemlich selten ist, liegen gewöhnlich zu wenig Falldaten für die statistische und fallvergleichende Klassifikation vor. In abgeschwächter Form gilt das auch für Erfahrungswissen. Daher müssen Mehrfachdiagnosen meist aus den sich möglicherweise überlagernden Symptomen der Einzeldiagnosen zusammengesetzt werden, was am besten mit kausalen Modellen geht.

Kausale Modelle sind auch die übliche Form zur Erklärung von hergeleiteten Diagnosen. Da man bei funktionalen Modellen von dem normalen Funktionsmodell ausgehen kann, das der Anwender oft zumindest im groben kennt, ist ihre Erklärungsfähigkeit noch besser als bei der überdeckenden Klassifikation mit Fehlermodellen. Es muß jedoch beachtet werden, daß gute Erklärungen im Gegensatz zu Problemlösungen nicht mit einem objektiven Maßstab gemessen werden können und daher in ihrer Akzeptanz individuell variieren, z.B. kann ein Anwender auch mit der Erklärung zufrieden sein, daß sein Problem einem anderen Problem sehr ähnlich und dessen Lösung daher übertragbar ist. Da Erklärung meist Rückführung von etwas

Neuem auf etwas Bekanntes bedeutet, hängt die beste Art der Erklärung vom Vorwissen des Anwenders ab.

Abb. 26.1 faßt die verschiedenen Eigenschaften der Problemlösungsmethoden zusammen.

Wissensart	Wissensquelle	Objektivierbarkeit	Bedeutung von Wahrscheinlichkeiten	Verdachtsgenerierung	Verdachtsüberprüfung	Stellen von Mehrfachdiagnosen	Erklärungsfähigkeit
sicher	Erfahrungswissen	−	−	+	−	−	−
heuristisch	Erfahrungswissen	−	+	++	O	O	O
statistisch	Falldaten	+	++	−	+	−	−
fallvergleichend	Falldaten und Erfahrung	O	−	−	+	−	O
überdeckend	Erfahrung und Literatur	O	O	−	+	+	+
funktional	Literatur	+	−	−−	+	+	++

Qualität bzw. Ausprägung der Eigenschaft:

−− und − = schlecht bzw. gering,   O = mittel,   ++ und + = gut bzw. hoch

Abb. 26.1 Eigenschaften der zu den Problemlösungsmethoden gehörenden Wissensarten

26.2 Wissensrepräsentation

Eine zentrale Anforderung an eine integrierte Shell ist die Vermeidung einer multiplen Darstellung von Objekten. Die wichtigsten Objekttypen der verschiedenen Wissensarten sind:

- heuristische Klassifikation: Merkmale (Symptome), Merkmalsabstraktionen (Symptomabstraktionen), Lösungsklassen (Grobdiagnosen), Lösungen (Feindiagnosen) und Merkmalsklassen zur Dialogsteuerung,
- überdeckende Klassifikation mit Fehlermodellen: Zustände und Parameter,
- funktionale Klassifikation: Komponenten, Zustände, Materialtypen, Materialien und Parameter,
- fallvergleichende Klassifikation: Merkmale und Lösungen,
- statistische Klassifikation: Merkmale und Lösungen,
- sichere Klassifikation: Merkmale, Zwischenzustände und Lösungen.

Die Objekttypen der heuristischen, fallvergleichenden, statistischen und sicheren Klassifikation haben eine direkte Entsprechung, wenn man Zwischenzustände der einfachen Klassifikation auf Merkmalsabstraktionen oder Lösungsklassen abbildet. Zu beachten ist, daß die Merkmale der fallvergleichenden und statistischen Klassifikation möglichst aussagekräftig sein sollten und daher oft Merkmalsabstraktionen der heuristischen Klassifikation entsprechen.

Bei der überdeckenden Klassifikation tritt die Differenzierung zwischen Merkmalen und Lösungen in den Hintergrund, stattdessen gibt es Zustände, die andere Zustände verursachen können. Zustände ohne Ursachen entsprechen Lösungen und Zustände ohne Wirkungen entsprechen Merkmalen bzw. Merkmalsabstraktionen; die übrigen Zustände können beides sein. Problematischer ist die Abbildung der Parameter eines Zustandes, die z.B. seinen Schweregrad oder seine Dauer charakterisieren. Obwohl man Parameter von Lösungen bei der heuristischen Klassifikation normalerweise nicht braucht, könnte man sie auf Merkmalsabstraktionen abbilden, die speziell den Lösungen zugeordnet werden, z.B. indem man für jede Lösung eine Merkmalsklasse vorsieht, die nur ihre Parameter als Merkmalsabstraktionen enthält.

Funktionale Modelle unterscheiden sich von allen anderen Wissensarten, da ihre Hauptrepräsentationselemente Komponenten und Materialien sind, die nicht direkt, sondern nur durch ihre Abweichungen den ansonsten üblichen Problemmerkmalen und Lösungen zugeordnet werden können. So entspricht z.B. eine Komponente im Zustand X einer Problemlösung, und ein Parameter eines Materials im Wert oder Wertintervall Y entspricht einem Merkmal, einer Merkmalsabstraktion oder einer Zwischenlösung. Im Vergleich zu den Fehlermodellen der überdeckenden Klassifikation gelten folgende Entsprechungen: Fehlermodell-Zustände ohne Ursachen = Zustände; Fehlermodell-Zustände mit Ursachen = Existenz abnormaler Parameter der Materialien; Fehlermodell-Parameter (Schweregrad) = Parameterwert. Allerdings ist diese Abbildung nur partiell, da aus Ökonomie-Gründen nur die wichtigsten Zustände und abnormalen Parameterwerte im Fehlermodell vorkommen. Normale und unwichtige abnormale Zustände und Parameterwerte des funktionalen Modells haben keine Entsprechung. Der tiefere Grund ist der, daß funktionale Modelle ein System relativ vollständig abbilden, während alle anderen Wissensarten nur die für die Diagnostik relevanten Elemente berücksichtigen. Aus diesen Überlegungen ergeben sich folgende Objekttypen einer integrierten Shell:

1. *Merkmale und Merkmalsabstraktionen:* Merkmale entsprechen den Fragen der heuristischen Klassifikation und dienen zur Primärdatenerfassung. Merkmalsabstraktionen werden aus den Merkmalen mit einfachen Regeln hergeleitet. Die Trennung zwischen Merkmalen und Merkmalsabstraktionen erlaubt sowohl eine natürliche Dialogführung mit Merkmalen als auch die Definition einer problemadäquaten Terminologie mit Merkmalsabstraktionen für die verschiedenen Wissensarten. Ihre Attribute sind eine Vereinigung aller Attribute der Merkmale, Merkmalsabstraktionen und Parameter aller Wissensarten, wobei jedoch Name und Wertebereich nur einmal vorkommen.

2. *Merkmalsklassen:* Sie gruppieren Merkmale und/oder Merkmalsabstraktionen und dienen zur Vereinfachung der Dialogführung oder zur Zuordnung von Lösungen zu Gruppen von Merkmalsabstraktionen. Sie umfassen die Frageklassen der heuristischen Klassifikation, die Materialien der funktionalen Modelle und die Menge der Parameter eines Zustandes in Fehlermodellen und vereinigen deren Attribute.

3. *Zwischen- und Endlösungen:* Im Unterschied zu Merkmalen und Merkmalsklassen haben sie Wahrscheinlichkeitsbewertungen. Dafür fehlt die Möglichkeit der Definition eines individuellen Wertebereichs. Sie umfassen die Vereinigung aller Attribute der Lösungen und Zustände aller Wissensarten. Insbesondere können sie von jeder Wissensart unterschiedlich bewertet werden.

4. *Komponenten und Materialtypen:* Diese Mengen von Zuständen bzw. Merkmalsklassen werden nur für die funktionalen Modelle gebraucht und enthalten deren Attributstruktur.

5. *Regeln und Constraints:* Damit wird das Beziehungswissen zwischen den Objekten ausgedrückt, sofern es sich nicht durch direkte Objektverweise darstellen läßt. Regeln und Constraints werden vollständig mit ihren beteiligten Objekten verzeigert. Dadurch kann der Inferenzprozeß einschließlich Rücknahme von Schlußfolgerungen durch Versenden von Nachrichten zwischen den Objekten sehr effizient implementiert werden. Voraussetzung ist, daß alle in den Regeln vorkommende Objekte benannt sein müssen. Für jede Wissensart existiert eine eigene Regelsyntax.

26.3 Wissensmanipulation

Auf der Problemlösungsebene ist eine hohe Flexibilität notwendig, da nicht davon ausgegangen werden sollte, daß alle Wissensarten ausgefüllt sind, was nur in wenigen Anwendungsbereichen möglich ist. Wenn nur eine Wissensart vorhanden ist, muß sich die Gesamt-Problemlösungsmethode vollständig darauf abstützen, andernfalls sollte sie jedoch Synergieeffekte ausnutzen.

Da die einzelnen Problemlösungsmethoden in sich abgeschlossen sind, kann man eine verteilte Architektur wählen, bei der jede Problemlösungsmethode durch einen eigenen "Agenten" realisiert wird, d.h. durch einen eigenständigen Programmteil. Zur Kommunikation dient eine Blackboard, d.h. eine Datenstruktur, die allen Agenten zugänglich ist. Auf dieser Blackboard stehen Problemmerkmale (Symptome), lokale Abstraktionen, Verdachtshypothesen und Zwischen- und Endlösungen (Abb. 26.2).

Der Einfachheit halber gehen wir zunächst davon aus, daß alle Problemmerkmale von Anfang an bekannt sind. Sie sind die Initialbelegung der Blackboard. Da die Merkmalsvorverarbeitung zur Herleitung lokaler Abstraktionen für alle Problemlösungsmethoden nützlich ist, sollte diese Phase sofort im Anschluß an die Notierung von Problemmerkmalen auf die Blackboard zentral vorgenommen werden. Merkmale und Merkmalsabstraktionen können von jedem Problemlösungs-Agenten gelesen werden. Nach der Bearbeitung kann ein Agent Verdachtshypothesen oder Zwischen- und Endergebnisse auf die Blackboard schreiben, die wiederum von anderen Agenten gelesen und weiterverarbeitet werden können. Dabei gibt es zwei typische Interaktionen:

- Bestimmte Agenten, typischerweise der heuristische Agent, schreiben Verdachtshypothesen auf die Blackboard, die von anderen Agenten überprüft werden. Auf diese Weise erreicht man eine Fokussierung des Problemlösungsprozesses.
- Die Agenten schreiben unterschiedliche Zwischen- und Endergebnisse auf die Blackboard, zwischen denen global entschieden werden muß.

Merkmale mit Werten:			Merkmalsabstraktionen mit Werten:		
M1 = W1			MA1 = W1		
M2 = W2			MA2 = W2		
.			.		
.			.		
.			.		
Mn = Wn			MAm = Wm		

Lösungen	heuristisch	statistisch	fallvergleichend	überdeckend	funktional
Lösung 1	wahrscheinlich (0,6)	höchstwahr- scheinlich (0,9)	—	plausibel (0,8)	—
Lösung 2	verdächtigt	—	—	unplausibel (0,2)	—
Lösung 3	verdächtigt	neutral (0,2)	—	möglich (0,5)	—
Lösung 4	sicher (1,0)	sicher (0,95)	—	plausibel (1,0)	—
⋮					

Abb. 26.2   Struktur der Blackboard

Eine Fokussierung des Problemlösungsprozesses ist besonders für die kausalen Problemlösungsmethoden wichtig, da sie über keine effiziente Verdachtsgenerierung verfügen. Da statistisches Wissen sich am besten zur Unterscheidung (Differential-diagnose) weniger Alternativen eignet, ist es am wirkungsvollsten, nachdem die Menge der in Betracht kommenden Lösungsalternativen bereits stark eingeschränkt wurde. Auch beim fallvergleichenden Wissen können verdächtigte Hypothesen die Vorauswahl von Vergleichsfällen aus der Datenbank gezielt steuern. Wenn kein heuristisches Wissen zur schnellen Generierung von Verdachtshypothesen existiert oder sich alle Hypothesen als unwahrscheinlich herausstellen, kann jedoch trotz der Ineffizienz versucht werden, mit den anderen Problemlösungsmethoden Hypothesen zu generieren. Beim fallvergleichenden Wissen hängt das davon ab, ob in dem konkreten Problem ungewöhnliche Symptome vorkommen, mit denen die Vorauswahl durchgeführt werden kann. Bei den kausalen Modellen ist die Verdachtsgenerierung um so effizienter, je einfacher das Modell ist, weswegen man besonders bei Fehlen von heuristischem Wissen das vorhandene Modell abstrahieren sollte. In gewissem Sinne ist auch die Wissenstransformation von funktionalen Modellen mit Fehlerzuständen zu Fehlermodellen (s. Kap. 26.4) eine solche Abstraktion. Die Gesamtsteuerung des integrierten Werkzeuges[1] sollte global einstellbar sein und verschiedene Kompromisse

---

1   Bei einer Mehrprozessor-Architektur können den Agenten jeweils eigene Prozessoren zugeordnet und so die verschiedenen Wissensarten parallel abgearbeitet werden. Dann verlagert sich das

von verfügbarer Rechenzeit und gründlicher Verdachtsgenerierung sowie die Existenz und Qualität der Agenten berücksichtigen können. Ein Beispiel einer möglichen Default-Einstellung für alle Wissensarten zeigt Abb. 26.3.

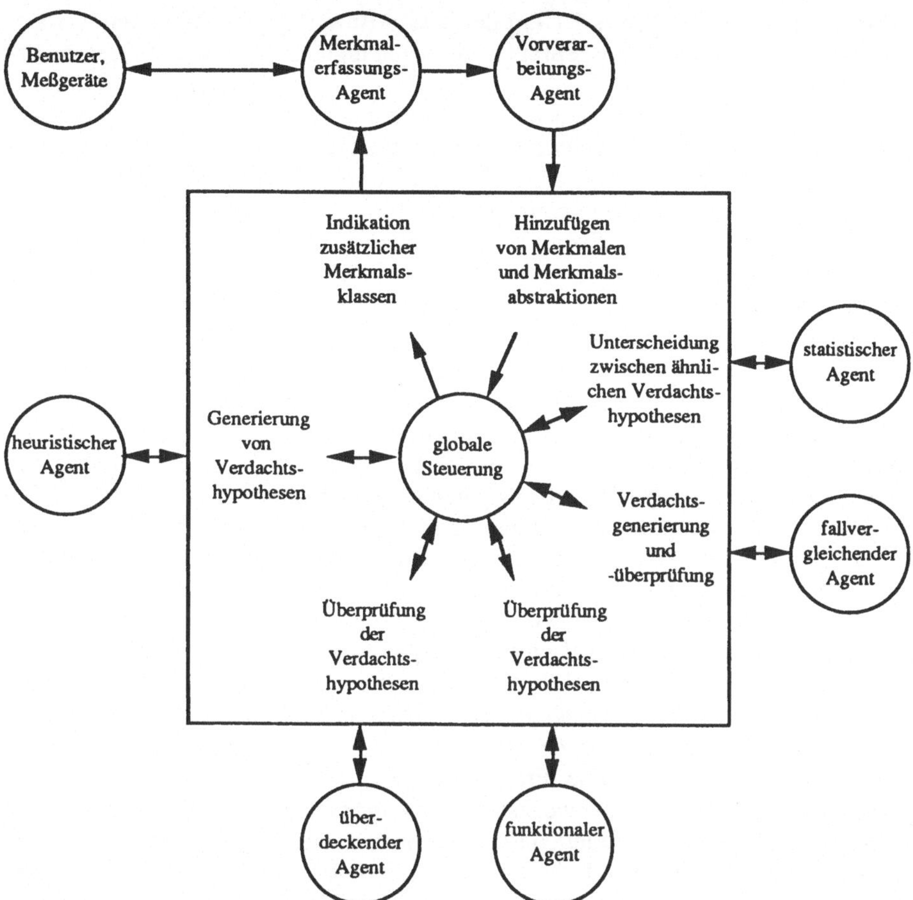

Abb. 26.3 Mögliche globale Steuerung der Wissensarten. Die Merkmale werden zusammen mit ihren daraus abgeleiteten Merkmalsabstraktionen auf der Blackboard notiert und vom heuristischen Agenten zur Verdachtsgenerierung ausgewertet. Weitere Verdachtshypothesen werden vom fallvergleichenden Agenten beigesteuert, der außerdem für die heuristischen Hypothesen gezielt Vergleichsfälle sucht. Alle Verdachtshypothesen werden jeweils vom überdeckenden Agenten und vom funktionalen Agenent überprüft. Ähnlich bewertete Hypothesen werden außerdem statistisch vergli- chen. Abhängig vom aktuellen Stand der Verdachtsdiagnosen werden zusätzliche Merkmalsklassen als Fragen an den Benutzer oder an Meßgeräte indiziert.

Zur Entscheidung zwischen konkurrierenden Hypothesen, die von verschiedenen Agenten hergeleitet wurden, braucht man Meta-Wissen, d.h. Wissen über die Zuver- lässigkeit der Hypothesen. Es besteht einerseits aus der internen Bewertung des Agenten, wie sicher seine Ergebnisse sind, z.B. kann eine Hypothese wahrscheinlich, höchstwahrscheinlich oder gesichert sein. Andererseits muß man die relative Zuver-

---

Steuerungsproblem in die einzelnen Prozessoren, wann sie ihre Untersuchungen zugunsten der Überprüfung aktueller Verdachtshypothesen der Blackboard zurückstellen sollen.

lässigkeit der Agenten untereinander vergleichen, die je nach Qualität der einzelnen Wissensbasen stark schwanken kann. Eventuell muß man auch Teilgebiete in der Wissensbasis eines Agenten unterschiedlich bewerten. Wenn verschiedene Agenten zu demselben Ergebnis kommen, kann die Bewertung des Ergebnisses verstärkt und bei unterschiedlichen Ergebnissen das mit der besten Bewertung übernommen werden. Verstärkungen sind um so ausgeprägter, je unabhängiger die Wissensbasen untereinander sind.

Die Kombination der verschiedenen Teilbewertungen erfordert ein Verrechnungsschema für den Umgang mit unsicherem Wissen [Puppe 88, Kap. 7]. Dafür kann man z.B. das MYCIN-Schema verwenden. Dann entspricht die Regelvorbedingung der primären Hypothesenbewertung eines Agenten und die Regelbewertung der Zuverlässigkeit des Agenten selbst bzw. des relevanten Teilbereiches der Wissensbasis. Regelvorbedingung und -bewertung werden beim MYCIN-Schema miteinander multipliziert und verschiedene Regelwahrscheinlichkeiten P für dasselbe Objekt mit der Formel $(P = P_{alt} + (1 - P_{alt}) * P_{neu})$ verknüpft. Da die Regelwahrscheinlichkeiten voneinander unabhängig sein müssen, muß zwischen abhängigen und unabhängigen Agenten unterschieden werden, z.B. beruhen fallvergleichendes und statistisches Wissen auf derselben Falldatenbank bzw. Fehlermodelle und funktionale Modelle auf demselben kausalem Wissen und wären daher abhängig. Während bei abhängigen Agenten das Maximum der Einzelwahrscheinlichkeiten sinnvoll ist, könnte bei den drei übrigbleibenden relativ unabhängigen Gruppen (kausal, heuristisch und fallbezogen) die MYCIN-Formel zur Ermittlung der Gesamtwahrscheinlichkeit angewandt werden. Die einzige Konsequenz für die Wissensrepräsentation ist eine zusätzliche Bewertung jedes Agenten bzw. seiner Teilbereiche.

Die dem Blackboard-Modell zugrundeliegende Annahme der wechselseitigen Unabhängigkeit der Agenten bei ihrer internen Problemlösung muß an einer Stelle eingeschränkt werden: bei der Dialogführung. Wenn jeder Agent direkt Fragen an den Benutzer stellen würde, bekäme der Benutzer zwar wegen der gemeinsamen Datenstruktur der Blackboard keine Fragen doppelt, aber diese eventuell in einer verwirrenden Reihenfolge zu abwechselnd ganz unterschiedlichen Problemaspekten. Daher braucht man zur koordinierten Präsentation nach außen eine Agenda, in der jede Datenanforderung mit einer Dringlichkeit notiert wird und auch die jeweiligen statischen und fallbezogenen Kosten bewertet werden. Die Datenanforderung mit dem aktuell besten Kosten/Nutzen-Profil wird ausgewählt und durchgeführt.

Ein Synchronisationsbedarf kommt daher, daß man eigentlich warten müßte, bis jeder Agent seine Berechnungen abgeschlossen hat, da erst dann seine Datenanforderungen feststehen. Das kann man vermeiden, wenn man einem Agenten, z.B. dem heuristischen Agenten, die Dialogsteuerung überläßt, der von seinem Bedarf ausgeht und zusätzlich den gerade aktuellen Stand der Blackboard betrachtet und so auch Verdachtsdiagnosen mitberücksichtigt, die andere Agenten überprüfen wollen. Die Problematik wird weiter entschärft, wenn Datenanforderungen standardisiert sind und von einfachen Kriterien (z.B. direkt von Problemmerkmalen) abhängen, was in vielen Anwendungsbereichen auch der Fall ist, z.B. "wenn der Motor unrund läuft, dann mache einen Leistungstest" oder "wenn der Patient Brustschmerz hat, dann mache ein EKG und eine Röntgenaufnahme der Brust".

Eine andere Vereinfachung kommt daher, daß nicht Einzelfragen, sondern Merkmalsklassen die kleinste Dialogeinheit sind. Sie werden global indiziert und besitzen lokales Wissen, welche Fragen in welcher Reihenfolge dem Benutzer gestellt werden.

26.4 Wissenserwerb

Eine integrierte Klassifikations-Shell ermöglicht dem Experten, sein Wissen – gleich in welcher Wissensart es vorliegt – direkt ohne größere Transformationen einzugeben. So könnte er bei einem zu diagnostizierenden, neuartigen technischen System wie z.B. einer Fertigungsanlage zunächst das Funktionsmodell aufbauen, dieses durch typische Fehlerzustände der Komponenten erweitern, zu einem Fehlermodell vereinfachen, heuristisches Wissen zur schnellen Verdachtsgenerierung hinzufügen und schließlich mit dem Anwachsen seiner Falldatenbank zur statistischen und fallvergleichenden Klassifikation übergehen. Der gemeinsame Kern aller Wissensarten sind die Begriffe, d.h. Symptome und Diagnosen. Beim Wissensbasisausbau wird hauptsächlich neues Beziehungswissen hinzugefügt, das bei jeder Wissensart anders repräsentiert ist.

Damit der Experte bei der Wissensformalisierung in einer Wissensart von dem bereits vorhandenen Wissen in anderen Wissensarten profitieren kann, müssen Transformationsschemata zwischen den Wissensarten vorhanden sein. Gemäß dem Klassifikationsteil aus Abb. 23.1 sollten zumindest folgende Transformationsschemata bereitgestellt werden:

a) funktionale Modelle -> Fehlermodelle,
b) Fehlermodelle -> heuristisches Wissen,
c) heuristisches Wissen -> statistisches Wissen,
d) heuristisches Wissen -> fallvergleichendes Wissen,
e) fallvergleichendes Wissen -> statistisches Wissen,
f) statistisches Wissen -> heuristisches Wissen,
g) heuristisches Wissen -> Fehlermodelle,
h) Fehlermodelle -> funktionale Modelle.

Im folgenden geben wir bei den Transformationsschemata jeweils an, was von der Ausgangs-Wissensrepräsentation übernommen werden kann und welches Wissen neu hinzugefügt werden muß. Jede Transformation sollte in den Basis-Wissenserwerbskomponenten der jeweiligen Wissensarten so unterstützt werden, daß man in der graphischen Darstellung der Ausgangswissensart den relevanten Wissensausschnitt (z.B. ein Objekt, eine Objektgruppe oder eine Beziehung) auswählt und mittels eines transformationsspezifischen Formulars das erforderliche Zusatzwissen eingibt. In geeigneten Fällen können Default-Werte für das Zusatzwissen hergeleitet und angeboten werden.

a): Beim Übergang von funktionalen Modellen zu Fehlermodellen wird das Modell vereinfacht. Insbesondere soll alles Wissen der funktionalen Modelle eliminiert werden, das zur Fehlerbeschreibung nicht erforderlich ist. Dazu wird die Unterscheidung zwischen "Komponenten" (mit Normal- und Fehlerzuständen) und "Materialien" aufgehoben und auf einen Objekttyp "Zustand" abgebildet. Die Zustände der Fehlermodelle umfassen dabei von den Komponenten nur die Fehlerzustände, d.h. die Normalzustände der Komponenten fallen weg, und von den Materialien bleiben nur die Attribute übrig, in denen sich der Fehler manifestiert: Zum Beispiel hat das Material "Luft" aus Kap. 10.5 die Attribute "Druck", "Strömungsgeschwindigkeit", "Verschmutzungsgrad", "Sauerstoffgehalt" und "Temperatur", von denen bei einem gerissenen Luftfilter aber nur der Verschmutzungsgrad abnormal ist. Im Fehlermodell ergibt sich daraus also nur ein neuer Zustand "Luft verschmutzt", der direkt aus dem Zustand "Luftfilter gerissen" hergeleitet wird. Eine weitere Vereinfachung beruht auf der Beobachtung, daß in den funktionalen Modellen häufig abnormale Materialien-Attribute viele Komponenten unverändert durchlaufen, bevor sie zu den eigentlichen Symptomen führen. Solche Zwischenschritte brauchen in Fehlermodelle nicht übernommen zu werden.

b): Beim Übergang von Fehlermodellen zu heuristischem Wissen kann das Modell dadurch weiter vereinfacht werden, daß die meisten Schweregrade der Zustände und einige Zwischenzustände eliminiert werden. Ansonsten können alle Objekte übernommen werden. Die wichtigste Änderung ist, daß die Schlußrichtung der Regeln umgekehrt werden muß: Statt Ursache (Diagnose) -> Wirkung (Symptom) bei den Fehlermodellen heißt es heuristisch: Symptom -> Diagnose. Zusätzlich muß verschiedenes neues Wissen hinzugefügt werden: zum einen Erfahrungswissen, wie stark das Vorhandensein bzw. Nichtvorhandensein eines Symptoms für bzw. gegen eine Diagnose spricht, und zum anderen Wissen über die Dialogführung und Symptomabstraktion. Bei der Dialogführung muß man sich überlegen, welche Symptome man wie erfassen kann (z.B. durch Fragen an den Benutzer, durch technische Untersuchungen), und die Symptomabstraktion ist erforderlich, um die terminologische Differenz zwischen der Fachsprache in den kausalen Modellen und den Primärdaten bei der Symptomerhebung zu überbrücken.

c): Beim Übergang vom heuristischen zum statistischen Wissen werden hauptsächlich die subjektiven Erfahrungen der Experten durch statistisch berechnete Wahrscheinlichkeiten ersetzt. Die Hauptarbeit bei dieser Transformation besteht darin, dafür zu sorgen, daß die Voraussetzungen für die Anwendung des Theorems von Bayes so weit wie möglich erfüllt werden. Das erfordert eine sorgfältige Auswahl von geeigneten Symptomabstraktionen (zur Gewährleistung der Unabhängigkeit der Symptome untereinander) und hinreichend kleinen Diagnosemengen (zur Vermeidung von Mehrfachdiagnosen).

d): Beim Übergang vom heuristischen zum fallvergleichenden Wissen werden alle Symptome und Symptomabstraktionen übernommen. Die heuristischen Regeln fallen dagegen weg. Neu hinzugefügt werden muß lediglich Wissen über die Bedeutung und die Abstraktionsebene der Symptome. Letzteres dient auch zur Auswahl der Symptome bzw. Symptomabstraktionen, die für den Fallvergleich berücksichtigt werden sollen, da nur Symptome derselben Abstraktionsebene vergleichbar sind.

e): Der Übergang vom fallvergleichenden zum statistischen Wissen entspricht der statistischen Auswertung einer Falldatenbank und ist hier nur der Vollständigkeit halber aufgeführt, da er zum normalen Wissenserwerb für statistisches Wissen gehört.

f): Beim Übergang vom statistischen zum heuristischen Wissen ist es das Ziel, statistische Wahrscheinlichkeiten in das heuristische Wissen zu integrieren. Dazu sollen in einer Symptom-Diagnose-Tabelle die statistischen Wahrscheinlichkeiten zu heuristischen Evidenzen vergröbert und mit den eventuell bereits vorhandenen Expertenbewertungen verglichen werden. Die Entscheidung, ob und welche aus der Falldatenbank ermittelten Evidenzen in das heuristische Wissen übernommen werden, trifft der Experte.

g): Der Übergang von heuristischem Wissen zu Fehlermodellen erfordert die Umkehrung der Schlußrichtung bei Beibehaltung der Objekte (s. Punkt b). Während

die Regelevidenzen bei den Fehlermodellen keine große Rolle spielen, muß neues
Wissen über die Summationswirkung mehrerer Ursachen auf einen Effekt hinzugefügt
werden. Dazu müssen die Regeln so verfeinert werden, daß sie Schweregrade der
Zustände verrechnen und weitergeben können. Dazu kann es auch erforderlich sein,
beim heuristischen Wissen nicht benötigte Zwischenzustände einzuführen.

h): Der Übergang von Fehlermodellen zu funktionalen Modellen ist der schwierigste
von den bisher diskutierten Übergängen. Der Grund ist, daß die Objekte der
Fehlermodelle nicht direkt auf Objekte der funktionalen Modelle abzubilden sind.
Daher gehen wir davon aus, daß der Experte zunächst unabhängig von dem Fehlermodell die Objekte des funktionalen Modells und ihre Beziehungen im Normalzustand
eingibt. Erst bei der Erweiterung des funktionalen Modells, das zusätzlich zu den
Normalzuständen der Komponenten Fehlerzustände mit ihren Effekten berücksichtigen soll, kann man das Wissen aus dem Fehlermodell ausnutzen, indem man die
dortigen Anfangszustände den entsprechenden Komponenten als Fehlerzustände zuordnet und für die übrigen Zustände die entsprechenden Materialien-Attribute sucht.

Weitere Transformationsschemata sind erforderlich, wenn zusätzliches Wissen
vorhanden ist. Besonders bei den funktionalen Modellen gibt es im allgemeinen nicht
nur ein Modell, sondern viele auf unterschiedlichen inhaltlichen Annahmen und auch
auf unterschiedlichen Wissensrepräsentationen aufbauende Modelle.

Die Wissenstransformationen ermöglichen auch eine begrenzte Konsistenzüber-
prüfung der Wissensbasen, wobei eine Wissensart, z.B. kausale Modelle, quasi die
Rolle einer Spezifikation übernimmt. Das gilt zunächst für die Begriffsstruktur, deren
Konsistenz weitgehend implizit durch die Verwendung der Transformationsschemata
gewährleistet ist. Aber auch für das wegen seiner Vagheit schwer analysierbare
Beziehungswissen sind gewisse Konsistenztests möglich: Obwohl konkrete Regelbewertungen aus verschiedenen Wissensarten kaum vergleichbar sind, kann die
Existenz und das Vorzeichen einer Beziehung (positive oder negative Bewertung) in
folgenden Situationen überprüft werden:

- Existenzvergleich eines impliziten, simulierten Fehlerpfades in einem funktionalen
  Modell mit dem entsprechenden expliziten Pfad im Fehlermodell.
- Existenzvergleich einer Diagnose-Symptom-Beziehung im Fehlermodell mit der
  entsprechenden heuristischen Symptom-Diagnose-Beziehung.
- Vergleich der Bewertung einer statistischen mit einer heuristischen Symptom-
  Diagnose-Beziehung (allerdings kann eine statistische Bewertung in einem heuri-
  stischen System auf Kontexte, Symptomkombinationen und Ausnahmen verteilt
  sein).
- Vergleich der Bedeutung eines Symptoms bei Fehlermodellen und beim
  Fallvergleich.

Aufgrund solch grober Vergleiche können auch die Wissensbasisstellen in allen
Wissensarten relativ gut eingegrenzt werden, die bei einer Wissensänderung (z.B.
einer technischen Neuerung im Anwendungsgebiet) überprüft werden müssen, sofern
die Wissensänderung sich in einer Wissensart (typischerweise im funktionalen
Modell) leicht beschreiben läßt.

26.5 Erklärung

Die Integration von Problemlösungsmethoden stellt besondere Anforderungen an die Erklärungskomponente. Wenn nur eine Problemlösungsmethode benutzt wird, ergibt sich die Erklärungsfähigkeit im allgemeinen direkt aus der Wissensrepräsentation[2], weswegen wir bei der Diskussion der einzelnen Methoden kaum darauf eingegangen sind[3]. Bei multiplen Wissensarten gibt es jedoch verschiedene Erklärungen für einen Sachverhalt, so daß Übergänge und Präferenzen wichtig werden, die wiederum vom Vorwissen und Interesse des Benutzers abhängen[4]. Zur Erklärungsfähigkeit gehören verschiedene Dimensionen, die auch tutorielle Aspekte einschließen, wie der Benutzer das Expertensystem zu seiner Weiterqualifizierng nutzen kann:

- *Handbuchmodus*: Dabei soll der Benutzer die Möglichkeit haben, sich das statische Wissen des Systems anzuschauen. Im Gegensatz zu einem "echten" Handbuch kann der Benutzer ein "elektronisches" Handbuch auch assoziativ lesen, d.h. sich direkt durch einen Mausklick Informationen zu ihn interessierenden Begriffen oder Bildern zeigen lassen. Das entspricht der Idee von Hypertextsystemen.
- *Begründungsmodus*: Damit kann sich der Benutzer vom System hergeleitete Lösungen konkreter Fälle begründen lassen. Der Begründungsmodus ist für Expertensysteme, die primär zur Problemlösung eingesetzt werden, der Hauptbestandteil der Erklärungskomponente.
- *Kritikmodus*: Dabei überläßt das System die Lösung eines konkreten Problemes dem Benutzer und kommentiert bzw. kritisiert dessen Entscheidungen, d.h. seine beabsichtigten zusätzlichen Untersuchungen, seine Verdachtshypothesen und zum Schluß seine Enddiagnosen.
- *Tutormodus*: Der Tutormodus umfaßt den Kritikmodus. Zusätzlich werden nach Schweregrad und Aufgabengebiet klassifizierte Beispielfälle bereitgestellt, aus denen der Benutzer wählen kann, und die Problemlösung des Benutzers wird bewertet.
- *Tutandenmodus*: Da man häufig am meisten lernt, wenn man ein Gebiet einem anderen erklärt, kann man den Wissenserwerb auch als Tutandenmodus auffassen: Dabei vermittelt der Benutzer dem Expertensystem sein Wissen und überprüft den Erfolg, ob das Expertensystem mit diesem Wissen Fälle lösen kann.

---

2   Genaugenommen gilt das nur für "direkte Erklärungen" [Puppe 88, Kap. 14], die aus der Problemlösung abgeleitet werden. Da jedoch "indirekte Erklärungen", z.B. Kommentare, einen sehr hohen Wartungsaufwand bedingen, stellen sie keine brauchbare Alternative bei großen Expertensystemen dar.

3   Damit soll nicht die Bedeutung von Erklärungen für Expertensysteme gemindert, sondern betont werden, daß bei unstrukturierter Wissensrepräsentation keine guten Erklärungen möglich sind. Gerade wenn man Expertensysteme in erster Linie als Wissensmedium und danach erst als Problemlöser betrachtet, ist die Erklärungsfähigkeit entscheidend und ihre Implementierung kann ziemlich aufwendig sein. Die in diesem Kapitel angeführten Erklärungsdimensionen gelten entsprechend auch für alle einzelnen Problemlösungsmethoden.

4   Die Abhängigkeit guter Erklärungen vom Benutzer wird im Rahmen des Forschungsgebietes "Partnermodellierung" (s. z.B. [Kobsa 89]) untersucht, wobei sich das System ein Modell vom Benutzer macht und danach handelt. Wir gehen hier von der umgekehrten Position aus, daß der Benutzer es möglichst einfach haben soll, sich ein Modell vom System zu machen und entsprechende Optionen hat, das System zu steuern.

- *Experimentiermodus*: Die Problemlösungsfähigkeit des Expertensystems kann auch den Benutzer beim Lernen unterstützen, wenn er z.B. die Auswirkungen kleiner Änderungen in einem Fall studieren will und sich vom Expertensystem die Auswirkungen von Fallvariationen auf die Problemlösung zeigen läßt.

Im folgenden diskutieren wir den Handbuch-, Begründungs- und Kritikmodus. Die übrigen drei Modi sind in dem Basisexpertensystem bereits weitgehend enthalten: Der Tutormodus besteht im Kern aus Kritikmodus mit vorgegebenen und klassifizierten Beispielfällen, der Tutandenmodus aus Wissenserwerbskomponente, Problemlösungskomponente und Begründungsmodus und der Experimentiermodus aus Problemlösungskomponente mit Verbesserungsoptionen und effizientem Rücknahmeverfahren.

26.5.1 Handbuchmodus

Der Handbuchmodus basiert auf der Hypertext-Technik, bei der in einem Fenster mit Texten bzw. Bildern bestimmte Begriffe oder Regionen sensitiv, d.h. mit der Maus anklickbar, sind und daraufhin Informationen dazu in einem neuen Fenster gezeigt werden. Da sich dieser Vorgang beliebig oft wiederholen läßt und auch frühere Fenster einfach erreichbar sind, kann der Benutzer die Informationen in einer von ihm gewünschten Reihenfolge statt in der vorgegeben Reihenfolge von Büchern lesen. Als Ausgangsfenster eignen sich Grobdarstellungen der Wissensbasis, z.B. Diagnose- und Symptomhierarchien beim heuristischen, statistischen und fallvergleichenden Wissen, Zustandsgraphen bei Fehlermodellen und funktionalen Modellen und auch konventionelle Übersichtstexte und Bilder. Davon ausgehend kann der Benutzer assoziativ weiterlesen, indem er sich bei jedem Begriff alle sonstigen Bedeutungen direkt anschauen kann.

Bei Verfügbarkeit von auf verschiedenen Problemlösungsmethoden basierenden Wissensbasen vermehren sich die möglichen Assoziationen zu einem Begriff. Eine Erweiterung gegenüber einfachen Hypertext-Systemen muß daher eine Fallunterscheidung sein, so daß bei Anklicken eines Objektes nicht direkt ein neues Fenster erscheint, sondern zunächst ein Pop-Up-Menü kommt, aus dem der Benutzer den ihn interessierenden Kontext auswählen kann. Voraussetzung des Pop-Up-Menüs ist eine Strukturierung der Assoziationen, wobei die existierenden Strukturierungen in den Wissensbasen ausgenutzt werden sollten. Dazu bietet sich die Einteilung in Wissensarten an, wobei konventionelle Texte und Bilder als zusätzliche Wissensarten aufgefaßt werden. Zu ihrer Integration müssen nur die Begriffe im konventionellen Text markiert und auf Begriffe in der Wissensbasis abgebildet werden. Als Ergebnis ist bei einem Symptom oder einer Diagnose im Buchtext sofort deren Bedeutung in der Wissensbasis (und umgekehrt) verfügbar.

Weiterhin sollten sich verschiedene Bedeutungen von Objekttypen innerhalb einer Wissensart als verschiedene Optionen des Pop-Up-Menüs darstellen. Ein Basis-Menü könnte folgende Optionen für ein Objekt enthalten, von denen je nach Wissensbasen und Benutzerwünschen die irrelevanten ausgeblendet werden:

a) Rolle für den diagnostischen Prozeß, d.h. Herleitung und Bedeutung:

1. heuristisches Wissen (d.h. Regeln),
2. fallvergleichendes Wissen (d.h. Liste von Fällen),
3. statistisches Wissen (d.h. Korrelationen),
4. Fehlermodell (d.h. Nachbarzustände),
5. funktionales Modell (d.h. Komponente bzw. Material, innerhalb dessen das Symptom bzw. die Diagnose vorkommt).

b) Sonstige Rollen im Expertensystem:

6. assoziierte Tests (Rolle bei der Dialogsteuerung),
7. assoziierte Reparatur- bzw. Therapiemaßnahmen mit Prognose (nur bei Diagnosen),
8. definitorisches Wissen (Wertebereich, Konsistenzrelationen usw.).

c) Bezug zu konventionellen Texten und Bildern:

9. Beschreibung im Lehrbuchtext,
10. Illustration mit Bildern,
11. Lexikoneintrag.

26.5.2 Begründungsmodus

Im Begründungsmodus sollen Problemlösungen zu konkreten Fällen erklärt werden. Wir betrachten den Begründungsmodus als eine fallbezogene Einschränkung des Handbuchmodus, d.h. es soll nicht mehr alles Wissen zu einem Objekt gezeigt werden, sondern nur noch das im konkreten Fall relevante Wissen. Dazu muß der Handbuchmodus um einen Filter erweitert werden, der nur das zur Anwendung gekommene Beziehungswissen, d.h. nur die gefeuerten Regeln und Constraints durchläßt. Zusätzlich ist eine Option wichtig, warum bestimmte Lösungen nicht hergeleitet wurden, d.h. welche Regeln einer Diagnose nicht gefeuert haben und warum. Vom Handbuchmodus übernimmt der Begründungsmodus das leichte Umschalten zwischen Begründungen in verschiedenen Wissensarten. Als Ausgangsfenster für den Begründungsmodus sollte die Problemlösungskomponente immer seine gerade verdächtigten und etablierten Zwischen- und Enddiagnosen und die beabsichtigten Tests anzeigen, da das die wichtigsten Objekte sind, für die eine Begründung erforderlich ist.

Eine Erklärungskomponente, bei der viele verschiedene Begründungen für eine Problemlösung angeboten werden, kann einen Benutzer leicht überfordern. Daher sollten für verschiedene Benutzertypen (z.B. Laie, Student, Fachmann, Wissensbasisentwickler) vereinfachte Versionen bereitgestellt werden, z.B. indem Begründungen nur auf eine Wissensart beschränkt werden. Die Default-Wissensart wären funktionale Modelle bzw. als Ersatz Fehlermodelle, da kausale Erklärungen im allgemeinen bevorzugt werden. Der Detaillierungsgrad der Begründung sollte an das Vorwissen des Benutzers angepaßt werden, indem gegebenenfalls das Wissen abstrahiert, d.h. kürzer und einfacher dargestellt wird. Dabei gehen wir davon aus,

daß der Benutzer sich selbst gemäß Typ und Vorwissen einstuft, während es mit
Techniken der Partnermodellierung auch möglich wäre, daß das System den Benutzer
entsprechend der Art seiner Fragen klassifiziert.

26.5.3 Kritikmodus

Beim Kritikmodus kritisiert das Expertensystem die vom Benutzer hergeleiteten
Lösungen zu vorgegebenen Symptomen. Falls die Symptome nicht zur Problemlösung ausreichen, muß der Benutzer zunächst zusätzliche Untersuchungen vorschlagen, deren Kosten/Nutzen-Relation ebenfalls kritisiert wird.

Während wir von einer textuellen Präsentation der Symptome ausgehen, kann man
auch zunächst Bilder der Symptome zeigen, worauf der Benutzer die Symptome
erkennen und auf Begriffe abbilden muß. Die Kritik besteht dabei einfach in der
Bewertung in "richtig" oder "falsch", eine detaillierte Begründung ist nicht möglich.
Die Einschaltung von Bildern (und entsprechend auch Geräuschen) ist vor allem beim
Tutormodus sehr nützlich.

Der Vorteil verschiedener Wissensarten liegt darin, daß der Benutzer sich diejenige
heraussuchen kann, die seiner eigenen Problemlösungsmethode am nächsten kommt.
Die fallvergleichende Wissensart eignet sich jedoch nur, wenn der Benutzer und das
Expertensystem dieselben Fälle kennen. Die Kritik besteht einfach darin, daß das
System in der gewählten Wissensart seine Lösung mit der vom Benutzer vergleicht,
auf Abweichungen untersucht, den Schweregrad der Abweichungen bewertet und
dem Benutzer das Ergebnis mitteilt.

Ein wichtiger Aspekt beim Kritikmodus ist, wie der Benutzer Hypothesen und
Begründungen einfach ohne Quasi-Aufbau einer kleinen Wissensbasis eingeben kann,
aber dabei keine zu deutlichen Hinweise auf die korrekte Lösung in Multiple-Choice-
Menüs bekommt.

Im einfachsten Fall gibt der Benutzer nur seine Hypothesen an, ohne sie zu
begründen. Dazu wählt er aus der ganzen oder eingeschränkten Diagnosehierarchie
seine Hypothesen aus. Das System vergleicht die Hypothesen mit seinen eigenen
Lösungen und bewertet eventuelle Differenzen. Bei den kausalen Modellen kann das
System zusätzlich eine Simulation der Benutzer-Hypothesen durchführen, um ihre
Plausibilität bewerten zu können.

Wenn die Kritik weitergehen soll als eine bloße Bestätigung oder Ablehnung einer
Problemlösung, muß der Benutzer seinen Vorschlag begründen, damit die Begründung kommentiert werden kann. In einer einfachen Version ordnet der Benutzer nur
die Symptome den von ihm vorgeschlagenen Diagnosen zu, wobei er die Symptome
in drei Gruppen einteilen sollte:

1. Symptome, die vorhanden sind und für die Diagnose sprechen,
2. Symptome, die vorhanden sind und nichts mit der Diagnose zu tun haben, und
3. Symptome, die nicht vorhanden sind, aber eigentlich erwartet würden.

Daraufhin kann das System die einzelnen Zuordnungen überprüfen und bewerten. In
einer ausführlicheren Version muß der Benutzer die Zuordnungen nach ihrer
Bedeutung qualifizieren, d.h. angeben, wie stark die Symptome für oder gegen die
Diagnosen sprechen.

Noch genauer läßt sich der Zusammenhang beschreiben, wenn der Benutzer nicht direkt Symptome zu Enddiagnosen zuordnet, sondern auch den relevanten diagnostischen Mittelbau spezifiziert. Der diagnostische Mittelbau besteht aus zwei Teilen, den lokalen Symptomabstraktionen und den globalen Zwischendiagnosen. Bei den Symptomabstraktionen, die lokal zu einer Merkmalsklasse sind, kann das System ein Menü aller Alternativen in einer Merkmalsklasse anbieten, aus dem der Benutzer die zutreffenden Werte entsprechend der Rohdaten auswählt.

Da die Symptomabstraktionen für alle Wissensarten gleich sind, kann dieser Schritt bei allen Wissensarten zwischengeschaltet werden. Ein Vorteil ist, daß die Zuordnung von Symptomen zu Diagnosen jetzt auf der aussagekräftigeren Ebene der Symptomabstraktionen basieren kann.

Die Spezifikation von Zwischendiagnosen bzw. Zwischenzuständen durch den Benutzer ist aufwendiger. Dazu kann der Benutzer einen Begründungsgraphen aus vorgegebenen Teilen auf dem Bildschirm aufbauen. Alternativ kann das System die in Frage kommenden Zwischen- und Enddiagnosen als isolierte Knoten auf dem Bildschirm anbieten, und der Benutzer löscht irrelevante Diagnosen bzw. Zustände und verbindet die übrigen durch Linien miteinander. Dabei repräsentieren verschiedene Typen von Linien verschiedene Arten und Gewichtungen der Beziehungen. Das Ergebnis ist ein fallspezifischer Begründungsgraph.

Je detaillierter der Begründungsgraph ist, desto präziser ist die Kritik. Wenn z.B. bei der heuristischen Klassifikation Symptome direkt oder nur über wenige Zwischenschritte den Diagnosen zugeordnet sind, dann muß der Kritikmodus erst die überzähligen Zwischenschritte in seiner als Vergleichsgrundlage dienenden Begründung auflösen, wobei die heuristischen Bewertungen unschärfer werden. Bei der kausalen Klassifikation bewirkt das entsprechende Wegfallen der Zwischenzustände, daß die Kritikmöglichkeiten eingeschränkt werden, insbesondere wenn im kausalen Modell fast alles mit allem zusammenhängt.

Eine implizite Beschränkung unserer auswahlorientierten Eingabe besteht darin, daß der Benutzer nur die Objekte der Wissensbasen in der vorgegebenen Terminologie als Problemlösung bzw. Begründung verwenden kann. Da jedoch Begründungen ohnehin nicht kritisiert werden können, die in einer anderen Terminologie formuliert oder detaillierter als der Stand der Wissensbasis sind, erscheint uns die auswahlorientierte Eingabe angemessen zu sein, zumal im Vergleich zu einer natürlichsprachlichen Eingabe der Dialog beschleunigt und die Implementierung erheblich vereinfacht ist.

26.6 Datenerfassung

Die Anforderung an die Datenerfassung aufgrund der Integration besteht darin, daß die Symptome nur einmal erfaßt werden, aber allen Problemlösungsmethoden zugänglich sind. Die wesentlichen Mechanismen dazu wurden schon skizziert:

1. Die Gruppierung zusammengehöriger Merkmale zu Merkmalsklassen, die immer zusammen erfaßt werden und ein geeignetes Abstraktionsniveau zur Dialogsteuerung bilden. Die lokale Dialogsteuerung innerhalb einer Merkmalsklasse wird über Weiterfrage-Regeln gesteuert. Bei der Anforderung zusätzlicher Daten brauchen alle Problemlösungsmethoden nur die Namen der Merkmalsklassen zu kennen.

Bei konkurrierenden Anforderungen wird über eine Agenda (s. Kap. 26.3) die beste Merkmalsklasse ausgewählt.
2. Die Aufbereitung der Daten zu Symptomabstraktionen, die ein geeignetes Abstraktionsniveau zur eigentlichen diagnostischen Interpretation bilden. Falls die unterschiedlichen Problemlösungsmethoden verschiedene, sich überlappende Basisbegriffe verwenden, müssen keine redundanten Fragen an den Benutzer gestellt werden, sondern die Begriffe können als verschiedene Symptomabstraktionen aus denselben Grunddaten hergeleitet werden.

Um die Integration des Diagnostik-Expertensystems mit anderen Programmen zu vereinfachen, sollten die Daten wahlweise vom Benutzer erfragt, aus einer Datenbank extrahiert oder von einem Fremdprogramm übernommen werden können. Eine geeignete Schnittstelle dafür bilden die Merkmalsklassen, die entsprechend typisiert werden können und in Abhängigkeit ihres Types die zugehörigen Schnittstellen-Programme aufrufen. Das Ergebnis ist in allen Fällen eine Belegung der einzelnen Merkmale mit Werten. Die Symptomabstraktionen werden datengesteuert direkt im Anschluß an die Wertebelegungen hergeleitet.

26.7 Programmierung

Bei der Untersuchung, welche Programmteile man von einer Problemlösungsmethode für eine andere übernehmen kann, muß man zwischen allgemeinen und speziellen Synergieeffekten unterscheiden. Allgemeine Synergieeffekte betreffen die für die Problemlösungsmethode unspezifischen Teile. Deren Wiederverwendbarkeit kann man mit allgemeinen Basis-Werkzeugen gewährleisten. Dafür eignen sich beim Wissenserwerb und beim Datenerfassungsdialog die Implementierung der Graphik-Primitive (Hierarchien, Formulare usw.; s. Kap. 4.5), bei der Erklärung die Hypertext-Technik und bei der Problemlösung einen Basis-Regelinterpretierer und ein Frame-Konzept.
Spezifische Synergieeffekte liegen dann vor, wenn unterschiedliche Problemlösungsmethoden ähnlich programmiert werden können. Bei den diskutierten Klassifikationsmethoden trifft das auf die beiden Arten von kausalen Modellen zu. Insbesondere der Simulationsmodus einschließlich der Komponentensummation und der Berücksichtigung von Rückkopplungsschleifen ähnelt sich bei Fehlermodellen und funktionalen Modellen, so daß man sie als zwei Ausprägungen desselben Grundalgorithmus implementieren kann.

26.8 Stand der Forschung

Die meisten Integrationsansätze versuchen, heuristisches und kausales (meist überdeckendes) Wissen zu integrieren. Auf der Problemlösungsebene soll der Problemfall zunächst heuristisch gelöst und nur, wenn das nicht gelingt, das ineffizientere kausale Modell benutzt werden. Beim Wissenserwerb geht man dagegen meist von einem kausalen Fehlermodell aus, aus dem automatisch heuristische Regeln generiert werden sollen, weswegen das heuristische Wissen häufig "kompiliertes Wissen" [Chandra-sekaran 82] genannt wird. Ein Beispiel für die "Wissenskompilierung" enthält [Steels 87]. Dort werden jedoch sehr einfache Wissensrepräsentationen benutzt: Fehler-modelle ohne Zustandsparameter werden in heuristisches Wissen ohne Evidenzwerte übertragen. Dabei wird das eigentliche Problem der Evidenzbewertung heuristischer Regeln übergangen, da sich die Regel-Unsicherheiten, die einen wichtigen Teil des heuristischen Erfahrungswissens ausmachen, schlecht aus Fehlermodellen herleiten lassen. Wir halten daher den Begriff "Wissenskompilierung" für irreführend.

Dagegen wird in MORE [Kahn 88] die Evidenzbewertung als zusätzliches Wissen für ein heuristisches Expertensystem aufgefaßt: Dort entwickelt der Experte zunächst auch ein Fehlermodell, woraus MORE dann für jede Beziehung eine heuristische Re-gel generiert. Die Evidenz der Regel wird jedoch vom Experten erfragt, wobei MORE nur ein paar Konsistenztests vornimmt. Zusätzlich verfügt MORE über sieben weitere Analysestrategien des Fehlermodells, mit denen es Inkonsistenzen bzw. Lücken in der Wissensbasis aufspürt, um den Experten darauf aufmerksam zu machen. Allerdings haben die Experten die Hinweise von MORE weitgehend ignoriert.

Während in MORE das Fehlermodell nur als Hilfsmittel für den Erwerb von heuristischem Wissen diente, wurden Fehlermodelle in dem Nachfolgesystem MOLE [Eshelman 88] direkt zum Problemlösen eingesetzt, wobei dann aber die heuristische Komponente und das Schließen mit unsicherem Wissen fehlt.

Eine andere Richtung der Integration ist die automatische Auswertung von Wissen aus Falldatenbanken zur Regelgenerierung. Eine bedeutende Richtung ist das induk-tive Lernen ("similarity-based-learning"), bei dem aus vielen Einzelfällen auf allge-meine Regeln geschlossen werden soll. Ein typischer Vertreter dafür ist PLANT/DS [Michalski 80] und ein entsprechendes kommerziell verfügbares Expertensystem-Werkzeug RULEMASTER. Das Hauptproblem dabei ist, eine statistische Korrelation richtig zu interpretieren, was nur mit Hintergrundwissen über potentielle Störfaktoren möglich ist. So kann eine statistische Korrelation zwischen zwei Merkmalen A und B verschiedene Interpretationen haben: 1) A verursacht B. 2) B verursacht A. 3) Ein dritter Faktor C verursacht sowohl A als auch B. 4) Die Korrelation ist zufällig, d.h. nicht repräsentativ. Ein leistungsfähiger Ansatz muß daher versuchen, Hintergrund-wissen miteinzubeziehen. Ein gutes Beispiel dafür ist das RX-System [Blum 82, 88], bei dem kausales Wissen über bekannte "dritte Faktoren" berücksichtigt wird, die eine Korrelation beeinflussen können. Ein neuerer Ansatz zum Einbezug von Hintergrund-wissen ist das "explanation-based-learning" [de Jong 86], bei dem ein vorgegebenes kausales Modell dazu dient, die Bedeutung der Symptome der betrachteten Fälle für die Diagnose zu bewerten.

Eine Integration von fallvergleichendem Wissen und Fehlermodellen ohne das Ziel, heuristische Regeln zu generieren, sondern nur zur Verdachtsgenerierung, wurde in CASEY [Koton 88] durchgeführt. CASEY sucht zu einem neuen Fall einen möglichst ähnlichen bekannten Fall und versucht dessen kausale Erklärung, die beim Fall mitabgespeichert ist, aufgrund der geänderten Symptome des neuen Falles zu modifizieren.

27. Aspekte der Gesamtintegration

Ausgehend von der im letzten Kapitel diskutierten Integration der Klassifikationsmethoden wollen wir die Integration hier um die in Abb. 25.1 motivierten Konstruktions- und Simulationsmethoden erweitern, nämlich das Skelett-Konstruieren, die Vorschlagen-und-Verbessern-Strategie zur Konfigurierung, eine einfache Form der Least-Commitment-Strategie, das fallvergleichende Konstruieren und die Einphasen-Simulation. Diese Methoden haben gemeinsam, daß sie auf der in Kap. 4.2 dargestellten einfachen Grundkonzeption beruhen, bei der alle Objekte des Anwendungsbereiches explizit benannt sind. Für mächtigere Konstruktionsmethoden halten wir eine Integration wegen der stark steigenden Komplexität für problematisch und würden eine Kopplung eigenständiger Shells bevorzugen.

27.1 Übersicht

Bei der Integration von Klassifikations-, Konstruktions- und Simulationsmethoden geht es vor allem um eine kooperierende und weniger um eine konkurrierende Problemlösung wie zwischen den Klassifikationsmethoden. Daraus ergeben sich folgende Konsequenzen für die verschiedenen Aspekte einer Integration:

- *Programmierung*: Die bedeutendsten Synergieeffekte ergeben sich auf der Ebene der Programmierung der entsprechenden Shells, da wegen der gleichen Grundkonzeption aller Problemlösungsmethoden die vier Komponenten (Problemlösung, Erklärung, Wissenserwerb, Datenerfassungsdialog) jeweils viele Ähnlichkeiten aufweisen.
- *Datenerfassung*: Vor allem für die Integration Diagnose - Therapie - Simulation bei biologischen und technischen Systemen sollten die Ergebnisse der einen Problemlösungsmethode die Ausgangsdaten der nächsten sein.
- *Wissenserwerb*: Die Übernahme von Wissen ist nur bei der Verwendung von Simulationsmethoden notwendig, wenn damit durch Klassifikations- oder Konstruktionsmethoden hergeleitete Problemlösungen überprüft werden. Dazu gehört auch der Übergang von der Konstruktion über die Simulation zur Diagnostik (Wartung) eines technischen Systems.
- *Wissensrepräsentation, Wissensmanipulation, Erklärung*: Da die Problemlösungsmethoden unterschiedliche Probleme lösen, ist auf diesen Ebenen keine Integration erforderlich.

Die Kernideen der programmtechnischen Integration wurden bereits weitgehend in früheren Kapiteln erläutert und werden hier zusammengefaßt:

- Für das Skelett-Konstruieren: Dazu muß eine heuristische Klassifikations-Shell vor allem um einen neuen Objekttyp "Skelettpläne" erweitert werden (Kap. 14.6).
- Für die einfache Vorschlagen-und-Verbessern-Strategie: Dazu muß die Merkmalsvorverarbeitung einer heuristischen Klassifikations-Shell vor allem um Korrektur-Regeln erweitert werden (Kap. 15.6).
- Für die einfache Least-Commitment-Strategie mit vorgegebenen (statt generierten) Constraints: Dazu müßte die Regelabarbeitung so erweitert werden, daß auch Constraints propagiert werden können, was vor allem eine partielle Evaluation von Regeln erfordern würde.
- Für das fallvergleichende Konstruieren: Die Ähnlichkeitsbewertung der fallvergleichenden Konstruktion unterscheidet sich nicht von der der fallvergleichenden Klassifikation (Kap. 18).
- Für die Simulation von Klassifikationsergebnissen: Dies ist Teil der Klassifikation mit funktionalen Modellen (Kap. 10).
- Für die Simulation von Aktionsplänen: Aktionspläne lassen sich ebenfalls mit einem funktionalen Modell simulieren, indem die Aktionen als Komponenten mit einem bestimmten Verhalten repräsentiert werden, die den mit Materialien dargestellten Zustand schrittweise verändern. Dabei entsprechen den Material-Parametern (z.B. Druck oder Temperatur im Motor) Eigenschaften von Objekten beim Planen (z.B. Aufenthaltsort einer Person bei der Reiseplanung, vorgenommene Transformationen an einem Werkstück bei der Arbeitsplanung, Lage eines Klötzchens bei der Umschichtungsplanung, aktueller Zustand molekulargenetischer Substanzen bei der Planung von Experimenten). Während diese Sichtweise für das modellbasierte Generieren von Plänen sehr umständlich wäre, reicht sie zur Simulation eines fertigen Planes aus.
- Simulation von Konfigurationen: Auch dazu eignen sich funktionale Modelle. Jedoch ist ähnlich wie bei der Simulation von Aktionsplänen Zusatzwissen über die Verhaltensbeschreibung der als Komponenten aufgefaßten Konfigurationselemente erforderlich. Außerdem muß die richtige Reihenfolge der Komponenten festgelegt werden, und die Materialien müssen spezifiziert werden.

Die folgenden Kurzdarstellungen sollen die Interaktionen verschiedener Problemlösungsmethoden verdeutlichen und sind daher eine grobe Vereinfachung der tatsächlichen Komplexität der Anwendungsbereiche (vgl. die Darstellung von Integrationsbeziehungen in der Produktion in [Mertens 90, Kap. 6.3.4.4]). Während die beiden ersten Beispiele der medizinischen Entscheidungsfindung und der Angebotserstellung, Konfigurierung und Wartung technischer Systeme quasi das Leitmotiv für unsere Integration darstellen, bevorzugen wir beim dritten Beispiel der Arbeits-, Produktionsplanung und Qualitätskontrolle eine Kopplung verschiedener Werkzeuge, da sonst die Komplexität eines integrierten Werkzeuges überproportional steigen würde.

27.2 Medizinische Entscheidungsfindung

Die medizinische Entscheidungsfindung gliedert sich in die zwei Hauptteile Diagnostik und Therapie. Bei der Diagnostik werden zunächst Verdachtsdiagnosen generiert, diese überprüft und schließlich eine oder mehrere Arbeitsdiagnosen für die Therapie ausgewählt. Für die Verdachtsgenerierung eignet sich am besten die heuristische Klassifikation, für die Verdachtsüberprüfung die Simulation der Hypothesen mit Fehlermodellen, d.h. pathophysiologischem Wissen, da brauchbare funktionale Modelle in der Medizin relativ selten verfügbar sind. Bei der Entscheidung für die Arbeitsdiagnose kann auch statistisches und fallvergleichendes Wissen den Ausschlag geben. Fallvergleichendes Wissen eignet sich zusätzlich für die Prognose des Krankheitsverlaufes.

Während die Therapiefestlegung oft lediglich ein weiterer Klassifikationsschritt ist, bei der entsprechend der Arbeitsdiagnose standardisierte Therapieschemata ausgewählt werden, kann in manchen Fällen auch eine Konfigurierung erforderlich sein, bei der verschiedene Therapieelemente aufeinander abgestimmt werden müssen. Das erforderliche Wissen läßt sich häufig in Skelettplänen bzw. – falls Rekursion erforderlich – in Flußdiagrammen darstellen. Da viele Therapien Nebenwirkungen haben und Wechselwirkungen der Therapieelemente möglich sind, ist es oft günstig, die in Kap. 15.5 skizzierte Variation der Vorschlagen-und-Verbessern-Strategie zur Parametereinstellung auf der Basis von Diagnose-Therapie-Tabellen zu benutzen und die Therapieauswirkungen in einem Simulationsmodell zu testen. Schließlich sollten die tatsächlichen Auswirkungen durchgeführter Therapien dahingehend ausgewertet werden, ob sie die Arbeitsdiagnose(n) bestätigen oder eine Revision erforderlich machen. Der Zyklus zwischen Diagnose und Therapie bleibt bis zur Gesundung bestehen.

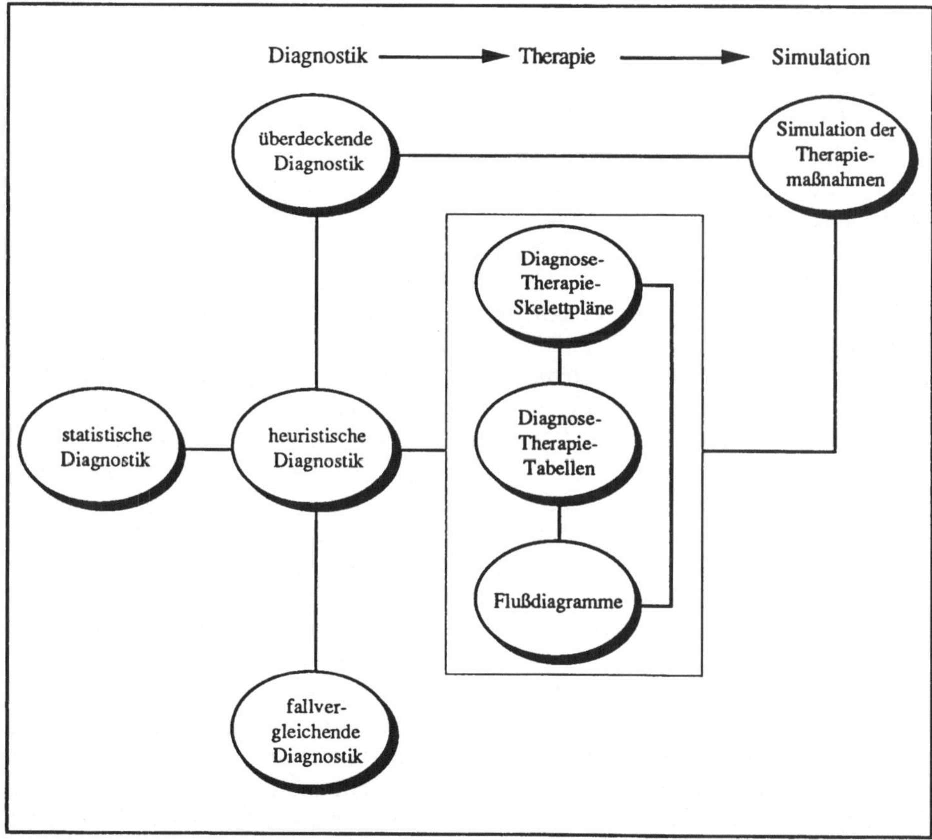

Abb. 27.1 Bei der medizinischen Entscheidungsfindung beteiligte Problemlösungsmethoden

Insgesamt sind folgende Problemlösungsmethoden beteiligt: überdeckende (pathophysiologische), heuristische, statistische und fallvergleichende Klassifikation, Konfigurierung mit Skelett-Konstruieren, mit Flußdiagrammen und mit der Vorschlagen-und-Verbessern-Strategie auf der Basis von Diagnose-Therapie-Nebenwirkungs-Tabellen sowie die qualitative Einphasen-Simulation auf der Basis von Fehlermodellen (Abb. 27.1).

Ein konkretes Beispiel für diese vielfältigen Interaktionen ist die Diabetes-Behandlung, bei der zunächst die Diagnose Diabetes Mellitus gestellt werden muß und dann in einem weiteren Klassifikationsschritt der Diabetes-Typ bestimmt wird. Daraus leitet sich die Therapie ab, die aus verschiedenen Elementen (s. Kap. 14.6) besteht und daher konfiguriert werden muß. Die genaue Einstellung des Patienten mit Insulin kann am besten in einem Simulationsmodell überprüft werden.

Ein anderes Beispiel ist die Behandlung von Herzkrankheiten. Zunächst muß eine Diagnose gestellt werden. Da jedoch die primären Ursachen der Erkrankung oft nicht therapierbar sind, wird mit Medikamenten und anderen Maßnahmen versucht, Folgeschäden zu minimieren. Weil die Medikamente Nebenwirkungen haben, hängt ihre Kombination und Dosierung von vielen Parametern ab, was mit einer Konfigurierungskomponente und einem Simulationsmodell optimiert werden kann.

27.3 Angebotserstellung, Konfigurierung und Wartung technischer Systeme

Der Lebenszyklus eines technischen Systems (z.B. einer Produktionsanlage) besteht aus der Angebotserstellung, dem Kundenauftrag, der vollständigen Konfigurierung, der Produktion, der Installation und der anschließenden Wartung. Wir gehen hier davon aus, daß das Gesamtsystem nach dem Baukastenprinzip aus nicht zu vielen Komponenten zusammengesetzt wird und diskutieren die Unterstützung aller Phasen außer der Produktion, die im nächsten Unterkapitel behandelt wird, und der Installation.

Ein Anbieter technischer Systeme erstellt auf Anfrage eines Kunden ein Angebot, das auf die Anforderungen des Kunden zugeschnitten ist. Expertensysteme für die Angebotserstellung wären besonders nützlich, da sie den oft beträchtlichen Aufwand erheblich reduzieren würden und deswegen auch alternative Angebote erstellt werden können, mit denen der Kunde verschiedene Kompromisse zwischen seinen idealen Anforderungen und einem möglichst niedrigen Preis testen kann. Da die Anbieter ihre Systeme meist aus vorgegebenen Komponenten konfigurieren, eignet sich als Problemlösungsmethode Vorschlagen-und-Verbessern, Least-Commitment oder bei hierarchischer Wissensstruktur das Skelett-Konstruieren. Auch fallvergleichendes Konfigurieren kommt in Betracht, das den zusätzlichen Vorteil hat, daß ein geeigneter Vergleichsfall auch in allen nachfolgenden Problemlösungsmethoden nützlich sein kann. Nach der Auftragserteilung muß das System konfiguriert werden, was eine Detaillierung des Angebotes darstellt und zusätzliches Wissen erfordert, wobei jedoch die Daten und Ergebnisse der Angebotserstellung übernommen werden sollten.

Nach der Produktion und Installation des Systems beim Kunden beginnt die Wartung. Da zur Fehlerdiagnose von neuen Systemen noch kein Erfahrungswissen vorliegt, müssen Diagnosen zunächst mit dem funktionalen Modell gestellt werden.

Im Idealfall bekommt man das funktionale Modell aus dem Konfigurierungsergebnis. Dazu muß das Verhalten der Komponenten aus der Konfigurierung beschrieben und ihre Verbindungen und die zugehörigen Materialien mit ihren relevanten Eigenschaften angegeben werden. Während bei einer modellbasierten Konstruktion dieses Wissen bereits vorhanden wäre, ist es bei der von uns angenommenen heuristischen Konfigurierung nicht notwendig und muß daher spätestens jetzt hinzugefügt werden.

Leider liegt der Idealfall nicht immer vor, da der Abstraktionsgrad bei der Konfigurierung und der Wartung unterschiedlich sein kann, z.B. weil es bei der Konfigurierung auf die Baugruppen und bei dem funktionalen Modell auf die Funktionseinheiten ankommt. In ungünstigen Fällen erfordert der Übergang viel Zusatzwissen. Der Aufwand ist jedoch auch deswegen lohnenswert, weil man dafür ein Modell bekommt, in dem mittels Simulation die Funktionsfähigkeit der Konfigurierung überprüft werden kann.

Das Simulationsmodell muß für die Wartung durch Angaben über typische Fehlerzustände von Komponenten und deren Verhaltensbeschreibung erweitert werden. Da bei der Wartung nur die Propagierung von Fehlerzuständen interessant ist, sollte der Wertebereich der Materialien von Absolutwerten auf Abweichungen von den Normalwerten umgestellt werden.

Den Übergang von der Konfigurierung zur Diagnostik mit funktionalen Modellen kann eine Bibliothek von Komponenten mit Verhaltensbeschreibungen von Normal- und Fehlerzuständen beträchtlich unterstützen.

Mit zunehmender Erfahrung wird dann das funktionale Modell für die Diagnostik vereinfacht, indem es zunächst in ein Fehlermodell umgewandelt und diesem dann heuristisches Wissen hinzugefügt wird. Dadurch wird auch die Fehlersuche effizienter. Sobald die Symptomerfassung standardisiert ist, wird mit dem Aufbau einer Falldatenbank erfolgreich gelöster Fälle begonnen, die dann zusätzlich eine statistische und fallvergleichende Fehlersuche ermöglicht.

Die anschließende Reparatur besteht meist einfach aus dem Austauschen des defekten Teiles und einem Test, ob der Fehler dadurch behoben wurde. Falls mehrere plausible Hypothesen existieren, sollte eine Test-Reihenfolge bestimmt werden, die sich aus den Wahrscheinlichkeiten der Hypothesen und ihren Austausch-Kosten ergeben. Neben dieser sehr einfachen Form der Konfigurierung können in komplexeren Situationen auch das Skelett-Konstruieren oder die Variation der Vorschlagen-und-Verbessern-Strategie zur Parametereinstellung auf der Basis von Diagnose-Reparatur-Nebenwirkungs-Tabellen (s. Kap. 15.5) nützlich sein, wobei die Reparaturen manipulierbare Einstell-Parameter eines Fertigungssystems sind.

Insgesamt sind folgende Problemlösungsmethoden beteiligt: Konfigurierung mit Vorschlagen-und-Verbessern, Least-Commitment und Skelett-Konstruieren, Einphasensimulation, funktionale, überdeckende, heuristische, statistische und fallvergleichende Klassifikation und nochmal Konfigurierung durch Skelett-Konstruieren und Vorschlagen-und-Verbessern mit Diagnose-Reparatur-Nebenwirkungstabellen, wobei die Reparaturen einstellbare Systemparameter darstellen (Abb. 27.2).

Beispiele finden sich besonders in der Maschinenbau-Industrie wie beim Verkauf von vollständigen Fertigungsanlagen oder Teilen davon, z.B. Prüfständen: Wenn ein Kunde für seine eigene Produktion einen Prüfstand benötigt, muß dieser für seine speziellen Anforderungen konfiguriert werden. Dabei werden Grundbausteine der Anbieterfirma geeignet zusammengesetzt. Sie ist anschließend während der Lebensdauer des Prüfstandes für die Wartung verantwortlich.

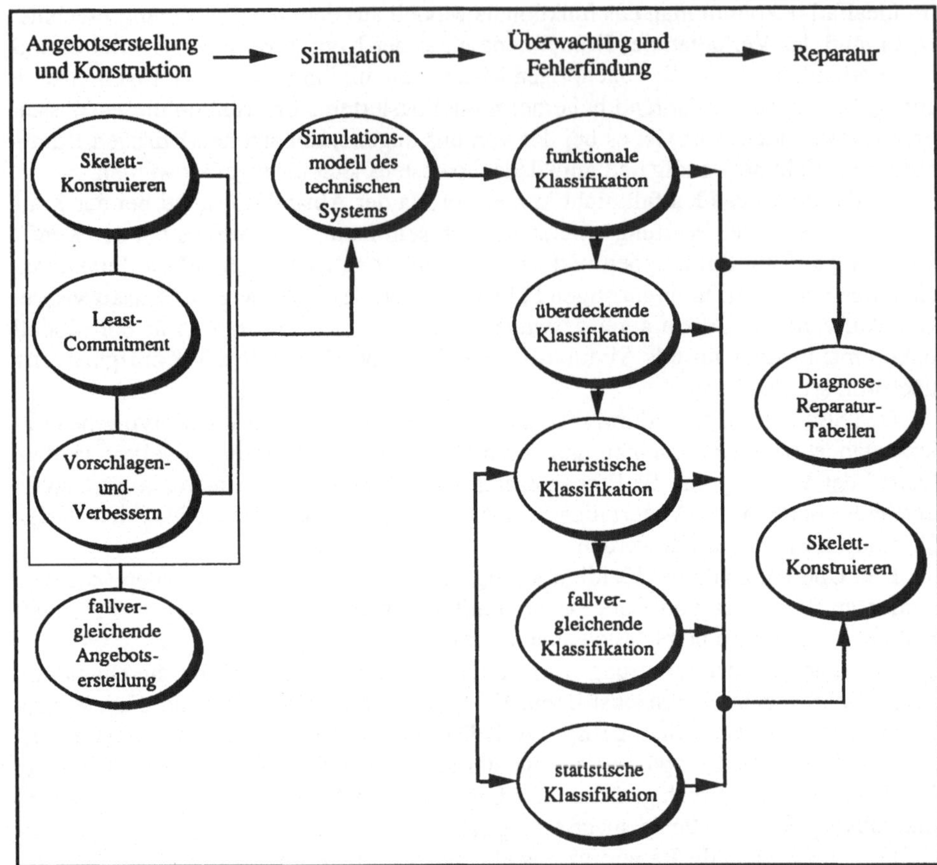

Abb. 27.2   Wissenstransfer zwischen den Problemlösungsmethoden bei der Angebotserstellung, Konfigurierung und Wartung technischer Systeme

In vielen Fällen sind Angebotserstellung und Konfigurierung einerseits und Wartung andererseits getrennt und werden als verschiedene Problembereiche aufgefaßt. Das trifft insbesondere zu, wenn die Differenz zwischen dem Konfigurierungsergebnis und dem funktionalen Modell für die Wartung zu groß für eine sinnvolle Transformation ist. Aber auch in diesem Fall sind die beiden Teilphasen noch so komplex, daß sie jeweils eine Integration von Problemlösungsmethoden erfordern. So verringert sich bei der Wartungsphase die Anzahl der beteiligten Problemlösungsmethoden kaum. Die Wartung technischer Systeme ähnelt strukturell der oben beschriebenen medizinischen Diagnostik und Therapie. Unterschiede bestehen unter anderem in der Problemkomplexität, da biologische Systeme meist weit komplizierter als technische Systeme sind; bei der Wissensfluktuation, da sich technische Systeme ständig ändern; in dem Verständnisgrad, da für technische Systeme meist bessere funktionale Modelle, aber weniger Erfahrungswissen als bei biologischen Systemen bekannt sind, und in der Einfachheit der Therapiefindung, da bei technischen Systemen defekte Komponenten oft einfach ausgetauscht werden können.

27.4 Arbeits-, Produktionsplanung und Qualitätskontrolle

Im vorhergehenden Unterkapitel haben wir die Konstruktion technischer Systeme auf die Konfigurierung mit vorgegebenen Grundbausteinen beschränkt. In diesem Unterkapitel liegt der Schwerpunkt auf der Planung der tatsächlichen Fertigung von Aufträgen (Werkstücken) in einer Fabrik, in der parallel noch viele andere Aufträge gefertigt werden müssen. Zunächst muß analysiert werden, welche einzelnen Arbeitsschritte zur Fertigung des Werkstücks und welche Maschinen in welchen Zuständen erforderlich sind. Diese Arbeitsplanung, zu der im allgemeinen Fall modellbasierte Konstruktionsmethoden benötigt würden, kann jedoch oft als ein Constraint-Problem aufgefaßt werden, bei dem die Bearbeitungselemente des Werkstücks bzw. die zugehörigen Maschinen-Elementaroperationen auf eine minimale Menge unterschiedlicher Maschinen-Zustände unter Beachtung der Constraints mit der Least-Commitment- (vgl. ExAP, Kap. 17.5) oder der Vorschlagen-und-Verbessern-Strategie abgebildet werden. Auch eine fallvergleichende Arbeitsplanung kommt in Betracht, bei der zu dem neuen Werkstück ein möglichst ähnliches, bereits früher gefertigtes Werkstück gesucht wird (vgl. CcC, Kap. 12.5), um dessen Konstruktionsunterlagen so weit wie möglich zu übernehmen.

An die lokale Optimierung der Arbeitsplanung einzelner Werkstücke schließt sich die Produktionsplanung an, bei der global die Ausführung verschiedener Aufträge mit den vorhandenen Maschinen optimiert werden soll. Ähnlich wie bei der Stundenplanerstellung ist die Produktionsplanung ein komplexes Zuordnungsproblem mit einem riesigen Zustandsraum und vielfältigen Constraints wie Arbeitspläne und Losgrößen (Stückzahlen) der einzelnen Aufträge, Maschinenauslastung bzw. -knappheit, Berücksichtigung der Maschinen-Eignungen, Termintreue und Robustheit gegenüber Maschinenausfällen. Dafür bietet sich die Vorschlagen-und-Vertauschen-Strategie an. Der Produktionsplan sollte dann mit einem Simulationsmodell überprüft werden, wozu sich die numerische Mehrphasen-Simulation eignet.

An die Fertigung schließt sich eine Qualitätskontrolle der Werkstücke (z.B. auf einem Prüfstand) an, was eine doppelte Klassifikationsaufgabe ist. Zum einen müssen Fehler am Werkstück klassifiziert und zum anderen muß die Ursache des Fehlers in der Fertigung herausgefunden werden. Während die erste Klassifikationsaufgabe unter den kontrollierten Bedingungen der Qualitätskontrolle oft relativ einfach ist und Entscheidungstabellen oder eine direkte heuristische Klassifikation ausreichen, ist das Herausfinden der Ursache im Produktionsprozeß oft wesentlich schwieriger und kann alle Klassifikationsmethoden erfordern, insbesondere auch ein funktionales Modell, das teilweise aus dem Arbeitsplan und dem Produktionsplan herleitbar ist. Das Beheben der Ursache, z.B das Reparieren einer Maschine, kann wieder Rückwirkungen auf den Produktionsplan haben, der so umgestellt werden muß, daß der Produktionsausfall minimiert wird.

Während bei dieser Sicht der Fertigung komplexe Konstruktionsmethoden wie Least-Commitment und Vorschlagen-und-Vertauschen sowie die Mehrphasensimulation dominieren, spielen bei der Qualitätskontrolle auch Klassifikationsmethoden zum Erkennen und Beheben von Fertigungsfehlern eine wichtige Rolle (Abb. 27.3).

Das Beispiel zeigt Grenzen unseres Integrationsmodelles auf. Da schon die erforderlichen Basis-Werkzeuge für Vorschlagen-und-Vertauschen, Least-Commitment (vgl. Beispiele in Kap. 16.5 und 17.5) sowie die numerische Mehrphasensimulation ziemlich komplex sind, würden wir zur Realisierung eine Kopplung jeweils eigenständiger Werkzeuge bevorzugen.

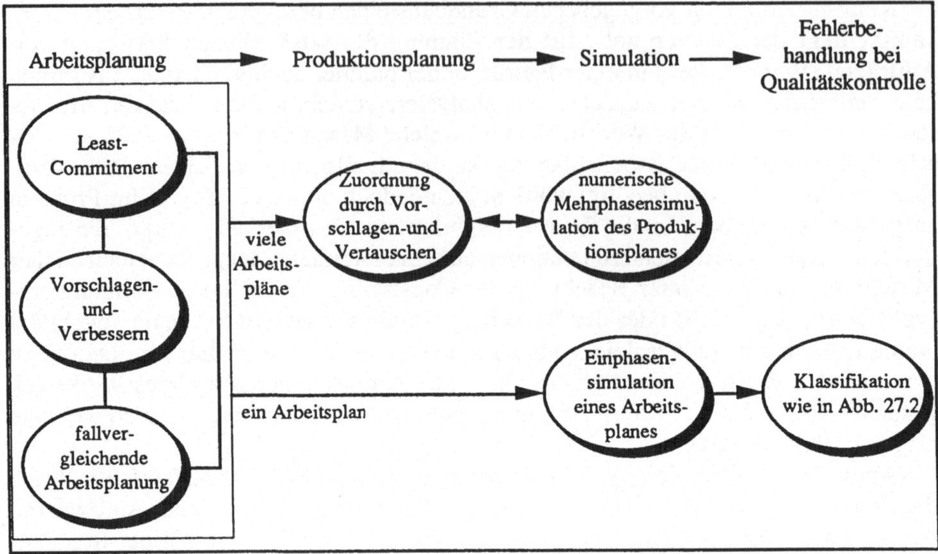

Abb. 27.3   Wissenstransfer zwischen den bei der Arbeits-, Produktionsplanung und Qualitätskontrolle beteiligten Problemlösungsmethoden

Glossar

I. Allgemeine Grundbegriffe zu Problemen

Problem: Fragestellung, die durch **Problemmerkmale** (Abkürzung: **Merkmale**) charakterisiert ist und für die eine **Problemlösung** (Abkürzung: **Lösung**) gesucht wird. Die Problemlösung kann ausgewählt oder aus Lösungselementen zusammengesetzt werden.

Problemgebiet (Anwendungsgebiet): Menge von ähnlichen *Problemen*, die sich in unterschiedlichen Kombinationen auf dieselben *Problemmerkmale* und *Problemlösungen* bzw. Lösungselemente beziehen. Große Problemgebiete heißen auch **Problembereiche (Anwendungsbereiche).**

Fachbereich: Menge von *Anwendungsbereichen* mit derselben *Fachterminologie*, z.B. Medizin, Kreditberatung.

Fachterminologie (Fachsprache): Begriffe, die wichtige Konzepte des *Fachbereiches* bezeichnen und im Gegensatz zu Begriffen der Alltagssprache präzise definiert sind.

Problemtyp: Menge von verschiedenen *Problemgebieten*, die aus Anwendersicht ähnlich sind, z.B. Fehlersuche, Überwachung, Interpretation, *Planung, Zuordnung*. Die Ähnlichkeit muß sich jedoch nicht in gemeinsamen *Problemlösungsmethoden* wie bei *Problemlösungstypen* niederschlagen.

Problemlösungstyp: Menge von verschiedenen *Problemgebieten*, die mit denselben *Problemlösungsmethoden* gelöst werden können. Wichtige, allgemeine Problemlösungstypen sind *Klassifikation (Diagnostik), Konstruktion* und *Simulation.*

Problemklasse: Oberbegriff für *Problemtyp* und *Problemlösungstyp*, wenn die dortige Differenzierung nicht im Vordergrund steht.

II. Allgemeine Grundbegriffe zum Problemlösen

Wissen: Daten mit impliziten oder expliziten Angaben über ihre Verwendung zur Lösung von *Problemen*. Die Darstellung erfolgt mit *Wissensrepräsentationen* und die Auswertung mit *Problemlösungsmethoden*, wobei beide Aspekte sich wechselseitig bedingen und daher nicht unabhängig voneinander betrachtet werden können.

Wissensrepräsentation: Formales Gerüst zur Kodierung von *Wissen*, mit dem Verfahren zur Interpretation des Wissens, d.h. *Problemlösungsmethoden*, assoziiert sind. Wissensrepräsentationen können *Basiswissensrepräsentationen* oder zusammengesetzte Wissensrepräsentationen sein.

Basiswissensrepräsentationen: Grundlegende *Wissensrepräsentationen*, mit denen *Inferenzstrategien* gekoppelt sind. Die wichtigsten Basiswissensrepräsentationen in *Expertensystemen* sind *Regeln* mit *Vorwärts-* oder *Rückwärtsverkettung*, *Frames* mit Vererbung und zugeordneten Prozeduren, *Constraints* mit lokaler Propagierung, Evidenzwerte mit Verknüpfungsschema, Begründungsnetze mit Rücksetzverfahren (*TMS*) und Zeitdarstellungen mit zugehörigen Auswertungstechniken.

Problemlösungsmethode: Algorithmus, der angibt, wie bereichsspezifisches *Wissen* zur Problemlösung verwendet wird. Dadurch wird auch eine gewisse Festlegung der *Wissensrepräsentation* impliziert. Im Vergleich zu Problemlösungsmethoden referiert etwa ein Sortieralgorithmus auf kein externes bereichsspezifisches Wissen. Eine Problemlösungsmethode ist um so stärker, je mehr sie die Verwendung und Repräsentation des bereichsspezifischen *Wissens* festlegt.

Schwache Problemlösungsmethode (Basisproblemlösungsmethode): *Problemlösungsmethode*, die offen für eine große Vielfalt bereichsspezifischer *Wissensrepräsentationen* und -funktionen und daher breit einsetzbar ist, aber nur wenig Hilfe beim *Wissenserwerb* bietet.

Starke Problemlösungsmethode: *Problemlösungsmethode*, die die Repräsentation und Funktion des bereichsspezifischen *Wissens* weitgehend festlegt und daher nur begrenzt einsetzbar ist, aber umfassende Hilfe beim *Wissenserwerb* bietet. Starke Problemlösungsmethoden sind oft Spezialisierungen von *schwachen Problemlösungsmethoden*.

Inferenzstrategie (Ableitungsstrategie): *Problemlösungsmethode* zur Auswertung von *Basiswissensrepräsentationen*, z.B. *Vorwärts-* und *Rückwärtsverkettung* bei *Regeln*. Inferenzstrategien sind relativ *schwache Problemlösungsmethoden*, da es innerhalb der *Basiswissensrepräsentationen* häufig viele Varianten gibt und vor allem ganz unterschiedliche Funktionstypen möglich sind, z.B. bei *Regeln* verschiedene Typen von Nachbedingungen wie Implikations-, Handlungs- oder Meta-Regeln.

Agenda: Geordnete Liste von Objekten, die gewöhnlich dazu benutzt wird, bei häufigen Veränderungen das jeweils aktuell am besten bewertete Objekt herauszufinden. Eine Agenda entspricht einer Auftragswarteschlange, aus der immer der aktuell wichtigste Auftrag ausgewählt und bearbeitet wird.

Merkmalsvorverarbeitung (Datenvorverarbeitung): Aufbereitung der *Problemmerkmale* zu Merkmalsabstraktionen, die gewöhnlich Begriffe aus der *Fachsprache* sind und deren Verwendung das Lösen des *Problemes* meist vereinfacht.

Lösungsraum: Anzahl der theoretisch möglichen verschiedenen *Problemlösungen*. Er ist bei der *Konstruktion* wesentlich größer als bei der *Klassifikation*.

III. Begriffe zu Basis-Wissensrepräsentationen

Regel: *Basiswissensrepräsentation*, mit der gerichtete Beziehungen zwischen Objekten dargestellt werden. Ungerichtete Beziehungen werden mit *Constraints* dargestellt. Eine Regel (z.B. A -> B) hat immer eine Vorbedingung und eine Aktion, welche dann ausgeführt werden darf, wenn die Vorbedingung erfüllt ist.

Die beiden grundlegenden *Ableitungsstrategien* für Regelsysteme sind **Vorwärts-** und **Rückwärtsverkettung.** Bei der Vorwärtsverkettung werden die Regeln danach ausgewählt, ob ihre Vorbedingung durch die Daten in der Datenbasis erfüllt ist, und bei der Rückwärtsverkettung danach, ob ihre Aktion zur Herleitung eines vorgegebenen Zieles beiträgt.

Frame: *Basiswissensrepräsentation*, bei der alles Wissen über ein Objekt in einer Datenstruktur zusammengefaßt ist. Ein Frame besteht typischerweise aus Verweisen auf übergeordnete Frames, Attributen (slots), Facetten und Werten. Die Facetten können Wissen über Wertebereich, Erwartungswerte (Defaults), zugeordnete Prozeduren (Aktionen, die ausgeführt werden sollen, wenn ein Wert eingetragen bzw. angefragt wurde) enthalten. Die Verweise ermöglichen die Vererbung von Werten und Facetten von dem übergeordneten Frame an seine Nachfolger.

Constraint: *Basiswissensrepräsentation*, die ungerichtete Beziehungen zwischen Objekten ausdrückt. Ein Constraint besteht aus Name, Definition und Variablen (z.B. "Addierer-1", "A + B = C", {A, B, C}). Constraints, die durch gemeinsame Variablen verbunden sind, heißen **Constraint-Netz**, und ein Constraint-Netz mit einer Anfangsbelegung einer Teilmenge der Variablen heißt **Constraint-Problem.**

TMS (Truth Maintenance System): Oberbegriff für Techniken zur konsistenzerhaltenden Rücknahme von Schlußfolgerungen aufgrund einer geänderten Situation (z.B. Verbesserung eines Faktes durch den Benutzer, Korrektur einer Default-Annahme aufgrund neuer Informationen). Einfache, aber ineffiziente Techniken sind die vollständige Neuberechnung aller Schlußfolgerungen auf der Basis der neuesten Daten oder chronologisches Backtracking. Effizientere Techniken verwenden eine zusätzliche Datenstruktur zur Abspeicherung von Begründungen. Beim **JTMS** (Justification-Based TMS) werden direkte Begründungen einer Schlußfolgerung abgespeichert; beim **ATMS** (Assumption-Based TMS) zusätzlich ihre zugrundeliegenden Basisannahmen.

IV. Begriffe zur Klassifikation (Diagnostik)

Klassifikation (Diagnostik): *Problemlösungstyp*, bei dem die *Lösung* eventuell über einen *diagnostischen Mittelbau* mit einer *Problemlösungsmethode* aus einer Menge vorgegebener *Lösungen* ausgewählt wird. Bei der Diagnostik heißen die *Problemmerkmale* auch **Symptome**, die *Lösungen* auch **Diagnosen**. Wenn keine *Mehrfachdiagnosen* zugelassen sind (**Single-Fault-Assumption**), ist der *Lösungsraum* bei n möglichen *Diagnosen*: n; mit *Mehrfachdiagnosen*: 2^n.

Sichere Klassifikation: *Klassifikation* auf der Basis von sicheren *Regeln* der Art: *Symptom(e) –> Diagnose* mit *diagnostischem Mittelbau*.

Heuristische Klassifikation: *Klassifikation* auf der Basis von unsicheren *Regeln* der Art: *Symptom(e) –> Diagnose* mit Erfahrungswahrscheinlichkeit X und *diagnostischem Mittelbau*. Eine *Diagnose* wird um so besser bewertet, je höher ihre akkumulierte Erfahrungswahrscheinlichkeit aufgrund der beobachteten *Symptome* ist.

Überdeckende Klassifikation: *Klassifikation* auf der Basis von *Regeln* der Art: *Diagnose(n)* (mit bestimmten Schweregrad) *–> Symptom* (mit bestimmtem Schweregrad) und *diagnostischem Mittelbau*. Eine *Diagnose* wird um so besser bewertet, je genauer sie die beobachteten *Symptome* erklären (d.h. überdecken) kann und je weniger nicht beobachtete *Symptome* sie überdeckt.

Funktionale Klassifikation: *Klassifikation* auf der Basis eines Modells des normal funktionierenden Systems, bei dem Eingangsmaterialien mittels Komponenten in Ausgangsmaterialien überführt werden. *Symptome* sind Diskrepanzen zwischen erwartetem und beobachtetem Wert der (Ausgangs)Materialien, und *Diagnosen* sind mögliche Verhaltensänderungen von Komponenten. Wie bei der *überdeckenden Klassifikation* wird eine *Diagnose* um so besser bewertet, je genauer sie die beobachteten Diskrepanzen erklären kann.

Modellbasierte (kausale) Klassifikation: Oberbegriff für *funktionale* und *überdeckende Klassifikation*.

Fallvergleichende Klassifikation: *Klassifikation* auf der Basis einer Sammlung erfolgreich gelöster Fälle. Zu einem neuen Fall wird ein möglichst ähnlicher Fall aus der Fallsammlung gesucht und bei ausreichender Ähnlichkeit dessen *Diagnose(n)* übernommen.

Statistische (probabilistische) Klassifikation: *Klassifikation* auf der Basis einer statistischen Auswertung erfolgreich gelöster Fälle.

Establish-Refine-Strategie: *Problemlösungsmethode* für die *Klassifikation*, bei der in einer strengen Diagnose-Hierarchie zunächst eine Grobdiagnose etabliert und dann verfeinert wird, indem einer ihrer Nachfolger etabliert wird, usw.

Hypothesize-and-Test-Strategie: *Problemlösungsmethode* für die *Klassifikation*, bei der aus den zunächst vorgegebenen *Symptomen* Verdachtsdiagnosen generiert werden, die besten dann gezielt (eventuell auch durch Erfragen zusätzlicher Symptome) überprüft werden und dieser Zyklus solange durchlaufen wird, bis ein Terminierungskriterium gefunden wurde (z.B. daß es keine Verdachtsdiagnosen mehr gibt oder daß alle *Symptome* durch etablierte *Diagnosen* erklärt sind).

Diagnostischer Mittelbau: Alle Zwischenergebnisse auf dem Weg von *Symptomen* zu *Diagnosen* bei der *Diagnostik*. Zwischenergebnisse können gleichzeitig *Diagnosen* eines Diagnostikproblems und *Symptome* eines nachgeschalteten Diagnostikproblems sein.

Mehrfachdiagnosen: Menge von *Lösungen* bei der *Klassifikation*. Mehrfachdiagnosen kann man als eine Art Bindeglied zwischen *Klassifikation* (mehrfache Auswahl von *Lösungen*, d.h. Einzeldiagnosen) und der *Konstruktion* (Zusammensetzen der Lösung aus Lösungselementen, d.h. Einzeldiagnosen) betrachten.

V. Begriffe zur Konstruktion

Konstruktion: *Problemlösungstyp*, bei dem die *Lösung* nicht wie bei der *Klassifikation* als Ganzes ausgewählt werden kann, sondern mit einer *Problemlösungsmethode* aus Lösungselementen zusammengesetzt werden muß. Der *Lösungsraum* ist gewöhnlich außerordentlich groß (z.B. bei einem Stundenplanproblem mit n Klassen und m Unterrichtseinheiten pro Klasse in der Größenordnung von $m!^n$)

Planung: *Problemtyp*, der zur *Konstruktion* gehört und bei dem eine Sequenz von Operatoren gesucht wird, die den Startzustand in einen Zielzustand überführt (vgl.

Konfigurierung). Beispiel: Planen von Roboteraktionen, im allgemeinen Sinne jegliches Problemlösen.

Konfigurierung: Problemtyp, der zur *Konstruktion* gehört und bei dem ein Lösungsobjekt gesucht wird, das bestimmte Anforderungen erfüllt. Im Gegensatz dazu ist bei der *Planung* der Zielzustand (d.h. das Lösungsobjekt) vorgegeben und der Weg dahin gesucht. Im Vergleich zur *Zuordnung*, bei der die Anordnung vorgegebener Lösungsobjekte gesucht wird, müssen bei der Konfigurierung die Lösungsobjekte instanziiert bzw. ihre Eigenschaften bestimmt werden.

Zuordnung: *Problemtyp*, der zur *Konstruktion* gehört und bei dem mindestens zwei disjunkte Mengen von vorgegebenen Objekten so aufeinander abgebildet werden, daß gewisse Anforderungen erfüllt sind. Beispiel: Erstellung von Stundenplänen oder Maschinenbelegungsplänen.

Skelett-Konstruieren: *Problemlösungsmethode* für die *Konstruktion*, bei der ein Skelettplan aufgrund der *Problemmerkmale* ausgewählt, expandiert und verfeinert wird. Ein Skelettplan ist eine allgemeiner Grob-Konstruktion mit einer Menge von abstrakten, zu verfeinernden Lösungselementen. Skelett-Konstruieren ist eine spezielle Form der *Generate-and-Test-Strategie*.

Generate-and-Test-Strategie: *Problemlösungsmethode* für die *Konstruktion*, bei der die Lösung schrittweise generiert wird, indem ein Lösungselement zur existierenden Teillösung hinzugefügt wird und sofort getestet werden kann, ob die Erweiterung korrekt ist. Im Unterschied zur *Hypothesize-and-Test-Strategie* werden Lösungselemente und nicht Lösungen getestet.

Vorschlagen-und-Verbessern-Strategie: *Problemlösungsmethode* für die *Konstruktion*, bei der im Unterschied zur *Generate-and-Test-Strategie* kein sofortiger Test eines Problemlösungsschrittes während der Lösungsgenerierung möglich ist. Falsche Lösungsansätze werden daher eventuell erst spät erkannt und müssen dann verbessert werden. Das besondere der Strategie im Vergleich zu anderen Backtracking-Ansätzen ist, daß bereichsspezifisches Verbesserungs-*Wissen* zur effizienten Korrektur falscher Lösungsansätze verfügbar ist.

Vorschlagen-und-Vertauschen-Strategie: Spezialisierung der *Vorschlagen-und-Verbessern-Strategie* für *Zuordnung*sprobleme.

Least-Commitment-Strategie: *Problemlösungsmethode* für die *Konstruktion*, bei der der Wertebereich der Parameter durch Generierung und Propagierung von *Constraints* maximal eingeschränkt wird. Dabei wird vermieden, einen Parameterwert wie bei der *Vorschlagen-und-Verbessern-Strategie* ohne zwingenden Grund festzulegen.

VI. Begriffe zur Simulation

Simulation: *Problemlösungstyp*, bei dem die Lösung in der Vorhersage der Auswirkungen von gegebenen Ursachen in einem *Modell* besteht. Im Gegensatz dazu wird bei der modellbasierten *Klassifikation* von den gegebenen Auswirkungen (*Symptomen*) auf vermutete Ursachen (*Diagnosen*) rückgeschlossen.

Einphasen-Simulation: Unter-*Problemlösungstyp* der *Simulation*, bei der für jeden Simulations-Parameter nur ein Wert berechnet wird. Im Gegensatz dazu werden bei der **Mehrphasen-Simulation** für die Parameter eine Folge von zu verschiedenen Zeitpunkten oder Zeitintervallen geltenden Werten berechnet.

VII. Begriffe zu Wissensarten

Heuristisches Wissen: Oft unsicheres *Wissen*, das in gerichteter Weise von *Problemmerkmalen* eventuell über Zwischenstufen auf *Problemlösungen* hindeutet, z.B. Regeln der Art: Wenn Problemmerkmal-1 dann Lösungselement-1. Heuristisches Wissen ist zweckgebunden, d.h. leicht interpretierbar, aber selten für multiple Zwecke verwendbar.

Modellbasiertes (kausales) Wissen: *Wissen* über allgemeine Zusammenhänge zwischen *Problemlösungen* und *Problemmerkmalen*, das potentiell in mehrfacher Hinsicht, insbesondere auch für eine *Simulation*, benutzt werden kann, aber mit dem eine Problemlösung für die *Klassifikation* oder *Konstruktion* meist aufwendiger als mit *heuristischem Wissen* ist.

Statistisches (probabilistisches) Wissen: Unsicheres *Wissen*, das durch statistische Aufbereitung einer Menge erfolgreich gelöster Fälle gewonnen wurde.

Fallvergleichendes Wissen: *Wissen* über erfolgreich gelöste Fälle, d.h. einer Menge von *Problemmerkmalen* mit der korrekten *Problemlösung*. Es wird für Analogie-Schlüsse benutzt, bei denen zu einem neuen Fall ein möglichst ähnlicher, bekannter Fall gesucht wird, um dessen *Lösung* direkt zu übernehmen oder zu modifizieren.

VIII. Begriffe zu Expertensystemen

Wissensbasiertes System: Programm zur Lösung von *Problemen*, bei dem programmtechnisch *Problemlösungsmethoden* und *Wissen* getrennt sind, was sich in Änderungsfreundlichkeit durch Austausch des *Wissens* bei unveränderter *Problemlösungsmethode* und Erklärungsfähigkeit durch Angabe des zur Herleitung einer *Problemlösung* benutzten *Wissens* auswirkt.

Expertensystem: *Wissensbasiertes System*, mit dem die Schlußfolgerungsfähigkeit und das bereichsspezifische *Wissen* von Experten nachgebildet werden soll.

Expertensystem-Werkzeug: Programmierumgebung zur Erstellung von *Expertensystemen*, die die Arbeitszeit im Vergleich zur Benutzung von universellen Programmierumgebungen verkürzen soll. Ein Expertensystem-Werkzeug unterstützt bestimmte Wissensrepräsentationen und besteht aus einer *Problemlösungs-*, *Wissenserwerbs-*, *Erklärungs-* und *Interviewerkomponente*. **Einfache Expertensystem-Werkzeuge** stellen nur eine *Wissensrepräsentation* mit zugehöriger *Problemlösungsmethode* bereit, **hybride Expertensystem-Werkzeuge** kombinieren mehrere *Wissensrepräsentationen*.

Allgemeines Expertensystem-Werkzeug: *Expertensystem-Werkzeug*, das *Basiswissensrepräsentationen* und *Inferenzstrategien* unterstützt.

Problemspezifisches Expertensystem-Werkzeug (Shell, Schale): *Expertensystem-Werkzeug*, das auf *Problemlösungstypen* spezialisiert ist und dafür *Wissensrepräsentationen* und *starke Problemlösungsmethoden* bereitstellt.

Bereichsspezifisches Expertensystem-Werkzeug: *Problemspezifisches Expertensystem-Werkzeug*, das zusätzlich Wissen über einen *Fachbereich* enthält.

Wissensbasis: Teil eines *Expertensystems*, in dem das *Wissen* abgelegt ist. Die Wissensbasis wird mit der *Wissenserwerbskomponente* editiert und mit der *Problemlösungskomponente* interpretiert.

Wissenserwerb: Formalisierung und Eingabe von *Wissen* für ein *Expertensystem*.

Wissenserwerbskomponente: Teil eines *Expertensystem-Werkzeuges*, das den *Wissenserwerb* unterstützt. Wissenserwerbskomponenten von *problemspezifischen Expertensystem-Werkzeugen* sollten zu ihrer Bedienung keinen "hohen" Einlernaufwand für Experten erfordern.

Problemlösungskomponente: Teil eines *Expertensystem-Werkzeuges*, das das Wissen zur *Lösung* eines durch *Problemmerkmale* spezifizierten *Problemes* interpretiert.

Erklärungskomponente: Teil eines *Expertensystem-Werkzeuges*, das transparent macht, mit welchem *Wissen* die *Problemlösung* aus den *Problemmerkmalen* hergeleitet wurde.

Interviewerkomponente: Teil eines *Expertensystem-Werkzeuges*, das zur Merkmalserfassung dient. Wenn die *Problemmerkmale* ohne direkte Benutzerbeteiligung von Meßgeräten oder Dateien eingelesen werden, spricht man auch von **eingebetteten,** sonst von **interaktiven** *Expertensystemen*.

Dialog-Komponente: Gesamtheit von *Wissenserwerbs-*, *Erklärungs-*, und *Interviewerkomponente*.

Literaturverzeichnis

Kapitel 1: Programmiersprachen und Expertensystemwerkzeuge

Dreyfus, H. und Dreyfus, S.: *Mind over Machine*, Free Press, 1986, Deutsche Übersetzung: *Künstliche Intelligenz: Von den Grenzen der Denkmaschinen und dem Wert der Intuition*, Rororo 8144, 1987.

Karbach, W. und Linster, M.: *Wissensakquisition für Expertensysteme: Techniken, Modelle und Softwarewerkzeuge*, Hanser, 1990.

Puppe, F.: *Einführung in Expertensysteme*, Springer, 1988.

Newell, A.: *The Knowledge Level*, AI Journal 18, 86-127, 1982.

Rich, C. and Waters, R.: *Artificial Intelligence and Software Engineering*, in: Grimson, E. and Patil, R. (eds.): AI in the 1980s and Beyond: An MIT Survey, MIT-Press, 1987.

Kapitel 2: Einsatz und Einsetzbarkeit von Expertensystemen

Barker, V. and O´Connor, D.: *Expert Systems for Configuration at Digital: XCON and Beyond*, CACM 32, No. 3, 298-317, 1989.

Coy, W. und Bonsiepen, L.: *Erfahrung und Berechnung: Kritik der Expertensystemtechnik*, Informatik-Fachberichte 229, Springer, 1989.

ESS: *Choosing the Right Tool for Your Task*, Expert System Strategies 4, No. 12, 1-7, 1988.

Feigenbaum, E., Mc Corduck, P. and Nii, P.: *The Rise of the Expert Company*, Times Book, 1988.

Harmon, P. und King, D.: *Expertensysteme in der Praxis*, Oldenbourg, 2. Auflage, 1987.

Mertens, P. Borkowski, V. und Geis, W.: *Betriebliche Expertensystem-Anwendungen*, Springer, 2. Auflage, 1990.

Mattos, N.: *KRISYS - a Multi-layered Prototype KBMS Supporting Knowledge Independence*, Interner Bericht 2/88, Universität Kaiserslautern, Zentrum Rechnergestützter Ingenieursysteme, und Proceedings der International Computer Science Conference ´88 - Artificial Intelligence: Theory and Application, 1988.

Mattos, N.: *The KBMS-Prototyp KRISYS*, Version 2.3, User Manual, Interner Bericht, Universität Kaiserslautern, Zentrum Rechnergestützter Ingenieursysteme, 1990.

Puppe, F.: *Einführung in Expertensysteme*, Springer, 1988.

Slage, J. and Wick, M.: *A Method for Evaluating Candidate Expert System Applications*, AI Magazine, 9, No. 4, 44-53, 1988.

Kap. 3: Bisherige Ansätze zur Einteilung von Problemklassen

AI-Journal 84, *Special Volume on Qualitative Reasoning about Physical Systems*, AI Journal 24, 1984.

Buchanan, B. and Smith, R.: *Fundamentals of Expert Systems*, in Barr, A., Cohen, P. and Feigenbaum, E. (eds.): Handbook of Artificial Intelligence, Vol. IV, Kap. XVIII, 149-191, Addison-Wesley 1989.

Breuker, J. et al.: *Model Driven Knowledge Acquisition: Interpretation Models*, Memo 87 des Esprit Project 1098, University of Amsterdam, 1987.

Breuker, J. and Wielinga, B.: *Models of Expertise in Knowledge Acquisition*, in: Guida, G. and Tasso, C. (eds.): Topics in Expert System Design, Methodologies and Tools, North-Holland, 265-295, 1989.

Chandrasekaran, B.: *Generic Tasks in Knowledge-Based Reasoning: High Level Building Blocks for Expert System Design*, IEEE Expert 1 (3), 23-30, 1986.

Chandrasekaran, B.: *Towards a Functional Architecture for Intelligence Based on Generic Information Processing Tasks*, IJCAI-87, 1183-1192, 1987.

Clancey, W.: *Heuristic Classification*, AI Journal 27, 289-350, 1985.

ESS: *Choosing the Right Tool for Your Task*, Expert System Strategies 4, No. 12, 1-7, 1988.

Hayes-Roth, F., Waterman, D. and Lenat, D. (eds.): *Building Expert Systems*, Addison-Wesley, 1983.

Jackson, P.: *Introduction to Expert Systems*, Addison-Wesley, 1986, (2. Auflage 1990) Deutsche Übersetzung: Expertensysteme, eine Einführung, Addison-Wesley, 1987.

Karbach, W., Linster, M. and Voß, A.: *Model-Based Approaches, one Label - one Idea?*, EKAW-90 (European Workshop on Knowledge Acquisition), 1990.

Klinker, G.: *KNACK: Sample-Driven Knowledge Acquisition for Reporting Systems*, in [Marcus 88], 125-174, 1988.

Stoyan, H.: *Programmiermethoden der Künstlichen Intelligenz*, Band 1, Springer, 1988.

Marcus, S. (ed.): *Automating Knowledge Acquisition for Expert Systems*, Kluwer Academic Publishers, 1988.

Mc Dermott, J.: *Preliminary Steps Toward a Taxonomy of Problem-Solving Methods*, in [Marcus 88], 225-256, 1988.

Offutt, D.: *SIZZLE: A Knowledge-Acquisition Tool Specialized for the Sizing Task*, in [Marcus 88], 175-200, 1988.

Stefik, M. et al.: *The Organisation of Expert Systems - a Tutorial*, AI Journal 18, 135-173, 1982.

Kap. 4: Grundprinzipien der Problemlösungsmethoden

de Groote, A.: *Thought and Choice in Chess*, New York: Basic Books, 1965.

Meyer, B.: *Object Oriented Software Construction*, Prentice Hall, 1988.

Puppe, F.: *Einführung in Expertensysteme*, Springer, 1988.

Kap. 5: Übersicht über den Problemlösungstyp Klassifikation

Achtstätter, J.: *Diagnose-Expertensystem in der Leiterplattenfertigung*, in [Puppe 89], 3.28 - 3.29, 1989.

Aikins, J., Kunz, J., Shortliffe, E. and Fallat, R.: *PUFF: An Expert System for Interpretation of Pulmonary Function Data*, Computers in Biomedical Research 16, 199-208, 1983, auch in Clancey, W. and Shortliffe, E. (eds.): Readings in Medical Artificial Intelligence, Chapter 19, Addison-Wesley, 1984.

Borrmann, H.-P.: *MODIS - ein Expertensystem zur Erstellung von Reparaturdiagnosen für den Otto-Motor und seine Aggregate*, Diplomarbeit, MEMO-SEKI-83-05, Universität Kaiserslautern, 1983.

Borrmann, H.-P. und Winklhofer, F.: *Expertensystem zur Schadensfrüherkennung bei Turbogetrieben*, Qualität und Zuverlässigkeit 33, Heft 3, 139-141, 1988.

Dickmann, H.-J.: *Tuning von DB-Anwendungen*, Praxis der Informationsverarbeitung und Kommunikation 9, Nr. 4, 122-126, 1986.

Ernst, G.: *Expertensysteme im Motorprüffeld - Anwendungsbericht*, in Bläsing, J. (ed.): Praxishandbuch Qualitätssicherung, Band 4, Baustein F2, GMFT, 1988.

Fagan, L., Kunz, J., Feigenbaum, E. and Osborn, J.: *Extensions to the Rule-Based Formalism for a Monitoring Task*, in Buchanan, B. and Shortliffe, E. (eds.): Rule-Based Expert Systems, Chapter 22, Addison-Wesley, 1984.

Gaschnig, J.: *PROSPECTOR: an Expert System for Mineral Exploration*, in Michie, D. (ed.): Introductionary Readings in Expert Systems, Gordon and Beach, 1982.

Keim, M. und Nordmann, R.: *Application of an Expert System for Diagnosis of Rotordynamic Problems in Turbomachinery*, Proceedings of the American Society of Mechanical Engineering (ASME) Design Technical Conference on Mechanical Vibrations and Noise (DE-VOL-18/5), 85-91, 1989.

Mertens, P., Legleitner, T. und Ernst, G.: *DAX, ein Echtzeit-Diagnose-Expertensystem als Integrationskomponente in einem Prüffeld*, VDI-Z 130, Nr. 5, 53-56, 1988.

Mertens, P., Borkowski, V. und Geis, W.: *Betriebliche Expertensystem-Anwendungen - eine Materialsammlung*, Springer, 2. Auflage, 1990.

Miller, R., Pople, H. and Myers, J.: *INTERNIST1, an Experimental Computer-Based Diagnostic Consultant for General Internal Medicine*, New England Journal of Medicine 307, No. 8, 468-476, 1982.

Miller, R., McNeil, M., Challinaor, S., Masari, F. and Myers, J.: *The INTERNIST1 / Quick Medical Reference Project - a Status Report*, West. J. Med. 145, 816-822, 1986.

Mütter, S.: *FAKTA - ein System zum Aufbau und zur Auswertung diagnostischer Falldatenbanken und seine Erprobung am Beispiel eines Beratungssystems für Datenbanken*, Diplomarbeit, Universität Karlsruhe, 1989.

Nedeß, C. und Plog, J.: *EFFEKT - Diagnose-Expertensystem für die Spritzgießfertigung von Elastomeren*, in: Kunststoffe 78, Nr. 12, 1988.

Neis, B.: *PIDIAS - Entwicklung und Evaluation eines Expertensystems zur Bestimmung von Pilzen*, Diplomarbeit, Universität Kaiserslautern, 1988.

Nossem, B.: *Multiple-Sklerose-Expertensystem*, Diplomarbeit, Universität Erlangen-Nürnberg, 1989.

Plog, J.: Expertensystem-unterstützte Qualitätssicherung bei der Fertigung von Elastomerteilchen, Fortschrittsberichte VDI, Reihe 2: Fertigungstechnik, Nr. 200, VDI-Verlag, 1990.

Premauer, T.: *IXMO - ein Expertensystem zur Motordiagnose in der Automobilindustrie*, INTERKAMA-86, Fachberichte für Messen, Steuern, Regeln 14, 532-539, Springer, 1986.

Puppe, B.: *Die Entwicklung des Computereinsatzes in der Medizinischen Diagnostik und MED1: Ein Expertensystem zur Brustschmerzdiagnostik*, medizinische Dissertation, Universität Freiburg, 1984.

Puppe, F.: *Erfahrungen aus drei Anwendungsprojekten mit MED1*, GI-Kongreß Wissensbasierte Systeme, Informatik-Fachberichte 112, 234-245, Springer, 1985 (a).

Puppe, B. and Puppe, F.: *MED1 - an Intelligent Computer Programm for Thoracic Pain Diagnosis*, Klinische Wochenschrift 63, 511-517, 1985 (b).

Puppe, F.: *Diagnostisches Problemlösen mit Expertensystemen*, Springer, Informatik-Fachberichte 148, 1987.

Puppe, F. und Voß, H.: *Abstracts über Diagnostik-Expertensysteme, Gesammelte Beiträge zum 1. und 2. Workshop Diagnostik-Expertensysteme*, Arbeitspapiere der GMD 375, 1989.

Schewe, S., Herzer, P. and Krüger, K.: *Prospective Application of an Expert System for the Medical History of Joint Pain*, Klinische Wochenschrift, erscheint 1990.

Shortliffe, E.: *Computer-Based Medical Consultations: MYCIN*, American Elsevier, 1976.

Trendelenburg, Chr. and Wieland, H.: *Routine Use of a Clinical Chemistry Expert System with a Knowledge Base on Disorders Lipoprotein Metabolism*, Biochim. Klin. 10, 928-929, 1986.

Walser, P.: *MODEX - ein Expertensystem zur Erstellung von Fehlerdiagnosen für den Otto-Motor und seine zum Betrieb notwendigen Aggregate*, Studienarbeit, Universität Karlsruhe, 1989.

Kap. 6: Sichere Klassifikation

Fairley, R.: *Software Engineering Concepts*, Mc Graw-Hill, 1985.

Kap. 7: Heuristische Klassifikation

Boose, J.: *Personal Construct Theory and the Transfer of Human Expertise*, AAAI-84, 27-33, 1984.

Boose, J. und Bradshaw, J.: *Expertise Transfer and Complex Problems: Using AQUINAS as a Knowledge-Acquisition Workbench for Knowledge-Based Systems*, International Journal of Man-Machine Studies 26, 3-28, 1987.

Chandrasekaran, B. and Mittal, S.: *Conceptual Representation of Medical Knowledge for Diagnosis by Computer: MDX and Related Systems*, Advances in Computers 22, 217-293, 1983.

Clancey, W.: *Classification Problem Solving*, AAAI-84, 49-55, 1984.

ESS: *Two Problem-specific Tools for Diagnosis*, Expert System Strategies 4, No. 12, 7-12, 1988.

Gappa, U.: *Wissensakquisition für Expertensysteme und Entwurf des Akquisitionssystems CLASSIKA für heuristische Klassifikation*, Diplomarbeit, Universität Kaiserslautern, 1988.

Gappa, U.: *CLASSIKA: A Knowledge Acquisition Tool for Use by Experts*, Proceedings of the AAAI-Workshop on Knowledge Acquisition, Banff, Kanada, 1989.

Puppe, F.: *MED1 - ein heuristisches Diagnosesystem mit effizienter Kontrollstruktur*, Diplomarbeit, Interner Bericht 71/83, Universität Kaiserslautern, 1983 (a).

Puppe, F. and Puppe, B.: *Overview on MED1: an Heuristic Diagnostics Expert System with an Efficient Control Structure*, GWAI-83, Springer, Informatik-Fachberichte 76, 11-20, 1983 (b).

Puppe, F.: *Diagnostisches Problemlösen mit Expertsystemen*, Springer, Informatik-Fachberichte 148, 1987 (a).

Puppe, F.: *Requirements for a Classification Expert System Shell and their Realization in MED2*, Applied Artificial Intelligence 1, 163-171, 1987 (b).

Puppe, F.: *Einführung in Expertensysteme*, Springer, 1988.

Van Melle, W.: *System Aids in Constructing Consultation Programs*, UMI Research Press, 1981.

Walser, P.: *MODEX - ein Expertensystem zur Erstellung von Fehlerdiagnosen für den Otto-Motor und seine zum Betrieb notwendigen Aggregate*, Studienarbeit, Universität Karlsruhe, 1989.

Weiss, S. und Kulikowski, C.: *A Practical Guide to Designing Expert Systems*, Rowman & Allanheld, 1984.

Kap. 8: Heuristische Klassifikation: Zusatzmechanismen

de Kleer, J.: *An Assumption Based TMS*, AI Journal 28, 127-162, 1986.

Pearl, J.: *How to Do with Probabilities What People Say You Can't*, Technical Report CSD-85003, University of California und Proceedings of the 2. Conference on Artificial Intelligence Applications, 1985.

Puppe, F.: *Diagnostisches Problemlösen mit Expertensystemen*, Springer, Informatik-Fachberichte 148, 1987 (a).

Puppe, F.: *Belief Revision in Diagnosis*, GWAI-87, Informatik-Fachberichte 152, Springer, 175-184, 1987 (b).

Puppe, F.: *Einführung in Expertensysteme*, Springer, 1988.

Kap. 9: Überdeckende Klassifikation

Eshelman, L.: *MOLE: A Knowledge-Acquisition Tool for Cover-and-Differentiate Systems*, in Marcus, S. (ed.): Automating Knowledge Acquisiton for Expert Systems, Chapter 3, Kluwer Academic Publishers, 1988.

Goos, K.: *FEMO: ein Expertensystem-Rahmen zur Aufnahme kausaler Fehlermodelle*, Diplomarbeit, Universität Karlsruhe, 1989.

Goos, K.: Rückkopplungen in einer modellbasierten Diagnostik-Shell, erscheint in
   Proc. der GWAI-90, Springer, Informatik-Fachberichte 251, 1990.
Kahn, G.: *MORE: From Observing Knowledge Engineers to Automating
   Knowledge Acquisition*, in Marcus, S. (ed.): Automating Knowledge Acquisiton
   for Expert Systems, Chapter 2, Kluwer Academic Publishers, 1988.
Long, W., Naimi, S., Criscitiello, M. and Jayes, R.: *The Development and Use of a
   Causal Model for Reasoning About Heart Failure*, in Miller, P. (ed.): Selected
   Topics in Medical Artificial Intelligence, Chapter 4, Springer, 1988.
Miller, P. and Fisher, P.: *Causal Models for Medical Artificial Intelligence*, in Miller,
   P. (ed.): Selected Topics in Medical Artificial Intelligence, Chapter 2, Springer,
   1988.
Patil, R.: *Causal Representation of Patient Illness for Electrolyte and Acid-Base
   Diagnosis*, Dissertation, LCS-TR-267, MIT, 1981.
Patil, R., Szolovits, P. and Schwartz, W.: *Modeling Knowledge of the Patient in
   Acid-Base and Electrolyte Disorders*, in Szolovits, P. (ed.): Artificial Intelligence
   in Medicine, AAAS Selected Symposium 51, Westview Press, 1982.
Patil, R. and Senyk, O.: *Compiling Causal Knowledge for Diagnostic Reasoning*, in
   Miller, P. (ed.): Selected Topics in Medical Artificial Intelligence, Chapter 3,
   Springer, 1988.
Reggia, J., Nau, D. and Wang, P.: *A New Inference Method for Frame-Based
   Expert Systems*, AAAI-83, 333-337, 1983.
Reggia, J., Nau, D. and Wang, P.: *Diagnostic Expert Systems Based on a Set
   Covering Model*, Int. J. Man-Machine-Studies 19, 437-460, 1983.
Steels, L.: *Second Generation Expert Systems*, in: Expertensysteme-87, Berichte des
   German Chapter of the ACM 28, Teubner, 475-483, 1987.

Kap. 10: Funktionale Klassifikation

AI-Journal 84, *Special Volume on Qualitative Reasoning about Physical Systems*, AI
   Journal 24, 1984.
Davis, R.: *Diagnostic Reasoning Based on Structure and Function*, AI Journal 24,
   347-411,1984.
de Kleer, J. and Williams, B.: *Diagnosing Multiple Faults*, AI Journal 32, 97-130,
   1987.
de Kleer, J. and Williams, B.: *Diagnosis with Behavioral Models*, IJCAI-89, 1324-
   1330, 1989.
Hamscher, W. and Davis, R.: *Issues in Model-Based Troubleshooting*, AI-Memo
   893, MIT, 1987.
Hnyk, R.: *Entwurf und Implementierung eines Expertensystem-Shells zur qualitativen Simulation am Beispiel des Auto-Motors*, Diplomarbeit, Universität Karlsruhe, 1988.
Reiter, R.: *A Theory of Diagnosis from First Principles*, AI Journal 32, 57-96, 1987.
Struss, P. and Dressler, O.: *"Physical Negation" - Integrating Fault Models into the
   General Diagnostic Engine*, IJCAI-89, 1318-1323, 1989.

Kap. 11: Statistische Klassifikation

Charniak, E. and Mc Dermott, D.: *Introduction to Artificial Intelligence,* Chapter 8.2: *Statistics in Abduction,* Addison-Wesley, 1985.

Cooper, G.: *Expert Systems Based on Belief Networks - Current Research Directions,* Memo KSL-87-51, Stanford University, 1987.

de Dombal, F., Leaper, D., Horrocks, J., Staniland, J. and McCann, A.: *Computer-Aided Diagnosis of Acute Abdominal Pain,* British Med. Journal 2, 9-13, 1972.

Gaschnig, J.: *PROSPECTOR: an Expert System for Mineral Exploration,* in Michie, D. (ed.): Introductionary Readings in Expert Systems, Gordon and Beach, 1982.

Lusted, L.: *Introduction to Medical Decision Making,* Thomas Books, 1968.

Mütter, S.: *FAKTA - ein System zum Aufbau und zur Auswertung diagnostischer Falldatenbanken und seine Erprobung am Beispiel eines Beratungssystems für Datenbanken,* Diplomarbeit, Universität Karlsruhe, 1989.

Pearl, J.: *How to Do with Probabilities What People Say You Can't,* Technical Report CSD-85003 University of California and Proceedings of the 2. Conference on Artificial Intelligence Applications, 1985.

Puppe, F.: *Einführung in Expertensysteme,* Springer, 1988.

Szolovits, P. and Pauker, S.: *Categorical and Probabilistic Reasoning in Medical Diagnosis,* AI Journal 11, 115-144, 1978.

Kap. 12: Fallvergleichende Klassifikation

Althoff, K.-D., De la Ossa, A., Maurer, F., Stadler, M. and Weiß, S.: *Case-Based Reasoning for Real World Application,* Interner Bericht, Universität Kaiserslautern, 1990.

Althoff, K.-D., Kockskämper, S., Maurer, F., Stadler, M. und Weiß, S.: *Ein System zur fallbasierten Wissensverarbeitung in technischen Diagnosesituationen,* Proc. ÖGAI-89, Springer, Informatik-Fachberichte 208, 65-70, 1989.

Fries, J.: *Time-Oriented Patient Records and a Computer Databank,* Journal of the Medical Association 222, 1536-1542, 1972.

Hestermann, C.: *CcC: Entwurf und Implementierung einer Expertensystemkomponente für den Fallvergleich und ihre Erprobung am Beispiel der Ähnlichkeitssuche prismatischer Werkstücke,* Diplomarbeit, Universität Karlsruhe, 1990.

Kolodner, J. and Kolodner R.: *Using Experience in Clinical Problem Solving: Introduction and Framework,* GIT-ICS-85/21, Georgia Institute of Technology, 1985.

Koton, P. *Using Experience in Learning and Problem Solving,* Dissertation, Lab. for Computer Science, MIT, 1988.

Kap. 13: Übersicht über den Problemlösungstyp Konstruktion

Barker, V. and O'Connor, D.: *Expert Systems for Configuration at Digital: XCON and Beyond,* CACM 32, No. 3, 298-317, 1989.

Dyckhoff, T.: *ExAP: ein Ansatz für ein Expertensystemwerkzeug zur Arbeitsplanung der spanenden Fertigung prismatischer Teile*, Diplomarbeit, Universität Karlsruhe, 1989.

Fox, M.: *Constrained Directed Search: A Case-Study of Job Scheduling*, Dissertation, Carnegie Mellon University, Computer Science Department, 1983.

Friedland, P.: *Knowledge-Based Experiment Design in Molecular Genetics*, Stanford University, MEMO HPP-79-29, Dissertation, 1979.

Friedland, P. and Iwasaki, Y.: *The Concept and Implementation of Skeletal Plans*, Journal of Automated Reasoning 1, 161-208, 1985.

Hickam, D. et al.: *The Treatment Advice of a Computer-Based Cancer Chemotherapy Protocol Advisor*, Annals of Internal Medicine 103, 928-936, 1985.

Marcus, S.: *SALT: A Knowledge Acquisition Tool for Propose-and-Revise Systems*, in: Marcus, S. (ed.): Automating Knowledge Acquisiton for Expert Systems, Chapter 4, Kluwer Academic Publishers, 1988.

Mc Dermott, J.: *R1: A Rule-Based Configurer of Computer Systems*, AI Journal 19, 39-88, 1982.

Mc Dermott, J. and Bachant, J.: *R1 Revisited: Four Years in the Trenches*, AI Magazine 5, 21-32, Fall 1984.

Musen, M. et al.: *OPAL: Use of a Domain Model to Drive an Interactive Knowledge-Editing Tool*, International Journal of Man-Machine Studies 26, 105-121, 1987.

Poeck, K.: *Konzeption und Implementierung eines problemspezifischen Expertensystemwerkzeuges für die Zuordnung mit der Vorschlagen-und-Vertauschen-Strategie*, Diplomarbeit, Universität Karlsruhe, 1990.

Sacerdoti, E.: *A Structure for Plans and Behavior*, Elsevier / North-Holland, 1977.

Smith, S., Fox, M. and Ow, P.: *Constructing and Maintaining Detailed Production Plans: Investigation into the Development of Knowledge-Based Factory Scheduling Systems*, AI Magazine 7, No. 4, 45-61, 1986.

Kap. 14: Skelett-Konstruieren

Friedewald, A.: *Funktionsintegration von Arbeitsplanung und Betriebsmittelkonstruktion für Polymerteile*, Dissertations-Manuskript, TU Hamburg-Harburg, 1990.

Friedland, P.: *Knowledge-Based Experiment Design in Molecular Genetics*, Stanford Univ., MEMO HPP-79-29, Dissertation, 1979.

Friedland, P. und Iwasaki, Y.: *The Concept and Implementation of Skeletal Plans*, Journal of Automated Reasoning 1, 161-208, 1985.

Lindsay, R., Buchanan, B., Feigenbaum, E. and Lederberg, J.: *Application of Artificial Intelligence for Organic Chemistry: the DENDRAL-Project*, Mc Graw-Hill, 1980.

Nedeß, C., Friedewald, A. und Plog, J.: *Diagnosestrategie: Lösungsansatz auch für Konfigurationsprobleme am Beispiel der Konstruktion von Spritzgußwerkzeugen*, Gestaltung CIM-fähiger Unternehmen, Forschungsbericht 1 der Hochschulgruppe Arbeits- und Betriebsorganisation, GFMT, 1988.

Neumann, B., Cunis, R., Günter, A. und Syska, I.: *Wissensbasierte Planung und Konfigurierung*, in: Proc. GI-Kongreß "Wissensbasierte Systeme", Springer, Informatik-Fachberichte 155, 1987.

Nilsson, N.: *Principles of Artificial Intelligence*, Springer, 1982.

Kap. 15: Vorschlagen-und-Verbessern

Hartinger, M. und Wedel, T.: *Stand des Expertensystems PAREX-CO zur wissens-basierten dynamischen Konfiguration von Parametern des PPS-Modular-programms COPICS*, Arbeitspapier Nr. 1/1990, Universität Erlangen-Nürnberg, Abteilung Wirtschaftsinformatik, 1990.

Marcus, S.: *SALT: A Knowledge Acquisition Tool for Propose-and-Revise Systems*, in: Marcus, S. (ed.): Automating Knowledge Acquisiton for Expert Systems, Chapter 4, Kluwer Academic Publishers, 1988.

Marcus, S., Stout, J. and Mc Dermott, J.: VT: An Expert Elevator Designer That Uses Knowledge-Based Backtracking, AI Magazine 9, No.1, 95-111, 1988.

Marcus, S. and Mc Dermott, J.: *SALT: A Knowledge Acquisition Language for Propose-and Revise-Systems*, AI Journal 39, 1-38, 1989.

Kap. 16: Vorschlagen-und-Vertauschen

Ernst, T.: *Prototyping für ein wissensbasiertes System zur Testplanung*, Diplomarbeit, Universität Kaiserslautern, 1990.

Marcus, S.: *SALT: A Knowledge Acquisition Tool for Propose-and-Revise Systems*, in: Marcus, S. (ed.): Automating Knowledge Acquisiton for Expert Systems, Chapter 4, Kluwer Academic Publishers, 1988.

Neumann, K.: *Operations Research Verfahren, Band 1 (Lineare Optimierung, Spiel-theorie, Nichtlineare Optimierung, Ganzzahlige Optimierung), Band 2 (Dynami-sche Optimierung, Lagerhaltung, Simulation, Warteschlangen) und Band 3 (Gra-phentheorie, Netzplantechnik)*, Hanser, 1975.

Neumann, K.: *Einführung in das Operations Research I und II*, Technical Report WIOR-275 und WIOR-276, Universität Karlsruhe, 1986.

Poeck, K.: *Konzeption und Implementierung eines problemspezifischen Experten-systemwerkzeuges für die Zuordnung mit der Vorschlagen-und-Vertauschen-Strategie*, Diplomarbeit, Universität Karlsruhe, 1990.

Kap. 17: Least-Commitment-Strategie

Descotte, Y. and Latombe, J.: *Making Compromises among Antagonist Constraints in a Planner*, AI Journal 27, 183-217, 1985.

Dyckhoff, T.: *ExAP: ein Ansatz für ein Expertensystemwerkzeug zur Arbeitsplanung der spanenden Fertigung prismatischer Teile*, Diplomarbeit, Universität Karlsruhe, 1989.

Puppe, F.: *Einführung in Expertensysteme*, Springer, 1988.

Smith, S., Fox, M. and Ow. P.: *Constructing and Maintaining Detailed Production Plans: Investigations into the Development of Knowledge Based Factory Scheduling Systems*, AI Magazine 7, No. 4., 45-60, 1986.

Stefik, M.: *Planning with Constraints (MOLGEN: Part 1)*, AI Journal 16, 111-139, 1981.

Kap. 18: Modellbasiertes Planen

Cohen, P. and Feigenbaum, E.: *The Handbook of Artificial Intelligence*, Vol. 3, Chapter XV: *Planning and Problem Solving*, 1982.

Hertzberg, J.: *Planerstellungsmethoden der Künstlichen Intelligenz*, Informatik-Spektrum 9, 149-161, 1986.

Hertzberg, J.: *Planen. Einführung in die Planerstellungsmethoden der Künstlichen Intelligenz*, BI, 1989.

Ginsberg, M. and Smith, D.: Reasoning about Action I: A Possible World Approach, AI Journal 35, 165-195, 1988.

Nilsson, N.: *Principles of Artificial Intelligence*, Springer, 1982.

Sacerdoti, E.: *A Structure for Plans and Behavior*, Elsevier / North-Holland, 1977.

Wilkins, D.: *Domain Independant Planning: Representation and Plan Generation*, AI Journal 22, 269-302, 1984.

Wilkins, D.: *Practical Planning. Extending the Classical AI Planning Paradigm*, Morgan Kaufmann, 1988.

Kap. 19: Fallvergleichendes Konstruieren

Hammond, K.: *Case-Based Planning: An Integrated Theory of Planning, Learning, and Memory*, Dissertation, Yale University, YALE-CSD-RR-448, 1986.

Hammond, K.: *Explaining and Repairing Plans that Fail*, IJCAI-87, 109-114, 1987.

Hammond, K.: *Case-Based-Planning: Viewing Planning as a Memory Task*, Academic Press, 1989.

Kolodner, J.: *Extending Problem Solving Capabilities through Case-Based-Inference*, Proceedings of the International Machine Learning Workshop, 1987, und in Kolodner, J. (ed.): Case-Based Inference, A Collection of Papers, Georgia Institute of Technology, GIT-ICS-87/18, 1987 (a).

Kolodner, J.: *Capitalizing on Failure Through Case-Based-Inference*, Proceedings of the Conference of the Cognitive Science Society, 1987, and in Kolodner, J. (ed.): Case-Based Inference, A Collection of Papers, Georgia Institute of Technology, GIT-ICS-87/18, 1987 (b).

Simpson, R.: *A Computer Model of Case-Based-Reasoning in Problem Solving*, Dissertation, Georgia Institute of Technology, GIT-ICS-85/18, 1985.

Kap. 20: Partielle Integration von Konstruktionsmethoden

Neumann, B., Cunis, R., Günter, A. und Syska, I.: *Wissensbasierte Planung und Konfigurierung*, in: Proc. GI-Kongreß "Wissensbasierte Systeme", Springer, Informatik-Fachberichte 155, 1987.

Cunis, R., Günter, A., Syska, I., Bode, H. and Peters, H.: *PLAKON - An Approach to Domain-Independent Construction*, in: Proc. 2. IEA/AIE, Tenesse, 1989 (a).

Cunis, R. Günter, A., Syska, I., Bode, H. und Peters, H.: *PLAKON - Modellierung von technischen Domänen mit BHIBS*, in Proc. 3. Workshop Planen und Konfigurieren, GMD-Arbeitspapier 388, 59-72, 1989 (b).

Kap. 21: Übersicht über den Problemlösungstyp Simulation

Bratley, P., Fox, B. and Schrage, L.: *A Guide to Simulation*, Springer, 1987.

Griffin, R.: *Choosing and Using a Simulation System*, in Hurison, R. (ed.): Simulation, 261-270, Springer, 1986.

Mattern, F. und Mehl, H.: *Diskrete Simulation - Prinzipien und Probleme der Effizienzsteigerung durch Parallelisierung*, Informatik-Spektrum 12, 198-210, 1989.

Round, A.: *Knowledge-Based Simulation*, in Barr, A., Cohen, P. and Feigenbaum, E. (eds.): Handbook of Artificial Intelligence, Vol. IV, Chapter XXII, 415-518, Addison-Wesley, 1989.

Kap. 22: Einphasen-Simulation

Brown, J., Burton, R. and de Kleer, J.: *Pedagogical, Natural Language and Knowledge Engineering Techniques in SOPHIE I, II and III*, in: Sleeman, D. and Brown, J. (eds.): Intelligent Tutoring Systems, 227-282, Academic Press, 1982.

Stallman, R. and Sussman, G.: *Forward Reasoning and Dependency Directed Backtracking in a System for Computer-Aided Circuit Analysis*, AI Journal 9, 135-196, 1977.

Kap. 23: Numerische Mehrphasen-Simulation

Becker, D.: *Ein gegenstandsorientiertes Simulationssystem mit parametrisierbarer Netzwerkmodellierung für Fertigungsprozesse mit Stückgutcharakter*, Dissertation, FhG-IPA, Stuttgart, 1990.

Round, A.: *Knowledge-Based Simulation*, in: Barr, A., Cohen, P. and Feigenbaum, E. (eds.): Handbook of Artificial Intelligence, Vol. IV, Chapter XXII, 415-518, Addison-Wesley, 1989.

Kap. 24: Qualitative Mehrphasen-Simulation

AI-Journal 84, *Special Volume on Qualitative Reasoning about Physical Systems*, AI Journal 24, 1984.

Bredeweg, B. and Wielinga, B.: *Integrating Qualitative Reasoning Approaches*, ECAI-88, 195-201, 1988.

Davis, E.: *Order of Magnitude Reasoning in Qualitative Differential Equations*, New York University, Technical Report 312, 1987.

de Kleer, J.: *How Circuits Work*, AI Journal 24, 205-280, 1984.

Forbus, K.: *Qualitative Process Theory*, AI Journal 24, 85-168, 1984.

Kuipers, B.: *Commonsense Reasoning about Causality: Deriving Behaviour from Structure*, AI Journal 24, 169-203, 1984.

Kuipers, B. and Chin, C.: *Taming Intractible Branching in Qualitative Simulation*, IJCAI-87, 1079-1085, 1987.

Iwasaki, Y.: *Qualitative Physics*, in Barr, A., Cohen, P. and Feigenbaum, E. (eds.): Handbook of Artificial Intelligence, Vol. IV, Chapter XXI, 323-414, Addison-Wesley, 1989.

Sacks, E.: *Automatic Qualitative Analysis of Ordinary Differential Equations using Piecewise Linear Approximation*, Dissertation, MIT, Lab. of Computer Science, Technical Report 416, 1988.

Sacks, E.: *A Dynamic Systems Perspective on Qualitative Simulation*, AI Journal 42, 349-362, 1990.

Struß, P.: *Qualitative Reasoning*, in Proc. KIFS-89, Springer, Informatik-Fachberichte 203, 224-259, 1989 (a).

Struß, P.: *Structuring of Models and Reasoning about Quantities in Qualitative Physics*, Dissertation, Universität Kaiserslautern, 1989 (b).

Voß, H.: *Representing and Analysing Causal, Temporal and Hierarchical Relations of Devices*, Dissertation, Universität Kaiserslautern, 1986.

Kap. 26: Integration von Klassifikationsmethoden

Blum, R.: *Discovery, Confirmation and Incorporation of Causal Relationships from a Large Time-Oriented Clinical Data Base: The RX Project,* in: Clancey, W. and Shortliffe, E. (eds.): Readings in Medical Artificial Intelligence: the First Decade, Chapter 17, Addison-Wesley, 1984.

Blum, R.: *Modeling and Encoding Clinical Causal Relations in a Medical Knowledge Base*, in: Miller, P. (ed.): Selected Topics in Medical Artificial Intelligence, Chapter 9, Springer, 1988.

Chandrasekaran, B. und Mittal, S.: *Deep Versus Compiled Knowledge Approaches to Diagnostic Problem Solving*, AAAI-82, 349-354, 1982.

de Dombal, F., Leaper, D., Horrocks, J., Staniland, J. and McCann, A.: *Computer-Aided Diagnosis of Acute Abdominal Pain*, British Med. Journal 2, 9-13, 1972.

de Jong, G. and Mooney, R.: *Explanation Based Learning: An Alternative View*, Machine Learning 1, No. 2, 145-176, 1986.

Eshelman, L.: *MOLE: A Knowledge Acquisiton Tool for Cover-and-Differentiate Systems,* in: Marcus, S. (ed.): Automating Knowledge Acquisition for Expert Systems, Chapter 3, Kluwer Academic Publishers, 1988.

Kahn, G.: *MORE: From Observing Knowlege Engineers to Automating Knowledge Acquisition,* in: Marcus, S. (ed.): Automating Knowledge Acquisition for Expert Systems, Chapter 2, Kluwer Academic Publishers, 1988.

Kobsa, A. and Wahlster W. (eds.): *User Models in Dialog Systems*, Springer, 1990.

Koton, P.: *Using Experience in Learning and Problem Solving*, Dissertation, Lab. for Computer Science, MIT, 1988.

Michalski, R. and Chilausky, R.: *Learning by Being Told and Learning from Examples: an Experimental Comparison of two Methods of Knowledge Acquisition in the Context of Developing an Expert System for Soybean Disease Diagnosis*, Policy Anal. and Inf. Systems 4, No. 2, 125-160, 1980.

Puppe, F.: *Einführung in Expertensysteme*, Springer, 1988.

Steels, L.: *Second Generation Expert Systems*, in Proc. der Expertensysteme-87, Berichte des German Chapter of the ACM 28, Teubner, 475-483, 1987.

Kap. 27: Aspekte der Gesamtintegration

Mertens, P. Borkowski, V. und Geis, W.: *Betriebliche Expertensystem-Anwendungen*, Springer, 2. Auflage, 1990.

Systemverzeichnis

Sachverzeichnis

Studienreihe Informatik

Herausgegeben von W. Brauer und G. Goos

P. C. Lockemann, H. C. Mayr: **Rechnergestützte Informationssysteme.** X, 368 S., 37 Abb. *1978.*

A. K. Salomaa: **Formale Sprachen.** Übersetzt aus dem Englischen von E.-W. Dieterich. IX, 314 S., 18 Abb., 5 Tab. *1978.*

F. L. Nicolet (Hrsg.): **Informatik für Ingenieure.** Unter Mitarbeit von W. Gander, J. Harms, P. Läuchli, F. L. Nicolet, J. Vogel, C. A. Zehnder. X, 187 S., 53 Abb., 20 Tab. *1980.*

A. Bode, W. Händler: **Rechnerarchitektur – Grundlagen und Verfahren.** XI, 278 S., 140 Abb., 4 Tab. *1980.*

B. W. Kernighan, P. L. Plauger: **Programmierwerkzeuge.** Übersetzt aus dem Englischen von I. Kächele, M. Klopprogge. IX, 492 S. *1980.*

A. N. Habermann: **Entwurf von Betriebssystemen – Eine Einführung.** Übersetzt aus dem Englischen von K.-P. Löhr. XII, 444 S., 87 Abb. *1981.*

T. W. Olle: **Das Codasyl-Datenbankmodell.** Übersetzt aus dem Englischen von H. Münzenberger. XXIV, 389 S. *1981.*

K. E. Ganzhorn, K. M. Schulz, W. Walter: **Datenverarbeitungssysteme – Aufbau und Arbeitsweise.** XVI, 305 S., 181 Abb., 1 Schablone als Beilage. *1981.*

B. Buchberger, F. Lichtenberger: **Mathematik für Informatiker I – Die Methode der Mathematik.** 2., korrigierte Auflage. XIII, 315 S., 30 Abb. *1981.*

F. L. Bauer, H. Wössner: **Algorithmische Sprache und Programmentwicklung.** Unter Mitarbeit von H. Partsch, P. Pepper. 2., verbesserte Auflage. XV, 513 S. *1984.*

F. Gebhardt: **Dokumentationssysteme.** 331 S., 14 Abb. *1981.*

E. Horowitz, S. Sahni: **Algorithmen – Entwurf und Analyse.** Übersetzt aus dem Amerikanischen von M. Czerwinski. XIV, 770 S. *1981.*

W. Sammer, H. Schwärtzel: **CHILL – Eine moderne Programmiersprache für die Systemtechnik.** XIII, 191 S., 165 Abb. *1982.*

P. C. Lockemann, A. Schreiner, H. Trauboth, M. Klopprogge: **Systemanalyse – DV-Einsatzplanung.** XIV, 342 S., 119 Abb. *1983.*

A. Bode, W. Händler: **Rechnerarchitektur II – Strukturen.** XI, 328 S., 164 Abb. *1983.*

H. A. Klaeren: **Algebraische Spezifikation – Eine Einführung.** VII, 235 S. *1983.*

H. Niemann. **Klassifikation von Mustern.** X, 340 S., 77 Abb. *1983.*

W. Heise, P. Quattrocchi: **Informations- und Codierungstheorie – Mathematische Grundlagen der Daten-Kompression und -Sicherung in diskreten Kommunikationssystemen.** X, 370 S., 62 Abb. *1983.*

H. Stoyan, G. Görz: **LISP – Eine Einführung in die Programmierung.** XI, 358 S., 29 Abb. *1984.*

K. Däßler, M. Sommer: **Pascal – Einführung in die Sprache; DIN-Norm 66256; Erläuterungen.** 2. Auflage. Unter Mitarbeit von A. Biedl. XIII, 248 S. *1985.*

G. Blaschek, G. Pomberger, F. Ritzinger: **Einführung in die Programmierung mit Modula-2.** VII, 279 S., 26 Abb. *1987.*

R. Marty: **Methodik der Programmierung in Pascal.** 3. Auflage. IX, 201 S., 33 vollständige Programmbeispiele. *1986.*

W. Reisig: **Petrinetze – Eine Einführung.** 2., überarbeitete und erweiterte Auflage. IX, 196 S., 111 Abb. *1986.*

J. Nievergelt, K. Hinrichs: **Programmierung und Datenstrukturen – Eine Einführung anhand von Beispielen.** XI, 149 S. *1986.*

E. Jessen, R. Valk: **Rechensysteme – Grundlagen der Modellbildung.** XVI, 562 S., 269 Abb. *1987.*

F. Stetter: **Grundbegriffe der Theoretischen Informatik.** VIII. 236 S., 39 Abb. *1988.*

H. Stoyan: **Programmiermethoden der Künstlichen Intelligenz.** Bd. 1. XV, 343 S. *1988.*

F. Puppe: **Einführung in Expertensysteme.** X, 205 S., 79 Abb. *1988.*

R. G. Herrtwich, G. Hommel: **Kooperation und Konkurrenz – Nebenläufige, verteilte und echtzeitabhängige Programmsysteme.** XVII, 463 S., 89 Abb. und 28 Kapitelillustrationen. *1989.*

K. Echtle: **Fehlertoleranzverfahren.** XII, 322 S., 180 Abb. *1990.*

H. Stoyan: **Programmiermethoden der Künstlichen Intelligenz.** Bd. 2. XV, 427 S., 25 Abb. *1990*

F. Puppe: **Problemlösungsmethoden in Expertensystemen.** XI, 257 S., 89 Abb. *1990.*